btb

Aus Freude am Lesen

Yoram Yovell
Liebe und andere Krankheiten

Yoram Yovell

Liebe und andere Krankheiten

Aus dem Hebräischen
von Barbara Linner

btb

Die hebräische Originalausgabe erschien 2001 unter dem Titel
Ma zot ahava bei Keschet, Tel Aviv.

FSC
Mixed Sources
Product group from well-managed
forests and other controlled sources

Cert no. GFA-COC-1223
www.fsc.org
© 1996 Forest Stewardship Council

Verlagsgruppe Random House FSC-DEU-0100
Das für dieses Buch verwendete FSC-zertifizierte Papier *Munken Premium*
liefert Arctic Paper Munkedals AB, Schweden.

1. Auflage

Satz: Uhl + Massopust, Aalen
Druck und Einband: GGP Media GmbH, Pößneck
Printed in Germany
ISBN-10: 3-442-75168-3
ISBN-13: 978-3-442-75168-6

www.btb-verlag.de

FÜR MEINE HANNA
IN LIEBE

Inhaltsverzeichnis

Vorwort

Dichter, Schriftsteller und Philosophen, religiöse Denker, Psychologen und Psychoanalytiker – alle haben sich mit der Liebe beschäftigt. Es existieren Dutzende, vielleicht auch Hunderte verschiedene Definitionen von ihr. Tausende Bücher wurden in allen Epochen über sie geschrieben. Über sie zu reden bedeutet, von der Lage der Menschheit zu sprechen, und das ist ein unerschöpfliches Thema. Ein weiteres psychologisches und wissenschaftliches Buch über sie zu verfassen ist also ein heikles Unterfangen – dennoch habe ich mich entschlossen, über die Liebe zu schreiben.

Es gibt viele Arten von Liebe: die Liebe einer Mutter zu ihren Kindern, die offenbar die erste und stärkste Liebe auf der Welt ist, die Liebe zur Heimat, Gottesliebe, die Liebe zum Schönen und Wahren, Bruderliebe und mehr. Dieses Buch befasst sich nicht mit allen Ausdrucksformen der Liebe, sondern thematisiert die *romantische Liebe* – die Liebe mit erotischer Komponente. Statt des müßigen Versuchs, dieses unendliche Thema auch nur annähernd zu erfassen, werde ich hier die Liebesgeschichten einiger Menschen anführen und jede Geschichte mit einer theoretischen Debatte versehen. So wie es aussieht, beleuchten die Psychoanalyse, die kognitive Psychologie und die Gehirnforschung aus verschiedenen und überraschenden Blickwinkeln die prinzipielle Frage, die uns durch das Buch hindurch begleiten wird: *Was ist in der romantischen Liebe normal und pathologisch, und wo verläuft die Grenze zwischen dem Besonderen und dem Regelwidrigen, zwischen dem Erlaubten und dem Verbotenen?*

Wir sind gewohnt, Liebe als einen seelischen Zustand der besonderen Art anzusehen, eine Form von Exaltation, ja heiligem Wahnsinn. Wer sich in diesem Zustand befindet, kann extreme Taten vollbringen, kann erstaunliche und zerstörerische Entscheidungen treffen, auf die wir mit Verständnis und gewisser Nachsicht reagieren. Deckt Liebe wirklich alle Übertretungen zu, wie es in den Sprüchen Salomos (10,12) steht, oder gibt es auch in der Liebe rote Linien, die man nicht überschreiten darf? Und wenn ja, wer bestimmt sie, und auf welcher Grundlage? Ist die Geliebte eines verheirateten Mannes, die schon fünfzehn Jahre darauf wartet, dass er sich wie versprochen von seiner Frau trennt, eine naive Frau, die ihr Leben nutzlos vergeudet? Oder verleiht sie ihrem Leben durch ihre Liebe Sinn und Bedeutung? Wenn sich ein Mann in einen anderen Mann verliebt und mit ihm eine sexuelle Beziehung eingeht, tut er das aus freien Stücken oder hat er keine Wahl? »Er erquickt mich mit Traubenkuchen und labt mich mit Äpfeln, denn ich bin krank vor Liebe«, singt Sulamith im Hohelied Salomos (2,5). Ist sie tatsächlich krank, braucht sie einen Arzt? Und was soll der Arzt tun? Sigmund Freud, der Vater der Psychoanalyse und der Psychotherapie, dachte – wie viele andere vor und nach ihm –, dass Verliebtheit mehr an ein abnormales seelisches Phänomen erinnert als an ein normales. Braucht also jeder, der sich verliebt hat, eine psychologische Behandlung? Und ist der Therapeut immer der »Henker der Liebe«, wie Irvin Yalom dachte? Diese Fragen werden im Laufe des Buches immer wieder auftauchen, und oft wird sich keine Antwort auf sie finden lassen.

Die Liebe verleiht dem Leben der meisten Menschen nicht nur Sinn und Farbe, sondern auch – und vielleicht hauptsächlich – Motivation. Gewöhnliche Frauen und Männer sind bereit, nahezu alles zu tun, heldenhaft schreckliche Leiden auszuhalten und manchmal sogar ihr Leben zu opfern aus Liebe, der Liebe zu einem Kind, zu einer Partnerin oder einem Partner, zu Gott. Liebe kann Menschen nicht nur dazu bringen, schwere Leiden durchzustehen, sondern auch, sie anderen anzutun, gnadenlos, bisweilen bis zum Mord. Auch damit werden wir uns in diesem Buch befassen.

Die Helden des Buches sind Frauen und Männer, die versuchen – manchmal auch wider Willen gezwungen sind – zu lieben. Das Buch ähnelt mehr einem Gedicht- oder Geschichtenband als einem fachbezogenen Werk, und das nicht aus Zufall. »An jedem Ort, an den ich kam, fand ich, dass ein Dichter vor mir da war« – dieser Ausspruch, der Freud zugeschrieben wird, bringt meiner Meinung nach die Beziehung zwischen den psychologischen und den künstlerischen Herangehensweisen an die Liebe treffend zum Ausdruck. Wer in diesem Buch Definitionen von Liebe, Hinweise auf den Weg, auf dem man sie erreicht, oder gute Ratschläge, wie man sie bewahren kann, zu finden hofft, wird enttäuscht werden: Die Antworten auf diese existentiellen Fragen sind mir unbekannt und tauchen daher in dem Buch auch nicht auf. Wie den meisten Menschen ist mir die romantische Liebe nicht fremd. Sie bescherte mir großes Glück und half mir, zum Glück anderer beizutragen, verursachte mir jedoch auch Kummer und Leid und brachte mich dazu, Verletzungen und Schmerz zuzufügen. Ich höre tagtäglich in meiner Praxis von ihr, und wie die meisten Therapeuten verfolge ich aus nächster Nähe die Lebensgeschichte von Menschen, die sie suchen, die das mit ihr verbundene Glück und Hochgefühl erleben, an den mit ihr einhergehenden Zweifeln leiden, und die mit der Krise und dem Schmerz konfrontiert sind, die so häufig am Ende der Liebe stehen.

***

Seit hundert Jahren beschäftigen sich die Psychoanalytiker mit der Liebe. Viele von ihnen gelangten zu tief schürfenden, weit reichenden und umstrittenen Einsichten, was die Quellen der Liebe angeht, ihre Aufgabe in unserem Leben und die Faktoren, die unsere Liebesfähigkeit begrenzen. Die Psychoanalyse erforscht die subjektive Seite der menschlichen Existenz, wobei sie dies mit Methoden und Mitteln tut, die nicht immer streng »wissenschaftlich« sind. Infolgedessen haben die psychoanalytischen Einsichten in die Liebe und die Seele des liebenden Menschen, obwohl sie häufig in der breiten Öffentlichkeit Wurzeln schlugen, nie den Rang wissenschaftlicher Wahrheiten erlangt.

Die Menschen lieben. Die Menschen lieben es zu lieben. Die meisten Menschen können über längere Zeit hinweg nicht glücklich sein, wenn es in ihrem Leben keine Liebe gibt. Ein kleiner Teil kann ohne Liebe buchstäblich nicht leben. Andere können nicht zu lieben aufhören, obwohl ihnen klar ist, dass ihre Liebe hoffnungslos ist und ihnen schreckliches Leid verursacht. Angesichts all dessen wäre zu erwarten, dass ein so zentraler, wichtiger Bereich der menschlichen Existenz das bevorzugte Ziel für eine objektiv wissenschaftliche, psychologische und biologische Forschung darstellen würde. Doch Gefühle generell und speziell die Liebe sind Themen, die in der Welt der Gehirnforschung und akademischen psychologischen Studien bis vor wenigen Jahren kaum Erwähnung fanden. Mit anderen Worten, die Wissenschaft ignoriert die Liebe.

Warum?

Der französische Mathematiker und Theologe Blaise Pascal sagte vor über dreihundert Jahren, dass das Herz seine eigene

Logik hat, von der die Logik nichts weiß. Die scharfe Teilung zwischen der Welt der Tatsachen und der der Gefühle und die Festlegung, dass die Gefühlswelt außerhalb des Bereichs wissenschaftlicher Forschung liegt, sind Standpunkte, deren historische Wurzeln bis zum Beginn der wissenschaftlichen Revolution in der Renaissance zurückreichen. Gemäß dem Prinzip, das Galileo Galilei, der Physiker und Astronom des 16. Jahrhunderts und einer der Väter der modernen Wissenschaft, aufstellte, sollte sich die Wissenschaft nur mit jenen Eigenschaften der Dinge befassen, die sich einer objektiven Prüfung und Quantifizierung unterziehen lassen – wie zum Beispiel Gewicht, Volumen und chemische Zusammensetzung. Sie werden *Primäreigenschaften* genannt, im Unterschied zu den *Sekundäreigenschaften* wie Liebe, Glaube oder Bedeutung, subjektive Eigenschaften, die die Wissenschaft nicht anerkennen kann. So wurde die Liebe über etliche hunderte Jahre aus dem wissenschaftlichen Weltbild in eine Verbannung geschickt, die erst in unseren Tagen ihr Ende zu finden scheint.

Einhergehend mit der Revolution auf dem Gebiet der Gehirnforschung und kognitiven Psychologie, begann man in den letzten Jahren mit der Erschließung wissenschaftlicher Kenntnisse über Gefühle generell und Liebe im Besonderen. Es sind erste, zögernde Einblicke in Themen, die bis vor kurzem in der Welt der Wissenschaft noch tabuisiert waren. Ihre Bedeutung ist immens, nicht weil sie ein für alle Mal die Palette der psychischen Phänomene erklären könnten, die mit der Liebe verbunden sind – davon ist die Wissenschaft meilenweit entfernt –, sondern weil sie uns einen neuen und faszinierenden Blick auf einen Bereich in unserer Seele eröffnen, der uns bis vor kurzem nur von seiner subjektiven Seite her bekannt war. Die neuen wissenschaftlichen Axiome über die Liebe sind überraschend und aufregend, spannend und komplex, und manchmal bringen sie uns auch dazu – genau wie die Liebe selbst –, uns lächerlich und betrogen zu fühlen.

***

Dieses Buch erzählt nicht nur von Menschen, die lieben. Es ist auch die Geschichte eines bestimmten Ortes und einer bestimmten Zeit: Israel, Anfang des einundzwanzigsten Jahrhunderts. Normalerweise taucht Israel mit Krieg, Hass und Tod in den Schlagzeilen auf, doch auch in Zeiten, in denen sich die Existenz der Menschen in Gefahr befindet – und vielleicht gerade dann –, blüht die Liebe.

Das Buch schildert die Liebesgeschichten von acht Patientinnen und Patienten, darunter einer arabischen.

Jeder Mensch, der liebt, und jede Liebesgeschichte sind eine Welt für sich, und man kann die Helden des Buches nicht als Vertreter bestimmter Kategorien von Liebe betrachten. Im Gegensatz zu den theoretischen Abhandlungen, die eine breite Geltung haben müssen, repräsentieren die Patienten, deren Geschichten hier angeführt werden, allein sich selbst. Um genau zu sein – die Patienten zeigen die Art, in der ich, als Therapeut oder Gesprächspartner, ihnen zuhörte und sie verstand. Es ist ein persönlicher und subjektiver Eindruck, und trotz meiner Versuche zu verstehen, ohne zu urteilen, spiegelt er zwangsläufig meine Neigungen und Vorurteile, Phantasien und Ängste wider. Bei einem Teil der Geschichten habe ich eine aktive Rolle, bei den meisten jedoch bin ich reiner Zuhörer. Mein Dank gilt den Patienten, die mir großmütig ihr Einverständnis gaben, über sie und ihre Liebesgeschichte zu schreiben. Um ihre Privatsphäre zu wahren, habe ich selbstverständlich die biographischen Details sowie die Fallumstände verändert. Manchmal habe ich auch Behandlungsabschnitte zweier Patienten kombiniert und daraus eine Figur geschaffen. Doch jede, auch die allerkleinste Offenlegung einer Behandlung stellt zwangsläufig eine Verletzung der Intimsphäre der Patienten dar. Sie hat Auswirkungen, die zum Teil schwer oder zumindest nicht von vorneherein einschätzbar sind. Ich bewundere die Bereitschaft jener Frauen und Männer, die hier beschrieben werden, sich dem Risiko auszusetzen und eine solche Enthüllung zu ermöglichen.

Dies ist mein zweites Buch über die Begegnungen zwischen Gefühl, Psychologie und Gehirn, und es ist größtenteils nach dem Vorbild des ersten geschrieben – »Der Feind in meinem Zimmer«. Zugleich jedoch hat die Notwendigkeit, die theoretischen Abhandlungen auf die Fallbeschreibungen im Buch abzustimmen, dazu geführt, dass verschiedene Themen in mehr als einem Kapitel vorkommen. So ist zum Beispiel das Phänomen des Sichverliebens Diskussionsgegenstand sowohl in Kapitel zwei als auch drei, Homosexualität taucht in den Kapiteln fünf und sechs auf, und das Thema von Verrat und Betrug wird in den Kapiteln vier, fünf und acht behandelt. Das Buch befasst sich auch mit Themen, die nicht direkt mit der Liebe zusammenhängen: Behandlung von Depression (1. Kapitel), Psychose nach der Geburt (2. Kapitel), therapeutische Schweigepflicht (3. und 6. Kapitel), Therapie von Angstzuständen (5. Kapitel) und anderes mehr. Die Hauptkritik, die ich von meinen Kollegen zu meinem letzten Buch, »Der Feind in meinem Zimmer«, erhielt, betraf den darin entstandenen Eindruck über den Erfolg psychischer und medikamentöser Therapien. Einige meiner Berufsgenossen hatten das Gefühl, das Bild, das ich präsentierte, sei zu rosig und das Maß an Fehlschlägen und Enttäuschungen bei der Behandlung psychischer Probleme größer, als dem Buch zu entnehmen ist. Möglicherweise haben sie Recht. In diesem Buch nun habe ich mich bemüht, mehr von der dunklen Seite zu zeigen – der dunklen Seite der Therapie, der menschlichen Existenz und der Liebe.

Wie in dem Buch ersichtlich wird und wie die meisten Menschen aus ihrer Erfahrung wissen, ist die Liebe ein starker, sensibler, häufig jedoch auch ein ungenauer und irreführender Kompass. Trotzdem benutzen ihn viele von uns, bewusst oder unbewusst, dazu, um ihren Weg durch die Stürme des Lebens zu steuern und zu finden. Die Liebe bringt uns dazu, das Schöne und Erhabene hinter der Farblosigkeit der alltäglichen Existenz zu sehen, doch ist sie auch Quelle von Illusionen und Frustration. Die Liebe ist mit der menschlichen Fähigkeit verknüpft, die Wahrheit zu sehen und dem Licht näher zu kommen, doch oft auch mit der nicht minder menschlichen Fähigkeit des Selbstbetrugs und der Selbstzerstörung. Daher ist ein Buch über die Liebe im Grunde ein Buch über die Menschen, ihr Leben, ihre Träume und ihre Enttäuschungen.

Um etwas von Liebe zu wissen, muss man Menschen kennen lernen und vor allem zu verstehen versuchen, was sie wollen. Die Psychoanalyse, ebenso wie die neuen biologischen Erkenntnisse über Liebe und Leidenschaft, sind nichts als der Versuch, die Wünsche der Menschen zu verstehen. Doch wie weit verstehen wir in Wahrheit? In welchem Maße kennen wir uns selbst und den anderen? Gegen Ende seiner Tage sagte Freud zu Marie Bonaparte, seiner Expatientin und treuen Freundin, dass er sich nach über dreißig Jahren Tiefenerforschung »der weiblichen Seele« immer noch frage: »Was will das Weib?« Diese Frage sagt wie jede viel über die Seele des Fragestellers aus. In der Liebe sind unsere Wünsche die Hauptsache, auch wenn wir sie nicht immer genau kennen und verstehen.

Dieses Buch gibt einige Antworten, alte wie neue, zum Thema Liebe. Doch unsere großen Fragen werden, wie es scheint, immer offen bleiben.

1. KAPITEL

Blind Date

– Du wirst ihn lieben, hatte Chagit am Telefon zu ihr gesagt. Ja'el hatte das skeptische, bittere Lächeln, das auf ihrem Gesicht und vielleicht auch in ihrer Stimme aufsteigen wollte, unterdrückt und ja, in Ordnung, gesagt, man könne ihm ihre Telefonnummer geben. Das war vor über einer Woche gewesen, und die Dinge hatten ihren üblichen Lauf genommen. Genau so, wie sie es von vornherein gewusst hatte, so wie es bereits Dutzende Male in der Vergangenheit passiert war. Sein Anruf nach drei Tagen. Die zögernde Stimme, als er sich vorstellte. Der übliche Vorschlag, sich am Schabbatende im »Vorgestern« zu treffen. Es gibt in Jerusalem nicht viele Orte, an denen sich ein religiöses Paar zu einem Blind Date treffen kann. Das »Vorgestern« war Restaurant, Bibliothek, Café und Buchladen zugleich, im ersten Stock eines freundlichen alten Steingebäudes. Die ersten Male, als Ja'el den Ort aufgesucht hatte, hatte er ihr gefallen. Eine warme Atmosphäre, gutes Essen und Regale über Regale mit Büchern, in die man sich versenken konnte, um die Schweigepausen abzumildern, um an andere Orte und zu anderen Zeiten zu schweifen. Doch in den letzten Wochen war sie zu oft dort gewesen, jedes Mal mit jemand anderem, zu Treffen, die ergebnislos endeten, genau so wie diese Verabredung ausgehen würde. Sie senkte den Kopf und hoffte, die Bedienung würde sich nicht an sie erinnern.

Das Date näherte sich dem Ende. Wieder, mit unentrinnbarer Exaktheit, trat jener peinliche Augenblick ein, der Moment, den sie so sehr hasste. Die letzten Kuchenkrümel rollten verwaist auf ihren Tellern herum, Minzeblätter klebten am Boden der Glastassen, aus denen der Tee ausgetrunken war. Der Lärm ringsherum konnte nicht von dem Schweigen ablenken, das zwischen ihnen herrschte. Mit gesenktem Kopf, ohne ihn anzusehen, fühlte Ja'el, wie seine Blicke ihr Gesicht, ihren Körper musterten. Sie wusste, dass er sich fragte, was er jetzt tun sollte, dass er zu entscheiden versuchte, ob sich ein weiteres Treffen lohnte, ob er sie wollte, ob es eine Chance gäbe, dass er sie irgendwann je wollen würde. Du kannst dir deine Überlegungen sparen, sagte sie stumm zu ihm, es wird ohnehin nichts daraus. Ich bin nicht die Frau deiner Träume. Und was dich angeht, ist es besser, du entfernst dich von mir, denn ich fühle wieder nichts. Wie immer. Auch für dich nicht. Und wir sind beide müde. Komm, lass uns zahlen und gehen, sagen wir nett Schalom und trennen uns. Wieder diese idiotische Zeremonie am Abschluss des Abends. Lass uns hoffen, dass wir uns nie mehr begegnen, du und ich, weder in der Universität noch bei Freunden. Auch nicht bei Chagit und Jonathan, die dachten, »es wäre herrlich«, wenn wir uns träfen, wir würden uns ganz sicher gefallen, und dass sie so zwei Alleinstehende in ihrer Umgebung loswerden und auch noch eine gute Tat für die arme Ja'el leisten würden, die noch nie einen Freund hatte. Wie ich dieses bevormundende Mitleid von meinen Freundinnen und ihren Müttern hasse. »Ja'el ist so ein prächtiges Mädchen, ich verstehe gar nicht, dass sie noch niemanden gefunden hat…«

In Wahrheit wollte Ja'el keinen Freund. Nicht wirklich. Zwischen ihren diffusen Phantasien von jemandem, der kommen und sie lieben würde, sie wie ein Küken aus der Schale befreien würde, die sich in den letzten Jahren um sie herum verhärtet hatte, und der Realität klebriger, peinlicher Blind Dates klaffte ein Abgrund, den sie nicht überbrücken konnte oder vielleicht auch nicht wollte. Sie lauschte der Unterhaltung, die das Paar am Nebentisch führte. Der Mann erzählte mit überfröhlicher Stimme von seiner letzten Parisreise. Ja'el versuchte mitzuzählen, wie oft er »ich« sagte, und gab es auf. Die Frau reagierte an allen richtigen Stellen mit »ja« und »was, wirklich?« Ob sie einander liebten? Sah so Liebe aus, hörte sie sich so an? Was würde er zu ihr sagen und sie zu ihm, wenn sie nackt im Bett lägen? Es gelang ihr nicht, sich ihr erstes Mal, wenn sie mit jemandem schliefe, vorzustellen. Sie konnte sich ein Paar ausmalen, das Sex miteinander hatte, aber sich selbst sah sie nie in der ersten Person dort, nackt dem Körper eines anderen gegenüber. Der Gedanke an das schweißtreibende, zu nahe Spiel, bei dem Mann und Frau wechselseitigen Genuss aus ihren Körpern schöpften, verursachte ihr Schwindel und ein leichtes Ekelgefühl.

Wie die Tiere, dachte sie. Gefangen wie Tiere in einem Kreislauf von Paarung, Geburt und Tod, und wieder die Paarung der nächsten Generation und wieder Geburt und Tod. Eine bekannte und abgedroschene Vorstellung, bei der nur die Schauspieler ununterbrochen wechseln. Jetzt war sie an der Reihe, sich diesem Kreis anzuschließen, ein Glied in der Kette der Generationen zu werden. Das war, was alle von ihr erwarteten und was nun geschehen musste. Nur gelang ihr nicht, die Begeisterung dafür zu mobilisieren, den Willen aufzubringen, der dieses ganze Melodrama in eine Geschichte aus dem Leben, eine echte Geschichte verwandeln würde.

Sie erinnerte sich an den Abend, den sie vor einigen Wochen auf dem Sofa in Chagits und Jonathans Wohnung verbracht hatte. Chagit, ihre beste Freundin aus der Zeit des Zivildienstes, hatte Jonathan geheiratet und war mit ihm nach Tel Aviv gezogen, wo sie beide an der Universität studierten. Die Verbindung zwischen Ja'el und Chagit war, seit sie geheiratet hatte, fast abgerissen. Daher war Ja'el überrascht, als Chagit sie plötzlich anrief und einlud, den Schabbat bei ihnen zu Hause zu verbringen. Später begriff sie, dass die Einladung nicht ganz ohne Hintergedanken war. Chagit und Jonathan versuchten, sie mit einem Freund Jonathans aus der Universität zu verkuppeln, ein dicklicher Amerikaner, der zu laut redete und ihr überhaupt nicht gefiel. Wie sie war er zum Freitagabendessen bei ihnen eingeladen worden. Ja'el schien, als hätte sie die drei Anwesenden und auch sich selbst am Ende des Abends ein bisschen enttäuscht, als der junge Mann seinen Mantel anzog und an der Tür sagte, dass er sich freuen würde, sie wieder zu sehen. Sie schrak zurück, senkte den Blick, murmelte etwas und zog sich ins Innere der Wohnung zurück, suchte Zuflucht in der Küche, die bereits sauber und aufgeräumt war und in der es eigentlich nichts mehr zu tun gab.

Die Atmosphäre des Abends hatte sich irgendwie getrübt, nachdem der junge Mann gegangen war. Sie saßen im Wohnzimmer, tranken Tee und wärmten Erinnerungen aus ihrer Zivildienstzeit auf, redeten über die Lage im Lande und ihr Studium, doch es klang alles bemüht und holprig. Ja'el schien es, als sei sie nicht die Einzige, die erleichtert war, als die automatische Zeitschaltung der Schabbatuhr die meisten Lichter in der Wohnung abschaltete und Chagit und Jonathan sie in das Zimmer entließen, das für sie hergerichtet worden war, das Zimmer, das für das erste Kind des glücklichen Paares vorgesehen war, ein Baby, das nicht lange auf sich warten lassen würde, das vielleicht sogar schon unterwegs war. Sie zog sich im Dunkeln aus und schlüpfte zwischen die Laken, bemüht, an nichts zu denken. Es fiel ihr immer schwer, an fremden Orten einzuschlafen, und so kam es, dass sie auch in jener Nacht mit offenen Augen dalag und auf die Schatten und Lichtstreifen an der Wand starrte, wenn vereinzelte Autos auf der stillen Straße vorbeifuhren.

Und dann geschah es. Jenseits der Wand hörte sie ein unterdrücktes Kichern, Chagits Stimme, die sie genau kannte, danach einen Seufzer und noch einen, als ob Chagit und auch Jonathan dort drüben etwas wehtun würde. Ja'el spannte sich, und nach kurzem Zögern stand sie leise auf, hüllte ihren Körper in die Bettdecke und trat auf Zehenspitzen in den Gang hinaus. Sie fühlte sich wie ausgesetzt in dem schwachen Licht, das durch das Fenster in der Badezimmertür hereinsickerte. Die Schlafzimmertür war geschlossen, doch die Stille in der Wohnung und der Aufruhr der Gefühle in ihr ließen die Stimmen der beiden schmerzhaft in ihren Ohren schrillen. Ja'el stockte der Atem. Es war etwas Animalisches an den Seufzern und dem Keuchen der zwei Menschen, die bis vor kurzem noch mit ihr im Wohnzimmer gesessen und leise und höflich über Dinge geredet hatten, an denen sie alle drei kein Interesse hatten. Jetzt, hinter der Tür, traf Körper auf Körper, öffneten sich Schenkel, etwas drang ein, und Becken schlug gegen Becken. Mit geschlossenen Augen lauschte Ja'el, wie Chagit und Jonathan mit fliegendem Atem, offenem Mund und kehligen Lauten der Entladung entgegengaloppierten, und der Stille danach. Sie wusste nicht, wie viel Zeit verging, bis die Stimmen hinter der Tür verstummten und sie behutsam auf Zehenspitzen in ihr Zimmer zurückkehrte, um sich vor den üblen Gedanken, die im Dunkeln in ihr wuchsen, in den Schlaf zu retten.

– Ja'el, ich habe schon gezahlt. Sollen wir gehen?

Seine Worte holten sie ins Hier und Jetzt zurück. Sie hob den Blick und sah den jungen Mann, der ihr gegenüber saß, flüchtig an, ihr zweiunddreißigstes Blind Date. Sie hatte diese

Verabredungen mit grausamer Genauigkeit mitgezählt. Zweiunddreißig junge Männer. Mit den meisten hatte sie sich nur einmal getroffen. Mit einigen zweimal. Mit keinem von ihnen öfter als viermal. Wie hieß er? Schaul? Avi? Die Namen verschwammen in ihrem Kopf. Er war ungefähr in ihrem Alter, fünfundzwanzig, und sein Gesicht hatte etwas Unschuldiges, Verletzliches. Er war keiner von diesen älteren Junggesellen oder Geschiedenen, die sich am Rande des Bekanntschaftsmarktes junger Religiöser tummelten. Gerade mit ihnen war es für sie allerdings viel einfacher. Das Wissen, dass der Mann, der ihr gegenübersaß, Erfahrung hatte, dass er ihr Treffen wie einen kurzen, zweckmäßigen Geschäftstermin behandelte, barg eine gewisse Erleichterung. Falls ja, dann ja, und falls nicht – musste er schnell wieder gehen, um noch am gleichen Abend die Nächste auf seiner Liste zu kontaktieren, wenn er sie nicht schon in der vergangenen Woche angerufen und mit ihr eine Verabredung für den folgenden Abend getroffen hatte. Wie scheinheilig dieses Geschäft mit den Bekanntschaften war.

Dann standen sie draußen, über ihnen der hohe, kalte Himmel einer wolkenlosen Jerusalemer Winternacht.

– Ist dir kalt?

Seine Stimme war an sie gerichtet, erreichte sie jedoch nicht.

– Nein, sagte sie und schwieg. Doch in ihrem Inneren schrie eine andere Antwort, die keiner je hören würde. Ja, Avi oder Schaul, mir ist sehr kalt. Mir ist schon lange kalt, und dir wird es nicht gelingen, mich zu erwärmen. Das gelingt niemandem. Mir kommt vor, als spräche ich die Sprache der Menschen nicht, als würde ich etwas nicht verstehen, das ihr versteht, etwas nicht fühlen, das alle fühlen. Du kannst nichts dafür, du bist ein guter Junge, aber du ziehst mich nicht an. Niemand ist anziehend für mich. Nichts zieht mich an. Aber vielleicht gibt es doch etwas, von einer Sache fühle ich mich doch angezogen. Manchmal, nach Abenden wie diesem, nach einem weiteren erbärmlichen Blind Date, das nirgendwohin führt, fühle ich mich vom Tod angezogen. Einfach nicht mehr sein, diese elende Komödie nicht mehr leben müssen, das Getuschel von Mamas Freundinnen nicht mehr hören, nicht fühlen, dass ich ohne Ziel in der Welt herumlaufe, ohne etwas wirklich zu wollen. Wie eine Schauspielerin, die ihren Text vergessen hat und hofft, dass es das Publikum nicht merkt. Vielleicht sterben wie das Licht ausmachen – klick, und Schluss. Aber das ist Unsinn. Ich würde mich nie umbringen. Nur steigt eben manchmal eine solche Welle in mir auf, und die Gleichgültigkeit ertrinkt in einer Flut von Schmerz, wortlos, bodenlos. Und dann will ich nur eins: dass es aufhört. Nicht denken. Nicht sein. Schluss.

Inzwischen hatten sie den Parkplatz erreicht. Schaul – jetzt war sie sicher, dass er so hieß – öffnete ihr die Autotür. Er hielt sie auf, während sie einstieg, schloss sie und ging erst dann auf die andere Seite, um selbst einzusteigen. Wo hatte er das gelernt? Den meisten Männern, mit denen sie sich zu einem Blind Date getroffen hatte, war diese kleine Geste unbekannt, oder sie wollten nicht die geringste weitere Anstrengung in die schweigsame junge Frau investieren, die sie in Kürze mit einem Gefühl der Erleichterung am Eingang ihres Hauses absetzen würden. Als sie begannen, die Straße hinunterzufahren, wagte sie es zum ersten Mal, sein Gesicht länger anzublicken, das hin und wieder von den Scheinwerferlichtern der entgegenkommenden Autos erhellt wurde. Ein angenehmes Gesicht. Er war kein geübter Fahrer, und das Auto stotterte ab und zu. Es störte sie nicht. Für einen Moment dachte sie, es könnte angenehm sein, so durch die Nacht zu fahren, mit einem unbekannten Mann, weit in die Dunkelheit hinein, ohne anzuhalten und ohne ein Wort zu wechseln. Aber dann erwachte sofort wieder die alte Bitterkeit in ihr: Ja, du findest es angenehm zu fahren, Ja'el, aber was ist mit ankommen? Du findest es nicht angenehm, irgendwo anzukommen, stimmt's?

Der Wagen hielt, und sie senkte das Gesicht. Sie waren vor ihrem Elternhaus angelangt. Schaul wollte das Auto parken und sie bis zur Tür begleiten, doch sie sagte, das sei nicht nötig. Keiner von ihnen sprach von einer weiteren Verabredung. Er wartete, bis sie im Eingang des Treppenhauses verschwunden war, dann fuhr er. Das Knattern des Motors erstarb langsam in der Dunkelheit, und die Stille kehrte in die Straße zurück. Sie wartete, bis das Licht im Treppenhaus erlosch, und drehte dann langsam den Schlüssel im Schlüsselloch, bemüht, kein Geräusch zu machen. Als sie die Tür öffnete, hoffte sie, dass ihre Eltern bereits schliefen und sie nicht gezwungen sein würde, ein weiteres Mal den fragenden Ausdruck vom Gesicht ihres Vaters und den enttäuschten auf dem ihrer Mutter abzulesen.

***

Mein erstes Treffen mit Ja'el begann auf dem linken Fuß. Ich war nicht der erste Therapeut, an den sie sich wandte, und das Schicksal der meisten meiner Vorgänger war kaum anders als das ihrer zahlreichen Blind Dates: Ein Treffen, allerhöchstens drei, an deren Ende ein Abschied trockenen Auges stand, und von ihrer Seite aus Erleichterung. Ja'el hatte sich an die Beratungstermine mit neuen Therapeuten gewöhnt wie an ihre anonymen Verabredungen im Café: Sie hielt sich zurück und vermied es, sich zu entblößen. So war es auch mit mir. Sie erzählte von ihrem Leben und beantwortete alle meine Fragen, doch etwas fehlte zwischen uns, etwas, das schwer zu benennen, aber dessen Abwesenheit sofort zu spüren ist. Ja'el kam zu dem Beratungstermin auf Anregung, sogar Drängen seitens Chagit. Auch ihre Eltern übten Druck aus, doch äußerte sich dieser in immer weiteren Aufforderungen zu Blind Dates mit den Söhnen von Freunden und Bekannten. Chagit dagegen hatte den Eindruck, dass das Problem woanders liege. Sie war selbst schon in psychologischer Behandlung gewesen, und ihrer Ansicht nach brauchte auch Ja'el eine solche Behandlung, hatte einfach nur noch nicht den richtigen Therapeuten gefunden. Nach langem Drängen und obwohl all ihre vorangegangenen Treffen mit Therapeuten mit Frustration geendet hatten, willigte Ja'el ein, zu einem Beratungstermin zu mir zu kommen. Gegen Ende unserer Stunde überraschte sie mich, als sie sagte:

– Es stört mich ein bisschen, dass Sie schreiben, während ich mit Ihnen spreche. Vielleicht könnten Sie nachher schreiben?

Im Allgemeinen mache ich mir nur bei meinem ersten Treffen mit einem neuen Patienten Notizen. Ich musste lernen, dass ich mich nicht auf mein Gedächtnis verlassen kann, was biographische Einzelheiten, Namen, Daten und Orte angeht, besonders wenn mir der Mensch, der mir gegenübersitzt, unbekannt ist und all die Details für mich noch ohne Bedeutung sind. Auch bei dem ersten Termin mit Ja'el hatte ich mitgeschrieben. Bis zu jener Bemerkung. Ich legte den Stift aus der Hand und betrachtete sie: ein hübsches religiöses Mädchen aus einer guten Jerusalemer Familie. Sie war nicht geschminkt, und ihr glattes, schwarzes Haar war zu einem Nackenschwanz zusammengefasst, der verhinderte, dass sie ihren Kopf im Sessel anlehnen konnte, und so saß sie aufrecht und vielleicht auch angespannt da. Sie trug einen langen Jeansrock, der bis zu den Knöcheln reichte, und eine helle Baumwollbluse mit geschlossenem Kragen und langen Ärmeln. Das einzige Detail, das nicht zu ihrem Erscheinungsbild passte, waren ihre Zehennägel in den Sandalen. Sie waren mit himmelblauem Nagellack bemalt, eine kräftige, sogar kühne Farbe.

– Ich habe aufgehört. Aber darf ich fragen, was Sie daran stört, wenn ich schreibe, während Sie sprechen?

– Wenn Sie schreiben, fühle ich mich wie ein »Fall«, wie ein psychologisches Problem. Außerdem hat es mich gestört, dass Sie angefangen haben, mehr zu schreiben, als ich Ihnen von meinen Gedanken an den Tod erzählte.

– In Ordnung. Ich werde mich bemühen, bei unseren Stunden nicht mehr zu schreiben, und wenn ich das Gefühl habe, dass ich trotzdem einmal etwas aufschreiben sollte, werde ich Sie vorher um Erlaubnis bitten. Sie haben Recht, dass ich das Schreibtempo erhöhte, als wir auf das Thema Tod kamen. Es hat mich etwas überrascht zu hören, wie groß manchmal ihre Lust zu sterben ist.

Meine Antwort war zwar konkret, aber nicht vollständig. Es gab noch einen Grund, der mich veranlasst hatte, mehr zu schreiben. Ich hatte nach dem Telefonat, das dem Termin vorausgegangen war, nicht vermutet, dass Ja'el an Selbstmord dachte. Die leichte Beunruhigung, die in mir aufstieg, zusammen mit der Überraschung, als wir das Thema berührten, ließ mich krampfhaft jeden Satz, der aus ihrem Mund kam, aufschreiben. Ja'el kam zu mir, weil es ihr nicht gelang zu lieben, und nun stellte sich heraus, dass sie an den Tod dachte. Ich fragte mich nach der Bedeutung der intimen und starken Beziehung zwischen Liebe und Tod, nicht nur bei Ja'el, sondern bei Liebenden überall und zu allen Zeiten.

– Auch mich überrascht es. Normalerweise möchte ich nicht sterben. Doch wenn es mir so geht, hält mich nicht einmal der Gedanke an meine Familie zurück.

– Was hält Sie dann davon ab?

– Ich weiß nicht… vielleicht irgendein Traum, dass es einmal anders wird.

– Und wegen dieses Traums wollten Sie zu mir kommen?

– Ja… nein. Erstens wollte ich nicht zu Ihnen kommen, sondern habe eingewilligt, zu Ihnen zu kommen. Und zweitens war ich aus einem anderen Grund damit einverstanden, eine Therapie zu machen. Ich habe mich schon mit zweiunddreißig jungen Männern zu Blind Dates getroffen, und ich habe keinem von ihnen irgendein Gefühl entgegengebracht. Um mich herum verlieben sich alle, die meisten meiner Freundinnen sind bereits verheiratet, meine Eltern sind in Panik, und ich – nichts. Ich habe beschlossen, dass es an der Zeit ist, für mich zu klären, was Liebe ist, wie man sich fühlt, wenn man liebt, und warum ich nicht fähig bin zu lieben. Deshalb bin ich gekommen.

Ja'els Worte rührten an mein Herz. Ich wollte ihr so gerne helfen, sie aber auch nicht in Illusionen wiegen.

– Ja'el, ich bin kein Experte für Liebe. Glauben Sie mir, das bin ich nicht.

– Wofür sind Sie dann Experte?

– Ich bin ein Spezialist für psychische Probleme, für eben solche Probleme, von denen Sie nicht wollen, dass ich Sie mit Ihnen näher betrachte.

Etwas in ihrem Gesicht – Enttäuschung oder ein gewisses Zurückschrecken vor den Worten, die ich äußerte, oder vielleicht vor der Art, wie ich sie gesagt hatte – veranlasste mich, schnell hinzuzufügen:

– Aber ich denke trotzdem, dass ich Ihnen helfen kann.

– Wie?

– Manchmal hindern psychische Probleme Menschen daran zu lieben.

– Sie denken, ich hätte ein psychisches Problem?

– Ich bin nicht sicher. Ich kenne Sie noch nicht gut genug, aber mir scheint schon.

– Und was ist mein Problem?

– Ich brauche noch Zeit, um Ihnen das mit Sicherheit sagen zu können. Trotzdem, mir scheint, Sie leiden unter einer leichten, aber anhaltenden Form von Depression, und auch an einer Störung, die wir soziale Phobie nennen, vielleicht auch an Persönlichkeitsproblemen.

Ja'el hatte erst vor kurzem ihr Sonderpädagogikstudium beendet. Sie kannte diese Begriffe und ihre Bedeutung sehr gut.

– Und wegen ein bisschen Depression, sozialer Phobie und Persönlichkeitsproblemen kann ich mich nicht verlieben? Wollen Sie mir das damit sagen?

– Vielleicht. Ich weiß es nicht.

– Wer weiß es dann?

– In diesem Stadium offenbar niemand. Ich hoffe, dass wir es beide bald wissen werden.

Schweigen. Anhaltendes Schweigen. Und auf einmal wütend:

– Was ist denn Ihrer Ansicht nach nicht in Ordnung mit meiner Persönlichkeit?

– Wenn Sie das so sagen, kann ich unserem Gespräch nichts weiter Nützliches hinzufügen. Abgesehen davon bin ich mir dieser Dinge nicht wirklich sicher. Und ich fange an zu bereuen, dass ich Ihnen auf Ihre Frage geantwortet habe.

– Aber Sie haben geantwortet. Ich war es nicht, die die Idee in unser Gespräch eingebracht hat, dass meine Persönlichkeit nicht in Ordnung sei. Sie hatten Glück, dass Sie sagten, Sie seien nicht sicher – obwohl mir scheint, dass Sie sicherer sind, als Sie zugeben wollen.

Ich hatte wirklich Glück: Die meisten von Ja'els Therapieversuchen waren nach einem Termin abgebrochen worden, doch sie war einverstanden, ein weiteres Mal zu kommen. Unsere erste Stunde endete in gespannter Atmosphäre, und so begann auch unsere zweite. Bei jenem Treffen begannen wir, im Detail über das zu sprechen, was sie zu mir geführt hatte: ihre Unfähigkeit zu lieben. Es war uns beiden von vornherein klar, dass zweiunddreißig ergebnislose Blind Dates überhaupt nichts über ihre Liebesfähigkeit aussagten. Derartige halbgeschäftliche Verabredungen, der Tummelplatz von jungen und weniger jungen Leuten, religiös wie säkular, haben etwas Grausames und Entfremdetes an sich. Manche kommen zu diesen Treffen, um dort den Bruder eines Freundes des Cousins kennen zu lernen, und manche gehen hin, um jemanden zu treffen, den sie in den einschlägigen Internetseiten gefunden haben, die zum Single-Markt von Israel avanciert sind. Im vierten Kapitel werden wir uns näher damit beschäftigen. In jedem Falle: eine anonyme Verabredung im Café ist nicht gerade die ideale Ausgangssituation, um sich zu verlieben.

Doch das war nicht das Problem. Ja'el behauptete, dass sie für niemanden und nichts auf der Welt Liebe empfinde: weder für ihre Eltern noch für ihre kleinen Geschwister, nicht für ihre Freundinnen und vor allem nicht für sich selbst. Man konnte sagen, dass sie sich selbst verabscheute, und das ängstigte mich. Weshalb? Weil ein Mensch in solchen Situationen manchmal einen Prozess gegen sich selbst führt, hinter verschlossenen Türen, ohne Verteidiger. Im Geheimen, im Innersten der Seele, findet eine erbarmungslose Gerichtsverhandlung statt, bei der der Mensch gleichzeitig zum Ankläger, Richter und bisweilen zu seinem eigenen Henker wird.

– Und war das schon immer so? Haben Sie nie geliebt?

– Die gleiche Frage stelle ich mir auch. Ich bin nicht sicher, aber ich glaube, ich habe nie jemanden wirklich geliebt.

– Und was sagen Ihre Eltern? Erinnern sie sich so an Sie in Ihrer Kindheit – ein Mädchen, das weder sich selbst noch jemand anderen geliebt hat?

Ein Anflug von Ärger streifte ihr Gesicht.

– Meine Eltern erzählen immer davon, dass ich zu früh geboren wurde. Sie sagen, dass ich im ersten Jahr ein bisschen Probleme hatte, weil ich nach der Geburt ein paar Wochen im Brutkasten war, dass ich aber mit viel Liebe aufgewachsen sei. Sie erzählen, dass ich mich im Kindergarten und in der Schule ein wenig schwer tat, und auch ich habe es so in Erinnerung. Aber es gab nichts Besonderes.

– Was heißt das, Sie taten sich ein wenig schwer?

– Ich war sehr schüchtern und still. Ich war eine gute Schülerin, aber ich habe mich nie gemeldet. In den Pausen war ich eigentlich immer allein.

– Und was ist mit Liebe?

– Das ist es ja, ich erinnere mich nicht. Sie sagen, dass alles in Ordnung gewesen sei, dass ich Liebe bekommen und gegeben hätte, dass ich ein sehr braves Kind gewesen sei. Aber vielleicht erzählen sie nur, was bequem für sie ist, denn in den letzten Jahren war ich kein so braves Mädchen mehr. Zu Hause tat ich normalerweise, was sie von mir erwarteten, denn ich bin die älteste Tochter und habe noch vier kleine Geschwister. Ich half meiner Mutter und kümmerte mich um alle, so viel ich konnte, aber es kam nichts wirklich von Herzen, und alle zu Hause haben das gespürt. Ich machte das Abitur, den Zivildienst und schrieb mich an der Universität ein, aber innerlich hatte ich das Gefühl, dass das alles bloß gespielt war, alles Theater. Ich fühlte für niemanden in der Familie Liebe. Niemanden.

– Wirklich? Keine Liebe für Ihre Eltern und Geschwister? Gibt es niemanden darunter, den Sie besonders mögen?

– Ja, Isai, unseren Kleinsten, aber das ist keine Kunst. Alle lieben ihn, weil er so süß ist.

– Was fühlen Sie ihm gegenüber?

– Manchmal ist es angenehm, mit ihm zusammen zu sein. Er ist acht, und als er kleiner war, habe ich gerne mit ihm gespielt. Jetzt ist mir auch das vergangen. Ich kümmere mich um ihn und möchte nicht, dass ihm irgendwas Schlimmes passiert, aber ich sehne mich nicht nach ihm, wenn ich nicht bei ihm bin, und ich denke nicht viel an ihn. Und Isai ist mir der teuerste Mensch auf der Welt. Aber was heißt das? Dass ich ihn liebe? Sieht so Liebe aus? Wie fühlt es sich an, wenn man liebt? Ich fühle nichts. Ich sehe rings um mich Menschen, die weinen und lachen, aber ich bin wie von einem anderen Stern.

Ich betrachte alle von außen, und bei mir drinnen – Leere. Vielleicht habe ich einfach nicht die Fähigkeit zu lieben? Vielleicht habe ich keine Gefühle?

***

Wenn Ja'el sagt, »ich fühlte für niemanden Liebe«, oder »ich habe keine Gefühle«, ist es sehr schwierig, ihre Worte wissenschaftlich zu analysieren. Denn wie kann man wissen, wirklich wissen, wie jemand anderes fühlt? Alle Empfindungen und Gefühle, von Liebe bis Schmerz, sind subjektiv – das heißt, sie werden von einem Menschen, und nur von ihm allein, erlebt, in seiner inneren und persönlichen Realität. So sind denn auch einige der Ansicht, dass die Psychologie nicht »wissenschaftlich« sein kann, da sie sich mit seelischen Eigenschaften befasst, wie zum Beispiel Liebe, und nicht mit messbaren Quantifikationen. Und doch erwuchs in den letzten Jahren eine faszinierende und fruchtbare psycho-biologische Forschung, die sich mit Gefühlen beschäftigt.

Was also ist Liebe? Antonio Damasio, Jack Panksepp und andere Wissenschaftler sind der Auffassung, dass Liebe ein *Gefühl* ist und daher, wie die übrigen Gefühle, auch etwas ist, das wir *spüren*. Ihrer Meinung nach haben unsere Gefühle ebenso wie unsere fünf Sinne (Sehen, Hören, Tasten, Geschmack und Geruch), die Wege zum Kennenlernen der äußeren Realität sind, einen Sinnesaspekt. Von dieser Warte aus könnte man sagen, dass Gefühle eine Art »sechster Sinn« sind, durch die wir unsere innere Realität erfahren: »Ich bin in ihn verliebt«; »Ich hasse sie«; »Ich fürchte mich vor der Dunkelheit«. Unsere Gefühle sagen uns, wie wir uns von *innen* heraus, »aus dem Bauch«, auf Menschen und Situationen in der *äußeren* Welt beziehen: »Ich fühle mich *so* in Bezug auf *das*«. Doch im Gegensatz zu den äußeren Sinneswahrnehmungen wie Sehen oder Hören haben unsere Gefühle stets einen starken Einfluss auf unser ganzes Dasein. Es ist ein regelrecht zwingender Einfluss, von dem zu befreien uns zumeist äußerst schwer fällt. Jeder, der einmal geliebt hat, weiß genau, wie dieses Gefühl uns völlig verändert, zum Guten wie zum Schlechten. Gefühle generell, und speziell außer Kontrolle geratene Gefühle, sind die Lieferanten für einen Großteil des Lebensunterhalts von Psychologen, Psychiatern und allen anderen, die sich mit der menschlichen Seele befassen. Furcht und Angst, Depression und Verzweiflung, Wutausbrüche und gebrochene Herzen sind die Stammgäste in meiner Praxis wie in den Praxen anderer Therapeuten.

Wenn Gefühle so viele Probleme in unserer Welt verursachen, weshalb haben wir sie dann eigentlich? Vielleicht wäre es für uns alle besser, wenn wir keine Liebe bräuchten? Ist es überhaupt möglich, ohne Liebe zu leben? Es gab Epochen und Gesellschaften, in denen die Fähigkeit, sich von Liebe, Gefühlen und persönlichen Bezügen zu lösen, als hohe geistige Tugend und sogar als Zeichen von Geläutertsein und Heiligkeit betrachtet wurde. Der Buddhismus predigt seit 2500 Jahren die Loslösung von unseren materiellen Bindungen, von der Liebe, die uns dazu bringt, an einer ausschließlichen und besitzergreifenden Beziehung zu einem bestimmten Menschen festzuhalten. Solche Liebe endet nämlich zwangsläufig mit Verlust und Enttäuschung und führt stets zu *Dukha,* das heißt, unser und anderer Leiden. Griechische und römische Stoiker, Philosophen aller Zeitalter und kühl temperierte Briten haben die Fähigkeit, Gefühle zu überwinden, sich von ihnen zu lösen und über sie zu erheben, kultiviert und geachtet. Wie im achten Kapitel zu sehen sein wird, sind Abwendung von fleischlicher Liebe und ihre Überwindung wichtige Motive im Katholizismus. Hätte sich Ja'el in Irland oder einer anderen katholischen Gesellschaft befunden, wäre sie möglicherweise statt in psychologische Behandlung in ein Kloster gegangen, wo sie vielleicht sogar Sinn und Bedeutsamkeit für ihr Leben gefunden hätte.

Doch in der westlichen Überflussgesellschaft unserer Zeit, zu der auch Israel gehört, sind wir einer völlig entgegengesetzten Botschaft ausgesetzt. Psychologen, Publizisten, Moderatoren von Talkshows und Filmstars rufen uns wieder und wieder entgegen: »Fühlt! Erlebt! Join your feelings!« In ihrem Buch »Der Konsum der Romantik« geht die Soziologin Eva Illouz den Mechanismen nach, mit denen uns eingebläut wird, dass Sichverlieben die ultimative Erfahrung sei. Gestützt auf eine Reihe von Interviews mit Menschen unterschiedlicher Gesellschaftsschichten über die Erfahrung der romantischen Liebe, gelangte Illouz zu der Schlussfolgerung, dass unsere Kultur von Botschaften überflutet ist, die uns auf jenen ersehnten Sturm der Gefühle hin trainieren. Junge wie ältere Menschen entnehmen den Medien, dass jemand, der momentan keine berauschende Liebe erlebt, die Hauptsache versäumt. In der Werbung, der wir tagtäglich ausgesetzt sind, sind verliebte Paare zu sehen, jung und schön, die Zigaretten rauchen, Häppchen essen, mit einem funkelnden neuen Auto fahren oder mit einer neuen Kreditkarte glänzen. Der Kopf der Frau ist häufig mit leicht geöffnetem Mund nach hinten gebogen, und ihre Augen sind wie in einem Sinnestaumel geschlossen, ein Ausdruck größtmöglichen Genusses. Heranwachsende in unserer Gesellschaft lernen aus Liedern, Romanen, Filmen, Telenovelas und der Werbung, dass sie das aufwühlende, »authentische« Gefühl erwarten sollen, das in ihrem Leben unversehens ausbrechen und sie im Sturm mitreißen wird, das ihren Eintritt in die romantische Welt der Erwachsenen bedeutet – jenen, denen es erlaubt ist, zu besitzen und sich zu verlieben. In einer solchen Gesellschaft wird eine junge Frau wie Ja'el nicht nur zur Ausnahme, sondern auch zu einer mit einem seelischen Problem. Stellt die romantische Liebe immer einen Teil des Lebens normaler Menschen in unserer Gesellschaft dar? Zeugt die Unfähigkeit, sie zu erfahren, oder das Desinteresse daran, von einem psychischen Problem, das behandelt werden muss? Auf diese wesentlichen Fragen werden wir am Ende des Kapitels zurückkommen.

Wie auch immer, wenn jemand nur wenig Liebe erlebt oder äußert, sagen wir von ihm, er sei »kalt wie ein Fisch«. Demgegenüber wird jemand, der seine Gefühle und Liebe mit hoher Intensität auslebt, als »heißblütig« bezeichnet. Diese Vergleiche spiegeln, so wie viele Redensarten, alte existentielle Wahrheiten wider, die die Wissenschaft erst in den letzten Jahren zu erforschen begonnen hat. Wie sich zunehmend herausstellt, sind Gefühle generell und Liebe im Besonderen die fast ausschließliche Domäne warmblütiger Lebewesen – Säugetiere und Vögel. Es scheint, dass die Liebe in unserer Welt ungefähr zur gleichen Zeit auftauchte – vor hundert bis hundertfünfzig Millionen Jahren –, in der die ersten Warmblüter, unsere prähistorischen Vorfahren, auf dem Erdball erschienen. Es war damals nicht abzusehen, dass die Nachkömmlinge jener kleinen und furchtsamen Lebewesen am Ende über den Planeten herrschen würden. Die ersten Liebenden auf der Welt waren nach Ansicht eines Teils der Forscher Lebewesen, die etwa die Größe einer Maus hatten, die sich aus Überlebensgründen vor den vielen lauernden Raubtieren versteckten, kaltblütige Räuber aus der Familie der Kriechtiere.

Zu jener Zeit regierten die Dinosaurier die Welt, und sie gehörten, ähnlich den Echsen und Schlangen unserer Tage, zur Gattung der Kriechtiere: Sie legten Eier, ihr Körper war mit Schuppen bedeckt und ihr Blut kalt, das heißt, die Wärme ihres Körpers entsprach der Temperatur der Umgebung. Die Kriechtiere waren – wie alle Tiere, die ihnen auf der Erdoberfläche vorangingen, von Bakterien bis zu Fischen und Fröschen – nicht dazu fähig, eine reguläre Körperwärme zu bewahren. Trotzdem war ein Teil der Dinosaurier, wie ihre Blutsverwandten, die Krokodile und Schlangen in unserer heutigen Zeit, geschickte Raubtiere, gefährlich für jeden prähistorischen Säuger, der ihnen in die Quere kam.

Unter solchen Bedingungen, unter denen ein Zusammenstoß mit einem jagenden Kriechtier den nahezu sicheren Tod bedeutete, taten die ersten Säugetiere offenbar das, was Guerillakämpfer, Diebe und nicht wenige Liebespaare auch heute noch machen: Sie gingen zu Nachtaktivität über. Warum? Weil in der Nacht die Temperatur abfällt und damit auch die Körperwärme der Kriechtiere, der Feinde der ersten Säuger. Wenn ein kriechender Kaltblüter unserer heutigen Zeit, wie eine Eidechse oder eine Schlange, auf einem Stein lagert und sich in der Morgensonne wärmt, verwöhnt er sich nicht, sondern kommt einer existentiellen Notwendigkeit nach. Die Eidechse ist, ähnlich den übrigen Kriechtieren, in kalten Nächten benommen, fast gelähmt und völlig hilflos. Wie ein Auto, das an einem Wintermorgen schwer anspringt, muss sie ihre Körpertemperatur erhöhen, damit sie anfangen kann, sich zu bewegen und effektiv zu funktionieren. Die Säugetiere bewahren im Gegensatz dazu auch in Winternächten eine stabile und reguläre Körperwärme, was einen immensen Vorteil bedeutet. Derjenige, dessen Körper und Blut immer warm sind, kann sich bewegen, empfinden und flink und effektiv reagieren, auch wenn es draußen kalt ist. So überlebten die Säuger das Zeitalter der Dinosaurier und machten sich am Ende zu den Herrschern über die Erde.

Ein Körper, dessen Wärme auch in nächtlicher Kälte stabil bleibt, gleicht einem Haus, dessen Heizung während des ganzen Winters ständig läuft. Es ist ein Vergnügen der Reichen.

Die Lebensqualität ist höher und ebenso die Verschwendung. Auf Grund der Notwendigkeit, eine reguläre Körperwärme zu bewahren, brauchen Säugetiere und Vögel größere Mengen an Nahrung als in Größe und Gewicht vergleichbare Kriechtiere. Darüber hinaus funktionieren die Systeme zur Regulierung der Körperwärme zu Beginn des Lebens nicht besonders gut, wodurch ein Problem für junge Säugetiere und Küken entsteht, das bei den Kriechtieren nicht existiert.

Im Allgemeinen schlüpfen kleine Reptilien aus Eiern aus, die ihre Mutter in einer Welt aussetzt, in der es keine Eltern, keine Liebe und keinen Funken von Erbarmen gibt. Die meisten Mütter aus der Familie der Kriechtiere legen ihre Eier in einem Versteck ab und ziehen ihrer Wege, ohne sich umzublicken. Vom Augenblick ihres Ausschlüpfens an sind die jungen Kriechtiere mit allem ausgestattet, was nötig ist, um an Nahrung zu kommen und unabhängig zu überleben. Einem Großteil wird es nicht gelingen, doch diejenigen, die das Erwachsenenalter erreichen, paaren sich und zeugen Nachkommen. Aber auch jene werden sie nie kennen, so wie sie ihre Eltern nicht kannten. Im Gegensatz dazu sind die Jungen der Säugetiere, so wie menschliche Säuglinge, am Anfang ihres Lebens nicht in der Lage, den Preis für ihre Zentralheizung aus eigener Kraft zu bezahlen. Sie haben weder die Fähigkeit, ihre Körperwärme zu bewahren, noch die mindeste Chance, an genügend Nahrung zu kommen, um bis zum Erwachsenenalter zu überleben, ohne enge, durchgehende und anhaltende Hilfe von außen. Solange sie im Bauch ihrer Mutter sind, sind sie gut geschützt und genährt, doch was sie nach ihrer Geburt am Leben erhält, ist nicht nur die Milch, die sie säugen (daher der Name), sondern auch und vor allem ihre warme und starke Beziehung zu einem unabhängigen und erwachsenen Lebewesen, das sich um sie kümmert und sie wie den eigenen Augapfel behütet – eine Mutter.[1]

Mit dem Auftauchen der Säugetiere auf der Erdoberfläche entstand auch die existentielle Notwendigkeit, das Junge an seine Mutter zu »kleben« und umgekehrt, damit sie nicht voneinander getrennt würden. Dieser Klebstoff hat einen Namen – *Liebe.* Alle Säugetiere werden mit den erforderlichen Mechanismen und Strukturen im Gehirn geboren, um das Gefühl der Liebe hervorzurufen und zu empfinden. Es gibt keine Gewissheit, dass die Notwendigkeit, eine reguläre Körperwärme zu bewahren, für die Entwicklung der Liebe verantwortlich ist, doch es scheint, dass beides in etwa zur gleichen Zeit im Laufe der Evolution auftauchte. Wie auch immer, die Liebe ist nicht als ein Luxus anzusehen – sie war und blieb eine existentielle Notwendigkeit für Säugetiere und damit auch für uns. Die Fähigkeit zu lieben ist Teil des »Basispakets«, mit dem wir geboren werden.[2] In diesem Sinne lässt sich sagen, dass wir alle »gefühlvoll« sind und alle, in schlichter Bedeutung des Ausdrucks, für die Liebe gebaut sind. Ich sah keinen Sinn darin, all dies zu Ja'el zu sagen. Von ihrem Standpunkt aus hatte sie keine Gefühle, und wissenschaftliche Argumentationen würden sie nicht überzeugen. Welche Gründe führen bei einem Menschen dazu, seine Gefühle, und speziell seine Liebe, nicht auszudrücken? Es gibt viele und unterschiedliche Ursachen dafür, doch im Falle Ja'els begann ich mehr und mehr den Verdacht zu hegen, dass ein ganz bestimmter Faktor dazu beitrug – die Tatsache, dass sie sich in einer Depression befand.

***

– Yoram? Hier ist Ja'el. Es ist ein bisschen seltsam für mich, mit Ihnen am Telefon zu sprechen. Ich hatte nicht erwartet, dass Sie abheben. Ich dachte, ich hinterlasse Ihnen eine Nachricht auf dem Anrufbeantworter. Ich möchte unseren nächsten Termin absagen, und ich glaube, wir sollten bis auf weiteres kein Treffen mehr ausmachen.

– Darf ich fragen, warum?

Ich kannte die Antwort. Nach zwei Sitzungen war es mir nicht gelungen, eine emotionale Beziehung mit ihr herzustellen oder ihr das Gefühl nahe zu bringen, dass eine solche Beziehung zwischen uns in Zukunft möglich sein könnte. Mit anderen Worten, es war mir nicht gelungen, ihre Verzweiflung zu reduzieren, das Gefühl der Einsamkeit, das sie einhüllte, auch nur etwas zu lindern. Mir stand das gleiche Schicksal wie das der zweiunddreißig Blind Dates und der sieben Therapeutinnen und Therapeuten bevor, die mir vorausgegangen waren. Ich wusste, dass die Gründe, die Ja'el und mich daran hinderten, eine Beziehung herzustellen, größtenteils von ihr ausgingen und von ihren Bezugsmustern zu den Menschen in ihrem Leben. Ja'el verhielt sich mir gegenüber wie zu allen anderen Menschen, die versuchten, mit ihr eine Beziehung anzuknüpfen. Doch mir war klar, dass diese therapeutische Einsicht mir jetzt nichts helfen würde. Darüber hinaus gab es noch weitere Faktoren, wegen derer Ja'el die Behandlung abbrechen wollte, und ein Teil davon hing mit mir zusammen, mit meinen Charaktereigenschaften und meinem Verhalten. Die Tatsache, dass ich ganz beiläufig, fast grob, zu ihr gesagt hatte, dass sie an psychischen Problemen einschließlich Persönlichkeitsproblemen litt, war einer Beziehung zwischen uns, um es gelinde auszudrücken, nicht sehr förderlich gewesen. Ich begriff mit einiger Verspätung, dass ich im Grunde die psychologischen Diagnosen dazu benutzt hatte, um sie in dem verdeckten Wortgefecht, das sich fast sofort zwischen uns entwickelt hatte, anzugreifen. Ich hatte nicht zur rechten Zeit darauf geachtet, und nun war es bereits zu spät. Ja'els Antwort ließ mir nicht viel Raum, um mit ihr zu besprechen, was sich zwischen uns ereignet hatte.

– Ich weiß nicht… Ich sehe einfach keinen Sinn darin, mit Ihnen weiterzumachen. Nicht nur mit Ihnen, ich sehe keinen Sinn, überhaupt weiterzumachen.

Ich hatte das Gefühl, dass wir tatsächlich kurz vor der Beendigung unserer Beziehung standen. Es sei denn, ich würde um mein Leben flehen – das heißt, um das Leben der Behandlung –, und auch dann war nicht sicher, ob sie bereit wäre, weiterzumachen. Es war möglich, dass Ja'el noch größere Ablehnung verspüren würde, sogar Verachtung und Misstrauen gegenüber dem Therapeuten, der darauf beharrte, die Beziehung aufrechtzuerhalten, obwohl sie sie beenden wollte. Ich begriff, dass ich nur mehr eine kleine letzte Chance bei ihr hatte, und ich fürchtete, dass sie sich in Gefahr befand. In solchen Situationen ist es für den Therapeuten besser, auf seine Ehre und seinen Stolz zu verzichten und das zu tun, was unzählige Liebende und andere Menschen vor ihm, die verlassen wurden, durch alle Generationen hindurch, in Augenblicken der Trennung getan haben – es ist besser für ihn zu flehen. Ich flehte also.

– Ja'el, kommen Sie noch zu einem Termin mit mir, und wir reden von Angesicht zu Angesicht darüber. Ich bitte Sie wirklich zu kommen.

Die Wut, die ich in ihrer Stimme am Schluss unserer zwei Sitzungen gehört hatte, tauchte wieder auf, mit einem neuen Unterton, den ich bei ihr noch nicht kannte – Sarkasmus.

– Wozu? Damit wir den Abschied gemeinsam bearbeiten können?

– Nein, wieso? Wie kommen Sie auf diese Idee?

– Das ist doch, was ihr Therapeuten im Allgemeinen wollt – alles und jedes bearbeiten. Aber es reicht mir mit dem Bearbeiten. Es reicht mir überhaupt. Lassen Sie mich in Ruhe. Warum wollen Sie, dass wir uns noch einmal treffen?

– Weil ich hoffe, Sie davon zu überzeugen, in die Therapie zurückzukehren. Ich nehme an, Sie würden nicht aufhören wollen, wenn Sie nicht von mir enttäuscht wären. Ich möchte verstehen, was Sie zu der Entscheidung veranlasst hat, die

Behandlung abzubrechen. Kommen Sie, lassen Sie uns versuchen, etwas Neues zu machen, anders als all die therapeutischen Beziehungen, die Sie hatten, und als das, was bisher zwischen uns war. Kommen Sie, bitte. Schlimmstenfalls haben Sie ein paar hundert Schekel und zwei Stunden Ihres Lebens eingebüßt, inklusive Hin- und Rückfahrt.

– Ein paar hundert Schekel sind viel Geld, und weder ich noch meine Eltern haben überflüssiges Geld zu verschwenden. Und im besten Fall?

– Im günstigsten Fall ändert sich in Ihnen vielleicht etwas, und Sie werden wissen, was Sie wollen.

– Das ist also die Herausforderung: mich zu verändern?

In der Tat, ist das die therapeutische Herausforderung – den Menschen zu ändern? Und falls ja, wer bestimmt die Richtung der Veränderung? Wer hat entschieden, dass es gut ist, Liebe zu fühlen? Vielleicht ist es besser, immun gegen sie und den nächsten Herzensbruch zu sein, der ihr im Allgemeinen folgt? Das sind große Fragen, auf die die Antworten weder klar noch übereinstimmend sind. Die therapeutische Herausforderung ist nicht, den Menschen zu verändern, sondern ihm zu helfen, eine freie Wahl zu treffen, und eine freie Wahl führt nicht in jedem Fall zu einer Verhaltensänderung. Es ist möglich, dass der Mensch wählt, so zu leben, wie er in der Vergangenheit gelebt hat – doch es wird eine freiere und bewusstere Wahl sein.[3] Ich wollte mich mit Ja'el treffen. Ihre Worte »es reicht mir« und »ich sehe keinen Sinn, überhaupt weiterzumachen«, beunruhigten mich vor dem Hintergrund der suizidalen Gedanken, die sie in der Vergangenheit gehabt hatte. Der schmale Grat zwischen Selbstmordgedanken und der aktiven Tat kann überschritten werden, wenn sich ein Mensch einsam und verzweifelt fühlt. Aber das alles konnte ich ihr nicht am Telefon sagen. Wieder waren wir in einen lähmenden Kampf der Kräfte geraten, diesmal um die Frage, ob sie zu einem weiteren Termin kommen würde oder nicht. Was sollte ich tun? In solchen Situationen lohnt es sich manchmal, auf die Kontrolle und den Versuch, sie zu erlangen, zu verzichten und stattdessen den Patienten zu fragen, was man machen soll.

– Was schlagen Sie mir vor zu tun, um Sie zu überzeugen, noch zu einem Termin zu kommen?

Sie lachte, und das war das erste Mal, dass ich sie lachen hörte. Ihr Lachen war hübsch. Vielleicht war noch nicht alles verloren.

– Statt mit mir zu diskutieren, sollten Sie vielleicht versuchen, mir zu erklären, wie Sie denken, mir helfen zu können.

– Wozu? Damit Sie mir dann erklären, weshalb das nicht funktionieren wird?

– Jetzt debattieren Sie schon wieder. Ich will, dass Sie es mir erklären, dass ich es verstehe. Außerdem scheint mir, dass »wozu« zu fragen mein Privileg und nicht das Ihre ist.

– Gut. Sie haben Recht. Sie erinnern sich, dass ich Ihnen sagte, dass Sie anscheinend an einer leichten Form von Depression leiden? Die Art, wie ich es sagte, war nicht sehr glücklich. Aber ich denke das wirklich.

– Nehmen wir einmal an, ich hätte eine Depression. Ich habe sehr gute Gründe, eine zu haben.

– Stimmt, die haben Sie wirklich, aber es ist schwierig, in diesem Bereich zwischen Grund und Ursache zu unterscheiden. Leiden Sie an einer Depression, weil Ihr Leben keinen Sinn hat und Sie niemanden lieben, oder finden Sie keinen Sinn und keine Liebe, weil Sie an einer Depression leiden? Höchstwahrscheinlich ist beides richtig, und die momentan wichtige Frage ist nicht, was was bedingt hat, sondern wie das beendet werden kann.

– Wirklich, wie?

– Ich habe sogar eine Idee, aber das ist nichts fürs Telefon.

– Warum nicht?

– Weil die gar nicht kleine Chance besteht, dass Sie einfach auflegen, wenn ich es Ihnen jetzt sage.

– Das heißt, ich muss zu einem weiteren Treffen zu Ihnen kommen, um mir eine Idee anzuhören, die mir Ihrer Meinung nach nicht zusagen wird?

– Ja, so ungefähr.

– Wissen Sie, Joram, das ist nicht unbedingt ein Vorschlag, den man unmöglich ablehnen könnte.

– Stimmt. Aber vielleicht kommen Sie trotzdem?

– Gut.

Etwas hatte sich zwischen uns bewegt in diesem Telefongespräch. Es war ein gewisses Maß an Leichtigkeit und auch Gleichberechtigung im Austausch unserer Worte, hauptsächlich gegen Ende, zu verzeichnen. Es konnte sehr gut sein, dass es diese befreitere Atmosphäre war, die sie dazu brachte, zu einem weiteren Termin zu kommen, mehr als jede Begründung, die ich angeführt hatte. Mit anderen Worten, das, was Ja'el in die Therapie zurückkehren ließ, war nicht der *Inhalt*, sondern der *Prozess*. Der Unterschied zwischen Inhalt und Prozess gleicht dem zwischen Worten und Melodie: Die Melodie befindet sich zwischen den Worten, in ihnen und hinter ihnen, und sie beeinflusst uns auf verborgenen Wegen über die Wirkung der Worte hinaus. Das Bewusstsein der großen Bedeutung dieses Prozesses im Leben generell, und ganz besonders in der Therapie, ist eines der Grundprinzipien der *dynamischen Psychotherapie*. Das ist die Bezeichnung, die der Sammlung von psychotherapeutischen Methoden verliehen wurde – aus Gründen, zu denen wir im zweiten Kapitel vordringen werden –, die direkt oder indirekt dem Gedankengebäude Sigmund Freuds erwuchsen. Jedenfalls, die Leichtigkeit und die Befreiung, die ich in dem Telefongespräch empfand, verschwanden spurlos, als Ja'el zu dem dritten Treffen kam. Ihr Gesicht war gefroren, und ihr Blick mied mich.

Ich holte tief Luft und seufzte leise. Das passiert mir manchmal, ohne dass ich es bemerke. Ja'el dagegen merkte es sehr wohl.

– Sie haben es schwer mit mir, stimmt's? Sie bereuen sicher, dass Sie darauf bestanden haben, sich mit mir zu treffen.

– Stimmt, es ist schwierig für mich mit Ihnen. Und nein, ich bereue es nicht, auf dem Termin mit Ihnen beharrt zu haben. Manchmal gibt es Dinge im Leben, die schwierig sind, aber lohnend.

– Wie Ja'el zu therapieren?

– Ja … oder genauer: Wie Ja'els Therapie. Ja'el zu therapieren wird nicht glücken. Die Therapie von Ja'el – sie hat vielleicht eine Chance.

– Was meinen Sie? Ich verstehe den Unterschied nicht.

– Die Therapie muss die Ihre sein, damit sie gelingt. Sonst wird es keine geben, denn Sie werden nicht hierher zurückkommen.

– Aber ich weiß nicht, was ich will. Schließlich wollte ich nicht wirklich herkommen. Ich hatte es einfach Chagit versprochen.

– Wenn das der einzige Grund ist, aus dem Sie hier sind, dann haben wir keine Chance.

– Ich bin auch hier, um Ihre Idee zu hören, wie man mich aus der Depression holen könnte.

– Ich werde es Ihnen sagen, aber davor ist es wichtig zu wissen, was Sie möchten, dass die Therapie für Sie bewirken soll.

– Aber ich weiß es wirklich nicht.

– In Ordnung, dann versuchen Sie vielleicht zu raten, was Sie wollen.

– Warum raten Sie nicht? Das ist doch Ihre Arbeit.

– Meine Vermutungen werden uns nicht helfen. Wir haben ja schon gesehen, was passiert, wenn wir machen, was ich will. Aber mir scheint, Sie sagten in der ersten Stunde, dass Sie verstehen möchten, was Sie daran hindert zu lieben. Ist es das, was Sie wollen? Nur verstehen? Oder vielleicht möchten Sie auch lieben?

– Ich weiß es nicht. Wie kann man das wissen? Wenn ich nicht wollte, würde ich nicht zu diesen ganzen Dates gehen. Aber mit mir geschieht etwas, wenn ich zu der Verabredung selbst komme, und mein ganzes Wollen verlässt mich. Ich will nur noch verschwinden. Allein sein.

– So wie Sie am Schluss unseres Telefongesprächs vergangene Woche hierher kommen wollten, Sie der Wunsch aber völlig verlassen hat, als Sie heute hier eintrafen?

– Ja, so ungefähr. So etwas Ähnliches. Als ob die ganze Luft aus mir rausgeht. Ich mache zu. Ich bin mir sicher, dass ich meinem Date nicht gefalle. Ich fange an, mich zu hassen. Ich erinnere mich an alle meine Fehlschläge. Und dann erscheint auch er mir nicht anziehend. Jetzt, wo ich darüber rede, denke ich, dass ich vielleicht schon lieben möchte, fähig sein, etwas zu fühlen. Vielleicht ist es das, was ich von einer Therapie möchte.

Ich wollte Ja'el nicht darauf hinweisen, dass ihre Behauptung, sie habe keine Gefühle, sei mit ihren Gefühlen nicht »vernetzt«, ganz offensichtlich nicht stimmte: Ihre negativen Gefühle erlebte sie sehr wohl – Selbsthass, Verzweiflung, Wut, Scham, Enttäuschung, Einsamkeit. In ihrem momentanen Zustand wäre eine solche Bemerkung von ihr – vielleicht zu Recht – als zusätzlicher Angriff auf sie und ihren Charakter ausgelegt worden. Doch ich musste ihr Augenmerk irgendwie darauf lenken, dass sie die Welt und sich selbst durch eine dunkle Brille betrachtete, die nur die düsteren Farben durchdringen ließ. Weshalb? Weil ich fürchtete, dass meine Idee, wie ihr zu helfen war, aus der Depression zu kommen, eine Komponente enthielt, die ihr nicht gefallen würde – der Einsatz von Antidepressiva. Ich warf einen Blick auf die Uhr: Uns blieben noch etwa zehn Minuten bis zum Ende der Sitzung.

Es war nicht gut, in den letzten Minuten ein neues großes Thema anzuschneiden, doch ich wusste nicht, ob es zu einem weiteren Treffen kommen würde. Ich verschluckte noch einen Seufzer und sagte:

– Ja'el, ich möchte Ihnen etwas vorschlagen. Mir scheint, es wird Ihnen nicht gefallen, und Sie müssen auch nicht auf mich hören. Aber ich empfehle, das zu einem Teil Ihrer Therapie zu machen.

– Sie wollen, dass ich Medikamente nehme.

– Richtig. Woher wissen Sie das?

– Das ist keine große Kunst. Sie sind Psychiater, und alle Psychiater wollen, dass ihre Patienten Medikamente nehmen. Das ist bekannt. Aber das können Sie vergessen.

– Ich bin tatsächlich Psychiater, aber mindestens die Hälfte meiner Patienten nimmt keine Medikamente ein.

– Warum muss ich das dann?

– Sie müssen nicht. Ich sagte Ihnen schon, dass ein Medikament nur ein Teil von dem ist, was ich Ihnen vorschlage, und in Ihrem Fall scheint mir, dass es nicht der wichtigste Teil ist.

– Was genau schlagen Sie also vor?

– Eine kombinierte Behandlung. Ich schlage vor, Sie sowohl mit Psychotherapie als auch mit einem Medikament zu behandeln.

– Warum?

– Weil mir scheint, dass wir nicht viel Zeit haben. Wenn hier nicht schleunigst gute Dinge zu passieren anfangen, werden Sie einfach aufstehen und gehen, und vielleicht noch Schlimmeres. Ich habe nicht vergessen, dass Sie sagten, Sie sähen überhaupt keinen Sinn darin weiterzumachen. Ihre Depression ist langfristig, sie ist nicht erst gestern entstanden, und ich denke, dass eine Kombination von Medikament und Psychotherapie uns die besten Chancen gibt, Ihnen zu helfen.[4]

– Sie sagen mir damit, dass ich keine Geduld habe zu warten, bis die psychologische Behandlung greift, dass ich mich vielleicht bald umbringen würde, und daher wollen Sie mir Drogen geben, damit ich mich schnell besser fühle.

– Das ist, was Sie gehört haben, aber nicht das, was ich sagte. Als ich Sie fragte, was Sie wollen, sagten Sie, Sie möchten jemanden kennen lernen und sich ihm öffnen, aber wenn Sie sich nähern, verschließen Sie sich. Wenn Ihnen das passiert, gibt es sicher gute Gründe, weshalb das geschieht. Aber ich bin nicht sicher, dass es aufhört zu passieren, wenn wir die Gründe verstehen. Ganz bestimmt nicht in Bälde. Ich befürchte, dass es Ihnen inzwischen nicht gelingen wird, eine gute therapeutische Beziehung mit mir herzustellen, und aller Wahrscheinlichkeit nach geben Sie es dann wieder auf. Auch das Medikament beginnt erst nach einem Monat oder länger zu wirken, aber ich glaube, es wird es ein wenig leichter für uns machen, etwas nicht ganz Einfaches zu tun – einander näher zu kommen in psychischer Hinsicht. Wenn das nicht eintritt, wird es schwer für mich, Ihnen zu helfen. Wir haben auch ohne das Medikament eine Chance, uns näher zu kommen, und mir kommt vor, als beginne das bereits zu passieren, aber es ist schwierig. Deshalb habe ich vorher vielleicht geseufzt.

– Und weil es schwierig für Ihre Person ist, mich zu behandeln, wollen Sie mir ein Medikament geben, das mich retten soll?

– Glauben Sie mir, das Medikament wird Sie nicht retten. Wenn wir Glück haben, wird es ein bisschen helfen.

– Nur ein bisschen?

– Ja, in Ihrem Fall denke ich, vielleicht nur ein wenig. Aber dieses Wenige ist viel. Es könnte das Zünglein an der Waage zwischen Scheitern und Gelingen sein. Ich schlage vor, wir bleiben bescheiden bezüglich unserer Erfolgsaussichten. Sie waren bereits bei sieben Therapeuten und sind jedes Mal wieder gegangen, und es gibt im Prinzip keinen Grund, weshalb

Ihnen das, was Ihnen mit jenen passiert ist, nicht auch mit mir passieren sollte.

– Und wenn mir das Medikament nicht hilft?

– Das kann natürlich durchaus passieren. Ihre Depression ist nicht »normal«. Sie schlafen gut, ihr Appetit ist in Ordnung, es fällt Ihnen nicht schwer, sich zu konzentrieren, und Sie haben Ihren Sinn für Humor nicht verloren.[5] Ich denke, bei Ihnen ist es mehr existentielle Verzweiflung, die Unfähigkeit, das Leben zu genießen und zu lieben, auch nicht sich selber. In solchen Situationen ist die Chance, dass ein Medikament wirkt, geringer als bei einer »normalen« Depression. Aber dennoch: die Chancen sprechen immer noch zu unseren Gunsten, besonders bei einer kombinierten Behandlung von Gesprächen plus Medikament.

– Also was, Joram, Sie geben mir Prozac, und dann fange ich zu lieben an?

***

Der Gedanke, dass unsere Gefühle der Manipulation durch psychiatrische Medikamente unterworfen werden können, lässt einen frösteln. Die meisten Menschen (und vielleicht auch ein Teil jener Therapeuten, die keine Psychiater sind) haben eine natürliche und verständliche Abneigung gegen die Anwendung von Medikamenten zum Zweck der Behandlung psychischer Probleme und speziell »leichter« seelischer Probleme. Weshalb? Vielleicht weil die Vorstellung, dass man mit unseren Gefühlen mit Hilfe von chemischen Stoffen spielen kann, nicht nur beängstigend, sondern auch beleidigend ist. Wenn man an Antidepressiva wie an Beruhigungspillen für die Seele denkt – und die meisten Menschen im Lande sehen sie noch so –, ist es verständlich, warum Ja'el befürchtete, ich wollte sie unter Drogen setzen. Diese Medikamente sind jedoch weder Drogen noch Liebeselixiere oder Beruhigungspillen. Es existiert kein schwarzer Markt, auf dem sie gehandelt werden, es ist unmöglich, von ihnen abhängig zu werden, und würde sie ein Mensch schlucken, der kein psychisches Problem hat, würde er keinerlei Stimmungsaufhellung empfinden, sondern nur Nebenwirkungen. Warum also dachte ich dann, dass eine Behandlung mit einem Antidepressivum Ja'el helfen könnte zu lieben? Aus mehreren Gründen. Erstens, weil eine Depression die innere Welt mit Schmerz und Leid erfüllt und auf direkte Art unsere Fähigkeit zu lieben beschädigt, und zwar nicht nur uns selbst, sondern auch die Welt und das Leben. Wer alle Liebe für sich selbst und sein Leben verloren hat, kann sterben wollen. Daher ist alles, was den Schmerz und die Depression lindert, dazu angetan, uns zu helfen, von neuem zu lieben.

Zweitens hat ein Teil der Antidepressiva, und darunter Medikamente aus der Prozac-Familie[6], oft guten Einfluss auf eine relativ häufige psychische Verhaltensweise, die sich *Ablehnungssensitivität* nennt. Es ist die immense Furcht vor der Möglichkeit, dass ein geliebter Mensch aufsteht und geht, ein unerträglicher Schmerz, der ein solches Verlassen begleitet, was den Menschen dazu bringt, zu fast allem bereit zu sein, um das zu vermeiden. Wir sind im Prinzip alle empfindlich gegenüber Ablehnung, doch reagiert ein Teil von uns derart sensibel darauf, dass die Bemühung, den mit dem Verlassen einhergehenden Schmerz zu vermeiden, unser Leben beherrscht. Ablehnungssensitivität hängt nicht zwangsläufig mit Depression zusammen, doch genau wie diese kann sie die Fähigkeit eines Menschen, sich der Liebe zu öffnen, gravierend beeinträchtigen. In Ja'els Fall war ich nicht völlig sicher, ob eine solche Sensitivität bei ihr vorlag, doch ich hatte den Verdacht, dass sich hinter ihrer Vermeidung jeder nahen Beziehung auch die Furcht vor dem Ende derselben verbarg. Warum reagieren wir so empfindlich auf die Möglichkeit, dass wir verlassen werden, dass man uns nicht liebt? Dafür kann es zahlreiche Gründe geben, und sie werden uns das ganze Buch hindurch beschäftigen. Es ist möglich, dass es sich um ein Ergebnis früher Kindheitserfahrungen handelt, gemäß der Lesart der Psychoanalyse und wie es die so genannte *Bindungstheorie* in etwas anderer Form postuliert, die wir im dritten Kapitel besprechen werden. Demgegenüber argumentiert Donald Klein, einer der bedeutendsten Forscher auf dem Gebiet der Psychopharmakologie und ein eingeschworener Feind der Psychoanalyse, dass die Schuld nicht an Erfahrungen der Vergangenheit festzumachen ist, sondern bei der angeborenen, fixierten Unfähigkeit eines Teils von uns, die Stärke der Gefühle zu beherrschen. Laut Klein erleben diese Menschen, in der Kindheit wie im Erwachsenenalter, das Verlassen in unmöglicher Intensität. Daher entwickeln sie Verteidigungsstrategien, einschließlich der systematischen Vermeidung dessen, was den Schmerz auslösen könnte. So »lösen« sie für sich das Problem der Überempfindsamkeit oder schwächen es zumindest ab. Doch die Erleichterung wird mit einem hohen Preis erkauft – die Vermeidung kann zu einem Lebensweg werden und soziale Vereinsamung verursachen.

Ich hatte einen zusätzlichen Grund, Ja'el ein Antidepressivum zu empfehlen. Wie ich bei unserem ersten Treffen taktlos bemerkt hatte, litt sie offenbar an einem Problem, das sich *soziale Phobie* nennt. Es ist das gleiche Phänomen, das wir in der Alltagssprache als extreme Schüchternheit bezeichnen. Obwohl Ja'el manchmal sehr direkt, scharf und sogar kratzbürstig mit mir und den ihr nahestehenden Menschen zu sein verstand, hatte ich keinen Zweifel, dass sie normalerweise sehr schüchtern war. Ihre Schüchternheit erschwerte es ihr, sich neuen Menschen in ihrem Leben zu öffnen. Sie brachte sie dazu, sich bei gesellschaftlichen Anlässen abzuschotten und während eines ersten Treffens mit einem unbekannten Mann den Wunsch zu verspüren zu verschwinden. Für schüchterne

Menschen sind Blind Dates ein wahrer Kreuzweg zur Liebe. Die gleiche Schüchternheit, die sie dazu bringt, sich in Gesellschaft unbehaglich zu fühlen und zu vermeiden, ihren Gesprächspartnern in die Augen zu blicken, macht es ihnen auch schwer, Liebe zu zeigen und sich ihr vielleicht zu öffnen. Was hat all das nun mit Medikamenten zu tun? Eine der wichtigsten Entdeckungen auf dem Gebiet der Pharmakologie der letzten zwanzig Jahre war, dass Schüchternheit, von der meist angenommen wird, sie sei eine Charaktereigenschaft, die Tendenz zeigt, sich im Gefolge einer Behandlung mit Medikamenten, die zur Prozac-Gruppe gehören, zu verringern – manchmal sogar völlig zu verschwinden. In den letzten Jahren genehmigte die Lebens- und Arzneimittelbehörde die Anwendung mehrerer Medikamente aus der Prozac-Familie zur Behandlung sozialer Phobie.

Am Ende entschied sich Ja'el dafür, es mit Citalopram zu versuchen. Mir scheint, dass diese Entscheidung im Kern mit einer wichtigeren Entscheidung von ihr zusammenhing – der Arbeit mit mir eine Chance zu geben. Sie willigte ein, lange genug in der Therapie zu bleiben, um zu erfahren, ob ihr das Medikament helfen würde. Da Antidepressiva langsam wirken, sind mindestens ein bis zwei Monate nötig, um klare Schlussfolgerungen zu ziehen. Mit anderen Worten, Ja'el gab uns beiden einen therapeutischen Kredit von zwei Monaten, und ich bemühte mich, ihn nach besten Kräften zu nutzen. Im Laufe dieser zwei Monate passierten Ja'el allerdings Dinge, die den Behandlungsfokus von der Frage nach dem Sinn des Lebens auf weitaus prosaischere Fragen lenkten.

***

– Hallo? Hier spricht Schaul. Erinnerst du dich an mich?

Ja'el erinnerte sich gut an ihn, so wie sie sich an die einunddreißig Männer erinnerte, die ihm vorausgegangen waren.

Es war schon vorgekommen, dass eines ihrer Blind Dates sie überraschend nach einigen Tagen oder Wochen angerufen hatte und den Kontakt erneuern wollte. Wenn das in der Vergangenheit passiert war, war in ihr ein Gefühl der Bitterkeit und Kränkung aufgestiegen. Sie dachte, dass dem Mann offenbar ein paar bessere Optionen auf seiner Zielobjektliste ausgefallen waren und er daher mangels Alternative zu ihr zurückkehrte. Solche Telefonate waren dann äußerst knapp. Ja, sagte Ja'el, sie erinnere sich an ihn. Nein, sie sei nicht daran interessiert, sich wieder mit ihm zu treffen. Schalom. Doch diesmal, aus irgendeinem Grund, über den sie sich selbst nicht im Klaren war, setzte sie das Telefongespräch mit Schaul fort und wagte es sogar, ihm die Frage zu stellen, die sie in jenem Moment und in ähnlichen Momenten in der Vergangenheit beschäftigte:

– Sag mal, warum kommst du ausgerechnet jetzt auf mich zurück?

– Ehrlich gesagt…

In der Vergangenheit hätte bereits der Gebrauch dieses Wortes, »ehrlich«, ausgereicht, um Ja'el zu überzeugen, dass der Mann log, und jedes Interesse an dem Gespräch zu verlieren. Diesmal aber legte sie den Zweifel zu Gunsten Schauls aus, und er fuhr fort:

– Ehrlich gesagt wollte ich dich fast sofort nach unserem Treffen anrufen, aber ich habe mich gescheut.

– Warum?

– Weil ich dachte, dass ich dir nicht gefallen habe. Ich sah keinen Sinn darin.

– Und was hat sich geändert?

– Ich weiß nicht… kann sein, dass sich bei mir etwas verändert hat. Ich habe viel an dich gedacht seit unserem Treffen, und ich bin zu dem Schluss gekommen, dass es ein Fehler wäre aufzugeben, ohne es noch einmal versucht zu haben.

Sein Redestil war etwas trocken, und die Art, wie er sagte,

»ich bin zu dem Schluss gekommen, dass es ein Fehler wäre«, erinnerte sie an eine Mathematikstunde, doch es klang auch etwas Aufrichtiges an, das sie ansprach, oder wenigstens nicht abstieß. Und so fand sich Ja'el, einige Tage später, wieder im »Vorgestern« ein.

Dieses Mal saßen sie an einem der kleinen Tische nahe den Fenstern. Hinter ihnen befand sich ein Regal mit alten Büchern, deren Geruch sie an das Haus ihrer Großeltern erinnerte, das ebenfalls voller Bücher war. Sie sog den vertrauten Duft ein. Er hatte etwas Tröstliches, brachte die Erinnerung an einen Ort mit sich, an dem sie immer behütet und geliebt worden war. Sie hob die Augen vom Tisch. Schaul hörte zu reden auf und sah sie an. Als sie ihn anblickte, war sie sich sicher, dass sie ihm gefiel. Sie sah noch etwas, worauf sie bei den vorangegangenen einunddreißig Blind Dates nie geachtet hatte: Schaul war gestresst. Diese Entdeckung überraschte sie und ließ sie Sympathie für ihn empfinden. Anscheinend merkte er etwas davon, denn plötzlich lächelte er sie an. Erst da gewahrte Ja'el, dass auch sie lächelte. Nach einer Sekunde des Zögerns beschloss sie, ihn in das einzuweihen, woran sie im Laufe des vorangegangenen Tages und während all der Verabredungen, die sie bereits hinter sich gebracht hatte, immer wieder gedacht hatte. Anstatt die oberflächliche Unterhaltung fortzusetzen, die sie bis dahin geführt hatten, sagte sie:

– Das ist ziemlich schrecklich mit diesen Blind Dates.

– Vielleicht. Ich weiß nicht.

– Nein? Wie viele hattest du schon?

– Ich finde es ein bisschen merkwürdig für mich, so darüber zu reden, aber du bist mein erstes.

– Und hattest du schon mal eine Freundin?

Ja'el wusste nicht, ob sie auf eine bejahende oder verneinende Antwort hoffte.

– Nicht wirklich ... man kann eigentlich sagen, nein.

Die Offenbarung, dass Schaul noch unerfahrener war als sie, kam unerwartet. Sie dachte noch ein Weilchen darüber nach und begriff, dass es nicht seine Offenherzigkeit oder mangelnde Erfahrung war, die sie überraschten, sondern der Gegensatz zwischen diesem Mangel an Erfahrung und der Hartnäckigkeit, die er in Bezug auf sie an den Tag gelegt hatte: Trotz seiner Schüchternheit, die ihn zaudern und warten ließ, bevor er es wieder versuchte, benahm sich Schaul wie jemand, der wusste, was er wollte, und er wollte sie. Was sagte das über ihn? Was sagte es über sie? Sie hatte nicht den Eindruck, dass Schaul log. Anscheinend hatte er während der Wochen, die seit ihrer Verabredung vergangen waren, ständig an sie gedacht. Merkwürdig. Und was dachte sie über ihn? Sie hatte keine klare Antwort darauf. Am Ende des Abends, als Schaul um ein Wiedersehen bat, sagte sie, sie würde sich freuen. Erst nachdem er weggefahren war und sie ins Treppenhaus hinaufging, dachte sie, dass sie ihn tatsächlich gerne wiedersehen würde und dass sie es angenehm fand, mit ihm zusammen zu sein.

Ja'el entdeckte sehr schnell, dass die Gefühle, die heimlich in ihrem Herzen zu erwachen begannen, zum Allgemeinbesitz wurden, zum bevorzugten Diskussions- und Unterhaltungsthema. In den kommenden Wochen spürte sie, wie sich um sie herum ein engmaschiges Netz an Erwartungen zusammenzog. Ihre Eltern, die viele gemeinsame Bekannte mit Schauls Eltern hatten, freuten sich sehr über die zögernde Beziehung, die sich zwischen den »Kindern« anzubahnen begann. Auch Chagit und ihre übrigen Freundinnen bemerkten ein ums andere Mal, wie »bezaubernd« Schaul doch sei und wie gut sie zusammen aussähen. Ihr Maß an Duldsamkeit solchen Bemerkungen gegenüber war nicht besonders groß, und schließlich sagte sie zu Chagit, wenn sie wirklich das Gefühl habe, dass Schaul so »umwerfend, süß und das Beste überhaupt« sei, dann sei es noch nicht zu spät für sie, sich von Jonathan scheiden zu lassen, und sie, Ja'el, würde ihr gerne das Feld überlassen. Doch trotz ihrer schnippischen Reaktionen übten die Gratulationen, die aus allen Richtungen eintrafen, einen zunehmenden Einfluss auf sie aus. Sie veranlassten sie, sich zu fragen, ob es möglich war, dass sie Schaul tatsächlich liebte. In unseren Stunden während dieser Zeit sprachen wir hauptsächlich über ihre Weigerung, am Spiel des Lebens teilzunehmen, die sich mit der eingetretenen Verbesserung ihrer Stimmungslage zunehmend auflöste. Als sie mir, mit leichter Überraschung, erzählte, dass sie sich seit über einem Monat gedanklich nicht mehr mit dem Tod beschäftigt hatte, fragte ich sie, ob ihr weitere Veränderungen aufgefallen seien. Ja'el sagte nach kurzem Nachdenken, dass es ihr in letzter Zeit passiere, dass sie gut gelaunt aufwache und die Frische und das neue Licht des Morgens genieße, was eine neue und ihr unbekannte Erfahrung sei. Inzwischen traf sie sich weiter mit Schaul. Ja'el gefiel es, an seiner Seite durch die Stadt zu gehen, gefiel es, mit ihm zu reden, sie fühlte sich sicher mit ihm, er übte jedoch keine Anziehung auf sie aus. War das genug?

– Ich fühle mich viel besser. Im Prinzip könnte man sagen, dass ich endlich etwas fühle. Auch Schaul gegenüber. Ich habe das Gefühl, dass er ein echter Freund ist. Das habe ich noch nie, mit niemandem gespürt, aber ich muss mich entscheiden. Schaul will, dass wir heiraten, und ich weiß nicht, was ich tun soll.

– Worin besteht Ihr Konflikt?

– Bei uns ist das anders als in der weltlichen Gesellschaft. So etwas wie »zusammenwohnen« gibt es nicht und normalerweise auch kein jahrelanges Befreundetsein vor der Hochzeit. Man lernt sich kennen, geht miteinander aus, und innerhalb von zwei, drei Monaten beschließt man, wo es hingeht, hierhin oder dorthin. Wenn man das »Hierhin« beschließt – dann verlobt man sich, und nach einem halben Jahr, maximal einem Jahr, wird geheiratet. So ist das bei uns. Auch wir haben, grundsätzlich, beschlossen, dass es in diese Richtung gehen soll.

– Und was fühlen Sie ihm gegenüber?

– Das ist das Problem, ich bin mir nicht sicher. Es geht mir gut mit ihm, aber was ich ihm gegenüber fühle, ist nicht das, was man im Kino sieht, nicht das, was in den Psalmen steht, oder das, was ich zwischen Chagit und Jonathan gesehen habe.

– Können Sie versuchen, den Unterschied zu definieren?

– Ich will nicht, dass er mich berührt, und ich habe überhaupt kein Bedürfnis, ihn zu berühren. Es ist üblich bei uns, dass man sich in diesem Stadium nicht viel berührt. Es gibt sogar Paare, die bis zur Hochzeit streng darauf achten, sich gar nicht zu berühren, aber die Sache ist, dass ich nicht will, dass ich keine Lust habe, ihn zu berühren.

– Das heißt, obwohl Sie sich überhaupt nicht von ihm angezogen fühlen, haben Sie beschlossen, sich mit ihm zu verloben? Und obwohl Sie die Entscheidung getroffen haben, kämpfen Sie noch mit sich?

– Einunddreißig Mal hatte ich keine Konflikte. Aber jetzt ist alles komisch und auch neu, ich bin nicht mehr sicher. Ich fühle eine Menge neuer Dinge. Vielleicht ist ja auch diese Anziehung etwas, das ich noch fühlen werde, wenn Schaul und ich zusammenleben. Und es gibt noch was, irgendwie seltsam. Seit ich angefangen habe, das Medikament zu nehmen, das Sie mir verschrieben haben, sind vier Monate vergangen, und ich will nicht mehr sterben. Manchmal ist es schön für mich, in der Früh aufzustehen, und ich habe einen guten Freund. Schaul ist ein netter Junge. Ich bin gern mit ihm zusammen, und ich mag ihn sehr. Vielleicht verschreiben Sie mir noch eine Pille dazu, und ich fange an, das Gefühl sexueller Anziehung ihm gegenüber zu haben? Vielleicht bin ich noch ein bisschen depressiv, so wie Sie damals gesagt haben, und deswegen fühle ich ihm gegenüber körperlich nichts. Vielleicht brauche ich ja nur noch eine Pille mehr.

Die Welt, in der es möglich ist, Menschen Medikamente zu geben, die ihre Gefühle verändern, ist eine neue, gewagte und auch beängstigende Welt. In allen Generationen haben die Menschen das Liebeselixier gesucht, jene mythische Droge, den Pfeil Cupidos, der einen Menschen dazu bringen kann, sich in einen anderen zu verlieben. Im Laufe des Buches werden einige der neuen wissenschaftlichen Erkenntnisse über die äußeren und inneren und sogar die biochemischen Bedingungen geschildert werden, die die Chancen erhöhen, sich zu verlieben. Aber Antidepressiva sind keine Liebespillen. Sie sind dazu da, Hindernisse auf dem Weg zur Liebe zu beseitigen, wie zum Beispiel Depression, extreme Schüchternheit und übermäßige Sensibilität gegenüber Ablehnung und Verlassenwerden. Doch darüber hinaus können sie nichts ausrichten, und das ist vielleicht auch gut so.

Ja'els Frage weckte aber eine andere Befürchtung in mir: Medikamente aus der Prozac-Gruppe haben bei einer nicht unerheblichen Minderheit als Nebenwirkung eine Beeinträchtigung der sexuellen Funktionen. Wie ich ihr erklärt hatte, bevor sie mit der Einnahme des Medikaments begann, kann das sowohl bei Männern als auch bei Frauen auftreten. Zumeist handelt es sich um eine leichte Beeinträchtigung, die sich in einer Verlängerung der Zeitspanne äußert, die man zum Erreichen des Orgasmus braucht. Doch manchmal kann auch die sexuelle Lust insgesamt gemindert werden. In den Anfangstagen dieser Medikamente, Ende der Achtzigerjahre, führte die Begeisterung über den Erfolg und die geringen Nebenwirkungen dazu, dass Patienten und Therapeuten nicht auf das Problem achteten, speziell nachdem eine Depression an sich zumeist den Sexualtrieb beeinträchtigt und die Medikamente daher den Zustand nicht verschlimmerten. Doch heutzutage besteht kein Zweifel an dieser Begleiterscheinung, und obwohl eine starke Minderung der sexuellen Lust relativ selten vorkommt, fürchtete ich, dass Ja'el eventuell daran litt. Wie konnte man das wissen? Da es keinen einfachen Weg gab, um das herauszufinden, musste ich mit Ja'el über ein Thema sprechen, das für niemanden leicht ist, und ganz besonders nicht für eine junge, religiöse Frau, die sich bei einem Mann in Behandlung befindet: Ich musste mit ihr in allen Einzelheiten über ihre Sexualität sprechen.

Sigmund Freud, der in einer Epoche lebte, in der das Gleichgewicht der Kräfte zwischen den Geschlechtern noch ungleich mehr als in unserer heutigen Zeit zu Gunsten der Männer ausschlug, machte keine langen Umstände. Er argumentierte, mit einer gewissen Berechtigung, dass der Therapeut ebenso wie ein Arzt seine Patienten in ihrer Nacktheit sehen muss, um sie ordentlich untersuchen, ihre Krankheit richtig diagnostizieren und sie entsprechend behandeln zu können. Er muss seine Patienten (damals wie heute überwiegend junge Frauen) dazu erziehen, sich vor ihm in voller seelischer Nacktheit zu entblößen, was eine detaillierte und umfassende Berichterstattung über ihre sexuelle Welt mit einschließt. Seit seiner problematischen, abgebrochenen Behandlung einer Achtzehnjährigen, die Freud Dora nannte, sind über hundert Jahre vergangen, doch die Form, in der er mit ihr über ihre Sexualität sprach, klingt für die heutigen Leser verletzend, übergriffig und herb. Höchstwahrscheinlich schien es auch Dora so, die sich der Behandlung entzog, obwohl sie ihren Therapeuten schätzte, ja sogar mochte. Zu Freuds Gunsten muss gesagt werden, dass er begriff, dass er gescheitert war. Er prüfte sich und die Behandlung akribisch, berichtete mit beeindruckender Offenheit über den Fall und bemühte sich, die richtigen Schlüsse daraus zu ziehen. Die Interaktion zwischen Freud und Dora war einer der ersten Schritte bei der Entstehung einer Methode, die im Weiteren zu einem wichtigen, untrennbaren Bestandteil der Kultur der westlichen Welt wurde – die Psychoanalyse und die Psychotherapie, die sich davon ableitet.

Allerdings haben sich die Art und Weise, wie wir die Begegnung zwischen Therapeut und Patient in der Psychotherapie betrachten, und die Spannung zwischen Inhalt und Prozess in ihrer Interaktion in den letzten hundert Jahren entwickelt und verändert. Das ärztliche Modell, nach dem eine solche Begegnung zwischen einem allwissenden Therapeuten und einem heilungsbedürftigen Patienten stattfindet, entspricht nicht mehr der Einstellung der meisten Therapeuten. Die Diskussion der Sexualität mit Ja'el würde Auswirkungen auf den Charakter unserer Beziehung haben, und sie würde nicht nur von ihrer Art und ihren Gefühlen mir gegenüber beeinflusst sein, sondern auch von meiner Art und meinen Gefühlen ihr gegenüber. Im Laufe der vier Monate, die seit Beginn der Behandlung vergangen waren, war eine fragile Atmosphäre von Vertrauen, Zuneigung, Sicherheit und Offenheit zwischen uns entstanden, und ich wollte dieses zarte Gewebe nicht verletzen. Das Einfachste, das man in seiner solchen Situation machen kann, ist, um Erlaubnis zu bitten.

– Ja'el, mir scheint, dass Ihre Frage darauf hinausläuft, dass wir über Ihre Sexualität reden sollten. Ich bin sicher, dass Sie kein zusätzliches Medikament brauchen, aber ich weiß nicht, wie ich Schauls mangelnde Attraktivität für Sie begreifen soll. Damit wir das verstehen, müssen wir über Ihre körperlichen Empfindungen, Ihre sexuellen Gedanken und Phantasien sprechen. Sind Sie dazu bereit, und wollen Sie mit mir darüber sprechen?

– Ja.

Doch ihre Körpersprache sagte etwas anderes. Die Spannung in ihrem Gesicht wuchs, und sie zog ihre Beine unter den Stuhl zurück. Ihre Augen wichen den meinen aus, es erinnerte mich an den Anblick ihres Gesichts bei unseren ersten Treffen. Ich fragte sie, ob sie diese körperlichen Reaktionen bemerkte.

– Ich merke es ... es ist komisch, ich dachte, ich hätte kein Problem, mit Ihnen über alles zu sprechen, aber anscheinend stimmt das nicht. Anscheinend fällt es mir trotzdem schwer. Was schlagen Sie vor?

– Ich weiß nicht. Es ist verständlich, dass es Ihnen schwer fällt, und ich bin nicht sicher, dass die Lösung darin besteht, tief durchzuatmen und sich hineinzustürzen. Ich denke, dass in dieser Angelegenheit Sie selbst entscheiden müssen.

– Aber ich muss mich bezüglich Schaul entscheiden ... vielleicht fangen wir an, und wenn es mir zu schwierig oder unangenehm wird – hören wir auf?

– In Ordnung.

Das Gespräch mit Ja'el über ihre Sexualität führte zu einigen wichtigen Erkenntnissen. Es stellte sich heraus, dass sie durchaus sexuelle Empfindungen hatte und zwar seit langer Zeit. Sie hatte nie mit jemandem darüber gesprochen, war sich ihrer aber sehr wohl bewusst, wenngleich sie niemals auf einen bestimmten Mann gerichtet waren. Es stellte sich auch heraus, dass diese Regungen in den vergangenen Monaten, seit sie das Medikament einnahm, nicht schwächer geworden waren, sondern sich eher verstärkt hatten. In den letzten Wochen war ihr etwas Neues aufgefallen: Es gab Männer, die eine zögernde erotische Anziehung bei ihr hervorriefen. So war es mit dem Lehrer, der sie in der Schule anleitete, in der sie als Lehrerin für Sonderpädagogik zu arbeiten begonnen hatte, und so war es auch mit dem Vater eines der Kinder in ihrer Klasse, mit dem sie ein paarmal zu Gesprächen über seinen

Sohn zusammengetroffen war. Beide erweckten eine Erregung in ihr, ein neues, unbekanntes Empfinden von Erwartung, den verbotenen und überraschenden Wunsch, sie zu berühren, und der nicht weniger verbotene Wunsch, dass sie sie berührten. Ja'el dachte nicht, dass die Gefahr bestand, dass sie oder die anderen Grenzen überschritten, aber sie war sich der Gefühle, die in ihr erwachten, bewusst. Ich fragte sie, ob die Männer ihrer Ansicht nach diese Spannung auch spürten und daran beteiligt waren. Sie sagte, sie sei nicht sicher, aber ihr scheine schon, obwohl beide verheiratet waren. Als ich sie fragte, ob sie auch Schaul gegenüber so empfinde, verneinte sie, fügte jedoch sofort hinzu:

– Es gibt nichts an ihm, das mich abstößt. Mir scheint, ich könnte mich an ihn gewöhnen. Ich habe mit meiner Mutter darüber geredet, und sie sagte zu mir, dass es wichtigere Dinge als erotische Anziehung gebe, die komme und gehe. Das Wichtigste sei, dass zwischen den Eheleuten gegenseitige Achtung und Zuneigung bestehe, und das haben wir füreinander. Außerdem, Schaul liebt mich wahnsinnig, und ich kann nicht ewig warten. Alle um mich herum denken, dass wir uns verloben müssen.

– Wenn ich Sie richtig verstanden habe, haben Sie sich bereits entschieden.

– Eigentlich bin ich entschlossen, und ich habe ihm auch zugesagt. Wir haben schon mit unseren Eltern geredet und den Termin festgelegt, in drei Wochen bei seinen Eltern zu Hause. Aber im Herzen, ganz im Inneren, bin ich mir immer noch nicht sicher. Was denken Sie? Soll ich mich verloben oder nicht?

Das war, ohne Zweifel, die Preisfrage: Was dachte ich? Eine einfache, direkte, ganz natürliche Frage und äußerst problematisch. Sollte ich darauf antworten? Was wäre, wenn ich antwortete, was, wenn nicht? Weshalb sollte ich sie eigentlich nicht beantworten? War es überhaupt möglich, sie nicht zu beantworten? Die klassische psychoanalytische Position ist *Neutralität*. Damit ist nicht gemeint, dass der Therapeut gleichgültig gegenüber den Wünschen seines Patienten bleibt und keine Meinung dazu hat. Neutralität bedeutet nicht Gleichgültigkeit. Anna Freud, Sigmunds Tochter und eine herausragende Psychoanalytikerin, definierte die therapeutische Neutralität als eine Situation, in der *der Therapeut eine gleich bleibende Distanz vom Es, Ich und Über-Ich des Patienten wahrt.*[7] Dies ist eine Definition, die dem Anschein nach nichts erklärt. Sie reduziert keineswegs die bestehende Spannung zwischen der Notwendigkeit des Therapeuten, eine emotionale Beziehung mit dem Patienten herzustellen, und der Notwendigkeit, eine gewisse Distanz einzuhalten. Jedoch sagt diese Definition etwas Wichtiges aus: In dem unvermeidlichen Kampf, der in der Seele des Patienten, wie in jedem Menschen, vor sich geht, zwischen seinen fundamentalen Trieben und Wünschen und Anforderungen der Realität, in der er lebt, den moralischen Geboten und seinem Gewissen, hat sich der Therapeut der Tendenz zu enthalten, sich mit einer Seite unter Vernachlässigung der anderen zu identifizieren.

Ich hatte eine Meinung zu der Frage, die mir Ja'el gestellt hatte. Mir war klar, dass mit Abklingen der Depression in ihr neue Empfindungen und Potentiale erwachen würden, darunter die Fähigkeit zu emotionaler Nähe und sexueller Anziehung. Es war ersichtlich, dass in Schauls Fall nur eine dieser beiden Fähigkeiten Ausdruck fand. Ich dachte auch, dass Schaul der erste Mensch gewesen war, der ihr über den Weg gelaufen war, als sie, mit Hilfe medikamentöser und psychologischer Behandlung, aus der Depression herauskam, die sie mit einem unsichtbaren und undurchdringlichen Mantel umhüllte, seit sie sich erinnern konnte. Vielleicht würde es sich lohnen, zu warten und zu sehen, ob sie jemanden fände, dem gegenüber sie sowohl Nähe als auch Anziehung verspürte. Darüber hinaus dachte ich, es sei besser, nichts zu überstürzen und sich nicht zu einem gemeinsamen Leben mit einem Menschen zu verpflichten, von dem sie sich sexuell nicht angezogen fühlte. Doch das war meine persönliche Meinung, die den Konventionen der weltlichen Gesellschaft, in der ich lebe, nahe stand, eine Gesellschaft, die die sexuelle Anziehung für wichtig erachtet und sie als vitalen Bestandteil für eine gute Paarbeziehung ansieht. Auch die Betonung der Verwirklichung der geheimen Wünsche des Einzelnen und nicht des Wohls der Gesellschaft oder der Familie – der kompromisslose Individualismus, der die westliche Kultur charakterisiert, dessen loyale Repräsentantin die dynamische Psychotherapie ist – stellt eine gesellschaftliche Konvention und keine wissenschaftliche oder fachliche Wahrheit dar.

Wie wir im achten Kapitel sehen werden, ist die Idee einer Heirat aus Liebe, bei der die sexuelle Anziehung ein wichtiger und integraler Bestandteil ist, relativ neu in der menschlichen Kultur. Liebesgeschichten und romantische Märchen begleiten die Menschheit seit der Erfindung der Schrift, und wohl noch viel früher, doch sie beschäftigen sich fast immer mit Liebe außerhalb der Ehe. Die Institution der Ehe war in den meisten Kulturen bis in die letzten Generationen das, was ihr Name besagt: eine Institution. Durch die Geschichte hindurch verehelichten sich Menschen, um Beziehungen zwischen Familien und Sippen herzustellen, aus Gründen wirtschaftlicher Sicherheit, gesellschaftlichen Status und zum Überleben und Großziehen von Kindern. »Du gewöhnst dich dran«, sagt die polnische Großmutter zu ihrer Enkelin, die zögert, ob sie den erfolgreichen Rechtsanwalt heiraten soll, weil sie sich nicht zu ihm hingezogen fühlt. Irrt sich die Großmutter? Ist es besser, jemanden zu heiraten, von dem man sich angezogen fühlt?

Ja'el befand sich in keiner einfachen Situation. Die orthodoxe Gesellschaft bemüht sich, sich von der säkularen Kultur abzuschotten und deren Einfluss auf ihre Söhne und ganz besonders auf ihre Töchter so weit wie möglich zu unterbinden. Junge orthodoxe Frauen sehen nicht fern, arbeiten nicht an einem säkularen Arbeitsplatz und werden nicht in säkularen akademischen Einrichtungen erzogen. Unter solchen Bedingungen ist es einfacher, darüber zu wachen, dass die Jugend »linientreu« bleibt. Demgegenüber sind sich junge Leute vom national-religiösen Strom, dem Ja'el angehörte, sehr wohl des säkularen Lebens im Lande bewusst. Sie sind ein Teil der offenen Gesellschaft und von den Reizen, Werten und Konventionen um sie herum beeinflusst. Doch die Beschränkungen an körperlicher Nähe bei diesen jungen Menschen sind – zumindest offiziell und trotz der großen Spannung, die damit verbunden ist – »traditionell« geblieben. Wären Ja'el und Schaul in einer weltlichen Gesellschaft aufgewachsen, hätten sie die Beziehung fortsetzen und längere Zeit warten können, um zu sehen, wie sich Ja'els Gefühle entwickeln würden. Es ist auch möglich, dass der Druck, die Frage der Heirat schnell zu entscheiden, kleiner oder höchstens still und leise gewesen wäre. Auch der Übergang von einem Leben der Enthaltsamkeit von jeglicher sexuellen Empfindung, zumindest offiziell, zum Leben einer vollwertigen sexuellen Beziehung wäre vielleicht gradueller und weniger bedrohlich gewesen. Doch Ja'el war, wie gesagt, in einer religiösen Gesellschaft aufgewachsen. Sie war zu mir in die Behandlung gekommen und nicht zur polnischen Großmutter gegangen. Ich beschloss, ihr meine Meinung zu sagen, jedoch behutsam.

– Das ist eine einfache Frage, aber es fällt mir schwer, darauf zu antworten.

– Warum ist das so schwierig für Sie? Wissen Sie nicht, was Sie denken?

– Ich weiß es, aber mir scheint, dass meine Meinung in dieser Sache nicht »maßgeblich« ist. Das heißt, dass sie nicht professioneller Kompetenz oder Kenntnis entspringt. Als ich sagte, dass Ihnen ein Antidepressivum helfen könnte, wusste ich, wovon ich sprach. Als ich sagte, dass Sie starke Gefühle hätten, auch wenn Sie sich ihrer in diesem Stadium nicht bewusst seien, hatte ich etwas, worauf ich mich stützen konnte. Aber die Frage, ob Sie Schaul heiraten sollen, ist von einer völlig anderen Art, und ich habe keine fachliche Autorität in dieser Angelegenheit.

– Ich weiß schon, was Sie denken: Ich soll mich verloben.

– Jetzt ist die Reihe an mir zu fragen: Warum?

– Weil das der Erfolg Ihrer Behandlung sein wird. Erst vor vier Monaten noch wollte ich sterben, und jetzt will ich heiraten. Sie sind sicher stolz auf mich und auf das, was Sie mit mir angestellt haben. Vielleicht werden Sie sogar in Ihrem nächsten Buch über mich schreiben.

– Hören Sie gut hin, was Sie sagen: dass ich Ihnen empfehle zu heiraten, weil Ihre Hochzeit mich in ein positives Licht rücken wird. Das heißt, ich bin mehr daran interessiert, was man über mich sagt, als daran, was gut für Sie ist.

– Dann denken Sie also nicht, dass ich mich verloben soll?

– Nein. Ich persönlich meine, dass Freundschaft, Respekt und Sympathie notwendige, aber keine hinreichenden Bedingungen für eine Ehe sind. Es wäre besser, wenn es auch ein gewisses Maß an sexueller Anziehung gäbe. Ich denke, wenn Sie sich von Schaul überhaupt nicht angezogen fühlen, von anderen Männern aber schon – dann ist es besser, ein bisschen zu warten und die Verlobung mit ihm nicht zu überstürzen.

– Sie denken also, ich soll ihn verlassen, und das war's?

– Vielleicht nicht. Es kann sein, dass sich im weiteren Verlauf sexuelle Anziehung einstellt. Vielleicht ist alles, was Sie brauchen, ein bisschen Zeit. Es ist möglich, dass Ihr Angezogensein von dem Lehrer und dem Vater Ihres Schülers damit zusammenhängt, dass beide unerreichbar und damit nicht bedrohlich sind. Andersherum kann es sein, dass Sie sich von Schaul nicht angezogen fühlen, weil es gerade mit ihm ernst ist, und Sie sich noch immer vor Sex fürchten. Alles ist so neu für Sie, und es ist schwer zu wissen, in welche Richtung sich Ihre Gefühle entwickeln werden. Sie haben selbst gesagt, dass Sie erst vor vier Monaten noch sterben wollten. Vielleicht würde es sich einfach lohnen, ein bisschen zu warten, die Beziehung mit Schaul fortzusetzen, mit der Therapie weiterzumachen, und in einigen Wochen oder Monaten werden Sie mehr darüber wissen, was Sie wollen.

– Aber ich habe die Option nicht, einige Monate zu warten. Alle sagen mir, dass ich mich sofort entscheiden muss. Ich habe Schaul schon versprochen, dass wir uns verloben, und ich fühle mich wohl mit ihm. Außerdem, wie Sie schon sagten, die Männer, von denen ich mich angezogen fühle, sind »nicht die richtigen« von meinem Standpunkt aus. Beide sind verheiratet.

– Ich kann nicht abschätzen, wie gut es Ihnen mit Schaul geht, und die Worte Ihrer Mutter haben eine gewisse Berechtigung. Häufig erlischt die starke sexuelle Anziehungskraft zwischen Ehepartnern im Laufe der Jahre. Ich weiß wirklich nicht, was Sie tun sollen. Aber eines kann ich Ihnen mit Sicherheit sagen: Ihr Gedanke, ich möchte, dass Sie heiraten, weil mich das gut dastehen lässt, ist einer weiteren Untersuchung wert.

– Warum?

– Wenn Sie das von mir dachten, denken Sie unbewusst vielleicht auch von anderen Menschen in Ihrem Leben ähnlich.

– Meinen Sie meine Eltern?

– Vielleicht.

– Wissen Sie… bei uns kennt jeder jeden, und alle reden über alle. Nachdem ich zweimal mit Schaul ausgegangen war, hat es das ganze Viertel gewusst, und meine Mutter fing an, sich anders zu verhalten. Sie schämte sich nicht mehr vor ihren Freundinnen. Und ich im Grunde genommen auch nicht.

– Das heißt, in Ihrer beider gesellschaftlichen Position ist eine Verbesserung eingetreten, seit öffentlich bekannt wurde, dass Sie demnächst heiraten werden?

– Stimmt. Und es tut mir gut. Ich verstehe, was Sie sagen, dass vielleicht ein Teil meines Wunsches, mich mit Schaul zu verloben, dem Wunsch entspringt, das Stigma der ledigen Tochter loszuwerden, und nicht aus großer Liebe zu ihm. Ein unverheiratetes Mädchen ist in unserer Gesellschaft ein Synonym für gescheitert, obwohl das keiner offen sagen würde.

– Ich respektiere Ihre Überlegungen, auch wenn ich vielleicht nicht wie Sie handeln würde. Letztendlich werden nur Sie die Folgen Ihrer Entscheidungen zu tragen haben, und nur Sie haben das Recht zu entscheiden. Sie sind schließlich nicht hierher gekommen, um Ratschläge von mir zu erhalten.

– Nein … aber trotzdem wäre ich froh, wenn Sie wie ich denken würden.

– Wir sind unterschiedliche Menschen, und wir kommen von verschiedenen Orten. Daher ist es unwahrscheinlich, dass wir in gleicher Art über jedes Thema denken. Ich habe auch keinerlei Gewissheit, dass ich Recht habe, und Sie auch nicht. Außerdem, die Antwort auf die Frage, ob Sie Schaul heiraten sollen, ist mit der Antwort auf die Frage verknüpft, was Liebe ist und wie Liebe mit Sexualität verbunden ist. Mir scheint, Sie haben für sich noch keine befriedigende Antwort auf diese Frage gefunden.

– Stimmt. Ich weiß es noch nicht. Ich hoffe, dass ich es bald wissen werde. Aber wünschen Sie mir Glück?

– Natürlich. Viel Glück, Ja'el.

***

Die Verlobungsfeier fand im Haus von Schauls Eltern in der Siedlung Dolev statt. Die geladenen Gäste, über hundert Personen, trafen in zwei besonders gesicherten Autobussen ein, und es herrschte große Freude. Doch meine Glückwünsche halfen nichts. Ein paar Wochen nach der Feier eröffnete Ja'el unseren Termin mit der Erklärung, dass sie beschlossen habe, die Verlobung zu lösen, weil sie Schaul gegenüber »körperlich nichts fühle«. Danach sprachen wir über die Gedanken und Empfindungen, die zu ihrem Entschluss geführt hatten, und über die Art und Weise, in der ihre Eltern, ihre Freundinnen und Schaul selbst die Botschaft aufgenommen hatten. Gegen Ende der Stunde fragte ich sie, wie sie sich jetzt fühle. Sie antwortete:

– Ich weiß nicht… Einerseits bin ich weniger verwirrt. Ich spüre im Innersten, dass es das Richtige war, für uns beide. Aber andererseits bin ich traurig, und ich habe auch Angst davor, was nun mit mir passieren wird. Es tut mir Leid um Schaul, der mich liebt und jetzt verletzt ist und leidet. Ich frage mich auch, in welchem Maß meine Entscheidung, die Verlobung zu lösen, damit zusammenhängt, dass Sie dachten, es sei ein Fehler.

– Das heißt, anstatt Ihre Eltern und Freundinnen zufrieden zu stellen, haben Sie Ihren Therapeuten zufrieden gestellt?

– Ich weiß nicht. Aber eines kann ich Ihnen sagen: Ich werde noch Liebe finden. Und aus eigener Kraft, ohne Zusammenhang mit Ihnen. Ich weiß nicht, wie lange es dauern wird und wohin es mich führen wird. Aber jetzt weiß ich, dass ich ohne Liebe nicht leben kann. Ich bin einfach nicht bereit, darauf zu verzichten, und das ist vielleicht das Wichtigste, das mir passiert ist, seit ich anfing, zu Ihnen in die Therapie zu kommen.

Ich freute mich sehr, dass Ja'el an die Zukunft dachte, aber ihre Worte über meinen Anteil an ihrer Entscheidung beunruhigten mich. Sie hatte die Verlobung gelöst, nachdem ich zu ihr gesagt hatte, dass sie meiner Meinung nach einen Fehler begehe. Eine psychodynamische Therapie ist eine komplexe und delikate Angelegenheit. Es besteht eine permanente Gefahr von *Suggestion*, das heißt, *eine Situation, in der die Wünsche des Therapeuten die Wünsche und Handlungen des Patienten diktieren oder beeinflussen*. Suggestion ist ein universales Phänomen. Wir alle neigen dazu, die Meinung von jemandem anzunehmen, den wir respektieren, lieben oder bewundern. Politische Führer und Werbetexter machen einen zynischen Gebrauch von Suggestion zur Beförderung ihrer Zwecke. Es genügt, dass ein Fernsehstar auf den Reklamewänden auftaucht, mit einem bestimmten Produkt in der Hand, um den Bekanntheitsgrad dieser Marke zu steigern. Die psychodynamische Therapie ist bemüht, Suggestion zu vermeiden. Doch manchmal kommt es im Laufe einer Psychotherapie dazu, ohne dass sich eine von den zwei Seiten oder sogar alle beide dessen bewusst sind, was sich zwischen ihnen abspielt. Auch wenn sie ins Bewusstsein dringt und zu einem Teil des therapeutischen Gesprächs wird, heißt das nicht, dass sie damit vernachlässigbar wird. Ich kann den Einfluss meiner Meinung auf die Entscheidung Ja'els, sich von Schaul zu trennen, nicht abschätzen. Die Tatsache, dass ich darauf hinwies, dass meine Ansicht nicht maßgebend sei, minderte ihre Suggestivkraft nicht. Schaul und ebenso Ja'els Eltern gaben mir die Schuld an der Lösung der Verlobung. Das sagten sie zu Ja'el, und es ist nicht ausgeschlossen, dass sie Recht hatten. Abgesehen davon war es jedoch vorzuziehen, sie waren auf mich böse anstatt auf Ja'el. Ja'el selbst war doppelt böse auf mich: Einmal weil ich mit ihr beim Thema ihrer Verlobung mit Schaul nicht einer Meinung war, und ein weiteres Mal, weil ich sie nicht verhindert hatte.[8]

Am Ende der Stunde, in der mir Ja'el die Auflösung ihrer Verlobung und ihre Entscheidung bezüglich der Zukunft mitgeteilt und die Praxis mit Tränen in den Augen verlassen hatte, saß ich vor dem leeren Sessel und versank in Gedanken. Ich versuchte zu entscheiden, ob ich richtig vorgegangen war, als ich ihr meine Meinung offen legte. Einerseits war es keine geringe Verfehlung der therapeutischen Neutralität, all dessen, was man darunter versteht. Andererseits fühlte ich mich den biblischen Worten verpflichtet: »Du sollst vor den Blinden kein Hindernis legen« (Levitikus 19,14). Ich dachte, dass die Heirat mit einem Mann, dem gegenüber keinerlei körperliche Anziehung besteht, mit großer Wahrscheinlichkeit keinen Bestand haben würde, und Ja'el fehlte jede Erfahrung auf diesem Gebiet. Die Entscheidung zur Verlobung hatte sie getroffen, als sie ihre ersten Schritte aus der Depression machte, in einem gesellschaftlichen Umfeld, in dem ein sehr starker Heiratsdruck auf sie ausgeübt wurde. Sie hatte mich nach meiner Meinung gefragt, und ich hatte das Gefühl, es gehöre sich, sie ihr mitzuteilen. Aber ist Unerfahrenheit Blindheit? Und mit welchem Recht dachte ich, dass ich besser als ihre Familie wisse, was sie zu tun hätte? Hatte ich Ja'el geholfen, Liebe zu finden, oder war ich etwa Ursache dafür, dass sie sie verlor?

***

In jeder psychologischen oder gesellschaftlichen Diskussion über Themen, die mit romantischer Liebe zusammenhängen, stecken Fragen, die das gesamte Buch hindurch auftauchen: *Wo, falls überhaupt, verläuft die Grenze zwischen normal und pathologisch in der Liebe, und wer entscheidet, wo diese Grenze verläuft?* In Ja'els Fall stellte sich die Frage nicht hinsichtlich der Art der Liebe, sondern hinsichtlich der Wahl an sich zwischen einem Leben mit Liebe oder einem in Enthaltung. Wir haben bereits gesehen, dass Ja'els Neigung zu Isolation und ihr mangelndes Interesse an Liebe sie in einer anderen Gesellschaft nicht in psychologische Behandlung gebracht hätten, sondern zu einem Nonnendasein, eine legitime und »normale« Minderheitsoption. Auch die Diagnosen, auf

Grund derer ich sie behandelte, beinhalteten keine mangelnde Liebesfähigkeit, sondern zwei »normale« psychische Probleme, die sie hatte – Depression und soziale Phobie. Es lässt sich sagen, dass ihre Schwierigkeiten mit der Liebe nichts anderes als Symptome dieser seelischen Probleme waren. Ebenso möglich ist, dass die Kausalität in umgekehrter Richtung funktioniert – dass die psychischen Probleme ein Produkt ihrer Schwierigkeiten mit der Liebe waren. So oder so, ihr mangelndes Liebesvermögen und ihre Interesselosigkeit, zumindest in ihrem Bewusstsein, an romantischer Liebe waren der Dreh- und Angelpunkt, um den herum sich ihre psychologische und medikamentöse Behandlung bewegte. Die große Wende, die sich im Laufe der Therapie vollzog, die sie ebenso freute wie mich und ihre Familie, war nicht die Überwindung der Depression oder der Angst. Es war ihre Wahl der Liebe als Lebensweg und das Gefühl, dass es eine freiere Wahl war als ihre vorherige, die eines Lebens in Einsamkeit.

Die einfachste Antwort auf die Frage nach der Grenze zwischen normal und pathologisch: Der Patient bestimmt sie selbst. Ja'el kam aus freien Stücken zu mir und bat, ich solle ihr helfen, lieben zu können. Mit anderen Worten, sie definierte ihr Zurückschrecken vor Verliebtheit als ein Problem, das es zu behandeln galt. Eine solche Antwort ist jedoch als naiv anzusehen, denn es wurde schließlich schwerer familiärer und gesellschaftlicher Druck auf sie ausgeübt, sich zu verlieben und zu heiraten. Darüber hinaus verleihen herkömmliche professionelle Definitionen psychischer Störungen, wie auch ich sie bei ihrer Behandlung anwandte, gesellschaftlichen Konventionen eine pseudo-wissenschaftliche Gültigkeit. Seit Gott zu dem Schluss gelangte, »es ist nicht gut, dass der Mensch allein sei« (Genesis 2,18), ist es bei uns Konsens, dass jemand, der nicht daran interessiert ist, sein Leben mit jemand anderem zu teilen, und bevorzugt mit jemand vom anderen Geschlecht, anormal ist und vielleicht sogar an einem psychischen Problem leidet.

Das Thema der zwischenmenschlichen Beziehungen und ihr Zusammenhang mit seelischen Problemen ist ein sehr weites Feld. DSM-IV[9], das heute international anerkannte Werk zur Definition psychischer Störungen, beinhaltet zahlreiche Störungen, die durch den Charakter der zwischenmenschlichen Beziehungen definiert sind. Die Definition von *sozialer Phobie* zum Beispiel beinhaltet die folgenden Komponenten:

– Erkennbare und anhaltende Angst vor gesellschaftlichen Situationen, in denen man unbekannten Menschen oder der Kritik anderer ausgesetzt ist, und die Furcht, sich eventuell auf eine Art zu verhalten, die einen in solchen Situationen blamiert oder erniedrigt.

– Solche Situationen führen nahezu immer zu einem Zustand der Furcht.

– Das Eingeständnis, dass die Angst übertrieben oder unangemessen ist.

– Die Neigung, solche gesellschaftlichen Situationen zu vermeiden, oder sie nur unter schweren Ängsten und Spannungen auszuhalten.

– Das Vermeiden, die Furcht oder die Spannung, die diese gesellschaftlichen Situationen begleiten, führt zu Beeinträchtigungen bis hin zur erkennbaren seelischen Notlage.

Wie zu sehen ist, basiert die Definition auf der unterschwelligen Annahme, dass es »nicht gut« sei, vor gesellschaftlichen Situationen zurückzuscheuen und sie zu vermeiden. Der letzte Punkt in der Definition für die Diagnose, dass die Betroffenen an Beeinträchtigungen oder schwerer seelischer Not leiden, ist ein Standardzusatz für einen großen Teil der im DSM-IV enthaltenen Diagnosen. Zusammen mit dem Absatz, der verlangt, dass der Mensch seine Angst selbst als übertrieben oder unangemessen erkennt, hat das zum Ziel, so weit wie möglich willkürliche Diagnosen zu unterbinden, die Vorurteilen und gesellschaftlichen Konventionen entspringen können. Allerdings stellen solche Paragraphen keine Sicherheitsgarantie dar. Was ist, wenn »die erkennbare seelische Notlage« Ja'els daher rührt, dass alle Menschen, die sie lieben, ihr Verhalten als problematisch ansehen?

Soziale Phobie ist ein äußerst verbreitetes Phänomen. Einer von acht Menschen leidet im Laufe seines Lebens daran. Es ist ein schweres, oft verborgenes psychisches Problem, das für viel Leid in unserer Welt verantwortlich ist, speziell in der modernen westlichen Gesellschaft, in der wir ständig unbekannten Menschen und neuen gesellschaftlichen Situationen ausgesetzt sind. Es gibt aber eine effektive Behandlung dafür, die kognitive Verhaltenstherapie[10] oder die Behandlung mit einem Medikament aus der Prozac-Gruppe wie zum Beispiel Citalopram, das ich Ja'el verschrieb. Manchmal lässt sich eine Kombination von psychologischer und medikamentöser Therapie anwenden. Wie wir bei Ja'el gesehen haben, kann soziale Phobie jungen Menschen das Leben in Gesellschaften, in denen sie ihren Partner aus eigener Kraft finden müssen, stark erschweren. Doch ist all das genug, um soziale Phobie als psychische Störung zu definieren? Traditionelle Gesellschaften erachten Eigenschaften wie Bescheidenheit, Schüchternheit und das Zurückscheuen vor jeglicher Beziehung mit Männern – außer Verwandten ersten Grades – als positiv und erhaben, wenn sie bei Frauen vorhanden sind. Gegenteilige Eigenschaften werden in solchen Gesellschaften als »Verdorbenheit« definiert. Die Schwierigkeiten bei der Partnerwahl, die von einer sozialen Phobie herrühren, können in traditionellen Gesellschaften ganz leicht (vielleicht zu leicht) durch die Institution der Heiratsvermittlung überwunden werden. Nach

Ansicht vieler, und das ist auch meine Meinung, gibt es am Ende kein Entrinnen vor dem Bewusstsein, dass die vorherrschenden Definitionen psychischer Störungen von gesellschaftlichen Konventionen beeinflusst sind, was das »angemessene« Verhalten angeht.

In der akademischen Welt ist der Begriff »Verhaltenwissenschaften« weit verbreitet – gemeint sind die Psychologie und die übrigen Sparten, die sich mit der Erforschung der menschlichen Seele befassen. Dieser Terminus ist ein Überbleibsel aus der Schule der *Behavioristen,* die bis vor ein oder zwei Jahrzehnten, speziell in den Vereinigten Staaten, die Welt der akademischen Psychologie beherrschte und die der Psychoanalyse Freud'scher Prägung diametral entgegengesetzt war. Wie vielen Psychoanalytikern erscheint mir der Gebrauch des Begriffs der »Verhaltenswissenschaften« problematisch. Weshalb? Weil Verhalten nur der äußere Ausdruck einer reichen und bedeutsamen inneren Welt ist und ähnliche Verhaltensformen aus völlig unterschiedlichen Motivationen resultieren können.

Das ist nicht nur eine akademische Frage. Junge Menschen wie Ja'el können sich in der Praxis eines Therapeuten wieder finden, wenn sie am Spiel der Werbung nicht teilnehmen oder vor gesellschaftlichen Situationen zurückschrecken und sie vermeiden. Ein solches Verhalten kann jedoch auf gänzlich unterschiedliche seelische Prozesse zurückgehen, und es bedarf eines vertieften Verständnisses der subjektiven Empfindungen des Patienten, seiner Begierden und Ängste, um ihm die adäquate Beratung zu geben. Im Nachhinein lässt sich sagen, dass Ja'els Verhältnis zu Intimität und Liebe eine starke Komponente von »wollen, aber Angst haben« beinhaltete. Ihre soziale Phobie, die, zusätzlich zu der Depression, an ihrem Selbstbild, ihren Energien und Hoffnungen nagte, reichte aus, um sie jegliche Nähe scheuen zu lassen. Doch es gibt auch Menschen, die vor Intimität und gesellschaftlichen Situationen auf Grund völlig anderer innerer Empfindungen zurückschrecken. Eine der Definitionen im DSM-IV ist die der *schizoiden Persönlichkeitsstörung*. Diese Störung schlägt sich in einem ausgedehnten Muster der Abschottung vor sozialen Beziehungen sowie in einem eingeschränkten Gefühlsausdruck in Gesellschaft nieder. Diese Eigenschaften existieren von der frühen Pubertät an und sind in diversen Zusammenhängen erkennbar. Sie äußern sich in den folgenden Charakteristika, von denen mindestens vier für eine Diagnose erforderlich sind:

– Der Mensch ist nicht an engen Beziehungen interessiert, auch nicht daran, Teil einer Familie zu sein.

– Fast immer wählt er Aktivitäten, die in Abgeschiedenheit ausgeübt werden können.

– Er hat geringes Interesse, wenn überhaupt, an sexuellen Erfahrungen mit einem anderen Menschen.

– Er hat, wenn überhaupt, äußerst geringe Freude an Aktivitäten.

– Er hat keine engen Freunde und Vertraute außer den nächsten Familienangehörigen.

– Er wirkt gleichgültig gegenüber Kritik und Lob von anderen.

– Er demonstriert Gefühlskälte und macht einen »flachen« emotionalen Eindruck.

In der Vergangenheit dachte man eher, dass eine schizoide Persönlichkeitsstörung der Zustand sei, der der Schizophrenie vorausginge – einer schweren psychischen Krankheit. Heute erscheint das anders. Es ist auch bekannt, dass entgegen der weit verbreiteten Meinung keinerlei Zusammenhang zwischen einer schizoiden Persönlichkeitsstörung und einer

Persönlichkeitsspaltung besteht. Der an einer schizoiden Persönlichkeitsstörung Leidende leugnet, dass es »nicht gut ist, dass der Mensch allein sei«. Er verlangt von der Gesellschaft, in der er lebt, nur eines – dass sie ihn in Ruhe lässt. Er hat kein Interesse an Liebe, er will nicht heiraten, und intime Situationen verursachen ihm schweres Unbehagen. Wenn er allein ist, ist er zufrieden. Ist er »krank«? Bedarf er der Behandlung? Kann man ihn überhaupt behandeln?

Persönlichkeitsstörungen sind eine Art überzeichnete Karikatur »normaler« Charaktereigenschaften. Jeder Mensch hat wahrscheinlich schon mehr als einmal in seinem Leben zu den Menschen um ihn herum, die ihn liebten und ihm nahe kommen wollten, gesagt: »Lasst mich in Ruhe. Lasst mir ein bisschen Luft.« Es gibt Menschen, bei denen solche Empfindungen in extremer Form bestehen, und wenn sie lange und stark genug anhalten, wird man bei ihnen eine schizoide Persönlichkeitsstörung diagnostizieren. Während man von Menschen, die an sozialer Phobie leiden, sagen kann, »sie wollen, aber sie haben Angst«, kann man bei solchen, die an schizoider Persönlichkeitsstörung leiden, sagen, dass sie tatsächlich »nicht wollen«. Aber leiden sie denn? Vielleicht ist ihr Leiden durch die hartnäckige Forderung der Gesellschaft verursacht, dass sie sich »mit ihren Gefühlen vernetzen« und »sich anderen öffnen« sollen?

Allein die Verwendung des Ausdrucks »Persönlichkeitsstörung« zur Beschreibung von Menschen, die nicht an einer intimen Beziehung interessiert sind, ist problematisch. Die Wahl eines Lebens ohne Partner muss nicht zwangsläufig eine Störung sein. Sie kann – wie der Name besagt – eine Wahl sein. Nach Ansicht vieler, sowie auch meiner, ist die allerbeste »Therapie« für solche Menschen häufig, sie sich selbst zu überlassen. Es gibt heutzutage keine effektive medikamentöse oder psychische Behandlung für schizoide Persönlichkeiten, was ein weiterer Grund dafür ist, sie nicht in wohlmeinender Absicht zu bombardieren, sondern die Art und Weise, in der zu leben sie vorziehen, zu respektieren. Es ist der menschlichen Gesellschaft würdig, dass es in ihr auch Platz für Menschen gibt, die beschlossen haben, für sich zu leben. Wie gesagt besteht die Aufgabe der Psychotherapie nicht darin, den Menschen dazu zu bringen, anders zu wählen, als er in der Vergangenheit gewählt hat, sondern dahin, dass seine Wahl freiwillig ist.

Wie kann man Menschen mit einer schizoiden Persönlichkeitsstörung von solchen mit sozialer Phobie unterscheiden? Die einen wie die anderen schrecken vor neuen gesellschaftlichen Situationen und dem Anknüpfen von Beziehungen zurück und suchen sie zu vermeiden. Beide tendieren dazu, in Gesellschaft verlegen, ängstlich und ratlos zu sein. Natürlich kann man sich nicht mit dem »Verhalten« begnügen, sondern muss zum Verständnis aus den Tiefen der Empfindungen, Phantasien, Ängste und Hoffungen des jeweiligen Menschen am gegenwärtigen Punkt seines Lebens schöpfen. Im Falle Ja'els war es relativ klar. Doch die Wirklichkeit ist meist nicht so klar und einfach wie in den Diagnosen des DSM-IV.

Menschen begeben sich mit einem Sammelsurium an Eigenschaften, Wünschen und Bestrebungen in psychologische Behandlung, die häufig zueinander in Widerspruch stehen. Um einem Menschen zu helfen, in seiner Seele den Weg zur Liebe zu finden – oder vielleicht zu dem Schluss zu gelangen, dass er die Suche nach ihr einstellen sollte –, brauchen er und sein Therapeut Geduld, Sensibilität, gesunden Menschenverstand, Sympathie und nicht wenig Glück. Zusätzlich ist es erforderlich, dass der Therapeut erfahren ist, das heißt, dass er die Welt der Psyche und das Spektrum der effektiven Behandlungen kennen und sich der starken und geheimen Macht der Suggestion während einer Psychotherapie bewusst sein sollte. Doch die oberste Bedingung ist, wie mir Ja'el vor Augen führte, einen Therapeuten zu finden, der die Begrenzungen seiner Macht und seines Wissens kennt und im Gedächtnis behält, dass das letzte Wort immer der Mensch hat, der ihm gegenübersitzt.

2. KAPITEL

Das gelobte Land

Ilan war einer von denen, die bei uns mit einer Bewunderung, die manchmal ein Anflug von Spott begleitet, das »Salz der Erde« genannt werden. Er hatte etwas, das nicht ins erste, postmoderne und nüchterne Jahrzehnt des einundzwanzigsten Jahrhunderts passte. Auch seine Biographie war nicht post-zionistisch, sondern »klassisch«: Er kam aus dem Kibbuz, hatte als Offizier in einer speziellen Eliteeinsatztruppe gedient und ein Physik- und Informatikstudium an der Hebräischen Universität absolviert. Er gehörte jenem Menschenschlag an, der bei uns zunehmend ausstirbt und der sich im Allgemeinen nicht in psychologische Behandlung begibt. Dabei hätte er eigentlich gute Gründe gehabt, bereits vor Jahren eine Therapie anzufangen. Eine Kombination aus Schüchternheit und Verschlossenheit und vielleicht auch noch andere Gründe führten dazu, dass er sich, bis er Michal traf, nie verliebt hatte. Ilan hatte in der Vergangenheit Freundinnen gehabt, doch die Beziehungen mit ihnen begannen normalerweise auf ihre Initiative hin und endeten, zumindest von seiner Seite aus, ohne Stürme und Tränen.

– Ohne Tränen?, fragte ich ihn, als wir uns zum ersten Mal trafen.

– Ohne. Sie liebten mich, und ich fühlte mich wohl mit ihnen, auch im Bett. Aber von meiner Seite aus war es nie wirklich Liebe.

– Was ist wirkliche Liebe?

– Das, was ich mit Michal habe. Das heißt, was ich mit ihr hatte. Jetzt weiß ich es nicht mehr. Ich bin eigentlich zu Ihnen gekommen, um es herauszufinden und zu entscheiden, was ich jetzt tun soll. Normalerweise treffe ich solche Entscheidungen alleine, aber diesmal habe ich offenbar keine Wahl.

– Können Sie sagen, weshalb Sie beschlossen haben, ausgerechnet dieses Mal jemand anderen zu involvieren?

Ilan dachte einen Moment nach und antwortete mir mit einer Gegenfrage:

– Sagen Sie, können Sie mit Karte und Kompass in der Nacht steuern?

– Ja. Zumindest konnte ich es früher einmal. Was hat das mit meiner Frage zu tun?

– Sie werden es gleich verstehen. Ist es Ihnen einmal passiert, dass Sie sich verlaufen haben?

– Vielleicht ein oder zwei Mal…

Ich errötete, weil Ilan mich plötzlich anlächelte. Ich erwiderte unwillkürlich sein Lächeln, und die Steifheit, die seit Beginn der Stunde zwischen uns herrschte, löste sich ein wenig. Aus meiner Militärzeit waren mir nicht nur die Erinnerungen an meine erste Liebe geblieben, sondern auch an Geländelinien, in denen ich mich in dunklen Nächten verirrt hatte.

– Gut, dann werden Sie mich vielleicht verstehen. Ich fühle mich wie jemand, der verloren gegangen ist. Wie jemand allein auf einem Nachtmarsch, dem plötzlich aufgeht, dass die Sicherheit, er wisse, wohin er gehe, eine trügerische war. Jetzt muss er schnellstens herausfinden, wo er sich befindet und wie er dorthin gelangt ist. Aber in der Hauptsache muss er schleunigst vor dem ersten Tageslicht den Rückweg finden, ohne sich dabei noch mehr zu verlaufen. Vielleicht ist es eine Schande, in eine solche Situation zu geraten, aber wenn man schon mal drinsteckt, ist es keine Schande, um Hilfe zu bitten.

Nach meinem ersten Treffen mit Ilan hatte ich keinen Zweifel, dass er Michal liebte. Er hatte sie vom ersten Moment an, drei Jahre zuvor, geliebt. Er erinnerte sich ganz genau daran, was ihm an jenem Tag passierte, an dem alles anders wurde. Obwohl er kein Mann vieler Worte war, hatte Ilan, wie viele verschlossene Menschen, eine reiche Innenwelt. Er liebte es, sich sein Leben als einen Orientierungslauf im Lande vorzustellen, eine Expedition, an deren Ende die Zypressen des Friedhofs auf ihn warteten. Es war ein Lauf auf gewundenen Sandwegen, in Landschaften, die der Spiegel seiner Seele waren. Er verglich den Tag, an dem er Michal getroffen hatte, mit einem Tag, an dem er endlich aus der Wüste zur Linie des Bergkamms hinaufgestiegen war. In seinem Geiste war sein Leben, bevor er sie traf, eine lange Wanderschaft in der judäischen Wüste, im Schatten des Regens, in dürren, einsamen Landschaften. An dem Tag, an dem sie sich trafen, erklomm er zum ersten Mal den Sattel des Berges, überquerte zum ersten Mal die Wasserscheide und betrat mit leichten, schnellen Schritten den Schoß des bewohnten Landes. Seitdem, so dachte er, lief er an den Westhängen der Berge Jehudas, zwischen Cassiabüschen und Kiefern, allein, aber niemals einsam, denn Michals dunkelbraune Augen begleiteten ihn auf seinem Weg. Bis vor zwei Wochen. Seitdem schien ihm, als habe er seinen Weg verloren. Er, der gute Navigator, fühlte sich wie jemand, der sich in einem flachen, öden Gelände im westlichen Negev verlaufen hatte, in einer bewölkten und regnerischen, mondlosen Nacht ohne Sterne, ohne Kompass und ohne GPS-Gerät.

Auch seine erste Begegnung mit Michal stand im Zeichen des Regens. Der Regen begleitete ihn von dem Moment an, in dem er seine Wohnung verließ, in einen bewölkten, nassen Morgen hinaus. Der Regen führte zu Staus, die es ihm erschwerten, aus Tel Aviv hinauszufahren, und als er die Schnellstraße erreichte, blieben ihm weniger als zwanzig Minuten bis zu Beginn des Vorstellungstermins in Haifa. Die Gebäude der High-Tech-Firma, zu der er fuhr, waren auf einem großen Gelände in der Ebene zu Füßen des Karmels ausgebreitet. Der Leiter der Personalabteilung war erstaunlich großmütig, als Ilan mit einer Viertelstunde Verspätung, schweißnass und außer Atem eintraf. Auch das Gespräch war entspannt, soweit das bei solchen Terminen möglich ist, aber noch bevor es endete, wusste Ilan, dass er die Stelle nicht bekommen hatte. Seit Beginn der Krise in der Branche, als seine Start-up-Firma aus Mangel an Investoren geschlossen hatte, leitete er ein Projekt für eines der großen Softwarehäuser. Seine Chefs liebten ihn und setzten große Hoffnung auf seine Zukunft. Auch das Gehalt war annehmbar, zwar nicht das, was er in dem guten Jahr mit der Start-up-Firma verdient hatte, jedoch ausreichend für seine Bedürfnisse und sogar für ein wenig Ersparnisse. Er hätte nicht versucht, eine andere Arbeit zu finden, hätte nicht der Generaldirektor in der Softwarefirma gewechselt und hätte nicht der neue Chef beschlossen, alle Projektleiter, ihn eingeschlossen, »ein wenig kurz« zu halten. Von seinem Standpunkt aus war das der Tropfen, der das Fass zum Überlaufen brachte. Schon im Kibbuz und in der Schule hatte er dazu geneigt, sich abzusondern, und während seines Militärdienstes begann er, tiefen Abscheu gegenüber jeder Situation zu entwickeln, in der ihm jemand sagte, was er zu tun hatte.

Ilan erinnerte mich an Dinge, die ich zur Zeit meines Militärdienstes einmal gewusst hatte:

– Es gibt immer zwei Wege, einer unangenehmen Lage zu entkommen. Man kann die Flucht nach hinten oder nach vorne antreten: Man kann den Kontakt kappen und sich zurückziehen oder die Anstrengung erhöhen und drauflos rennen.

Er sah sich – »prinzipiell« – als einer von denen, die die Flucht nach vorne antraten. So war er zum Offizier in einer

Spezialeinheit geworden – nicht aus dem Wunsch heraus, zu befehlen und zu beherrschen, sondern um die Anzahl der Leute zu reduzieren, die ihm sagen konnten, was er zu tun hatte. Nach seinem Abschied von der Armee verließ er den Kibbuz und fuhr nach Südamerika, eine Reise, auf der er sein eigener Herr war. Er kehrte nach Israel über Japan zurück, wo er sich mit dem Verkauf von Postern durchschlug und vom Zauber der japanischen Kultur gefangen genommen wurde. Als ich ihn fragte, was er daran so liebte, sprach er vom Mythos des Samurai, des einsamen Kämpfers, der treu bis zum Tod ist, sich aber nur sich selbst und seinen Prinzipien beugt.

Als er nach Israel zurückkehrte, studierte er Informatik, hauptsächlich weil ihm das ein Gebiet zu sein schien, bei dem der Mensch seinen Tag allein zubringen kann, in seine Gedanken vertieft vor einem Display, das sie ihm widerspiegelt. Er schloss sein Studium ab und gründete sofort die Start-up-Firma, vor allem um sein eigener Boss zu sein und nicht etwa, weil es ihm wichtig gewesen wäre, reich zu werden. Nach einem guten Anfangsjahr brach die Intifada aus, unmittelbar darauf kam die Branchenkrise und die Wirtschaftsrezession. Das Start-up verharrte wie im Packeis festgefahren. Die Zeiten von Ilans Wehrübungsdienst wurden immer länger, und die Dinge, die er und seine Soldaten in den Flüchtlingslagern in den besetzten Gebieten zu tun gezwungen waren, legten sich auf sein Gemüt. Die Investoren ließen sein Unternehmen im Stich, das Geld blieb aus, und innerhalb weniger Monate ertappte er sich dabei, wie er zähneknirschend die Stellenanzeigen in den Zeitungsbeilagen durchforstete. Die Arbeit in dem Haifaer Softwarehaus hatte ihn interessiert, weil es sich, soweit er verstand, um ein fast völlig selbständiges Projekt handelte, an dem ein bis vielleicht zwei Personen arbeiteten. Doch daraus würde nichts werden. Sie wollten ihn nicht. Es war eines der ersten Male, vielleicht das erste Mal überhaupt in seinem Leben, dass er bei einer Prüfung scheiterte. Ein schmerzhafter, sogar demütigender Stich nahm ihm für einen Moment den Atem. Er wartete, bis er vorüberging, atmete tief durch und lächelte seinen Gesprächspartner an.

Das Vorstellungsgespräch endete in der entfremdeten Atmosphäre, in der es geführt worden war. Der Personalchef drückte mit gekünstelter Herzlichkeit seine Hand und sagte die Höflichkeitsfloskeln, die schlicht bedeuteten, »Sie sind nicht der Mann, den wir suchen«. Ilan drückte seine ausgestreckte Hand, lehnte höflich das Getränk ab, das ihm wieder angeboten wurde, lehnte auch den Vorschlag ab, ihn zurück zur Rezeption zu begleiten, wo er seinen Ausweis deponiert hatte, verließ das Zimmer und ging zum Aufzug. Und da, als der Lift kam und die Tür wie ein Vorhang zu Beginn des ersten Aktes aufschwang, sah er plötzlich Michal. Diese ersten Augenblicke brannten sich wie alles, was ihm an jenem Tag widerfuhr, in sein Gedächtnis ein, um danach immer wieder zurückzukehren.

Die meisten Liebenden können den Moment, in dem sie ihren Partner zum ersten Mal sahen, in allen Einzelheiten beschreiben, oder den Augenblick, in dem sie begriffen, dass sie in ihn oder sie verliebt waren, auch wenn sich die Dinge vor vielen Jahren abgespielt haben. Es ist uns allen auf intuitive Weise klar, weshalb wir uns an wichtige oder bewegende Ereignisse in unserem Leben so gut erinnern. Doch weshalb erinnern wir uns gleichzeitig auch an eine Reihe nebensächlicher Details, die in ihrem Verlauf, direkt davor oder kurz danach passierten? Ein treffendes Beispiel für diese merkwürdige Eigenschaft des menschlichen Gedächtnisses ist die Tatsache, dass sich fast jeder Israeli, würde er es versuchen, daran erinnern kann, wo und mit wem er war, als er hörte, dass Ministerpräsident Jizchak Rabin ermordet wurde. Der Mord an Rabin war ein bedeutungsschweres und unheilschwangeres Ereignis im Leben des Staates Israel und im Leben eines jeden Einzelnen von uns. Auch wenn Einzelheiten, die stattfanden, als wir davon hörten, keinerlei Bedeutung haben, blieben sie trotzdem in unser Gedächtnis eingraviert. Solche Erinnerungen nennt man *Schlaglichterinnerungen*, und heute weiß man, dass sie sich mit Hilfe zweier sehr ähnlicher Stoffe in unser Gehirn einprägen: Norepinephrin, das als Nervenbotenstoff im Gehirn dient, und Adrenalin, ein Hormon, das während emotionaler Aktivierung im Körper freigesetzt wird. Woher wissen wir das? In einem berühmten Versuch, dessen Ergebnisse 1994 veröffentlicht wurden, führten der Wissenschaftler Cahill und seine Kollegen zwei Gruppen von Studenten zwei nahezu identische Diaserien vor, erzählten jedoch jeder Gruppe eine andere Geschichte darüber. In der einen Version wurde von einem Kind erzählt, das am Morgen aufsteht, sich anzieht und in die Schule geht. Auf dem Schulweg kommt es an einer Gruppe Ärzte vorbei, die die Behandlung von Verletzten üben. Sie schieben als Verwundete geschminkte Schauspieler in einen Ambulanzwagen, fahren sie ins Krankenhaus, und dort proben sie bis in die Nacht die Behandlung der Verwundeten. Der zweiten Gruppe wurde die Geschichte von einem Kind erzählt, das am Morgen aufsteht, sich anzieht und in die Schule geht. Auf dem Weg zur Schule wird es von einem Auto überfahren und schwer verletzt. Es wird in eine Ambulanz eingeladen und ins Krankenhaus gebracht, wo die Ärzte bis in die Nacht um sein Leben kämpfen. Eine Woche nach der Vorführung wurden die Studenten zu einem Interview bestellt, in dem sie gebeten wurden, alle Einzelheiten zu rekapitulieren, an die sie sich von den gezeigten Dias erinnerten. Es überrascht nicht, dass sich diejenigen Studenten, die die Geschichte von dem überfahrenen Kind gehört hatten, an viel mehr Einzelheiten erinnerten als ihre Gefährten, die die belanglose Version gehört hatten. Das ist ein Beispiel für

Schlaglichterinnerungen, und daran ist nichts Überraschendes.

Allerdings gaben die Wissenschaftler jedem einzelnen der Studenten vor der Diavorführung eine Tablette. Die eine Hälfte der Studenten in der Gruppe erhielt ein Placebo, das keinen Wirkstoff enthielt, und die andere Hälfte bekam eine niedrige Dosis des Medikaments Deralin (Propanolol), das zur Behandlung hohen Blutdrucks und bestimmter Herzrhythmusstörungen dient. Deralin blockiert die Aktivität des Norepinephrins und Adrenalins in Gehirn und Körper. Als die Wissenschaftler die Anzahl der Einzelheiten zählten, an die sich die Studentengruppe, die die belanglose Version gehört hatte, erinnerte, stellten sie keinen Unterschied zwischen denen, die Placebos und denen, die Deralin erhalten hatten, fest. Im Kreis der Studenten jedoch, die die schreckliche Geschichte gehört hatten, erinnerten sich diejenigen, die vor der Filmvorführung Deralin eingenommen hatten, an viel weniger Details als diejenigen, die Placebos geschluckt hatten. Tatsächlich erinnerten sich die, die Deralin erhalten hatten, an die gleiche Anzahl von Einzelheiten wie ihre Gefährten, die die belanglose Geschichte gehört hatten. Mit anderen Worten, das Medikament – das die Wirkung des Norepinephrins und des Adrenalins im Gehirn aufhob – hatte also auch die Fähigkeit ausgeschaltet, Schlaglichterinnerungen im Gehirn der Studenten einzugravieren. Diese Tatsache liefert vielleicht einen Zusammenhang mit der umstrittenen Theorie, die wir im Folgenden noch diskutieren werden, nach der das Adrenalin die »Liebesdroge« ist.

Woran sich Ilan am deutlichsten von allen Ereignissen jenes Tages erinnerte, waren die Augen Michals, als sie vor ihm stand, nachdem sich die Aufzugtür geöffnet hatte. Ihre Augen waren groß und dunkel und blickten ihn, so schien ihm, ohne

Verwunderung, Überraschung oder Scheu an. Mit einem Schlag waren das Vorstellungsgespräch, die Stelle, die er nicht erhalten hatte, vergessen, das Auto, das im Tiefgeschoss des Gebäudes parkte, und der lange Weg nach Hause. Er stürzte fast in den Aufzug, lächelte sie an und behielt ihr Lächeln in seinem Herzen.

– Ich bin Ilan.

– Michal.

– Arbeiten Sie hier?

Sie nickte.

– Und Sie?, fragte sie.

– Beinahe.

So, mit einzelnen Worten und kurzen, tastenden Sätzen, begann die große Liebesgeschichte in Ilans Leben. Doch die Worte waren nicht die Hauptsache. Bereits in den ersten Minuten in ihrer Gesellschaft begann er etwas Merkwürdiges zu spüren, ein beängstigendes, aber auch angenehmes Gefühl, das er von den nächtlichen Fallschirmabsprüngen bei der Armee kannte: Er stand vor der Klappe des Flugzeugs, der Wind pfiff ihm um die Ohren, vor ihm ein finsterer Abgrund, und er sprang hinein, ohne die Augen zu schließen, warf sich mit freudigem Entsetzen ins Dunkel hinein, in die plötzliche Stille, die ihn einhüllte, während er nach unten schwebte, schwerelos und richtungslos für einen süßen, endlosen Augenblick, bis sich der Fallschirm mit einem starken Ruck und beruhigendem Rascheln über ihm in der Dunkelheit öffnete. Er war verliebt.[11]

Als Michal den Aufzug verließ, eilte er ihr nach und fragte sie, ob sie einen Moment Zeit für ihn hätte. Für Sie, sagte sie, vielleicht schon, aber nur eine Sekunde. Was machen Sie hier? Ilan erzählte ihr von dem gescheiterten Interview, und es gelang ihm, seine natürliche Schüchternheit zu überwinden und sie zu fragen, wo sie wohnte. Als er hörte, dass sie in Benjamina lebte, schlug er ihr vor, sie dorthin mitzunehmen.

– Aber ich höre um sechs zu arbeiten auf, und ich habe einen Zug fast bis vor die Haustür.

Ilan erinnerte sich, wie sehr ihn diese Antwort gefreut hatte. Die Antwort, die er befürchtet hatte, war »nein, danke«, oder etwas von einem Freund oder Ehemann. Er sagte schnell:

– Das ist in Ordnung.

– Was ist in Ordnung? Sie wollen bis abends hier bleiben?

– Ja.

– Was haben Sie hier zu tun?

– Auf Sie warten.

– Man wird Sie nicht bleiben lassen.

– Wir werden sehen.

***

Wie gesagt, fast jeder von uns erinnert sich ganz genau an den Augenblick, als er sich verliebte, und das ist offenbar dem Mechanismus der Schlaglichterinnerungen zuzuschreiben. Unzählige Gedichte, Romane, Theaterstücke und Filme haben den mythischen Augenblick verewigt, in dem die romantische Verliebtheit entsteht, und ihn aus allen möglichen Blickwinkeln beschrieben. Bereits in der Bibel kommt der Moment des Sichverliebens in all seiner Schönheit und Macht der Gefühle vor: »Und Rebekka hob ihre Augen auf und sah Isaak; da stieg sie eilends vom Kamel« (Genesis 24,64). Auch der Sohn Rebekkas und Isaaks wurde von einem Sturm der Gefühle überflutet, als seine Augen zum ersten Mal auf seine Geliebte und die Herde ihrer durstigen Schafe fielen: »Als Jakob aber Rahel sah, die Tochter Labans, des Bruders seiner Mutter, und die Schafe Labans, des Bruders seiner Mutter, trat er hinzu und wälzte den Stein von dem Loch des Brunnens und tränkte die Schafe Labans, des Bruders seiner Mutter. Und er küsste Rahel und weinte laut« (Genesis 29, 10-11). Umfragen nach haben sich jedoch nur wenige Ehepaare auf den ersten Blick ineinander verliebt. Es gibt noch andere Wege zur Liebe, darunter die allmähliche Bindung, mit der wir uns im dritten Kapitel befassen werden, und die arrangierte Ehe, die in Kapitel 8 behandelt wird. So oder so, der schwindelerregende und weihevolle Moment des Sichverliebens ist schon seit Erfindung der Schrift und offenbar noch viel früher Teil der menschlichen Tradition.

Der Göttersohn Cupido verfällt (wie immer – er fiel) dem Zauber Psyches, einer sterblichen Schönheit. Ihre Nächte sind stürmisch, doch es ist ihr nicht vergönnt, das Gesicht ihres himmlischen Geliebten zu sehen. Ihr heftiger Wunsch, ihn zu sehen, verwickelt die beiden in heftige Probleme. Orpheus steigt in die Unterwelt hinunter im Versuch, seine Geliebte Eurydike wieder ins Leben zurückzuholen. Romeo erobert im Sturm Julia, ein Mädchen aus der »falschen Familie«, in einer tränenreichen Geschichte, die ein schlimmes, bitteres Ende nimmt. Auch die verzweifelte Liebe Anna Kareninas endete mit ihrem Tod. Die – wahre – Liebesgeschichte von Aimée und Jaguar, der Frau eines deutschen Soldaten, die sich zur Nazizeit in eine Jüdin in Berlin verliebt, ist auch eine Geschichte der Wandlung der konservativen, abhängigen Aimée zu einer eigenständigen, selbstbewussten Person, ein Beispiel dafür, wie die Liebe den Menschen verändern kann. Vor dem Hintergrund des amerikanischen Bürgerkriegs verliebt sich Scarlett O'Hara unsterblich in Rhett Butler – deutlich der falsche Mann –, in einer Romanze, die zu einem der erfolgreichsten Kinofilme aller Zeiten wurde – »Vom Winde verweht«.

Von »Don Quichotte« bis »Der englische Patient«, von »Casablanca« bis »Doktor Schiwago« – sich zu verlieben scheint ein Erlebnis, dessen die Welt niemals müde wird – sei es, davon zu lesen, es sich anzusehen, daran zu denken oder davon zu träumen. Auf der ganzen Welt und zu jeder Zeit verstehen alle die Sprache der Liebe. Und tatsächlich ist wissenschaftlich betrachtet Universalität einer der erstaunlichen und spannenden Aspekte der Verliebtheit. Obwohl wir dazu neigen, unseren Verliebtheiten großen Wert beizumessen und sie häufig als die überraschenden, besonderen und einzigartigen Dinge ansehen, die uns im Leben passiert sind, ist von einem Phänomen die Rede, das nicht nur allgemein ist, sondern auch normativ und sogar – was nicht angenehm zuzugeben ist – stereotyp. Obgleich ein integraler Bestandteil des Gefühls der Verliebtheit tatsächlich die Überraschung und die Besonderheit ist, lässt sich die Schlussfolgerung nicht vermeiden, dass das Phänomen selbst überhaupt nicht exklusiv ist. Ist also die Fähigkeit, »den Kopf zu verlieren« und sich zu verlieben, eine routinemäßige menschliche Eigenschaft, die von vornherein in uns angelegt ist?[12]

In einer Reihe von Untersuchungen, auf die wir im dritten Kapitel noch zurückkommen werden, verteilte die Anthropologin Helen Fisher an einige Hundert junge und ältere Leute in New Jersey und Tokio einen Fragebogen, in dem sie gebeten wurden, den Grad ihrer Identifikation mit verschiedenen Sätzen zu beschreiben, die Arten des Verhältnisses zu ihren Partnern in der Gegenwart oder Vergangenheit ausdrückten. Der Fragebogen enthielt vierundfünfzig Sätze, so zum Beispiel: »Wenn ich… Stimme am Telefon höre, spüre ich Herzklopfen«, oder »Der letzte Mensch, an den ich denke, bevor ich schlafen gehe, ist…«. Zwischen den Sätzen taucht auch der schlagende Satz der Liebe auf, für den wir alle einen hohen Preis zahlen oder einmal zahlen werden, dessen Folgen sich bereits in der Bibel finden – »… Liebe deckt alle Übertretungen zu« (Sprüche Salomos 10,12). Hier heißt er: »… hat Fehler, aber sie stören mich nicht wirklich.«

Die Resultate der Studie waren beeindruckend. Die Antworten der Frauen und Männer, jung wie alt, katholisch und protestantisch, farbig und weiß, heterosexuell und homosexuell, ähnelten einander auf verblüffende Weise. Zum Beispiel belief sich die Symmetrie zwischen den Antworten der Zwanzig- bis über Vierzigjährigen auf 80%, Hetero- und Homosexuelle gaben zu 86% identische Antworten, und Frauen und Männer zu 87%. Die wesentlichsten Unterschiede bestanden zwischen Amerikanern und Japanern, wobei es für die meisten eine klare kulturelle Erklärung gab. So stimmten zum Beispiel nur 24% der Amerikaner dem Satz zu, »wenn ich mit… spreche, befürchte ich, etwas Falsches zu sagen«, während sich 65% der Japaner mit diesem Satz identifizierten. Offenbar ist die japanische Kultur, die Betonung auf gutes Benehmen und Scham legt, für den Unterschied verantwortlich. Wie sich herausstellt, wird jenes Phänomen, das wir romantisches Verliebtsein nennen, von den meisten von uns in sehr ähnlicher Form erfahren. Liebeslieder, die Schlager zu allen Zeiten, sprechen anscheinend alle von uns an, weil sie ein uns aus erster Hand bekanntes Phänomen beschreiben. Mit anderen Worten, nicht nur erleben fast alle Menschen Verliebtheit, sondern dieser Zustand ähnelt sich bei allen auch sehr stark.

Manche behaupten, dass diese Ähnlichkeit künstlich hergestellt sei. Ihrer Meinung nach ist das Erlebnis moderner Verliebtheit mit dem Sturm der Gefühle, der sie begleitet, eine angelernte Reaktion. Nach dieser Argumentation, mit der wir uns im ersten Kapitel befasst haben, haben Filme, Fernsehen und die westliche Konsumkultur mit uns das gemacht, was der russische Psychologe Iwan Pavlov mit Hunden machte: Sie lehrten uns, wie wir mit spezifischer körperlicher und seelischer Erregung auf den Reiz zu reagieren haben, der vorher nicht zwingenderweise solche Reaktionen ausgelöst hat. Obwohl klar ist, dass Medien und Werbung einen beträchtlichen

Einfluss auf unser Seelenleben haben, ist eine solche Theorie als Erklärung nicht ausreichend. Meiner Meinung nach beweist ein flüchtiger Blick in die alten Schriften – in denen Rebekka vom Kamel fiel und Jakob in Tränen ausbrach –, dass die gleichen Empfindungen und Reaktionen, die uns heute erschüttern, auch in grauer Vorzeit das Erleben des Sichverliebens charakterisierten. Die Geschichte von Ilan, der sich mit Ende zwanzig zum ersten Mal in seinem Leben verliebte, ist nicht außergewöhnlich. Tatsächlich ist sie in vieler Hinsicht sogar typisch. In den letzten Jahren hat sich zunehmend herausgestellt, dass Ilan, wie die meisten von uns, gewissen Gesetzen gehorchte, als er sich in Michal verliebte, Gesetzen, die in psychologischen und sogar biologischen Kategorien verstanden werden können. In ihrem Buch »Falling in Love« präsentiert die Psychologin Ajala Malakh-Pines einen Teil des Wissens, das zum Thema Verlieben vorliegt. Die Lektüre des Buches, das Einsichten aus dem Bereich der dynamischen Psychologie (die, was den unbewussten Teil unserer Seele angeht, auf der Arbeit und den Thesen Freuds basiert) mit Erkenntnissen aus dem Gebiet der sozialen und experimentellen Psychologie kombiniert (die sich auf eine objektive Untersuchung der messbaren Phänomene und Reaktionen in Testgruppen stützen), ist faszinierend, aufwühlend und manchmal auch verstörend. Wie sich herausgestellt hat, sind zahlreiche Aspekte der Geschehnisse, die uns am meisten am Herzen liegen und bei denen wir uns frei und/oder einzigartig fühlten wie nie zuvor, voraussagbar und vorhersehbar. Aber eben nicht alle.

Ein Befund, der sich in der Forschungsliteratur kontinuierlich wiederholt, ist die starke Beziehung zwischen Sichverlieben und emotionaler Erregung jeder Art. Es hat sich herausgestellt, dass alles, gut wie schlecht, das uns dazu bringt, irgendein Gefühl zu empfinden, die Chance vergrößert, dass wir uns verlieben. Es ist nicht nur die Rede von »positiven« Emotionen, sondern auch von Angst, Eifersucht, Ablehnung, Wut und Entsetzen. Es ist kein Zufall, dass die Geisterbahn nicht nur unruhigen Kindern gefällt, sondern auch Pärchen, die miteinander ausgehen, und dass Horrorfilme wie »Das Schweigen der Lämmer« und »Der Schrei« Kassenschlager sind. Ein berühmtes Experiment, das Malakh-Pines schildert und das wie viele Versuche in der Forschungsliteratur hauptsächlich das männliche Geschlecht beschreibt (und beleidigt), wurde im Jahre 1947 unter einem Titel veröffentlicht, der für sich selbst spricht: »Nachweise für verstärkte sexuelle Anziehung unter Bedingungen erhöhter Furcht«. Bei diesem Versuch stellten die Wissenschaftler Dutton und Aron eine junge, hübsche Studentin in die Mitte einer schmalen, schaukelnden Brücke. Es war eine Fußgängerbrücke, aus Drahtseilen und dünnen Holzstäben zusammengesetzt und hoch über den Capilano gespannt, eine der populären Sehenswürdigkeiten an der Westküste Kanadas. Die Brücke, deren Geländer relativ niedrig ist, schwankt und zittert jedes Mal, wenn jemand sie überschreitet. Wenn Männer über die Brücke gingen, die allein unterwegs waren, wandte sich die Studentin an sie, stellte sich als Gloria vor und bat um ihre Hilfe bei einer psychologischen Forschungsarbeit. Während sie noch über dem Abgrund schaukelten, wurden sie gebeten, eine kurze Geschichte auf der Basis eines Fotos, das sie ihnen zeigte, zu erzählen, auf dem ein Mädchen zu sehen war, das neben einer Tür stand, das Gesicht in den Händen verborgen.[13]

Nach Beendigung der Aufgabe dankte »Gloria« dem Probanden, gab ihm ihre Telefonnummer und forderte ihn auf, sie anzurufen, »falls Fragen bezüglich der Studie bestehen«. Die gleiche Studentin wurde auch zu einer anderen Brücke über den Capilano geschickt, die stabil und breiter war, wo sie sich, unter dem Namen Donna, auf gleiche Weise an einzelne männliche Wanderer wandte. Auch »Donna« gab den Testpersonen nach Abschluss der gleichen Aufgabe ihre Telefonnummer mit dem Angebot, sie anzurufen.

Die Tatsache, dass »Gloria« achtmal so viele Anrufe wie »Donna« erhielt, ist an und für sich schon beeindruckend. Doch darüber hinaus gab es auch einen Unterschied zwischen den Geschichten, die auf der schmalen, schaukelnden Brücke erzählt wurden, und denen, die zu dem gleichen Bild derselben Studentin auf der breiten, stabilen Brücke erzählt wurden. Die ersteren hatten viel mehr und viel deutlichere sexuelle Inhalte. Die Ergebnisse des Versuchs bestätigten in »wissenschaftlicher« Form eine Wahrheit, die Dichtern, die sich der Brücke zwischen Gefahr und Liebe sehr wohl bewusst waren, schon immer bekannt war.

Diejenigen unter uns, die keine romantische Seele haben, könnten streng genommen immer noch sagen, dass die Anrufe, die Gloria/Donna erhielt, vielleicht von Männern kamen, die ein echtes Interesse an den Ergebnissen der Studie und nicht an der hübschen Studentin hatten. Allerdings haben die Wissenschaftler auch einen männlichen Studenten auf die gleichen Brücken geschickt, der sich mit derselben Bitte an Männer wandte, die allein unterwegs waren. Er erhielt keinen einzigen Anruf.

***

Michal und Ilan verabredeten sich für sechs Uhr abends an ihrem Arbeitsplatz. Den restlichen Tag verbrachte Ilan mit Versteckspielen in den Räumlichkeiten des riesigen Gebäudekomplexes. Wie alle High-Tech-Firmen, die extreme Angst vor Industriespionage haben, hatte auch die Firma, in der Michal arbeitete, eine große und effektive Sicherheitsabteilung. Als er die blaue Plastikplakette für Besucher nicht wieder am Empfang ablieferte, ertönte nach einer Weile über Lautsprecher die übliche Durchsage, »Herr Ilan Manor, bitte an der Rezeption melden«. Ilan fiel es gar nicht ein zu gehorchen, und nach einigen Aufrufen, die unerwidert blieben, begann im Gebäude eine stille, gründliche Suche nach ihm. Ilan schmunzelte und machte sich mit Begeisterung an die Aufgabe, den Sicherheitsoffizieren in den Gängen und Treppenhäusern zu entkommen. Er mied nach besten Kräften die Videokameras, die hier und dort installiert waren, und entschlüpfte behende den Geräuschen eiliger Schritte auf dem Parkettboden. Abenteuerlust und vielleicht auch der Wunsch, sich an der Firma, die ihn abgelehnt hatte, zu rächen, trieben ihn dazu, die Grenzen ihrer Fähigkeit, ihn aufzuspüren und aus dem Gebäude zu werfen, auszuloten. Im Laufe des Tages brachte er es fertig, als ungebetener Gast die Direktionsbüros aufzusuchen, die Bibliothek und zahlreiche verschlossene Räume zu betreten, die er mit unschuldigem Gesicht hinter Angestellten betrat, die die Tür mit Hilfe ihrer Magnetkarten öffneten. Erst in den späten Nachmittagsstunden, als er in der Cafeteria des Hauses saß, genussvoll einen dampfenden Cappuccino trank und mit dem Gesicht zum Fenster den Stapel einschlägiger Dokumente studierte, die er im Laufe des Tages gesammelt hatte, kam ihm der Gedanke, dass seine wahre Motivation bei dieser ganzen kindischen Geschichte darin bestand, Michal zu beeindrucken.

Ilan erinnerte sich auch sehr gut an das Treffen um sechs Uhr abends, an die Art, wie er misstrauisch die Bilder begutachtete, die an der Pinnwand über ihrem Schreibtisch mit Reißnägeln angebracht waren, und zwischen den Fotos von Freunden und Reproduktionen von Egon Schiele seine potentiellen Konkurrenten suchte. Er erinnerte sich auch an das angenehme, neue Gefühl, das sich in ihm ausbreitete, als er nahe bei Michal stand, erinnerte sich, wie deutlich er sich ihrer Gegenwart im Raum bewusst war, als sie neben ihm ging, und wie er die Wärme ihres Körpers spürte, die zu ihm durch den schlichten Pullover, den sie trug, durchdrang. Am Empfang spielten sich die Dinge in etwa so ab, wie er es erwartet hatte. Statt ihm seinen Ausweis für die Plastikplakette zurückzugeben, die er der Rezeptionsangestellten reichte, rief sie über die interne Sprechanlage den Leiter der Sicherheitsabteilung. Der Mann, der kurz darauf eintraf, forderte Ilan mit strengem Gesicht auf, ihm in einen Raum zu folgen. Dort unterzog er ihn einer kurzen Befragung, in deren Verlauf zwei Dinge geschahen. Erstens sagte Ilan die Wahrheit, was den Grund seines Aufenthalts in dem Gebäude während des ganzen Tages anging. Zweitens stellte sich heraus, dass der Leiter der Sicherheitsabteilung einige Jahre vor Ilan in seiner Einheit gedient hatte. Sie schieden als Freunde, jedoch nicht bevor der Mann Michal, die an der Empfangstheke wartete, gefragt hatte, ob ihr Ilan gefiele. Michal zögerte einen Moment, schwieg dann aber, und Ilan sagte: »Ich arbeite daran.« »Viel Erfolg«, wünschte ihm der Leiter der Sicherheitsabteilung, und Ilan schien, dass er nicht nur im eigenen Namen sprach, sondern auch im Namen vieler Männer, die Michals besondere Schönheit bemerkten, eine stille Schönheit, die sich erst auf den zweiten Blick gänzlich offenbarte, dann jedoch fesselte und einen nicht mehr losließ.

Die Tatsache, dass Michal auf ihn gewartet hatte, und die Art, wie sie auf die Frage des Sicherheitsoffiziers reagierte, mussten Ilan genügen, um sicher zu sein, dass sie Interesse an ihm hatte. Wenn sie wie eine der vielen Frauen und Mädchen gewesen wäre, mit denen er in der Vergangenheit ausgegangen war, hätte er keinen Zweifel daran gehabt, doch diesmal fühlte er sich anders. Er versuchte, für sich zu klären, woher seine mangelnde Sicherheit rührte, und gelangte zu dem Schluss, dass die Schuld nicht bei Michal oder etwas, das sie getan oder nicht getan hatte, lag, sondern bei seinen inneren

Empfindungen. Aus Gründen, die er nur vermuten konnte, war ihm dieses lockenköpfige, schlanke Mädchen sehr wichtig, und je stärker dieses Gefühl in seinem Inneren wurde, desto mehr nahm seine Selbstsicherheit ab. Er wollte die Fahrt nach Benjamina verlängern und beschloss daher, die alte Straße zu nehmen. Als sie an den Bananenpflanzungen und Obsthainen am Fuße des Karmel vorbeifuhren, erzählte er ihr mit größtmöglicher Offenheit von sich und seinem Leben. Als dann Michal an der Reihe gewesen wäre, wich sie aus. Auf sein Drängen hin sagte sie nur, »Ich bin komisch«, und wollte sich nicht genauer auslassen. Schließlich sagte sie beiläufig zu ihm, dass sie sich vor einigen Wochen von ihrem Freund getrennt habe, mit dem sie ein paar Jahre zusammengewohnt hatte, und dass sie jetzt nicht die Kraft für eine weitere Liebesgeschichte habe. Ilan spannte sich auf seinem Sitz und fragte:

– Sicher nicht?

– Schau mal, Ilan. Du bist lieb. Du gefällst mir. Ich will dich nicht in Schwierigkeiten bringen. Du weißt nicht, auf was für eine Geschichte du dich da einlässt, und ich kann es dir nicht sagen. Nicht jetzt. Komm, lassen wir das. Halt an der Bahnstation und fahr nach Tel Aviv weiter. Es tut mir Leid, falls ich dich ermutigt habe. Das passiert mir manchmal, und nachher bereue ich es immer.

Ilan antwortete ihr nicht, er versank in Gedanken. Der Regen hörte die ganze Strecke über nicht auf. Als sie Benjamina erreichten, den Parkplatz am Bahnhof, war es schon dunkel. Es war an der Zeit, sich zu verabschieden. Michal bedankte sich bei ihm, wühlte in ihrer Tasche und fand ihren Autoschlüssel. Nach einigen Sekunden, in denen sie beide schwiegen, stieg sie aus seinem Wagen aus, in den Regen hinaus, ging ein paar Schritte in Richtung ihres Autos und kehrte um. Bis heute streiten sie darüber, ob Ilan sie rief oder ob sie aus eigener Initiative zurückkam. So oder so, er fuhr ihr hinterher zu ihrem kleinen Zuhause am Rand der Siedlung und verbrachte die Nacht mit ihr. Sie schliefen nicht miteinander in jener Nacht, nicht richtig, aber sie liebten sich. Als Ilan am Morgen, durchtränkt von ihrem Geruch, zu seinem nassen Fiat Uno hinaustrat, wusste er, war er sich ganz sicher, dass er Michal eines Tages heiraten und Kinder mit ihr bekommen würde. Er wusste auch, dass die starke sexuelle Anziehung, die er ihr gegenüber verspürte, niemals vergehen würde. Jetzt erschien ihm all das wie Erinnerungen aus einer anderen Welt, in der es Gnade und Zukunft gab, so völlig anders als die schreckliche Welt, in der er sich vor zwei Wochen wieder gefunden hatte, an einem der Tage, die die glücklichsten in seinem Leben hätten sein sollen.

***

Wodurch wird bestimmt, wann wir uns verlieben? Was ist ausschlaggebend dafür, in wen wir uns verlieben? Diese Fragen haben die Menschheit seit jeher beschäftigt und zu Mythen wie der Sage von Cupido (oder griechisch – Eros) geführt, dem geflügelten Liebesboten, dessen Pfeile, ins Herz geschossen, zur Folge haben, dass man sich sofort verliebt. Im Gegensatz zu den Sagen, die auf symbolische Weise den Glauben und die Herzensempfindungen vieler von uns ausdrücken, ist die heute in der Welt der kognitiven Psychologie verbreitete Meinung geradezu ekelerregend fade. Die allgemein anerkannte Theorie besagt, dass sich verlieben das Ergebnis zweier gleichzeitig ablaufender Prozesse sei: *physische Erregung* und *emotionales Labeling*. Diesem Ansatz nach wurde Ilans physische Erregung durch die Furcht und Aufregung wegen des Vorstellungsgesprächs und seiner vorhersehbaren Verspätung, zusätzlich zu der Frustration und der Wut, die er erlebte, als er den Posten nicht erhielt, in starkem Maß gesteigert. Diese für ihn aufwühlende Situation führte mit hoher

Wahrscheinlichkeit dazu, dass er das, was er empfand, als Verliebtheit interpretierte. Das heißt, er heftete seinen körperlichen Empfindungen das emotionale Etikett »sich in Michal verlieben« an. Das Katz-und-Maus-Spiel, das er den ganzen Tag über mit den Leuten des Werkssicherheitsdiensts veranstaltete, erhöhte die Chance des Sichverliebens nur noch. Dabei ist die Feststellung wichtig, dass gemäß dieser Theorie die Quelle der physischen Erregung völlig unwichtig ist. Von Bedeutung ist nur, dass ein mehr oder weniger geeignetes Objekt (wie ein junges, hübsches Mädchen) zur richtigen Zeit am richtigen Ort ist.

Malakh-Pines führt drei ähnliche kognitiv-verhaltenswissenschaftliche Erklärungen für diesen Vorgang an: *irrige Kausalitätszuschreibung, Reiztransfer* und *Reaktionsverstärkung.* Eine irrige Kausalitätszuschreibung ist, wenn Ilan das Herzklopfen und die Aufregung infolge des gescheiterten Vorstellungsgesprächs interpretierte, als wären sie der Begegnung mit Michal im Aufzug entsprungen. Reiztransfer bedeutet, dass die Aufregung, die von dem Interview und den restlichen Ereignissen des Tages herrührte, sich bei Ilan zu der Erregung addierte, die der Begegnung mit Michal entsprang und diese stark erhöhte. Reaktionsverstärkung entsteht, wenn eine Situation physischer Erregung, aus welchem Grund auch immer, eine Verstärkung aller emotionalen Reaktionen auslöst, die wir in jenem Augenblick empfinden, im Guten wie im Schlechten. Für jede der drei Erklärungen gibt es bestimmte experimentelle Belege.

Da während jedes physischen und emotionalen Erregungszustands der Adrenalinspiegel im Blut steigt, gab es Wissenschaftler, die zu dem Schluss gelangten, dass dieses Hormon, Adrenalin, das »Liebeselixier« sei. Nach Auffassung anderer, wie auch meiner, ist das eine Simplifizierung. Die menschliche Realität ist viel komplexer und verwickelter. So sind zum Beispiel Menschen, die an schweren Angstneurosen leiden, ganz und gar nicht frei, sich während ihrer Anfälle zu verlieben, obwohl sich der Adrenalinpegel in ihrem Blut dann auf einem Höhepunkt befindet. Dennoch ist etwas Wahres an der Argumentation, dass sich die Chance, dass wir uns verlieben, vergrößert, wenn wir uns wie Ilan, aus welchem Grund auch immer, in physischer oder psychischer Erregung befinden.

Die Tatsache, dass Ilan den Sicherheitsleuten der Softwarefirma entkommen musste, damit er Michal treffen konnte, und ihr Versuch, ihn zur Aufgabe seiner romantischen Pläne zu bringen, verstärkte nur die Intensität seiner Gefühle ihr gegenüber, denn Hindernisse stärken schließlich die Liebe. Freud, dem dieses Phänomen vor über neunzig Jahren auffiel, beschrieb es sarkastisch: »Es ist leicht festzustellen, dass der psychische Wert des Liebesbedürfnisses sofort sinkt, sobald ihm die Befriedigung bequem gemacht wird. Es bedarf eines Hindernisses, um die Libido[14] in die Höhe zu treiben, und wo die natürlichen Widerstände gegen die Befriedigung nicht ausreichen, haben die Menschen zu allen Zeiten konventionelle eingeschaltet, um die Liebe genießen zu können« (aus: »Über die allgemeinste Erniedrigung des Liebeslebens«, 1912).[15]

***

– Ilan?

Er riss sich aus den Gedanken, in denen er sich verloren hatte, hob den Kopf, der auf den Teppich gesenkt war, und blickte mich ausdruckslos an. Es war unser dritter Termin. Die dunklen Ringe, die sich unter seinen Augen abzeichneten, zeugten von schlaflosen Nächten. Es tat mir Leid um ihn, um den stolzen und selbstsicheren Mann, dessen Welt mit einem Schlag zusammengebrochen war.

– Ilan, haben Sie heute Nacht geschlafen?

– Ich wollte. Aber Afri ist pünktlich wie zum Gongschlag jede Stunde aufgewacht und hat geweint.

– Sie kümmern sich immer noch allein um sie?

– In der Nacht. Tagsüber arbeite ich, und meine Mutter kümmert sich um sie.

– Wissen Sie, Mütter, die Babys versorgen, nehmen Mutterschaftsurlaub unter anderem, damit sie Kraft für die Nächte haben. Das dürfen Sie auch. Sie haben in den letzten Wochen zu viel mitgemacht.

– Nein, danke. Zu Ihrer Erinnerung, Afris Mutter ist bereits in Mutterschaftsurlaub. Sagen Sie, meinen Sie, dass man sie bald entlassen wird?

– Ich weiß es nicht. Vielleicht fragen Sie besser Doktor Arkin.

– Das habe ich. Jeden Tag frage ich. Zweimal, in der Früh und abends. Ich glaube, es reicht ihr schon von meinen Anrufen und Belästigungen. Außerdem kommt es mir vor, als wüsste sie nicht, was sie mir antworten soll, genau wie der Leiter der Abteilung und die Sozialarbeiterin. Alles, was sie mir sagen können, ist, dass ich nicht kommen soll und dass ich Afri nicht mitbringen soll, da Michal noch mehr erschüttert würde, wenn wir kämen. Ich bin mir nicht sicher, dass sie überhaupt wissen, was sie mit ihr anfangen sollen. Mein Eindruck ist, dass sie so etwas noch nicht gesehen haben.

Doch die bittere Wahrheit ist, dass man in psychiatrischen Abteilungen »so etwas« durchaus immer wieder sieht. Ilan für seinen Teil wird den Anblick, der sich seinen Augen an dem Nachmittag bot, vier Tage nachdem er seine Frau und seine Tochter aus der Entbindungsklinik in ihr neues Heim in Rosch Ha'ajin gebracht hatte, nie vergessen. Es war das erste Mal, dass er die beiden allein ließ, um ins Einkaufszentrum zu fahren, wo er einige Dinge besorgen wollte. Er kehrte mit einer Tüte Lebensmittel zurück und fand die Tür zu Afris Zimmer abgeschlossen vor. Hinter der Tür erklang das Weinen des Babys. Er schrie Michal zu, sie solle öffnen, doch sie gab ihm keine Antwort. Ilan erschrak. Viele Puzzleteile der letzten Tage fügten sich mit einem Schlag zu einem beängstigenden Bild zusammen. Er probierte noch einmal den Türknopf, drehte ihn vergeblich in seiner Hand, und als Michal nicht reagierte, brach er die Tür mit der Schulter auf. Er fand sie über die Wiege gekauert, sie starrte Afri an, die weinte und weinte. Sie drehte sich mit weit aufgerissenen Augen zu ihm um, und noch bevor er das Messer sah, das sie in der Hand hielt, bemerkte er die Blutflecke in der Wiege. Einen haarsträubenden Augenblick lang dachte er, sie hätte das Baby erstochen. Er riss Michal, die sich nicht wehrte, das Messer aus der Hand, und da entdeckte er die Schnitte an ihren Handgelenken. Afri weinte weiter. Ilan zog das Baby schnell aus und drehte es um, wie er es in der Armee gelernt hatte, suchte den kleinen Körper nach Schnitten und Wunden ab, doch zu seiner Erleichterung gab es keine. Michal hatte ihre Tochter, auch in ihrem Wahnsinn, nicht angerührt. Für einen Moment streifte ihn der Gedanke, dass er auch Michal ausziehen müsste, doch sie kam ihm zuvor, flüchtete aus dem Zimmer und schloss sich im Bad ein, sie hinterließ Bluttropfen auf dem Teppich.

Die Ambulanz traf sofort ein, doch es dauerte lange, bis es möglich war, Michal einzuladen. Sie war nicht bereit, mit Ilan durch die versperrte Tür zu sprechen, und sie misstraute auch der Sanitäterin und dem Fahrer der Ambulanz. Sie schrie in einem fort, wobei ihre Worte schwer zu verstehen waren. Zuletzt blieb keine andere Wahl, als auch die Badezimmertür aufzubrechen, ihr eine Beruhigungsspritze zu geben. Die Schnitte an ihren Handgelenken waren ziemlich oberflächlich, und es gab keine weiteren Verletzungen an ihrem Körper.

Ilan war wie betäubt, fuhr jedoch fort zu funktionieren, »wie per Autopilot«. Er bat die Nachbarin, auf Afri aufzupassen, rief seine Eltern an, bat sie zu kommen, und stieg, nachdem Michal eingeladen worden war, in die Ambulanz.

Seitdem waren zwei Wochen vergangen. Die Diagnose, die die Ärzte Michals Nervenzusammenbruch ausstellten, war *postnatale Psychose*, doch dies war kein Trost für Ilan und beruhigte den Aufruhr in seiner Seele nicht. Michal war nicht bereit, ihn zu treffen, wollte auch Afri nicht sehen, sagte nur immer wieder und wieder, sie wolle sterben. Ilan kehrte nach einer Woche zur Arbeit zurück, wie er es schon vor der Geburt geplant hatte. Seiner Behauptung nach gelang es ihm, dort einigermaßen ordentlich zu funktionieren, ich bin mir dessen allerdings nicht sicher. Seine Mutter traf aus dem Kibbuz ein und kümmerte sich hingebungsvoll um das Baby in der Zeit, in der er in der Arbeit war, doch sie machte keinen Hehl aus ihrer Meinung, dass das alles nur passiert war, weil Ilan, trotz ihrer Warnungen und Einwände die falsche Frau geheiratet hatte. Zu einer anderen Zeit hätte sich Ilan auf einen Streit mit ihr eingelassen, an dessen Ende sie unter Tränen in den Kibbuz zurückgekehrt wäre, doch unter den gegenwärtigen Umständen konnte er sich das nicht erlauben. Nicht nur weil er erschüttert war und sich sehr einsam fühlte und jede zur Verfügung stehende Unterstützung brauchte, sondern auch weil Michal keine Verwandten hatte außer einem Onkel und einer Tante, einem alten Ehepaar, das sich nicht um das Baby kümmern konnte.

Trotz all dieser Dinge wäre Ilan nicht in die Therapie gekommen, hätte ihn Doktor Arkin, die Psychiaterin, die Michal behandelte, nicht geschickt. Sie und die Sozialarbeiterin der Abteilung hatten von dem Augenblick an, in dem Michal bei ihnen eingeliefert wurde, versucht, ihn zu einer Psychotherapie zu bewegen, allerdings zunächst vergebens. Ilan erwiderte ihnen wütend, dass sie, statt auch aus ihm einen Kranken zu machen, vielleicht lieber versuchen sollten, seine Frau zu heilen. Was ihn schließlich veranlasste, seine Meinung zu ändern, war das erste Treffen zwischen ihm und Michal nach über zehn Tagen, seit sie ins Krankenhaus gebracht worden war. Sie saß mit gesenktem Kopf auf einem Stuhl im Büro der Sozialarbeiterin und blickte ihn nicht an, als er den Raum betrat. Ilan war überrascht, spürte jedoch, wie in seinem Herzen erneut die Liebe zu ihr erwachte, eine starke Liebe, die alle Hindernisse zu überwinden vermocht hatte, die bis dahin in ihrem Weg standen.

– Michal?

Sie schwieg.

Die Sozialarbeiterin versuchte, etwas zu sagen, doch Michal stoppte sie mit einer Handbewegung, blickte Ilan direkt ins Gesicht und sagte, wobei sie jedes Wort betonte:

– Ich will dich nicht mehr sehen. Weder dich noch dein Kind. Du bist schlecht und gefährlich. Lass mich in Ruhe. Geh.

– Aber warum?

– Genug!!!

Sie begann auf dem Stuhl vor- und zurückzuschaukeln und versuchte, sich die Verbände, die die Nähte an ihren Handgelenken bedeckten, abzureißen. Die Sozialarbeiterin schlug vor, dass er jetzt gehen solle, und Ilan stand auf und ging. Er verließ die Station, erreichte den Parkplatz des Krankenhauses, und nach kurzem Zögern ließ er sein Auto dort stehen und ging zu Fuß Richtung Ausgang. Aus seinem Gehen wurde ein leichtes Laufen. Er passierte das Tor und lief die Hauptstraße entlang, immer schneller und schneller, zwischen Zitrushainen, die zu blühen begonnen hatten, und verlassenen Feldern. Er rannte weiter, so schnell er konnte, ein irrsinniger Lauf entlang den Wegesrändern, der erst endete, als er sein

Haus erreichte, eine Entfernung von über zwanzig Kilometern vom Krankenhaus, erschöpft und gedankenleer. Als er ankam, ging er geradewegs zu Afris Wiege, sie schlief ruhig auf dem Rücken. Er küsste sie, streichelte ihren Kopf und sog ihren Geruch ein. Nachdem sich sein Atem beruhigt hatte und noch bevor er das Wasser trank, das seine besorgte Mutter ihm brachte, rief er mich an, um einen Termin zu vereinbaren.

Die Nachricht, die er auf meinem Anrufbeantworter hinterließ, klang nach Not, trotz des gemessenen Tons, in dem sie gesprochen war: »Hallo, Doktor, hier ist Ilan Manor. Ich habe Ihre Telefonnummer von Doktor Arkin erhalten. Meine Frau ist bei ihr in die Abteilung eingeliefert worden wegen einer postnatalen Psychose. Ich möchte einen Termin bei Ihnen. So schnell wie möglich… Danke.« Bevor er auflegte, nannte er noch seine Telefonnummer. Erst nachdem ich ihn getroffen und seinen Widerwillen vor jedem Eingeständnis von Bedürftigkeit kennen gelernt hatte, verstand ich, wie sehr die Nachricht, die er mir hinterließ, Zeugnis der Krise war, die ihn in jenen Tagen heimsuchte.

***

Die postnatale Psychose ist der seltene Ableger eines viel häufigeren Zustands, der *postnatalen Depression*. Die postnatale Depression ist die Spitze des Eisbergs an niedergeschlagenen Gemütsverfassungen, die viele Frauen nach der Geburt quälen. Man nennt sie Baby Blues, und sie vergehen in der Regel innerhalb kurzer Zeit ohne die Notwendigkeit irgendeiner Behandlung. Wie sich jedoch anhand einer Umfrage herausgestellt hat, die das Gesundheitsministerium kürzlich durchführte, leidet in Israel jede achte Frau nach der Geburt im Laufe der ersten Lebensmonate ihres Babys an einer echten Depression. Es bestehen unterschiedliche Meinungen, was diese postnatalen Depressionen auslöst. Die psychiatrische

Literatur spricht von Risikofaktoren wie zum Beispiel einer früheren Tendenz zu Depression, hormonellen Veränderungen und Beziehungsschwierigkeiten oder mangelnde Unterstützung von Seiten des Ehepartners oder der Familie. Doch es gibt auch noch andere Erklärungen. Der physische Schmerz, die Gefühle von Hilflosigkeit und Entsetzen, die eine Geburt häufig begleiten, die Schmerzen und die körperlichen Veränderungen, die sie hinterlässt, der Schlafmangel, die Notwendigkeit, für ein anderes, forderndes Lebewesen zu sorgen, sowie tiefere seelische Gründe – das trägt dazu bei, das Blatt in Richtung Depression zu wenden.

Die postnatale Depression ist ein geläufiges psychisches Problem, das eine gründliche Behandlung verdient. Sie trifft nicht nur die Mutter, sondern auch das Baby, in der sensibelsten Zeit ihres gemeinsamen Lebens, und kann sich lange Zeit danach negativ auf die Entwicklung des Säuglings und die Gesundheit der Mutter auswirken. Es gibt heute eine effektive, sichere und erträgliche Behandlungsmethode für die postnatale Depression. Dennoch sind die Erkenntnis, dass es sich um ein häufiges Problem handelt, und die Bereitschaft, es zu behandeln, erst in den letzten Jahren in Israel und weltweit gereift. Warum? Vielleicht weil die Liebesbeziehung zwischen Mutter und Kind als ein Mythos betrachtet wird, der »größer als das Leben« und größer als die daran Beteiligten ist, das Ideal von Glück und Geben und das Bild vom Gipfel der Wünsche jeder Frau. Parallel dazu wird die Unterstützung, die die moderne Gesellschaft und Familie der gebärenden Frau gewährt, kontinuierlich abgebaut. All dies versteckt sich hinter dem biblischen Ideal, »dass sie eine fröhliche Kindermutter wird« (Psalmen 113,9), was dazu führt, dass viele Frauen, die an einer postnatalen Depression leiden, ihre seelische Not für sich behalten, die Zähne zusammenbeißen und sich nach besten Kräften durchschlagen. Das Ideal der Mutter-

Kind-Liebe ist im Christentum auch zu einem kraftvollen religiösen Symbol geworden, das die Welt erobert hat. Doch dieses heilige Ideal von der Madonna, die dem göttlichen Sohn in ihrem Schoß zulächelt, nährt bisweilen die Neigung, eine weniger strahlende und kompliziertere Realität zu ignorieren.

In seltenen Fällen, etwa bei einer von fünfhundert Geburten, kann ein noch ernsteres Symptom auftreten, und das ist die postnatale Psychose. Eine Frau, die daran erkrankt, leidet nicht nur an Verwirrung und Denkschwierigkeiten, sondern auch unter Verzerrungen der Realitätswahrnehmung. Sie kann ihre Familienangehörigen verdächtigen, sie zu vergiften oder zu töten zu versuchen. Die große Ironie dabei ist, dass sich diese Angst durchaus häufig zu verwirklichen scheint, wenn eine Einlieferung notwendig wird und ihr gegen ihren Willen Medikamente verabreicht werden. Die Störung ist oft von Impulsivität und manchmal von Halluzinationen begleitet – das heißt, man hört Stimmen oder sieht Dinge, die in Wirklichkeit nicht vorhanden sind. Diese Psychose ist mit einem hohen Selbstmordrisiko verbunden. In extrem seltenen Fällen (bei 1 auf 50 000 Geburten) besteht Gefahr, dass die an einer postnatalen Psychose leidende Frau ihr Baby umbringt. Doch trotz des beängstigenden Phänomens und den Risiken geht eine postnatale Psychose im Allgemeinen mit Hilfe einer angemessenen Behandlung vorüber, die meist auch eine medikamentöse Therapie beinhaltet. Auch nachdem die Symptome verschwunden sind, empfiehlt sich eine intensive Beobachtung über einen längeren Zeitraum hinweg, doch die meisten Frauen, die an einer postnatalen Psychose litten, werden als Mütter und in ihrem weiteren Leben generell gut funktionieren.

Ilan wusste all diese Dinge. Er hatte sie mindestens dreimal gehört: von der Sozialarbeiterin, von Doktor Arkin und von mir. Er las im Internet darüber, auf einigen der vielen Websites, die sich mit dem Problem befassen. Aber all dieses Wissen half ihm nicht dabei, seine Welt, die mit einem Schlag zerplatzt war, von neuem zu organisieren. Es verging eine weitere Woche, und es änderte sich nichts Bedeutsames. Er fühlte sich zwischen Empfindungen, Wünschen und Gedanken hin- und hergerissen, die ihn in gegensätzliche Richtungen zerrten. Zu Beginn unserer folgenden Stunde sagte er:

– Sie will mich nicht sehen. Sie hat mir in die Augen geschaut und verlangt, dass ich sie in Ruhe lasse. Es ist schon drei Wochen her, seit sie begonnen haben, ihr die Medikamente zu geben, aber sie will immer noch nicht meine Frau und Afris Mutter sein. Meine Mutter sagt mir ständig, dass ich einen Fehler gemacht habe. Sie will, dass ich mich schnell von ihr scheiden lasse und mir eine andere Frau suche, eine normale Frau, die Afri großziehen wird und bereit ist, ihr eine Mutter zu sein.

– Sie haben mir gesagt, was Sie denken, dass Michal will, und Sie sagten, was Sie denken, dass Ihre Mutter will. Was wollen Sie?

Ilan schwieg. Danach antwortete er zögernd:

– Ich … ich liebe sie immer noch. Und sie ist dort eingesperrt wie ein Tier in einem Käfig, in dieser Abteilung.

Er verstummte erneut, und nach langem Schweigen fragte ich ihn, ob ihm noch andere Dinge durch den Sinn gingen. Er richtete sich auf, als habe er nur auf diese Aufforderung gewartet. Oft halten sich Patienten zurück, wenn ihnen etwas »auf der Zunge liegt«, das, wenn sie es bloß aussprechen würden – so glauben sie –, nichts so ließe, wie es einmal war. Auch praktische Menschen wie Ilan spüren manchmal, dass die Worte, die sich in ihnen regen, eine große zerstörerische Kraft sein können. Möglich, dass sie Recht haben. Wie jedem bekannt ist, der einmal einen großen Streit mit seiner Partnerin oder seinem Partner hatte, haben Worte tatsächlich bisweilen ein immenses Zerstörungspotential. Jedoch ist eines der Dinge, die das Verhältnis zwischen Therapeut und Patient in der Psychotherapie charakterisieren und sie von jedem anderen Beziehungsmuster im »wirklichen Leben« unterscheiden, die Tatsache, dass die Worte, die vom Patienten ausgesprochen werden, keine Zerstörungskraft haben. Nur die Worte, die der Patient nicht sagt, haben nach Meinung vieler Therapeuten, und auch meiner, diese Kraft.

Ilan seufzte, schluckte und sagte:

– Ja. In der Armee hat man mir beigebracht, keine Verwundeten im Gelände zurückzulassen, und ich habe das Gefühl, dass Michal meine »Verwundete« ist. Wenn ich mir auch nur vorstelle, wie es sein würde, mich von ihr zu trennen, zerreißt es mir das Herz. Aber andererseits versuche ich kühl zu denken, und dann gelange ich zu kühlen, völlig anderen Schlussfolgerungen. Zuallererst blicke ich zurück und verstehe, wie ich in die Beziehung mit Michal hineingeschlittert bin, wie ich eine rote Ampel nach der anderen, ohne anzuhalten oder auch nur das Tempo zu verlangsamen, überfahren habe.

– Was meinen Sie damit?

– Erinnern Sie sich, dass ich Ihnen erzählte, was an dem ersten Abend war, als wir uns kennen gelernt haben? Ich habe Michal gebeten, mir von sich zu erzählen, von ihrem Leben, doch sie wollte nicht. Ich bat sie noch einmal, worauf sie dann gesagt hat, »Ich bin komisch«. Damals habe ich nicht verstanden, was sie meinte, heute verstehe ich es. Es kann sein, dass sie Recht hat und sie wirklich zu merkwürdig für mich ist. Wissen Sie, wie ich mich fühle?

Er wartete die Antwort nicht ab, sondern fuhr fort:

– Ich fühle mich wie in diesem Film, »Die Brücke von Arnheim«. Haben Sie ihn gesehen?

– Nein.

– Er basiert auf einer wahren Geschichte. Etwas, das in

den letzten Monaten des Zweiten Weltkriegs passierte, als die Amerikaner und die Briten über Nordfrankreich auf Deutschland vorrückten. Die Deutschen flohen nicht, sondern führten einen hervorragenden strategischen Behinderungskampf. Sie sprengten alle Brücken über die Flüsse während ihres Rückzugs, womit sie den Vormarsch der Alliierten stark verlangsamten. Um das Ende des Krieges zu beschleunigen, beschlossen die Amerikaner einen kühnen Schritt: Sie ließen eine komplette Division per Luftweg in der Etappe der deutschen Abwehrfront landen. Ihr Ziel war es, die Brücken unversehrt einzunehmen und sie zu halten, bis die Haupttruppe einträfe. Was, denken Sie, ist passiert?

– Ich kann es mir vorstellen, aber ich würde vorschlagen, Sie erzählen es mir trotzdem.

– Alles lief aus dem Ruder. Die Truppen sprangen an den falschen Orten ab, Segelflieger und Flugzeuge zerschmetterten, das Kommando war erbärmlich, die Hauptstreitmacht wurde aufgehalten und traf nicht rechtzeitig ein, und fast alle amerikanischen Fallschirmspringer wurden getötet oder gefangen genommen. Man hat sie einfach zu weit geschickt, um etwas auszuführen, das nicht zu schaffen war.

– Ich glaube, ich verstehe. Lassen Sie uns mit diesem Vergleich arbeiten. Wer hat Sie geschickt?

– Ich weiß nicht... Sie hatte etwas, Michal, und sie hat es immer noch, das mich stark anzog. Es ist nicht so, dass man mich geschickt hat. Mir ist aufgefallen, in unseren ersten gemeinsamen Monaten, dass sie ein bisschen Probleme hatte, Stimmungsschwankungen und Angstanfälle. Aber ich dachte, es würde mir gelingen, ihr zu helfen. Ich glaubte, wenn ich es zu versuchen wagte, würde es meine Liebe schaffen, sie von dem zu befreien, was sie verfolgte. Das Wort »Anziehung« beschreibt wirklich das, was ich fühlte. Von dem Moment an, in dem ich sie zum ersten Mal sah, musste ich sie unbedingt in die Hände kriegen. Ich musste einfach. Das ist mir immer noch nicht vergangen. Sie entschuldigen, aber es passiert mir bis heute, dass er mir steht, wenn ich an sie denke. Trotz der Schwangerschaft und dem Ganzen. Sie hat etwas… Ich spüre, dass es in mir einen Wirrwarr von Gedanken und Gefühlen gibt. Ich möchte von ihr fliehen, sie retten, mit ihr schlafen, auf sie wütend sein, sie lieben, alles auf einmal. Wie kann das sein?

***

Es existieren mehrere verschiedene Erklärungen für das, was Ilan durchmachte. Die *kognitive Psychologie* ist, obwohl sie in der Öffentlichkeit Israels nicht besonders bekannt ist, zu einer Schule geworden, die in der akademischen Psychologie der meisten Universitäten international vorherrscht. Sie befasst sich mit diversen *kognitiven Schemata,* die bei jedem von uns vorhanden sind und mit Hilfe derer wir die Welt entschlüsseln, uns erinnern und auf die Welt Bezug nehmen. Ein Schema ist, dieser Theorie nach, im Wesentlichen eine Ansammlung von Gedächtnisstrukturen, Folgerungsgesetzen und Logikregeln, nach denen wir unsere Aufmerksamkeit steuern und die Informationen verarbeiten, die über die Sinne zu uns gelangen, einschließlich emotionaler Informationen. Der Begriff des Schemas wurde eingeführt, um Verzerrungen in der Erinnerung zu erklären, die bei vielen Testpersonen beobachtet wurden und die auf eine selektive und tendenziöse Bearbeitung von Information hinwiesen. Wie vieles im Bereich der Psychologie kommt auch dieser Gedanke in einem bekannten Song vor, wie zum Beispiel in »The Boxer« von Simon & Garfunkel, wo – frei übersetzt – gesagt wird:

… Alles Lügen und Possen,
und trotzdem hört der Mensch,
was er hören möchte,
und ignoriert den Rest…

Der Psychiater Ahron Beck und seine Kollegen, die diese Idee im Bereich der Psychotherapie anwandten, nahmen an, dass sich bei vielen von uns im Laufe unserer Kindheit schädliche Schemata herausgebildet haben, die uns dazu veranlassen können, uns falsch zu erinnern und irrige Schlüsse über uns selbst, die Welt und die Zukunft zu ziehen. Da die Schemata selbst »automatisch« sind – das heißt, unbewusst in uns funktionieren –, sind wir uns nur der Ergebnisse dieser problematischen Bearbeitung bewusst, ohne dass uns auffällt, wie sie vor sich geht. Die Lösung ist, gemäß dieser Herangehensweise, unsere Gedankenwege kritisch zu überprüfen, die zweckdienlichen Verzerrungen, die darin existieren, aufzuspüren und am Ende andere Denkweisen zu erlernen und zu trainieren, die der Situation besser entsprechen. Nach Ansicht vieler, wie auch meiner, ist diese Methode von Vorteil, wenn man es mit extremen und »stereotypen« psychischen Zuständen wie zum Beispiel Depression oder starker Angst zu tun hat. Weniger dienlich ist sie allerdings als Erklärungsmodell für seelische Konflikte »normaler« Menschen, wie in Ilans Beispiel.[16]

In solchen Fällen scheinen die gesammelten Erklärungen der *dynamischen Psychologie* der Freudschen Schule angemessener zu sein. Ihnen ist der Gedanke gemeinsam, dass die Seele des Menschen im *Konflikt* befangen ist.

Der *innere Konflikt* ist ein Begriff, von dem Freud ausgedehnten Gebrauch machte, und er existiert in dieser oder anderer Form in der gesamten Bandbreite der psychologischen Betrachtungsweisen, die sich von seiner Methode ableiten. Auch Menschen, die keine Experten in dynamischer Psychologie sind, verstehen diesen Begriff, wenn sie ihn hören, intuitiv. Die Idee, dass in unserem Inneren unterschiedliche und auch widersprüchliche Motivationen bestehen, die miteinander im Kampf liegen, ist viel älter als die Psychotherapie und als Freuds Gedanken, und in der Vergangenheit neigte man dazu, sie als inneren Kampf des »guten gegen den schlechten Trieb« zu bezeichnen.

Die Neuerung in der psychoanalytischen Theorie Freuds ist die Idee, dass unsere Motivationen für uns nicht durchschaubar und klar sind. Mit anderen Worten, in der Seele des Menschen entsteht ein Konflikt zwischen widersprüchlichen Wünschen, wobei uns einer oder mehrere davon nicht offensichtlich sind. Das spätere Modell, das Freud zum Verständnis der Seele des Menschen anbietet, nennt sich das *strukturelle Modell,* und es unterteilt die Seele in drei Instanzen, zwischen denen und innerhalb derer Konflikte ausbrechen. Es handelt sich um das *Über-Ich*, das unter anderem das System der moralischen Gebote vertritt, nach denen wir handeln, das *Es*, das, grob vereinfacht, der Sitz der instinktiven Triebe und Wünsche ist, und das *Ich*, das versucht, die Anforderungen der äußeren Wirklichkeit und die inneren Ansprüche der beiden anderen Instanzen zu meistern. Dieser Auffassung nach kann bei jedem Konflikt ein Wunsch oder Trieb gefunden werden, der vom Es kommt, ein Verbot oder Gebot vom Über-Ich und ein Ausgleich zwischen ihnen und den äußeren Umständen, der von dem Ich unternommen wird. So kann man Ilans Dilemma in Bezug auf Michal als Konflikt verstehen, in dem die drei Instanzen involviert sind: Das moralische Gebot, »keine Verwundeten im Gelände zurücklassen« (Über-Ich), kollidiert mit der Stimme des gesunden Verstandes und der Logik (Ich), die feststellt, dass Michal wieder Anfälle von Kontrollverlust und Selbstmordabsichten hat und sich selbst und vielleicht auch anderen gefährlich werden könnte und dass es besser wäre, sich schnellstmöglich von ihr zu trennen. Parallel dazu empfindet Ilan eine sexuelle Anziehung gegenüber Michal (Es), die mit dem Wunsch verbunden ist, sich ihr zu nähern. Als Ergebnis all dessen erlebt er Angst und Furcht, die ein Bestandteil des Versuchs des Egos sind, die komplexe innere und äußere Situation, die entstanden ist, zu bewältigen. Dies ist ein Beispiel für *einen Konflikt, in dem alle drei Instanzen involviert sind*, wie er für die Seele des erwachsenen Menschen charakteristisch ist.

Die dynamische Psychologie sieht die Seele des Menschen in dauerhaften Konflikten befangen, und daher stammt auch ihr Name. Freud war von den Entdeckungen seiner Epoche auf dem Gebiet der Thermodynamik begeistert, die beschrieben, wie einander entgegengesetzte Kräfte in jedem Teilchen der Materie in der Welt aktiv sind. Er war bestrebt, eine »dynamische« Psychologie zu schaffen, die in exakter Form den Kampf der einander entgegengesetzten und aufeinander prallenden Kräfte in der Seele des Menschen beschreiben sollte. Daraus ist auch die klinische Aufgabe der Psychoanalyse abgeleitet – zumindest wie sie zu Anfang ihres Weges definiert wurde –, die Konflikte in der Seele des Patienten zu lösen. Das heißt, ein neues und besseres Gleichgewicht zwischen den widersprüchlichen Kräften in der Psyche zu erreichen. Wie könnte eine dynamische Therapie nun Ilan helfen? Freuds erste Antwort: wenn einem der unbewusste Konflikt bewusst wird, verliert er viel von seiner Zerstörungskraft. In dem Moment, in dem der Patient zweifelsfrei die unterbewussten Motivationen in seinem Inneren begreift, wächst die Freiheit einer echten Wahl, und er ist nicht mehr der Gefangene seiner verborgenen Wünsche. Heutzutage neigt man in der Welt der Psychoanalyse dazu, die seelischen Probleme der Menschen und die Wege, wie ihnen zu helfen ist, anders zu formulieren, und der Konfliktgedanke ist nur einer unter vielen Erklärungsversuchen. Trotzdem wird immer noch ausgiebig Gebrauch davon gemacht, und diese Idee leistet einen großen

Beitrag zum Verständnis des Menschen generell und zu Ilans Situation im Besonderen.

***

Ilan verstummte wieder, und ich schwieg mit ihm. Ich hatte Michal nie getroffen, aber bei meinem ersten Termin mit ihm hatte er mir ein Foto gezeigt, das er in seiner Brieftasche aufbewahrte. Sie war eine schöne Frau, mit einem das Herz gewinnenden Lächeln. Doch ihre Augen, so schien mir zumindest, waren traurig und lächelten nicht mit dem übrigen Gesicht. Schon in dieser ersten Stunde erzählte mir Ilan, was er über Michals Leben wusste. Sie kam aus einem »kaputten Elternhaus«, wie das landläufig genannt wird. Ihre Eltern waren Studenten einer Schauspielschule in Tel Aviv, und Michal war das Ergebnis einer unbeabsichtigten Schwangerschaft. Die Schwangerschaft brachte die beiden jungen Leute, die anscheinend nicht zueinander passten und einander vielleicht nicht einmal liebten, dazu zu heiraten. Die Ehe hielt nicht, und kurze Zeit nach ihrer Geburt verließ der Vater das Haus und verschwand aus ihrem Leben. Ihre Mutter, eine Neueinwanderin aus den Vereinigten Staaten, hatte sich mit ihrer Familie überworfen und den Kontakt bereits vor ihrer Immigration nach Israel abgebrochen. Sie bestritt ihren Lebensunterhalt notdürftig mit Gelegenheitsjobs als Schauspielerin. Onkel und Tante, ein älteres Ehepaar, waren die einzigen Verwandten in Michals Leben, bis ihre Mutter ein zweites Mal heiratete, als Michal fünf war. Ihr Stiefvater war Künstler. Er hatte eine Neigung zu jähen Wutanfällen, in deren Verlauf er dem kleinen Mädchen einige Male mit einem Messer in der Hand nachrannte. Obwohl er sie nie physisch verletzte, verursachte er ihr anhaltende Alpträume. Auch er verschwand nach einigen Jahren aus ihrem Leben. Infolge der Trennung brach ihre Mutter zusammen, wurde in eine psychiatrische Abteilung eingeliefert, und Michal wurde als Gastkind in einen Kibbuz im Negev geschickt. Dort hatte sie das Glück, von einer Pflegefamilie aufgenommen zu werden, die sie gut behandelte. Kurze Zeit danach kehrte ihre Mutter in die Vereinigten Staaten zurück, und Michal blieb im Kibbuz. Sie erwies sich als ausgezeichnete Schülerin, und mit der Pubertät begann sich auch ihre besondere Schönheit bemerkbar zu machen. Doch dann passierte etwas Schlimmes im Kibbuz, wobei Ilan nicht genau zu sagen wusste, was, auf jeden Fall verließ Michal ihn abrupt. Bis zu ihrer Einberufung zog sie zu Onkel und Tante und legte ihr Abitur extern ab. In der Armee arbeitete sie in einer Computereinheit, wo sie Ja'ir kennen lernte, ihren ersten ernsthaften Freund. Nach Beendigung des Militärdienstes zogen sie zusammen, nach Benjamina. Beide studierten Informatik, er am Technikum und sie an der Hochschule in Tel Aviv. Sie trennten sich nach fünf gemeinsamen Jahren, ein paar Monate, bevor sie Ilan traf. Bis zu ihrer Einlieferung hatte Ilan nicht gewusst, unter welchen Umständen sich Michal von ihrem Freund getrennt hatte. Inzwischen wusste er es, und bei unserem nächsten Treffen weihte er auch mich ein:

– Die Sozialarbeiterin hat mich gebeten, ihr Einzelheiten über Michals frühere Klinikeinweisung zu erzählen. Ich wusste nicht, was sie meinte, Michal war doch nie eingewiesen worden. Da zeigte sie mir einen Computerausdruck über Michal Janiv, die zwei Monate lang im medizinischen Zentrum für psychische Gesundheit in Haifa verbracht hatte, vor etwas über drei Jahren. Das ist sicher ein Irrtum, habe ich zu ihr gesagt, das ist jemand anders, obwohl ich nicht wirklich an einen Irrtum glaubte. Die Ausweisnummer jener Michal war die gleiche wie die meiner Michal. Als man sie in der Station danach fragte, erzählte sie ihnen von diesem Aufenthalt. Sie redeten auch mit dem Psychiater, der sie damals behandelt hatte. Aber mir hat das nicht genügt. Also habe ich gestern einen Tag Urlaub genommen und bin nach Haifa auf den Karmel gefahren.

Ilan rekonstruierte für mich in allen Einzelheiten, was am gestrigen Tag geschehen war. Er berichtete mir, wie er wieder auf der alten Straße Richtung Haifa gefahren war, zwischen Karmel und Meer, vorbei an den Landschaften, die ihn begleitet hatten, als er sich in Michal verliebte, an einem verregneten, fernen Winterabend, der der schönste seines Lebens gewesen war. In der Abteilung, in die sie damals eingeliefert worden war, erinnerte man sich gut an sie, trotz der Zeit, die verstrichen war. Doktor Boris Tschernichovsky, der sie behandelt hatte, arbeitete noch dort. Als er hörte, weshalb er kam, verlangte er Ilans Ausweis zu sehen, in dessen Anhang Michal als seine Frau eingetragen war. Danach lud er ihn in den bescheidenen Speisesaal des Krankenhauses zum Mittagessen ein, an einen der Tische, die mit karierten, klebrigen Plastiktischdecken bedeckt waren.

– Sie haben Frau Janiv also geheiratet, junger Freund?, fragte ihn Doktor Tschernichovsky mit schwerem russischem Akzent, obwohl er den offiziellen Beweis dafür bereits gesehen hatte. Er war ein hoch gewachsener, breitschultriger Mann mit weißem, kurz gestutztem Haar und einem gescheitelten Stalinschnurrbart. Seine blauen Augen musterten Ilans Gesicht mit Wohlwollen, Neugier und vielleicht auch einem Funken Spott, während er den gebratenen Fisch abnagte und schnell das Püree bewältigte, das sich auf seinem Teller häufte. Ilan blickte ihn schweigend an. Er war nicht imstande, irgendetwas hinunterzukriegen, und sogar der Geruch, der im Speiseraum hing, war quälend für ihn.

– Nu ja. Nu gut. Und auch eine kleine Tochter ist jetzt da, wie ich verstanden habe? Ja nu, so ist das. Ich erinnere mich an Ihre Frau, eine bezaubernde Frau, aber kein einfacher Fall, Herr …

– Manor.

– Herr Manor. Ja. Ilan Manor. Ein schöner Name. Ihre Frau kam zu uns nach einem ernsthaften Selbstmordversuch. Wissen Sie, was ernsthaft heißt? Wissen Sie nicht. Ernsthaft sind nicht vier Akamoltabletten und ein Anruf bei Mama, so wie das viele hierzulande machen. Nein. Ernsthaft heißt zum Beispiel, sich in der Nacht auf die Zuggleise zu legen, bei Benjamina, und geduldig warten. Sie hatte viel Glück, ihre Madam… Diese Geschichte war sogar in den Zeitungen. Der Lokomotivführer schaute plötzlich nach vorn hinaus. Ich weiß nicht, warum, normalerweise tun sie das nicht. Aber der hat hinausgesehen und die Lokomotive rechtzeitig gestoppt. Und da sagt man noch, die Wunder bei uns im Land seien vorbei.

– Was hatte sie? Woran litt sie?

– Was sie hatte? Eine gute Frage. Ich kann Ihnen sagen, was sie nicht hatte. Als sie das tat, hatte sie keine Hoffnung. Ihr Freund hatte sie verlassen, und für sie war das das Ende der Welt. Was sie hatte? Sie hatte einen Anfall gemischter bipolarer Störung.[17] Nu gut, das ist verständlich, bei einem Hintergrund wie ihrem, und ohne Familie. Ja… alles in allem hat sie sich gut bei uns rehabilitiert, neu orientiert. Eine hohe Intelligenz ist da ein großer Vorteil. Keine Versicherung gegen irgendetwas, aber ein Vorteil. In ihrer Arbeit haben sie sie geliebt. Sie haben mit uns kooperiert, und sie ist ziemlich schnell wieder nach Hause zurückgekehrt. Auch hier, bei uns, wurde sie geliebt. Und auch ihren Freund liebte man. Er war ein guter Junge. So wie Sie, wenn Sie gestatten. Er sah auch so aus wie Sie. So ein echter Israeli, nett, aber er hielt es nicht durch… er überließ ihr die Wohnung mit bezahlter Miete bis Ende des Jahres und fuhr nach Amerika.

Doktor Tschernichovsky hatte inzwischen sein Essen beendet, wischte sich seinen Mund und Schnurrbart mit einem Taschentuch ab und steckte es wieder in die Tasche. Ilan hatte keine Fragen mehr. Er fühlte sich hilflos, niedergeschlagen und schwieg, in Gedanken versunken. Der Arzt betrachtete ihn eine geraume Weile, und am Ende glitt ein Lächeln über sein Gesicht. Er legte seine Hand sanft auf die Ilans, die reglos auf dem Tisch lag, und sagte:

– Wir dürfen nicht verzweifeln, mein junger Freund. Man darf niemals verzweifeln. Was war – das war, aber wir sind nur für die Zukunft verantwortlich. Der Mensch hat Kräfte, von denen er nicht einmal selbst etwas weiß. Der Tod ist stark, aber das Leben ist noch stärker. Wahnsinn ist ein Problem, ein großes Problem, aber die Liebe ist stärker. Man muss hoffen, man muss auch kämpfen, und man darf nie aufgeben. Das denke ich jedenfalls. Also seien Sie stark, junger Freund, und kämpfen Sie um Ihre Liebe. Und jetzt entschuldigen Sie mich. Eine Neuaufnahme wartet auf mich in der Station, und auch noch zwei Entlassungen.

Nachdem Ilan seine Geschichte beendet hatte, blickte er mich an und schwieg. In seinem Gesicht arbeitete es, doch er sagte keinen Ton. Als ich schon kurz davorstand, eine Bemerkung zu machen, sagte er plötzlich:

– Ich muss eine Entscheidung treffen, aber ich kann mich nicht entscheiden, was ich tun soll. Ich habe das Gefühl, dass ich in Kürze selbst verrückt werde. Mein Kopf sagt mir das eine, mein Herz sagt mir etwas anderes, und mein Körper sagt mir überhaupt etwas ganz anderes. Können Sie mir erklären, was mit mir geschieht?

***

Wir haben bereits gesehen, wie die kognitive Psychologie und die Psychoanalyse Ilans widersprüchliche Gedanken und Gefühle erklären. Doch in den letzten Jahren hat sich ein weiterer, neuer Weg zum Verständnis dessen, was mit ihm geschah, abgezeichnet – und dieser Weg führt über das Gehirn. Eines der Hindernisse, die es der Psychologie schwer machen, von den Früchten der neurobiologischen Forschung zu profitieren, ist die Tatsache, dass das biologische Wissen über das Gehirn derart ausgedehnt und detailliert ist, dass es ungemein schwierig ist, es »im Großen und Ganzen« zu begreifen – vor lauter neurobiologischen Bäumen sieht man kaum mehr den Wald der Psyche. Ein bedeutender Schritt in diese Richtung wurde im Jahre 1990 getan, als der amerikanische Psychiater und Wissenschaftler Paul MacLean ein faszinierendes Buch veröffentlichte, in dem er das Gehirn des Menschen mit einem so genannten archäologischen Tel verglich.[18] Laut MacLean setzt sich dieser archäologische Ruinenhügel, der in unserem Schädel lagert, aus drei Schichten zusammen, von denen die oberste, äußere Schicht die jüngste und die unterste, innere die älteste ist. Schon vor über hundertzwanzig Jahren stellte John Hughlings Jackson, der als der Vater der modernen Neurologie gilt, fest, dass das Gehirn aus einer Reihe Zentren aufgebaut ist, die hierarchisch funktionieren, so dass jedes einzelne die Aktivität der darunterliegenden hemmt. Ein Säugling wird zum Beispiel mit einem vorhandenen, funktionsbereiten Bewegungssystem in seinem Kopf geboren, das von seinen Vorläufern, den Affen, ererbt ist. Es veranlasst ihn dazu, die Fußsohle zu krümmen, wenn man sie berührt, so wie man den Handteller schließt, um etwas zu greifen. Dieses System war in Gebrauch, als unsere Vorfahren auf Bäumen lebten, ihre Füße wie Hände aussahen und auch wie diese zu funktionieren hatten. Doch seit wir von den Bäumen heruntergestiegen sind, wird es nicht mehr benutzt, und wir haben im Laufe der Evolution ein neues Gehirnsystem entwickelt, das es uns ermöglicht, auf zwei Beinen zu gehen und zu laufen. Im Alter von etwa einem Jahr wird das alte System von dem neuen unterdrückt, und ab diesem Zeitpunkt verschwindet die Tendenz bei dem Säugling, seine Fußsohle auf diese Art zu krümmen. Das muss auch so sein, damit der Säugling auf ebener Fußsohle stehen und gehen kann. Doch wie sich herausgestellt hat, verschwindet das alte System nicht wirklich. Es ist nur nicht mehr in Betrieb, da das neue System seine Aktivität blockiert. Wird bei einem Menschen infolge eines Unfalls die Verbindung zwischen dem Gehirn und der Wirbelsäule durchtrennt, taucht dieser alte Reflex plötzlich, wie durch Geisterhand, an unseren gelähmten Fußsohlen wieder auf. Der Grund dafür ist, dass der Unfall die Verbindung zwischen dem neuen und dem alten System unterbrochen und so das letztere von seiner Blockierung befreit hat.

Jackson beschrieb das hierarchische Prinzip, nach dem die Zentren für Sinnesempfindungen und Bewegung im Gehirn angeordnet sind. Die Neuerung bei MacLean ist, dass er dieses Prinzip auch auf die Beschreibung unserer Gefühlswelt und speziell auf die Liebe anwandte. Seit den Tagen von Jackson und Freud ist, vor allem in den letzten dreißig Jahren, ein immenses Wissen über die Biologie der Gefühle und Gedanken angesammelt worden. MacLean brachte mit Hilfe seines Modells des *dreischichtigen Gehirns* Ordnung in dieses Meer von Wissen. Er teilte das so komplizierte menschliche Gehirn in drei Einheiten, von denen sich jede einzelne zu einer anderen Zeit entwickelt hat und jede in allem, was mit Liebe zusammenhängt, auf ihre eigene Art agiert.

Die älteste Einheit des menschlichen Gehirns ist, nach MacLean, das *Reptiliengehirn*. Wir haben es – wie sein Name impliziert – von unseren kriechenden Vorfahren geerbt, mit denen wir im ersten Kapitel Bekanntschaft geschlossen haben. Es enthält das *Stammhirn*, den Bereich, den man *Hypothalamus* nennt, und die *Basalganglien* darüber. Dieser Teil ist der Kern unseres Gehirns und befindet sich tief im Inneren, nahe der Mittellinie. Das Reptiliengehirn beinhaltet alles, was für Kriechtiere erforderlich ist, um sich auf der Welt zurechtzufinden und zu überleben. Das meiste darin befindliche Wissen ist nicht angelernt – wir werden schlicht und einfach damit geboren. Man kann sagen, es ist ein Teil unseres »Betriebssystems«. Das Reptiliengehirn beinhaltet Zentren, die die körperlichen Basisfunktionen kontrollieren – Atem, Blutdruck, Herzrhythmus, Appetit, Schlaf, Durst und dergleichen. Wichtig für unser Thema ist, dass dieser Teil des Gehirns auch die fundamentalsten Funktionen der Sexualität beherrscht – und dies geschieht ohne jeden Charme, ohne Gnade oder Erbarmen, so wie man es von kaltblütigen Reptilien eben erwartet.

Wie wir im vierten Kapitel sehen werden, ist eine der Charakteristika für die Heuchelei in unserer Kultur die Größe und Stärke der pornographischen Industrie. Die Notwendigkeit von Blockierungen von Websites in jedem Haushalt, in dem es Kinder gibt, rührt daher, dass das Internet von Pornographie überflutet ist. Überall wo ein solches freizügiges Angebot besteht, gibt es auch eine Nachfrage. Es ist allerdings eine Nachfrage für eine ganz bestimmte Sorte von Emotionen. Die pornographische Industrie kümmert sich nicht um herzerschütternde Liebesgeschichten oder zärtliche Lustgefühle. Sie beschäftigt sich mit dem puren Beischlaf, dem häufig auch ein gewisses Maß an Gewalttätigkeit beigemischt ist. Ebenso sieht auch das Liebesleben der Reptilien aus – sehr zweckmäßig, manchmal auch gewalttätig, mit Trieb, Penetration und Entleerung.

Viele Frauen, die dieses Buch lesen, werden sicher aus schmerzhafter persönlicher Erfahrung bestätigen, dass das Liebesleben des durchschnittlichen Mannes unter evolutionärem Blickwinkel tatsächlich dem der Reptilien nahe kommt. Auch Männer versuchen bisweilen, ihre Taten damit zu beschönigen, dass sie eben »einfach so sind« – primitiv und triebhaft. Ich bin schon auf Männer gestoßen, die versuchten, ihr »Reptiliengehirn« als Alibi – oder wenigstens als mildernden Umstand – für ihr verletzendes und rücksichtsloses Verhalten gegenüber ihren Partnerinnen anzuführen. Männer sind begeisterte Konsumenten des breiten Angebots der pornographischen Industrie, die wohl schon so lange existiert wie die Kultur und die es niemals müde wird, den weiblichen Körper zu beschreiben und was sich mit ihm alles anstellen lässt. Es existieren natürlich auch Magazine und Internetseiten, die die Körper junger, attraktiver Männer zu Schau stellen und was man mit ihnen alles machen kann. Jedoch sind die überwiegenden Konsumenten dieser Produkte offenbar homosexuelle Männer und keine Frauen.

Repräsentieren die Frauen also eine höhere evolutionäre Entwicklungsstufe als die Männer, zumindest in allem, was Liebe angeht? Diese Frage ist ein virtuelles Minenfeld. Begnügen wir uns damit zu sagen, mit allen Vorsichtigkeiten der Political Correctness, dass »Unterschiede« im männlichen und weiblichen Verhalten im Bereich der Liebe erkennbar sind. Um mit dem »reptilienhaften« Teil in der Seele der Frauen in Beziehung zu treten, muss man sich einem anderen Ort zuwenden, privater und geheimer als die Pornographie – der Ort, den sie sich in ihren sexuellen Phantasien erschaffen. Schon vor über dreißig Jahren hat Nancy Friday in ihrem Buch »My Secret Garden«, das bei seinem Erscheinen einen Skandal auslöste und seitdem zum Klassiker geworden ist, offenbart, dass »brave« Mädchen und Frauen häufig »böse« Phantasien genießen. Die Rede ist von Phantasien, in denen sie vergewaltigt, erniedrigt und gefesselt werden, an Orgien teilnehmen und vieles mehr. Allerdings unterliegen diese Phantasien entsprechend den kulturellen Konventionen Veränderungen. In den Neunzigerjahren stellte Friday noch einmal sexuelle weibliche Phantasien zusammen, die sie in dem Buch »Women on Top« veröffentlichte. Sie entdeckte, dass sich zusammen mit der feministischen Revolution auch ein Teil der weiblichen Phantasien verändert hatte und dominanter geworden war. Auf alle Fälle ist sowohl bei Männern als auch bei Frauen sexuelle Erregung häufig mit »schlechten« Phantasien verknüpft.[19] Das ist kein Zufall – die Kontrolle über den Orgasmus und ausgedehnte Bereiche dessen, was man gemeinhin sexuelle Lust und Erregung nennt, ist tief in dem alten Reptiliengehirn angesiedelt, das die Liebe der Säugetiere und die moralischen Werte, mit denen wir uns in der Folge befassen werden, nicht kennt.

Der wichtige Punkt bei dieser Diskussion ist, dass das Reptiliengehirn fast in der gleichen Form in uns lebt und funktioniert wie beispielsweise bei einer Schlange. Es hat keine ersichtliche Entwicklung durchlaufen, seit sich unsere Vorfahren von den ihren getrennt haben, und in diesem Sinne stellt es eine Art wildes Naturschutzgebiet innerhalb des Gehirns eines jeden Einzelnen von uns dar. Aber die gleichen Männer, die mit Hilfe pornographischer, gewalttätiger Bilder und Filme onanieren, kehren anschließend nach Hause zu Frau und Kind zurück und verhalten sich ihrer Familie gegenüber im Allgemeinen mit Zartgefühl und Liebe. Auch die Frauen, die von Vergewaltigungen phantasieren, wollen nicht in Wirklichkeit vergewaltigt werden. Sie wollen Liebe. Wie passt das zusammen? Über dem Reptiliengehirn existieren, nach MacLean, zwei weitere Gefüge, die im Gefühlsleben eine Funktion haben und die die meiste Zeit durch Blockierung verhindern, dass das Reptil in unserer Seele zum Ausdruck kommt. Jedoch, ebenso wie nach der Logik der Freud'schen *»Die Wiederkehr des Verdrängten«* verbotene Leidenschaften und Triebe, die aus dem Bewusstsein verdrängt wurden, danach streben zurückzukehren und sich in irgendeiner Weise zu äußern, so vermag auch das Reptiliengehirn der Blockierung durch die darüberliegenden Teile immer wieder zu entkommen.[20] Wenn das geschieht – und das passiert uns allen –, ziehen es die meisten Menschen vor, diese Erfahrung für sich zu behalten, und werden sie nicht so schnell mit anderen teilen, auch nicht mit ihrem Therapeuten oder ihrer Therapeutin.

Laut MacLean ist der zweite Teil des Gehirns *das frühe Säugetiergehirn* (corpus mamillare), das ich in der Folge abgekürzt *Säugetierhirn* nennen werde, der wichtigste zum Verständnis unseres Liebeslebens. Dieser Teil beinhaltet Strukturen, die sich entwickelten, als die Säugetiere auf der Erde auftauchten. Unser Säugetierhirn ist immer noch nahezu identisch mit dem eines Hundes, und jeder, der einmal einen Hund hatte, weiß das sehr gut. Hunde können lieben, hassen, schmeicheln, sich schämen und sich heftig sehnen – genau wie wir. Wir pflegen zu sagen, dass ein Hund menschliche Eigenschaften zeigt, aber die Wahrheit verpflichtet zu weitaus mehr Bescheidenheit: Wir sind diejenigen, die hündische Eigenschaften an den Tag legen.

Die Fähigkeit, Gefühle zu erleben, und speziell soziale Gefühle wie Liebe, ist anscheinend allen Säugetieren eigen. Das Säugetierhirn enthält Teile, die sich über dem Reptiliengehirn und darum herumgruppieren und es im Prinzip mit einer weiteren Schicht umhüllen. Es ist die Rede von *Hippocampus, Amygdala, Gyrus cinguli* und vielen weiteren Teilen. Sie alle werden mit dem Sammelbegriff *das limbische System* benannt, und anscheinend ist es dieses System, das die große Zugabe der Säugetiere an die Welt der Lebewesen ermöglicht – die Liebe, und zuallererst die Liebe zwischen Mutter und Jungem.

Wir haben bereits im ersten Kapitel die immensen Vorteile geschildert, die den Säugetieren die Liebe einbringt. Es ist kein Zufall, dass harte Kämpfer, die im Kampf verwundet werden, »Mama« schreien, auch wenn sie Hunderte Kilometer von ihnen entfernt ist. Die Liebe und die treue, anhaltende Pflege, die säugende Mütter ihren Jungen angedeihen lassen, haben es ihnen ermöglicht, sich langsam und gründlich zu entwickeln und das Erwachsenenalter mit physischen und psychischen

Mitteln ausgerüstet zu erreichen, die ihnen halfen, die Welt zu beherrschen. In den folgenden Kapiteln wird sich zeigen, wie die mütterliche Liebe, die in uns allen existiert (auch in Vätern, wenngleich oft in geringerer Dosierung), mit anderen Arten von Liebe in unserem Leben zusammenhängt, als Erstes mit romantischer Liebe. Für die momentane Diskussion ist von Bedeutung, dass das limbische System durch viele Nervenbahnen mit dem darunterliegenden Reptiliengehirn verbunden ist und sie einander häufig aktivieren. So geschieht es, dass romantische Liebe zur Ausschaltung der sexuellen Anziehung führen kann und umgekehrt, obgleich sich diese Verbindungen auch kappen lassen.

Das limbische System ermöglicht uns, Gefühle zu erleben. Es beschert diese Fähigkeit nicht nur uns, wie es scheint, sondern auch den übrigen Säugetieren. Dieser Punkt ist von Bedeutung für die öffentliche Debatte der Problematik, ob Tiere eine Seele haben, wie sie beschaffen ist und inwiefern Tierversuche legitim sind. Es ist ein komplexes Thema, das zahlreiche ethische und wissenschaftliche Aspekte beinhaltet. Doch es gibt die Verfechter der Argumentation, und ich bin einer von ihnen, dass jemand, der der Ansicht ist, Säugetiere hätten keine fühlende Seele – derjenige ist, der keine fühlende Seele hat. Was bewirken Gefühle? Sie leisten den Hauptbeitrag zu unserer Subjektivität. Sie veranlassen uns dazu, uns *so* zu fühlen in Bezug auf *das*. Sie verleihen unserem Leben Farbe, Geschmack und Wert. Wir lieben Schokolade, hassen Prüfungen, fürchten uns davor, bei einem Selbstmordattentat in die Luft gesprengt zu werden, sind wütend über den Menschen, der sich in der Schlange vordrängt, und hauptsächlich – haben wir Angst, verlassen zu werden. Unsere Gefühle teilen unsere Welt in Kategorien von gut und schlecht bis egal ein und liefern uns die meisten unserer Motivationen. In diesem Sinne kann man all die Gefühle als bunte Markierstifte sehen, wie sie Schüler benutzen, um die wichtigen Passagen in ihren Unterrichtstexten hervorzuheben. Gefühle unterstreichen für uns, was wichtig ist – die uns Nahestehenden zu lieben, die zu hassen, die uns schaden, vor dem Angst zu haben, was uns verletzen könnte, wütend auf den zu sein, der uns provoziert. Gefühle, einschließlich Liebe, markieren bestimmte Details der Realität, die uns umgibt, als bedeutungsvoll – positiv wie negativ –, drängen uns so dazu, uns auf sie zu beziehen, und beeinflussen in hohem Maße den Charakter dieser Bezugnahme.

Die hoch entwickelte Gefühlswelt der Säugetiere ermöglicht ihnen ein viel reicheres, farbigeres soziales Leben als den Kriechtieren. Ein Faktor, der unser gesellschaftliches Leben stark beeinflusst und von Anfang an tief in uns verankert ist, ist *die Furcht vor dem Verlassenwerden,* die sich häufig als *Trennungsangst* äußert. Diese Angst ist es, die das Junge an die Mutter bindet und umgekehrt. Um zu verstehen, wie sehr uns diese Angst eingeprägt ist, muss man sich ins Gedächtnis rufen, dass wir alle ausnahmslos von jenen Jungtieren abstammen, denen die existentielle Aufgabe ihres Säuglingsalters glückte: nicht verlassen zu werden. Es gibt unter unseren Müttern und Vätern nicht ein einziges Jungtier, dem das nicht gelungen wäre. Denn wer verlassen wird – hat keine Chance auf Überleben und Nachkommenschaft. Mit anderen Worten, alle Menschen und alle Säugetiere, die heutzutage leben, sind das Produkt einer starken natürlichen, kontinuierlichen und erbarmungslosen Auslese, die im Laufe von Jahrmillionen aus dem Sammelbecken der Gene das genetische Material jener eliminiert hat, die im Säuglingsalter verlassen wurden.

Die Angst, verlassen zu werden, kann verschiedene Formen annehmen. Wie die Psychoanalytiker wissen, besteht unter psychischem Aspekt häufig kein Unterschied zwischen Verlassen und Verlassenwerden: Beides aktiviert die gleichen bewussten und unbewussten emotionalen Mechanismen in der Seele und anscheinend auch im limbischen System. Die Überlebenslogik, die darin liegt, ist nachvollziehbar. Wenn die Angst, verlassen zu werden, ein Klebstoff ist, um zwei Liebende oder eine Mutter und ihr Junges aneinander zu ketten, ist es besser, sie wirkt nicht nur bei der Person, die verlassen wird, sondern auch bei der, die verlässt. So war Ilan, der in Erwägung zog, Michal zu verlassen, all dem Schmerz und der Sehnsucht ausgesetzt, die er sicher ebenso empfunden hätte, wäre er von ihr verlassen worden. Manchmal geschieht es aber auch, dass derjenige, der bedeutungsvolle Beziehungen in seinem Leben aufgibt, weder Sehnsucht noch Schmerz, sondern geradezu Erleichterung verspürt. Wie wir gesehen haben, ist unsere Gefühlsbalance äußerst kompliziert und von zahlreichen Faktoren beeinflusst, ganz abgesehen davon, dass ein Teil unserer emotionalen Reaktionen unbewusst bleibt und sich nur indirekt äußert.

Dennoch gibt es Menschen, bei denen die Fähigkeit zu lieben nicht entwickelt ist. Sie haben Gefühle oberflächlicher Art oder gar keine und sind in Wahrheit mit niemandem verbunden. Ein Teil dieser Menschen leidet an einer schizoiden Persönlichkeitsstörung, der wir im ersten Kapitel begegnet sind. Daneben existieren Menschen mit noch weitergehenden Eigenschaften: Sie fürchten sich nicht in Situationen, in denen die meisten von uns vor Angst zittern, sie haben keine Schwierigkeiten zu lügen, häufig ist es unmöglich, sie per Lügendetektor zu überführen, und sie haben keinerlei Hemmungen, dem Mitmenschen schreckliches Leid zu verursachen. Solche Menschen leiden an einer *anti-sozialen Persönlichkeitsstörung*. Genau genommen leiden die Menschen in ihrer Umgebung und die Gesellschaft generell an deren Persönlichkeitsstörung. Grauenhaftes Beispiel eines solchen Typus ist mein Fachkollege auf der Leinwand, der unvergessliche Psychiater Dr. Hannibal Lector, wie ihn Antony Hopkins in »Das Schweigen der Lämmer« verkörperte. In einer der abscheulichsten Szenen des Films flieht Lector aus dem Krankenhaus, in dem er interniert und an einen Monitor angeschlossen war, nachdem er die Zunge einer Schwester, die an sein Bett trat, abgebissen und zerfleischt hat. »Sein Puls stieg nicht über 70«, sagte der ihn verfolgende Detektiv danach trocken. Vielen Häftlingen, die wegen Gewaltverbrechen im Gefängnis sitzen, kann die Diagnose einer anti-sozialen Persönlichkeitsstörung gestellt werden. Doch die meisten von uns sind keine gefühllosen Verbrecher, und mir scheint, dass sich fast jeder von uns an einem bestimmten Punkt in seinem Leben mit König David identifizieren könnte, der flehte: »Verwirf mich nicht von deinem Angesicht, und nimm deinen heiligen Geist nicht von mir« (Psalmen 51,13). Im achten Kapitel werden wir sowohl auf König David als auch auf die Angst vor dem Verlassenwerden zurückkommen, und wir werden sehen, wie sie mit romantischer Liebe verbunden sind.

Bis hierher haben wir die beiden Gehirnteile beschrieben, die der Mensch mit anderen Lebewesen gemeinsam hat. Der dritte Teil, der späteste und höchste in der Einteilung MacLeans, ist das neue Säugetiergehirn, das so genannte *Neuhirn*. Es ist tatsächlich neu unter evolutionärem Aspekt und bei den meisten Säugern nicht entwickelt – nur bei Walfischen, Delphinen, Affen und Menschen. Das Neuhirn besteht aus dem *Neocortex (die neue Gehirnrinde)*, der die äußersten Gehirnflächen überwölbt. Beim Menschen hat sich dieser Teil viel weiter entwickelt als bei jedem anderen Lebewesen und beeindruckende Ausmaße erreicht, die etwa 85% unseres gesamten Hirnvolumens ausmachen. Dies weiß fast jede Frau, die Mutter ist, aus persönlicher, schmerzhafter Erfahrung. Warum? Weil die beispiellose Vergrößerung des Neuhirns beim Menschen dazu führt, dass die Säuglinge mit einem riesigen Kopf im Verhältnis zu dem eines Affenjungen und anderer Säugetiere geboren werden und in Relation zur Größe des Gebärmutterhalses, den sie im Becken ihrer Mütter zu passieren haben. »Unter Mühen sollst du Kinder gebären«, verhängte Gott über Eva (Genesis 3,16), und bis zum zwanzigsten Jahrhundert handelte es sich nicht nur um Mühen. Die gesamte Geschichte hindurch starben zahlreiche Frauen während einer Geburt unter Qualen, normalerweise weil der Kopf des Säuglings ausweglos in ihrem Becken steckenblieb und sie verbluteten. Daraus kann man schließen, dass diese Vergrößerung in der Evolution noch sehr neu ist und noch nicht alle damit verbundenen »Tücken« behoben sind. Trotz des schrecklichen Preises, den das Neuhirn des Menschen den Müttern bis in die Zeit der modernen Medizin abverlangte, hat die natürliche Selektion es nicht von der Bühne der Evolution eliminiert. Dies hat offenbar mit den Überlebensvorteilen zu tun, die unseren großen Kopf begleiten.

Das neue Gehirn trägt die Überlegenheit des Menschen in sich. Das ist nicht die Fähigkeit zu lieben – sie existiert in welchem Maß auch immer bei allen Säugetieren –, sondern vielmehr unsere Fähigkeit, logisch zu denken und, gleichermaßen wichtig, aus der Erfahrung zu lernen und klüger zu werden. Das Neuhirn setzt sich aus den beiden *Cerebralhemisphären* zusammen, die dem menschlichen Gehirn seine charakteristische kugelartige Form verleihen. Es ist für die Fähigkeit des menschlichen Erfassens und Verstehens verantwortlich und ermöglicht uns, uns nicht nur mit Entfernung, sondern auch mit Zeit zurechtzufinden, abstrakte Sprache zu benutzen, zu verstehen und so äußerst komplizierte Probleme zu begreifen und zu lösen. Es befähigt uns, diverse abstrakte Regeln über die Welt und unsere Funktion in ihr zu formulieren, einschließlich moralischer Regeln wie die Ilans (»keine Verwundeten im

Gelände zurücklassen«). Mit Hilfe der Sprache sind wir imstande, die Regeln und unser erworbenes Wissen den nachfolgenden Generationen zu übermitteln. Dies ist der Anfang der Kultur, nicht unter dem Aspekt von Luxus, sondern von existentieller Notwendigkeit für die Menschheit: Mit ihrer Hilfe ist es uns gelungen, die langsame und grausame Bahn der natürlichen Auslese als Mittel zur Verbesserung der Tauglichkeit unserer Nachkommen zu umgehen.

Laut MacLean spielt das Neuhirn keine wesentliche Rolle bei der Entstehung emotionaler Erfahrung – das ist die Aufgabe des Säugetiergehirns und in geringerem Maße auch des Reptiliengehirns, dem ein Teil der Triebe entspringt. Zwingend notwendig ist das Neuhirn jedoch, um emotionale Situationen zu erfahren und zu verstehen, da die Fähigkeit des abstrakten Denkens von ihm abhängt. Es bestehen weit verzweigte Wechselbeziehungen zwischen dem Säugetier- und dem Neuhirn – das heißt, dem limbischen System und der Gehirnrinde. Das Neuhirn hat eine bestimmte Fähigkeit, die nicht besonders groß, aber sehr wichtig ist – die Aktivität des Säugetiergehirns zu verändern. Mit anderen Worten: Unsere Gedanken und logischen Schlussfolgerungen vermögen unsere Gefühle zu ändern. Das ist die Fähigkeit, die die kognitiven Therapeuten mit viel Talent und den von Ahron Beck entwickelten Methoden ausbeuten, um den emotionalen Zustand der Patienten mit Hilfe einer Veränderung ihrer Denkgewohnheiten und Denkinhalte zu beeinflussen. Demgegenüber ist die Fähigkeit des Säugetiergehirns, das Neuhirn zu beeinflussen, um vieles größer, und dies passiert in der Tat die ganze Zeit. Unser Emotionalzustand wirkt sich ganz entscheidend auf die Art des Denkens und unsere Denkinhalte aus – wenn wir uns zum Beispiel in jemanden verlieben, wird er plötzlich der wichtigste Mensch und häufig auch der klügste und schönste auf der Welt, obwohl uns die Vernunft sagen würde, dass dem nicht so ist. Ein Teil der nonverbalen Interaktion in einer psychoanalytischen Behandlung ist übrigens als Einfluss der Therapie auf das Säugetiergehirn des Patienten zu verstehen, das heißt, auf seine Gefühle. Im Gefolge emotionaler Veränderungen können sich auch Denkgewohnheiten und -inhalte des Patienten weit reichend ändern.

Der große Vorzug des McLeanschen Modells ist die Art, in der sich Ordnung in den Wust von Empfindungen, Gefühlen und Gedanken bringen lässt, die Ilan beutelten und im Grunde uns alle. Die *Reptilienliebe* ist, gemäß diesem Modell, das nackte sexuelle Verlangen – ein uralter, starker und manchmal gewalttätiger Wunsch, sich zu paaren, der nach der Befriedigung erlischt. Die *Säugetierliebe* hat viele verschiedene Aspekte, denen jedoch die subjektive Erfahrung eines überflutenden Gefühls gemeinsam ist, manchmal auch schreckliche Angst vor dem Verlassenwerden und dem großen seelischen Leid im Gefolge davon. Die *Liebe des Neuhirns* ist überlegter, abstrakter und tendiert dazu, das Gesamtbild zu sehen und nicht nur das Leuchten in den Augen der geliebten Person. Die Liebe des Neuhirns lässt sich mit Worten beschreiben, während die Liebe des Säugetiergehirns an Gehirnteilen hängt, die »nicht sprechen können«, und daher zumeist stumm ist. Das ist vielleicht der Grund für das verbreitete peinliche Phänomen, das auch bei Ilan vorlag, dass wir genau wissen, in wen wir verliebt sind und wie sehr, dass es uns aber äußerst schwer fällt, in überzeugender Form zu erklären, weshalb ausgerechnet in diese Person. Häufig lassen wir uns mit Hilfe des Neuhirns Begründungen für Verhaltensweisen und Gefühle einfallen, die dem Säugetiergehirn entspringen und daher manchmal keinerlei Logik aufweisen. Dieses Phänomen ist vielen von uns als »der Tag danach« bekannt, und es tritt auf, wenn uns einfällt, was wir gestern gemacht haben: Statt Scham oder Reue über unsere romantische Wahl und unser erotisches Verhalten zu erleben (oder bisweilen zusätzlich zu der Scham und Reue, die wir verspüren), rechtfertigen wir uns vor uns selbst und gegenüber der Welt im Nachhinein mit einem Schwall logischer Begründungen und Argumentationen.[21]

Wie Jackson vor über hundert Jahren entdeckte und wie es auch MacLean beschreibt, tendieren die neuen Gehirnsysteme dazu, die Äußerungen der älteren zu blockieren. Das Reptiliengehirn und das Säugetiergehirn sind es, die unser Motivationssystem prägen und uns in Aktion setzen. Dagegen ist es eine der Aufgaben des Neuhirns, in selektiver Form die Aktivität der beiden anderen Teile zu verhindern.

Aus unserer bisherigen Diskussion sollte nicht der Schluss gezogen werden, dass bei unserer Entscheidungsfindung der logischen Überlegung immer der Vorzug gegenüber der emotionalen Neigung zu geben sei, sowohl beim Thema Liebe als auch in anderen Bereichen. So ist es nicht. Das Neuhirn hat beeindruckende intellektuelle Fähigkeiten, aber nicht viel Erfahrung – es ist »alles in allem« nur einige Millionen Jahre alt. Das limbische System des Säugetiergehirns dagegen hat über hundert Millionen Jahre Erfahrung und scharf ausgeprägte Sinne, auch wenn sie sich nicht in Worte fassen lassen. Unsere Gefühle können bisweilen ausgezeichnete Wegweiser in komplizierten Lebenslagen sein, in denen die Logik am Ende ist und aussetzt. Wenn wir in solchen Situationen versuchen, uns auf unsere Gefühle zu konzentrieren, können sie uns einen Weg zur Lösung weisen, auch wenn wir nicht genau begründen können, warum sie uns zu eben diesem Weg gelenkt haben. Dieses Phänomen nennen wir *Intuition*. Die Wissenschaftler Hanna und Antonio Damasio fanden heraus, dass unsere Intuition, die zum Überleben äußerst wertvoll ist, von der intakten Aktivität der Amygdala-Zellen im limbischen System abhängt.[22]

Intuition, die nicht durch logisches und systematisches Denken reflektiert wird, kann uns dazu bringen, unseren Weg zu verlieren – was Ilan, ich und der Rest der Menschen bezeugen können, die jemals zu einem Nachtorientierungsmarsch aufbrachen und zu »spüren« glaubten, dass sie sich auf dem richtigen Weg befanden. Mit anderen Worten: In der Liebe, bei Nachtexpeditionen sowie in den übrigen Lebensbereichen sind die besten Entscheidungen die, die der Intuition sämtlicher Teile des Gehirns und der Seele entspringen und sich nicht nur auf einen Teil, klug und richtig, sensibel und begeistert wie auch immer, verlassen.

Zum Abschluss der Diskussion muss daran erinnert werden, dass MacLeans Modell des dreischichtigen Gehirns nur ein Modell ist – das heißt, eine vereinfachte Beschreibung einer äußerst komplizierten Wirklichkeit. Es stimmt zum Beispiel nicht, dass sexuelle Phantasien allein dem Reptiliengehirn entspringen. Phantasie ist die Fähigkeit, in der inneren Wirklichkeit Handlungen und Situationen zu erleben, die in der äußeren Realität nicht existieren, und das mit einer reichen Palette an Farben und Nuancen. Diese Fähigkeit hängt von der intakten und koordinierten Aktivität großer Teile des Neuhirns ab. Auch der sprachliche Ausdruck eines Gefühls, dessen Ursprung im Säugetiergehirn liegt, zum Beispiel ein Liebesgedicht, ist ganz und gar von der Fähigkeit des Neuhirns abhängig, symbolische Sprache zu schaffen und zu bearbeiten. Es gibt noch mehr Gehirnmodelle zur Erklärung emotionaler Phänomene, darunter das des Psychiaters und Wissenschaftlers Richard Lane, der annimmt, dass dem Neuhirn eine entscheidende Aufgabe beim bewussten Erleben von Gefühlen zukommt. All diese Diskussionen und Forschungen jedoch können den Stachel der Wirklichkeit nicht entschärfen, der Ilans Leben mit einem Schlag in einen Alptraum verwandelt hatte, und es danach, als er sich etwas beruhigt hatte, zu einer Quelle ununterbrochener schmerzhafter Konflikte machte.

***

Als Ilan nach einer Woche zu unserem nächsten Termin kam, trug er einen Korb in seinen Händen. Darin schlief ein Baby, seine Tochter. Er stellte sie vorsichtig auf den Teppich zwischen uns. Ihr Kopf war mit zarten Löckchen bedeckt, eine Hand lag zusammengeballt neben dem Ohr. Die Faust und das Ohr waren so winzig, dass ich Ilan anlächelte und beschloss, in diesem Stadium nicht zu hinterfragen, weshalb er seine Tochter zu der Therapiestunde mit mir mitbrachte. Wir saßen einen Moment still da, zwei leicht verlegene Männer mit einem schlafenden Baby dazwischen, bis Ilan anfing:

– Meine Mutter ist in den Kibbuz zurückgekehrt. Offenbar werden sie Michal nächste Woche aus der Klinik entlassen. Ich habe eine Pflegerin gefunden, die auf Afri aufpasst, wenn ich in der Arbeit bin, aber wenn ich nach Hause komme, will ich sie bei mir haben. Die Pflegerin meint, es sei nicht zu empfehlen, ein Baby in den ersten Wochen außer Haus mitzunehmen, aber die Ärztin hat mir gesagt, das stimme nicht. Außerdem ist sie meine Tochter. Besser, sie gewöhnt sich gleich jetzt daran, draußen herumzugondeln. Auch an dem Abend vor einer Woche, als ich von dem Besuch in dem Krankenhaus am Karmel zurückkam, wo ich den russischen Psychiater getroffen hatte, bin ich mit Afri in den Park gegangen. Meine Mutter war noch da, und ich hatte genug von ihrem vielsagenden Schweigen und dem, was sie zu mir sagte, wenn sie nicht schwieg. Es war herrliches Wetter. Ich saß mit Afri auf einer Bank und schaute den Kindern zu, die schaukelten, hüpften und im Sandkasten spielten. Alle Mütter aus der Nachbarschaft kamen zu uns, beglückwünschten mich und sagten, wie schön Afri sei, und sie fragten mich überhaupt nicht nach Michal… Ich bin sicher, dass sie alle genau wissen, was passiert ist, und schon darüber nachdenken, mit welcher ihrer ledigen Freundinnen sie mich am besten verkuppeln. Danach war Afri mit dem Fläschchen fertig und ist eingeschlafen, und ich habe ihr Gesicht angesehen. Sie ähnelt Michal so sehr, dass es mir wehtut, genau die gleichen Augen und derselbe Mund. Sie schlief, und ich dachte: In ein paar Jahren wird sie eines von diesen Kindern im Park sein. Was für ein Leben wird sie haben? Wer wird ihre Mutter sein?

– Was möchten Sie?

– Ich will sehr einfache Dinge: Ich möchte, dass Michal ihre Mutter ist. Aber ich will, dass sie eine normale Mutter ist. Ich will eine normale Familie haben. Das ist alles, was ich möchte. Meinen Sie, das ist zu viel verlangt?

– Ich weiß nicht. Nicht immer geht alles im Leben so, wie wir es wollen und gehofft haben.

– Das sagt sich leicht für Sie.

– Sie haben Recht, es ist wirklich leicht für mich, das zu sagen.

Ilan erwiderte, während er seine Augen auf das Baby geheftet hielt:

– Wissen Sie, es ist komisch, aber früher habe ich einmal gedacht, dass Michal mein gelobtes Land sei. Ich dachte, sie sei das einzig Wahre, die Verwirklichung einer Verheißung, ich dachte, dass es sich dafür gelohnt hat, viele Jahre in der Wüste herumzuziehen und zu warten.

– Warum ist das komisch? Auch wenn Sie beschließen, sich von Michal zu trennen, besagt das nicht, dass das, was Sie mit ihr zusammen hatten, nicht echt war. Sie haben sie sehr geliebt, und mir scheint, auch sie liebte Sie sehr. Der Beweis für Ihre Liebe befindet sich hier, in der Wiege.

– Vielleicht … aber ich bin mir momentan nicht sicher, dass es überhaupt meine Entscheidung ist, ob ich mich von ihr trenne oder nicht. Bis gestern wollte sie mich nicht sehen, auch Afri nicht. Gestern war sie zwei Minuten mit uns im

Büro der Sozialarbeiterin auf der Station zusammen, und dann wollte sie wieder in ihr Zimmer zurück. Ist das zu glauben?

– Leider ja, aber das stimmt nur für jetzt. Sie bekommt eine Behandlung, die ihr helfen wird, und ich glaube, dass sie sich innerhalb kurzer Zeit anders fühlen und anders denken wird. Mir scheint, es besteht gute Aussicht, dass sie zu Ihnen und Afri zurückkehren will. Letztendlich werden Sie der Entscheidung nicht ausweichen können.

– Nein. Anscheinend nicht. Und ich weiß immer noch nicht, was ich tun soll. Ich weiß, dass sich Geduld und Hartnäckigkeit manchmal auszahlen, und so bin ich normalerweise, geduldig und hartnäckig. Andererseits ist mir klar, wenn ich einen Schnitt machen will, dann muss ich es jetzt tun. Bevor sich Michal und Afri aneinander binden. Ich habe für morgen einen Termin mit einem Anwalt vereinbart, der in Familienrecht spezialisiert ist, um zu hören, wie die Gesetzeslage aussieht, was mit Afri passieren würde, zu wem sie käme, falls wir uns trennen würden.

Ich dachte an die gerichtliche Auseinandersetzung, die sich zwischen Ilan und Michal am Sorgerecht und vielleicht auch an der Vormundschaft über ihre Tochter entzünden könnte. Die Unausgewogenheit zwischen ihnen war himmelschreiend. Auf der einen Seite eine Frau ohne Familie und sonstige Bindungen, mit zwei Nervenzusammenbrüchen, zwei Selbstmordversuchen, einem Messer, das sie zu nahe an ihre Tochter gehalten hatte, und mit den Dingen, die sie gesagt hatte, als sie eingewiesen worden war. Auf der anderen Seite »das Salz der Erde« mit seinem Auftreten, seinen Beziehungen und seiner Familie. Es war nicht schwer zu erraten, wie die Empfehlungen der Sozialarbeiterin lauten würden, die das Familiengericht bestimmen würde, um Afris Eltern zu überprüfen und einen Bericht über ihre jeweilige Tauglichkeit zu erstellen. Offenbar hatte auch Ilan darüber nachgedacht, denn er sagte:

– Ich habe nicht das Herz, ihr das anzutun. Das ist exakt das Gegenteil von allem, was ich je für Michal wollte. Aber wenn ich an Afri denke und an das, was für sie gut ist, weiß ich nicht mehr … warum ist ihr das passiert? Kann das eines Tages auch Afri passieren?

– Ich denke, dass es Afri nicht passieren wird, aber ich weiß es wirklich nicht. Ich hoffe und glaube, dass Afris Kindheit viel besser als die ihrer Mutter sein wird. Das ist sehr wichtig. Alles spricht dafür, dass sie nie etwas Ähnliches erleben wird, wie es Michal durchgemacht hat, aber vorhersehen kann das niemand. Außerdem scheint mir, dass Sie momentan keine Weissagungen brauchen. Sie brauchen Hoffnung.

– Stimmt. Auch sie.

Er deutete mit seinem Kinn auf die Wiege.

Nachdem Ilan mit Afri gegangen war, dachte ich an Michals Kindheit und Leben, so wie Ilan davon erzählt hatte. Sie war ohne Vater aufgewachsen, mit einer einsamen, hart arbeitenden Mutter und später mit einem bedrohlichen Stiefvater, der am Ende auch verschwand. Dann erkrankte die Mutter, und Michal wurde in den Kibbuz geschickt, wo sie auch blieb, nachdem ihre Mutter in die Vereinigten Staaten zurückgekehrt war. Ilan hat mir nie gesagt, weshalb sie mit siebzehn den Kibbuz verließ und zu ihren alten Verwandten zog, die sie nicht wirklich wollten. Mir schien, er wusste es selbst nicht und wollte es auch nicht wissen, doch es war nicht schwer zu erraten. Die besondere Schönheit des einsamen Mädchens zog sicher allgemeine Aufmerksamkeit auf sich, und ich hatte den Verdacht, dass jemand, vielleicht mit Erfolg, versucht hatte, ihre Verletzlichkeit auszunutzen.

***

Die nächste Stunde begann in einer anderen Atmosphäre. Ich entdeckte mehr Energie und Sicherheit in Ilans Bewegungen als sonst, als er das Zimmer betrat. Zum ersten Mal seit ich ihn kannte ließ seine Körpersprache den Mann erkennen, der die Start-up-Firma gegründet hatte und der Offizier in einer Eliteeinheit gewesen war. Er sah aus, als sei ihm ein Stein vom Herzen gefallen.

– Michal ist nach Hause gekommen. Sie ist noch ein bisschen verwirrt, aber erinnert mich langsam wieder an die, die sie einmal war. Mir scheint, sie fängt an, eine Verbindung zu Afri aufzubauen. Vorläufig bestehe ich darauf, dass die Kinderpflegerin zu Hause ist, wenn ich nicht da bin. Doktor Arkin, die Psychiaterin, behandelt Michal weiter, auch nach ihrer Entlassung. Sie denkt, dass es ab nächster Woche möglich sein dürfte, Michal und Afri allein zu lassen, jeweils für eine halbe Stunde oder Stunde. Wenn es gut geht, dann länger. In der Arbeit habe ich gesagt, dass ich Urlaub brauche, und die kommenden zwei Wochen werden wir drei zu Hause verbringen. Ich denke, wir müssen uns zusammenschweißen, wenn Sie wissen, was ich meine.

– Wohl schon. Es klingt für mich, als hätten Sie sich schon entschieden.

– Stimmt. Ich habe mich entschieden.

– Wie haben Sie das gemacht? Was hat Ihnen geholfen, sich zu entscheiden?

– Gute Frage. Ich weiß es nicht genau. Wir haben Michal noch zweimal auf der Station besucht, bevor sie entlassen wurde. Ich habe gesehen, wie sie Afri angeschaut hat, und ab und zu auch mich. Für einen Moment war ihr Blick so, wie ich ihn in Erinnerung hatte. Kann sein, dass mir das genügt hat. Ich habe wieder gespürt, dass ich in sie verliebt bin. Erinnern Sie sich, dass Sie zu mir sagten, ich bräuchte Hoffnung? Ich denke, Sie hatten Recht. Jetzt habe ich sie.

***

Ilans Konflikt – ob er seine Beziehung mit Michal fortsetzen sollte – hing mit der psychischen Störung zusammen, an der sie litt. Wie waren Michals Chancen für die Zukunft? Welchen Einfluss würde die Störung auf ihr Leben und ihre Familie haben? Therapeuten und Psychiater sind keine Wahrsager. Man kann nie klar voraussehen, wie ein Mensch sein psychisches Problem bewältigen wird. Die Qualität der Behandlung, die Lebensumstände, Charaktereigenschaften, biologische Faktoren und die Einstellung der Gesellschaft und Familie werden großen Einfluss auf den Verlauf der Störung im Leben des jeweiligen Menschen haben. Dennoch hat die Fähigkeit, seelische Prozesse zu begreifen und psychische Störungen in zuverlässiger Form zu diagnostizieren, nicht nur die Psychotherapie vorangetrieben, sondern auch in gewissem Maß die Möglichkeit, ihre Ergebnisse vorauszusehen.

Michal litt an einer postnatalen Psychose, die Teil einer bipolaren Störung war. Die medikamentöse Behandlung dieser schweren Störung hat sich in den letzten drei Jahrzehnten stark verbessert. Ich konnte Ilan sagen, dass es gute Chancen gab, dass die gegenwärtige Episode zur Gänze vorübergehen würde, und wenn Michal bei der Behandlung bliebe, könnte sie in Zukunft die meiste Zeit gut funktionieren. War das genug? Was bedeutete »die meiste Zeit«, und was war mit »gut funktionieren« gemeint? Gerade da, wo Ilan Klarheit benötigte, konnte ich nur Allgemeinplätze zum Besten geben. Ich erklärte, dass eine unterstützende, liebevolle Umgebung immer die *Prognose* der Behandlung verbesserte – das heißt den zu erwartenden zukünftigen Verlauf. Es war anzunehmen, dass Michal bei einer guten Therapie die meiste Zeit frei von Symptomen sein würde, und ebenso, dass die Verletzung ihrer Fähigkeit, Liebe zu geben und zu erhalten, nur vorübergehend war. Trotzdem kann alle Liebe der Welt nicht heilen, und es gibt heutzutage keinen Weg, das Risiko, dass die Störung wieder ausbricht, gänzlich zu eliminieren. Die Psychiatrie und die Psychologie machen weiter Fortschritte, und vermutlich werden in den nächsten Jahren effektivere Behandlungen mit weniger Nebenwirkungen zur Anwendung kommen. Doch ohne Zweifel würde Ilans und Afris Leben mit Michal anders sein als das eines Vaters und einer Tochter mit einer Mutter, die nicht an einer bipolaren Störung leidet, und es werden Probleme auftauchen, von denen eine »normale« Familie nicht tangiert ist. Doch all diese Erklärungen bewegten sich nur im Rahmen von Gegebenheiten, Annahmen und Voraussagen. Sie konnten als Rohstoff für eine Entscheidung dienen, sie jedoch nicht vorwegnehmen. Hier war von Liebe die Rede, und der Konflikt, ob er mit Michal zusammenbleiben sollte, war keine Frage, auf die die Wissenschaft der Seele eine Antwort hat. »Ich bin letztendlich für die strategischen Informationen zuständig«, sagte ich zu Ilan in der militärischen Ausdrucksweise, die er häufig benutzte, »und Sie befehligen im Gelände. Sie entscheiden.«

Ilans Geschichte wirft in aller Schärfe das Kapitel *Hoffnung* auf, jenes wankelmütige Gefühl, das er in sich zu finden vermochte, als er beschloss, sich nicht von Michal zu trennen. Die Hoffnung führt zur Erhöhung der Motivation, und sie ist die treue Bündnispartnerin der Liebe. Wann ist Hoffnung hilfreich, und wann ist sie destruktiv? Wem nützt sie? Gibt es pathologische Hoffnung? Ilan verliebte sich in Michal, ohne sie überhaupt zu kennen. Schon an ihrem ersten gemeinsamen Abend sagte sie zu ihm, »Ich bin komisch«, und fügte hinzu, es sei besser für ihn, sie in Ruhe zu lassen, bevor er verletzt würde. Er traf die Wahl, die Warnungen zu ignorieren und seine Annäherungsbemühungen zu verstärken. Die zu erwartenden Schwierigkeiten hielten ihn nicht davon ab – sie ermutigten ihn sogar, weiterzumachen und seine Zeit, seine Liebe und seine Zukunft in Michal zu investieren. Mit anderen Worten, die Hindernisse erhöhten seine Motivation und seine Hoffnung und beeinflussten die Entscheidung, die vielleicht die wichtigste seines Lebens war – wen er heiraten würde. Auch nachdem er erfahren musste, dass seine Frau an einer psychischen Krankheit litt, die möglicherweise wieder ausbrechen konnte, entschied er sich am Ende dafür, weiter mit ihr zusammenzuleben. Warum? Weil er Liebe und Hoffnung hatte. Hätte er ein solches Verhalten in der Geschäftswelt an den Tag gelegt, hätten wir seine Entscheidungskriterien stark in Zweifel gezogen. Doch Ilan ist keine Ausnahme in der Welt der Liebe, und wir sollten uns lieber kein Urteil über ihn anmaßen. Die hartnäckige Hoffnung ist uns nicht fremd, und die meisten von uns fahren auch angesichts von Schwierigkeiten, Hindernissen und Gefahren fort zu lieben.

Die alte griechische Sage von der Büchse der Pandora ist ein wunderbares Beispiel für den Platz der Hoffnung im Leben des Menschen. Pandora, die erste Frau, wurde von den Göttern in aller Schönheit und Vollkommenheit geschaffen und zu dem Titanen Epimetheus geschickt. Jener war es, der mit Hilfe seines Bruders Prometheus den ersten Menschen erschuf. Das himmlische Geschenk zeugte nicht von Wohlwollen – es war im Prinzip die Strafe dafür, dass die beiden das göttliche Feuer gestohlen und es dem Menschen übergeben hatten, in jenen fernen, heilen und glücklichen Zeiten. Epimetheus freute sich über die wunderbare Frau, die er erhielt, und nahm sie bei sich auf. Da öffnete sie die Büchse, die sie bei sich trug, und blitzschnell entwich ihr eine ganze Schar von Übeln – Krankheiten, Kummer, Neid, Wut und Rache. Sie verbreiteten sich über die Erde und verbittern uns seitdem das Leben. Die erschrockene Pandora warf den Deckel der Büchse wieder zu, doch es war zu spät – alle Plagen waren bereits draußen. In der Büchse war nur ein einziges kleines Gut zurückgeblieben – die Hoffnung. Diese Hoffnung, das Teuerste von allem, ist der Trost des Menschen für all die Mühsal und das Leid, die in seinem Leben über ihn kommen werden, und sie ist es, die ihm die Kraft gibt, ihnen standzuhalten.

Wie wir gesehen haben, war schon Freud die menschliche Bereitschaft, angesichts von Gefahr, Mühen und Schwierigkeiten weiter zu lieben und zu hoffen, bekannt. Er sah sie als notwendige Bedingung für den Genuss, den wir aus romantischer Liebe schöpfen. Auch Ellen Fein und Sherrie Schneider kannten sie. Diese beiden jungen jüdischen Frauen aus New Yorks Vororten verfassten im Jahre 1995 den heiß umstrittenen Bestseller »The Rules«, dessen Ziel es war, Frauen beizubringen, »wie man das Herz des idealen Mannes erobert.« Es ist kein angenehmes Buch und ganz sicher nicht politisch korrekt. Die Einstellung zur Liebe und den Beziehungen zwischen den Geschlechtern ist zynisch, ernüchternd und bar jeglicher Romantik. Die Verfasserinnen empfahlen einer Frau, die in einen Mann verliebt war und ihn heiraten wollte, auf keinen Fall die Initiative zu ergreifen, ihm niemals zu zeigen, wie sehr sie an ihm interessiert war, und stattdessen stets das Gefühl zu vermitteln, »schwer zu kriegen« zu sein. Sie behaupten, mit einem gewissen Maß an Berechtigung, dass ihre Methode »funktioniert«.

Wie lässt sich der Erfolg eines solchen Verhaltens erklären? Zahlreiche Gründe wurden angeführt, darunter auch eine »evolutionäre« Erklärung. Die herrschende Auffassung der evolutionistischen Psychologie besagt, dass Sichverlieben speziell und romantische Liebe generell nicht im Dienste des verliebten Menschen agieren. Sie tauchten im Laufe der Evolution auf, um das genetische Material »zu bedienen«, das uns alle als Träger auf einer Reise durch die Generationen hindurch benutzt. Dieser Theorie nach sind Männer darauf »programmiert«, Jäger zu sein. Männer, die bereit sind, dem Objekt ihrer Liebe nachzustellen, Genuss aus der Jagd zu ziehen, die Anstrengung angesichts von Gefahr und Hindernissen zu steigern, am Ziel festzuhalten und jeden Preis zu zahlen, um an das ersehnte Ziel – die Paarung – zu gelangen, haben eine bessere Chance, ihre Gene in die nächste Generation zu befördern. Es ist kein Zufall, dass auch militärische Strukturen, in denen das Erreichen des Ziels wichtiger ist als das Leben des Einzelnen, das Ideal, um jeden Preis und ohne Rücksicht auf Verluste »am Ziel festzuhalten«, glorifizieren und es zu einem heiligen Wert erheben. Ein ähnliches Verhalten existiert auch bei Frauen, die manchmal übermenschliche Anstrengungen in einen Mann investieren, der sie nicht begehrt, und unermüdlich versuchen, Wege zu seinem Herzen zu finden, um die Genübermittlung in die nächste Generation zu garantieren.

Hoffnung angesichts von Hindernissen, Unglücksfällen, Enttäuschungen und Gefahren existiert nicht nur in der romantischen, sondern auch in anderen Formen der Liebe. Es ist kein Zufall, dass »Hatikva«, d.h. die Hoffnung, zur Nationalhymne Israels wurde. Der Staat Israel ist bis heute keine »sichere Zuflucht« für das jüdische Volk. Im Gegenteil: Seit seiner Gründung war und blieb er der gefährlichste Ort auf der Welt für die Juden. Dennoch haben die meisten von uns die Wahl getroffen, weiterhin im »gelobten Land« zu leben und ihre Kinder großzuziehen, trotz der Vielzahl der Gefahren, die auf sie und uns lauern, und obwohl viele von uns ein sichereres und bequemeres Leben im Ausland führen könnten. Es scheint, dass der Hauptgrund, der uns (und auch die Palästinenser) veranlasst hier zu bleiben, *Liebe* ist – Liebe zum Land, zur Sprache und Kultur, zu Verwandten und Freunden, zum Licht und den Landschaften, zu Gerüchen und Farben, und manchmal auch Liebe zu Gott.

Letzten Endes lebt die Mehrheit in diesem Land nicht nur unter Verleugnung, sondern in der Hauptsache mit Hoffnung. Sind wir »normal« oder »verrückt«? Das hängt davon ab, wen wir fragen. Unter diesem Blickwinkel ist Ilans Wahl von Michal, seinem »gelobten Land«, vielleicht kaum anders als unsere und die unserer Nachbarn, nämlich trotz allem weiter hier zu leben. Es ist klar, dass eine Grenze zwischen »plausibler« Hoffnung und »irrsinniger« Hoffnung besteht. Doch über die flüchtige Linie dieser Grenze wissen die Psychologie und die Psychiatrie nicht immer etwas zu sagen. Denn sie ist ein Ausdruck von Liebe.

3. KAPITEL

Chemie

– Wie alles begonnen hat? Ich hätte eigentlich nicht dort sein sollen. Das Studienjahr an meiner Universität in Mexiko City, die »Universidad nacional autonoma«, hatte schon angefangen, und als ich im Computer der Kibbuzbibliothek endlich die E-Mails durchsah, warteten dort ein paar Mitteilungen vom Leiter der soziologischen Fakultät auf mich. Zuerst beunruhigt und dann wütend. Ich hätte drei Kurse unterrichten sollen und war einfach nicht angetreten, ohne auf Wiedersehen, ohne Erklärungen. Aber in jenen Wochen dachte ich nicht an solche Dinge, ich dachte an gar nichts. Ich war verliebt, ich wollte nur mit ihm zusammen sein, mit ihm atmen. Manchmal schoss mir durch den Kopf, dass ich zwanzig Jahre älter war als Oren, dass es nur etwas Vorübergehendes war, dass ich völlig irre war, dass ich die Brücken für eine Rückkehr nach Hause hinter mir abbrach, dass er nur an mein Geld dachte, dass Vater von mir enttäuscht sein würde. Aber schon im nächsten Moment war mir das alles egal.

Avigail hatte diesen charmanten spanischen Akzent wie viele der Immigranten aus Mexiko und Südamerika. Ich liebte ihr rollendes »R«, wie sie »älter als Oren« oder »irre« sagte. Von dem Platz aus, an dem ich saß, sah ich ihr Gesicht nicht genau, doch ich konnte ihr langes braunes Haar sehen, das in einem exakten Mittelscheitel geteilt war. Vereinzelte graue Fäden, eingestreut in das dunkle Braun, das ihren Kopf umhüllte, zeugten von ihrem Alter. Sie war um vieles älter, als sie aussah, und sie färbte ihr Haar nicht. Sie lag so bequem auf dem Sofa, als wäre sie am Strand. Ihre Arme waren ruhig über der Brust verschränkt, ihr Blick war an die Decke geheftet, und ihre Beine ruhten locker auf dem Sofa. Sie hatte die Gabe, entspannt zu wirken, auch wenn sie sich in emotionalem Aufruhr befand. Und ich kannte Avigail lange genug, um zu wissen, dass sie trotz ihrer gelassenen Pose sehr aufgewühlt war.

Avigail war bei mir in der Psychoanalyse, der psychischen Behandlungsmethode, die Sigmund Freud erfunden hat und die bis heute trotz vieler Veränderungen auf seinen Einsichten und Thesen über die Natur der menschlichen Seele fußt. Genau genommen gibt es heutzutage nicht *die* Psychoanalyse, sondern eine große Anzahl psychoanalytischer Schulen. Sie unterscheiden sich in vielen Einzelheiten voneinander, sind sich jedoch darin einig, dass in der Seele eines jeden Menschen ein unbewusster Teil von großer Bedeutung existiert, den man unter »normalen« Bedingungen schwer erreichen kann. Die Psychoanalyse ist nicht die ultimative Behandlung für alles und jeden, und es gibt Menschen und Situationen, bei denen sich mit kürzeren, kompakteren Therapien eine bessere Wirkung erzielen lässt. Doch trotz der Kritik, die im Laufe der Jahre an ihr geübt wurde, und trotz der zahlreichen Ersatzmöglichkeiten, die man für sie fand, war und bleibt die Psychoanalyse die vollendetste und tiefgehendste Behandlung, die die Welt der Psychotherapie zu bieten hat. Im Gegensatz zu einer »normalen« Therapie, bei der Therapeut und Patient einander gegenübersitzen, liegt Letzterer bei der Psychoanalyse normalerweise auf dem Sofa. Der Therapeut sitzt hinter ihm, außerhalb seines Gesichtskreises. Diese Anordnung, die in Wirklichkeit heute nur bei einem geringen Teil der Behandlungen so zur Anwendung kommt, wurde in unzähligen Karikaturen und in dem bekannten Ausdruck »auf der Couch liegen« verewigt. Dieses soll, wie andere Charakteristika der Psychoanalyse – zum Beispiel die Häufigkeit, mit der sie stattfindet (in der Regel viermal pro Woche) – zur Unterstützung zweier Ziele dienen: Erstens, die Fähigkeit des Patienten zu steigern, eine Beziehung zu den unbewussten Bereichen seiner Psyche herzustellen, indem ablenkende Reize ausgeschieden werden und ein sicherer, ruhiger Raum bereitgestellt wird. Zweitens soll es die beiderseitige emotionale Investition von Patient und Therapeut verstärken und dazu führen, dass die Beziehung zwischen ihnen, mit allen Nuancen und Veränderungen, die dabei auftreten, zum Fokus der Beobachtung und Selbstprüfung wird. Die Psychoanalyse ist die Gelegenheit zur Bewältigung alter Konflikte durch ihr erneutes Durchleben und damit eine Möglichkeit, die Selbsterfahrung des Patienten und seine Fähigkeit, sich selbst und andere zu lieben, zu entwickeln.

Doch Avigails Aufmerksamkeit galt nicht mir. In der vergangenen Nacht hatte sie nach langem Zögern beschlossen, Oren anzubieten, wieder nach Hause zu kommen. Sie verbrachten die Nacht zusammen, schliefen unersättlich miteinander. Als ihr kleiner Sohn, Lior, am Morgen aufwachte, fand er Oren in der Wohnung. Er war verwirrt, als er ihn im Schlafzimmer sah, danach sagte er, er habe Bauchweh, und wollte zu Hause bleiben. Die Bauchschmerzen vergingen innerhalb weniger Minuten, aber als sie ihn, auf dem Weg zu mir, in den Kindergarten brachte, wollte er sich nicht von ihr trennen. Er schrie und weinte, was er normalerweise nicht tat. Sie war sicher, dass das die Reaktion darauf war, dass Oren wieder da war. Der Gedanke an die ins Wanken gebrachte Gegenwart und die ungewisse Zukunft führte Avigail zum Anfang ihrer Beziehung zurück:

– Es war Chemie, echte Chemie. Ich fühlte mich von Oren unerklärlich angezogen, so stark, dass es wehtat. Das Ganze war nicht vorhersehbar. Ich war in den Kibbuz gekommen, um ein bisschen praktische Erfahrung im Leben einer Gemeinschaft, einer Kommune zu sammeln. Ich dachte, das würde mir vielleicht bei den Soziologiekursen helfen, die ich an der Universität gab. Außerdem hatte ich das Gefühl, ich müsste mich vor einem weiteren Sommer in Tijuana retten, weil ich sonst verrückt würde.

– Was war schlecht in Tijuana? Was quälte Sie dort?

– Wenn Sie solche Fragen stellen, werde ich daran erinnert, dass Sie, wie Oren, an einem völlig anderen Ort wie ich geboren und aufgewachsen sind. Sie wissen nichts von der Welt, aus der ich komme. Also: Jeden Sommer verlassen alle reichen Familien von Mexiko City wie ein Schwarm Zugvögel die Stadt und beziehen ihre Sommerhäuser am Strand von Tijuana, nahe der amerikanischen Grenze, bei San Diego. Dort verstreicht der Sommer im Schneckentempo an den Swimmingpools mit viel Alkohol, Luxus, Klatsch und Tratsch, unaufhörlichen Seitensprüngen und Blitzbesuchen zu plastischen Operationen in den Krankenhäusern von Los Angeles. Ich dachte, im Kibbuz würde es anders sein. Ich war sehr naiv.

Avigail verstummte, und ich schwieg mit ihr. Einen Augenblick darauf sagte sie:

– Sie müssen mir weiterhelfen. Ich bin irgendwie stecken geblieben.

Ich kannte diese Momente bei Avigail bereits und wusste, dass im Gegensatz zu den meisten Patienten, die sich in der Analyse befanden, in ihrem Fall nicht viel dabei herauskommen würde, wenn ich weiter schwiege oder versuchen würde, sie für die Frage zu interessieren, weshalb sie gerade jetzt stecken geblieben sei. Aus der Erfahrung der Vergangenheit wusste ich, dass der Grund dafür in der Regel in der Beziehung zwischen mir und ihr zu suchen war. Ich wusste jedoch auch, dass es uns mit direkten Fragen nicht gelingen würde, das anzusprechen, wenigstens nicht sofort. Daher sagte ich:

– Mir scheint, Sie sagen, dass der Kibbuz sehr anders war, als Sie gedacht hatten. Was genau meinen Sie damit?

– Waren Sie mal im Kibbuz? Ich meine, haben Sie mal im Kibbuz gewohnt?

– Was meinen Sie?

– Sie reden wieder wie ein Psychoanalytiker. Ich habe die Frage gestellt, um zu erfahren, ob Sie wissen, wovon ich rede.

– Es gibt eine Menge Dinge, über die Sie sprechen, bei denen ich keine Chance habe, sie aus erster Hand zu kennen. Möglicherweise beinhaltet das Thema Kibbuz für Sie etwas, das es Ihnen wichtig macht zu wissen, ob ich es auch einmal ausprobiert habe. Vielleicht ist das auch der Grund, dass Sie ausgerechnet jetzt verstummt sind und stecken bleiben. Was ist Ihre Meinung?

– Vielleicht … denn auch im Kibbuz habe ich Klatsch und Tratsch am Swimmingpool gefunden, Seitensprünge, über die alle reden, und nicht wenige plastische Operationen. Genau wie daheim in Mexiko City und Tijuana. Klar, es gab auch eine Menge guter Dinge im Kibbuz. Die Leute dort kümmern sich umeinander, und sie haben mich sehr nett aufgenommen. Aber es ist mir nicht gelungen, eine völlig andere Welt zu finden als die, die ich in Mexiko zurückgelassen habe, und anscheinend habe ich eine andere Welt gesucht.

– Es kann sein, dass Sie auch hier, bei mir, eine andere Welt finden wollten.

– Bitte entschuldigen Sie, aber wenn Sie mir damit etwas über mich und Sie sagen wollen – dann sagen Sie es deutlich.

– Sie haben Recht. Was ich damit also sagen will: Als Sie daran gedacht haben, dass auch die guten Menschen im Kibbuz tratschen und betrügen, ist Ihnen vielleicht in den Sinn gekommen, dass auch ich fähig wäre, über Sie zu tratschen und Sie zu betrügen – und diese Möglichkeit beängstigt Sie.

Avigail schwieg wieder, doch ihr Körper sprach für sie. Ihre Beine und Arme waren nun angespannt, und mir schien, dass sich der Kopf tiefer in das Kissen auf der Couch eingrub. Ich wartete darauf, dass sie diese Veränderungen bemerkte, und nach einigen Sekunden sagte sie:

– Plötzlich fühle ich mich nicht wohl dabei, dass ich hier liege und Sie mich, so hinter mir, anschauen. Ich kann Ihre Augen nicht sehen, Ihren Gesichtsausdruck.

– Was für einen Ausdruck stellen Sie sich vor?

– Vielleicht lachen Sie über mich. Vielleicht sagen Sie sich, dass ich immer wieder den gleichen Blödsinn mache. Und vielleicht werden Sie mit unseren gemeinsamen Bekannten über mich reden.

Das war ein echtes Problem: Avigail und ich hatten viele gemeinsame Bekannte. Jerusalem ist und bleibt eine kleine Stadt, zumindest was den Kreis der Menschen anbelangt, die in eine Psychotherapie und Psychoanalyse gehen. Staats- und Kommunalbeamte, Angestellte von Universität und Krankenhäusern, Fonds und Institutionen und Leute aus der High-Tech-Branche, eine relativ kleine Gemeinde mit zahlreichen sozialen Beziehungen untereinander. Bisher waren wir uns bei gesellschaftlichen Anlässen noch nie begegnet, doch es war uns beiden klar, dass es nur eine Frage der Zeit war, bis das passieren würde. Als Avigail die Psychoanalyse bei mir anfing, wohnte sie noch in Tel Aviv, doch als sie nach Liors Geburt mit Oren nach Jerusalem gezogen war und ihre erste Stelle an der Har-Hazofim-Universität erhalten hatte, begann sie die gleichen Menschen kennen zu lernen, die ich kannte. Wie viele der Einwanderer aus Mexiko und Südamerika besaß Avigail ein ausgeprägtes soziales Talent, und ihr Freundeskreis wuchs schnell. Ihre Liebesaffäre mit Oren, der, wie erwähnt, zwanzig Jahre jünger war als sie, erregte hier und da großes Aufsehen. Sein rebellischer und dramatischer Charakter führte zu Reibereien zwischen ihm und ihren neuen Freundinnen und Freunden, Paare aus den Universitätskreisen um die vierzig bis fünfzig. Ich hatte keinen Zweifel, dass die kleine, unkonventionelle Familie Avigails in den guten Jerusalemer Kreisen das Ziel deftigen Klatschs war. Von dieser Warte aus gesehen war ihre Befürchtung, dass ich mich nicht beherrschen und es schleunigst »der ganzen Gesellschaft erzählen« würde, durchaus verständlich und sogar realistisch.

Jeder Therapeut ist ein Geheimnisträger. Schon beim ärztlichen Eid, der Hippokrates vor 2500 Jahren zugeschrieben wird, schwor der Arzt, niemandem die Geheimnisse der Menschen preiszugeben, die sich in seiner Behandlung befanden. Darüber hinaus ist die Offenlegung der Geheimnisse eines Patienten auch ein juristisches Delikt. Dennoch scheint mir, dass das häufigste ethische Vergehen, das auch anständige und moralisch einwandfreie Therapeuten straucheln lassen kann, die Verletzung des Berufsgeheimnisses ist. In der medizinischen und technologischen Realität von heute sind viele Menschen und Institutionen an der Behandlung eines Kranken beteiligt, und häufig geben sie unkontrolliert Informationen untereinander weiter. Daneben sind detaillierte Datenbanken über Kranke in Hunderten Computerterminals der Krankenhäuser verfügbar. Diese beiden Entwicklungen haben das Ideal des Arztgeheimnisses zu einem inhaltsleeren Bekenntnis gemacht. Unter diesem Aspekt ist eine private psychologische Behandlung sozusagen »die letzte Zuflucht«: Es gibt nur einen Therapeuten, keine Technologie, und die Tür des Behandlungszimmers ist geschlossen. Der menschliche Faktor ist jedoch stets präsent, auch in der Psychotherapie, und kann die Vertraulichkeit der psychologischen Behandlung beeinträchtigen. Wie kann die Geheimhaltung dessen, was im Therapieraum geschieht, eventuell verletzt werden?

Eine Kategorie ethischer Probleme betrifft das bekannte und vertraute Genre des »Fallbeispiels«. Dieses Buch zum Beispiel ist eine Sammlung von Fallgeschichten von Menschen aus Fleisch und Blut wie Avigail. Stellt die Veröffentlichung des Buches eine Verletzung der Geheimhaltungsverpflichtung ihnen gegenüber dar? Avigail ist nicht Avigail, sie arbeitet nicht an der Universität in Jerusalem, und auch viele andere Daten in ihrer Geschichte wurden getarnt. Genügt das? Schon vor hundert Jahren, im bourgeoisen Wien, war sich Freud dieser Fragen nur zu gut bewusst: »Ich weiß, dass es – in dieser Stadt wenigstens – viele Ärzte gibt, die – ekelhaft genug – eine solche Krankengeschichte nicht als einen Beitrag zur Psychopathologie der Neurose, sondern als einen zu ihrer Belustigung bestimmten Schlüsselroman lesen wollen. Dieser Gattung von Lesern gebe ich die Versicherung, dass alle meine etwa später mitzuteilenden Krankengeschichten durch ähnliche Garantien des Geheimnisses vor ihrem Scharfsinn behütet sein werden, obwohl meine Verfügung über mein Material durch diesen Vorsatz eine ganz außerordentliche Einschränkung erfahren muss.« Diese scharfen Worte, die der Einleitung zu Doras Fallgeschichte, dem Vorwort zu »Bruchstücke einer Hysterieanalyse«, entnommen sind, der wir im ersten Kapitel begegneten, drücken die Spannung aus, die Freud zwischen der Verpflichtung seinen Patienten gegenüber und seinem Wunsch spürte, seine Arbeit seinen Fachkollegen und der breiten Öffentlichkeit zu präsentieren. In derselben Einleitung erklärte Freud, weshalb man die Erlaubnis des Patienten vor Veröffentlichung seiner Fallgeschichte nicht einholen solle: »Es ist gewiss, dass die Kranken nie gesprochen hätten, wenn ihnen die Möglichkeit einer wissenschaftlichen Verwertung ihrer Geständnisse in den Sinn gekommen wäre, und ebenso gewiss, dass es ganz vergeblich bliebe, wollte man die Erlaubnis zur Veröffentlichung von ihnen selbst erbitten. Zartfühlende, wohl auch zaghafte Personen würden unter diesen Umständen die Pflicht der ärztlichen Diskretion in den Vordergrund stellen und bedauern, der Wissenschaft hierin keine Aufklärungsdienste leisten zu können.« Es ist leicht zu erraten, dass sich Freud nicht als zartfühlend und zaghaft betrachtete. Seine Lösung für dieses Problem beinhaltete unter anderem eine Änderung der biographischen Daten des Patienten in einer Weise, die, seiner Meinung nach, die Möglichkeit ausschloss, dass ihn jemand (außer dem Patienten selbst) identifizieren könnte.

Heute geben viele Therapeuten, die Fallgeschichten publizieren, im Gegensatz zu den Normen, die in Freuds Tagen üblich waren, ihren Patienten das Material vorher zu lesen und bitten um ihre Einwilligung zu einer Veröffentlichung, obwohl ihre biographischen Daten verändert wurden. So habe auch ich es mit den Menschen gemacht, deren Geschichten in diesem Buch enthalten sind. Aber die Stellung des Therapeuten im Leben der Patienten ist privilegiert, und für die meisten Patienten dürfte es kein Leichtes sein, sich den Bitten ihres Therapeuten zu verweigern. Es bestehen weitere ethische und fachliche Probleme im Zusammenhang mit der Veröffentlichung von Fallgeschichten, aber das meinte Avigail nicht. Wir beide wussten sehr gut, was sie meinte: Sie fürchtete sich vor dem schlichten Klatsch, und sie hatte gute Gründe, besorgt zu sein. Wie sie wusste – und ich ebenso –, haben die Berufe des Psychotherapeuten und des Psychoanalytikers eine ziemlich traurige Geschichte in allem, was mit der Wahrung von Geheimnissen verbunden ist, aufzuweisen.

Freud, der Vater der Psychoanalyse, verhielt sich fast immer als aufrechter und mit sich selbst strenger Mensch. Trotzdem war er anscheinend ein unverbesserliches Klatschmaul. Er versuchte, die Anonymität seiner Patienten in seinen fallgeschichtlichen Schriften zu schützen und beachtete auch strengstens andere ethische Gebote, wie zum Beispiel die Vermeidung einer sexuellen oder romantischen Beziehung mit Patienten. Dennoch zögerte er nicht, den Vertrauenskreis seiner Patienten, und besonders seiner Patientinnen, auch auf Personen auszuweiten, die er ganz entschieden nicht zu Mitwissern hätte machen dürfen. Der Vertrauenskreis ist ein inoffizieller Begriff, der potentielle Eingeweihte des Therapeuten oder Arztes während der Behandlung eines bestimmten Menschen definiert. Wenn zum Beispiel ein Psychologe einen Patienten zu einer Behandlung bei einem anderen überweist, ist es üblich, dass der behandelnde Psychologe den ersteren informiert, ob die Therapie tatsächlich stattfindet. Wenn der Patient mit der Behandlung aufhört, ist es Usus, den Psychologen, von dem er überwiesen wurde, auch darüber in Kenntnis zu setzen. Ist das eine Verletzung der Geheimhaltungspflicht? Ethische Probleme haben komplizierte und mannigfaltige Aspekte, und hinter vielen von ihnen steht die Verpflichtung, zwischen dem Wohl des Patienten und der Vertraulichkeit der Behandlung abzuwägen. Aber im gesellschaftlichen Kreis Freuds und einiger seiner herausragendsten Schüler, die selbst zu Vätern der Psychoanalyse wurden, gab es nicht viel Vertraulichkeit und auch nicht viele Hemmungen, besonders wenn es sich um eine Patientin handelte.

Die Geschichte von Elma Palos könnte fast einem Wiener Roman entnommen sein, doch ist sie in dem erhaltenen Briefwechsel zwischen Freud und seinem Schüler und Freund, Sandor Ferenczi, gut dokumentiert. Elma war vierundzwanzig, als sie an einem kalten, grauen Wintertag Anfang Januar 1912 allein in Wien eintraf. Sie kam mit einem einzigen Ziel in die Stadt – um eine Therapie bei Freud aufzunehmen. Elma litt nach dem Selbstmord eines der Männer, der sie umworben hatte, an einer Depression. Sie war von Ferenczi, ihrem bisherigen Therapeuten, an Freud verwiesen worden. Zu dieser Zeit war der achtunddreißigjährige Ferenczi in eine stürmische und anhaltende Affäre mit Elmas Mutter verwickelt, die achtundvierzigjährige Gisela, die in der Vergangenheit ebenfalls seine Patientin gewesen war. Während der Behandlung der schönen Elma verliebte sich Ferenczi allerdings auch in diese und tendierte dazu, ihr den Vorzug vor ihrer Mutter zu geben. Dennoch, Elmas seelische Probleme ließen ihn zögern: War sie die Frau zum Heiraten? Oder war es vielleicht besser für ihn, Gisela zu heiraten? Er schickte Elma zu Freud, damit dieser auf Grund seiner Behandlung entscheide, ob sie »heiratswürdig« sei. Freud nahm es auf sich, sie zu »begutachten«, und schrieb Ferenczi hin und wieder über den Verlauf der Behandlung und seinen Eindruck ihrer seelischen Verfassung. Am Ende entschloss sich Ferenczi, Elma nicht zu heiraten, und er und Freud berieten sich untereinander, wie man sie mit jemand anderem verheiraten könnte. Elma wollte die Behandlung bei Freud fortsetzen, doch er und Ferenczi drängten sie dazu, sie zu beenden, was dann auch geschah. Zehn Jahre danach schrieb Ferenczi, der inzwischen mit Gisela verheiratet war, dass er seine Entscheidung bereue, nicht Elma geheiratet zu haben. Er tendierte dazu, Freud die Schuld an der Entscheidung zu geben. Weitere zehn Jahre später, in deren Verlauf Ferenczi zu schmerzlichen Einsichten darüber gelangt war, wie ein Therapeut seine Patienten zum Schlechten beeinflussen kann, schrieb er in sein Tagebuch erstaunt über die Leichtigkeit, mit der Freud die Interessen seiner Patientinnen missachtete.

Bevor es mir gelang, mich auf die unterschwellige Beschuldigung in Avigails Worten zu beziehen, fügte sie hinzu:

– Wissen Sie, ich fürchte nicht, dass Sie mit Absicht über

mich klatschen. Ich weiß, dass Sie so etwas nicht tun würden. Aber es könnte Ihnen etwas herausrutschen, wenn mein Name in einer Unterhaltung mit Ihren Freunden auftaucht, und mein Name taucht in dieser Stadt nicht selten auf.

Sie hatte Recht. Neben ihrer Affäre mit Oren war das Vermögen ihres Vaters ein beliebtes Gesprächsthema in Jerusalem. Ermando Goldstein, Avigails Vater, war Multimillionär. Doch Avigail hatte das Geld ihres Vaters hinter sich gelassen, als sie Mexiko City und ihre Stellung an der dortigen Universität verließ und in einen Kibbuz im Norden Israels gezogen war, um dort mit einem israelischen Jungen zusammenzuleben, der einen Ring im Ohr und kein Abschlusszeugnis hatte, der noch nicht aus der Armee entlassen und zwanzig Jahre jünger als sie war.

– Wie diese Beziehung mit Oren zu erklären ist? Es gibt Dinge, die lassen sich nicht erklären, nur beschreiben. Ich habe selber nicht verstanden, wie mir geschieht. Welche Ironie… das erste Mal, als ich ihn sah, war am Swimmingpool des Kibbuz. Er lag allein auf einem Handtuch im Gras und rührte sich mindestens eine Stunde lang nicht. Leute gingen an ihm vorbei, grüßten ihn, aber er – nichts. Er hatte etwas an sich, das mich neugierig machte, und es war nicht nur sein Körper. Ich wusste nicht genau, was. Am Abend, im Gemeinschaftsraum, setzte er sich neben mich, und wir begannen uns zu unterhalten. Sein Englisch war gut, fast wie meines. Er war sehr neugierig bezüglich Mexikos und der Welt, aus der ich kam. Er erzählte mir von sich selbst und seinem langweiligen Militärdienst. Er hatte den Mut, sich gegen die Tradition und den gesellschaftlichen Druck des Kibbuz zu stellen und sich nicht freiwillig zur Marine, zu einem Piloten- oder Offizierslehrgang zu melden. Er diente in der Verwaltung einer weit entfernten Basis im Negev und verspürte keinerlei Identifikation mit dem System, weder mit dem Kibbuz noch mit der

Armee oder dem Staat. Ich erinnere mich an mein Gefühl an jenem Abend, wie die Welt immer kleiner und kleiner zu werden schien. Ich spürte, wie ich mich auf ihn konzentrierte, wie sich mein Blickfeld einengte, wie beim Zoom mit der Kamera. Ich fühlte, dass das ganz von selbst in mir passierte, ohne dass ich etwas dazutat. Es war ein schneller Prozess, der uns beide veränderte. Etwas, das sich nicht mit Worten erklären lässt, so wie Chemie. Wirklich Chemie.

Am Ende des Abends stand Oren auf und fragte, ob ich mit ihm in sein Zimmer kommen wolle. Ich war nicht überrascht. Viele jüngere Männer haben in Israel schon versucht, mit mir etwas anzufangen. Auch Jungen in seinem Alter. Aber ich hatte das Gefühl, dass es zu früh für uns war, und ich sagte nein. Er versuchte nicht, aufdringlich zu werden oder mich unter Druck zu setzen. Er stand einfach auf, entschuldigte sich und ging schlafen. Ich war lange genug im Kibbuz gewesen, um die Regeln zu kennen und zu wissen, dass Jungen in einer solchen Situation oft ziemlich grob werden, aber er wurde es nicht. Am nächsten Morgen kehrte er zu seiner Basis zurück. Ich sah ihn zwei Wochen lang nicht, aber ich hörte nicht auf, an ihn zu denken. Seine Präsenz nahm irgendwie nur zu, wenn er nicht in der Gegend war. Jedes Mal wenn ich an den Swimmingpool ging, ertappte ich mich dabei, dass ich sein großes, rotes Handtuch suchte. Nach einigen Tagen hatte ich herausgefunden, wer seine Eltern waren, und ich beobachtete sie von weitem im Speisesaal. Ich wollte sehen, neben wem sie saßen, wie sie miteinander umgingen, worin er ihnen ähnlich war. Auch sein Vater hatte so eine Gelassenheit, wie Oren, und auch das gleiche Lächeln. Es gab einen großen Bruder, um die dreißig, der außerhalb des Kibbuz lebte, der aber am Schabbat, wenn Oren nicht da war, zu Besuch kam. Er hatte keine Ähnlichkeit mit Oren, aber seine Frau, die dabei war, sah mir wirklich ähnlich. Ganz schön merkwürdig…

Sie war sogar aus Argentinien. Ich nutzte die Gelegenheit und fing an, mit ihr spanisch zu reden. Ich erfuhr von ihr, dass Oren immer genau das Gegenteil von dem macht, was seine Familie will. Vielleicht gefiel mir das auch, denn mir fällt es sehr schwer, mich gegen den Willen meiner Eltern und besonders meines Vaters zu stellen. Als der Schabbat näher rückte, an dem er von der Armee zurückkommen sollte, ertappte ich mich dabei, dass ich aufgeregt wie eine Gymnasiastin war. Es war ein Jahr her, seit ich mich von meinem letzten Freund getrennt hatte, und ich hatte nie eine Beziehung mit jemandem gehabt, der jünger oder weniger reich war als ich. Beim Abendessen am Schabbat sah ich ihn von weitem, er saß bei seinen Eltern. Plötzlich bemerkte er, dass ich ihn ansah, oder vielleicht auch nicht. Jedenfalls stand er auf, kam zu mir, begrüßte mich und sagte, wie schön ich sei. Wir schauten einander an, und plötzlich umarmte er mich vor den Augen des ganzen Speisesaals. Ich wusste, dass ich am Abend, wenn er mich in sein Zimmer einladen würde, nicht mehr nein sagen würde. Und so hat alles angefangen…

***

Was brachte Avigail und Oren dazu, sich ineinander zu verlieben? Was geschieht mit uns, wenn wir uns verlieben? Ist es die Chemie, wie Avigail und viele andere es empfinden und sagen? Die Anthropologin Helen Fisher, deren Studien und Ansichten wir bereits im zweiten Kapitel begegnet sind, behauptet, dass romantische Liebe eine kraftvolle Mixtur aus drei verschiedenen Bestandteilen sei: *Liebe, Lust* und *Bindung*. Wie und wann treten diese drei Komponenten in unserem Leben auf, wie sind sie im Gehirn miteinander verbunden, und was ist ihre Chemie? Bis vor wenigen Jahren noch bewegte sich jeder Versuch, diese Fragen zu beantworten, im Bereich der Spekulation. Heute hat die Biologie erste Einblicke bezüglich der Chemie der Komponenten der Liebe gewonnen. Auf Lust und Beziehung werden wir später noch zu sprechen kommen. Was die Liebe selbst angeht, so fangen wir allmählich an, als Resultat langer Versuchsreihen mit Labortieren und Menschen, auch etwas von ihrer Chemie zu verstehen.

Fisher stützt sich auf eine lange Serie von Forschungen bei Tieren, wenn sie sagt, dass es auch bei Tieren wirkliche Liebe gibt, die sich in einem sehr bestimmten Verhältnis zu einem Partner oder einer Partnerin äußert. Sie definiert Liebe als eine Situation, in der *viel Energie, konzentrierte Aufmerksamkeit, Euphorie, Sehnsucht, Hartnäckigkeit und Ausdauer, Besitzanspruch, Eifersucht und Zuneigung* auf den jeweiligen Partner gerichtet werden. Es scheint fast, als tauchten all diese Eigenschaften bereits in dem unvergesslichen Vers der Psalmen auf: »Lege mich wie ein Siegel auf dein Herz, wie ein Siegel auf deinen Arm. Denn Liebe ist stark wie der Tod und Leidenschaft unwiderstehlich wie das Totenreich. Ihre Glut ist feurig und eine Flamme des Herrn« (Hohelied Salomos 8,6). Fast alle Säugetiere sind wählerisch beim Thema Partnerwahl, und es entsteht eine besondere Beziehung mit dem Partner, mit dem man sich paart. Diese Beziehung kann einige Jahre andauern (wie bei Ratten), einige Tage (wie bei Elefanten) oder ein ganzes Leben (wie bei Menschen, Steppenwühlmäusen und bestimmten Vögeln). Wir wissen nicht, inwieweit sich die Tiere ihrer Gefühle und ihres Verhaltens bewusst sind, doch es scheint, dass die Gehirnmechanismen, die für diese besondere Beziehung verantwortlich sind, die wir »Liebe« nennen, bei Tieren und Menschen sehr ähnlich sind. Welche Mechanismen sind das?

Tief in unser aller Gehirn finden sich Nervenzellen, die eine Substanz absondern, die Fisher als die Liebesdroge ansieht: *Dopamin*. Das Dopamin ist bei einigen wichtigen Vorgängen im Gehirn involviert, darunter zielgerichtetes Appetenzverhalten und Drogensucht. In der Tat hat nach Meinung Fishers und vieler anderer die Verliebtheit mit Sucht viel gemein. Die geliebte Person ist eine Art Droge, die einen euphorisch macht, ein Krafttrunk, den wir um jeden Preis und ohne Rücksicht auf Konsequenzen zu bekommen suchen. In ihrer Abwesenheit verspüren wir heftige, qualvolle Sehnsucht und können an nichts anderes denken. Heute ist bekannt, dass die Weibchen der Steppenwühlmäuse, die eine langfristige Beziehung mit einem einzigen Partner eingehen, den Dopaminspiegel an Schlüsselstellen in ihrem Gehirn erhöhen, während sie »sich verlieben«. Gibt man dem Mäuseweibchen eine Injektion, die die Aktivität des Dopamin zu dem Zeitpunkt behindert, an dem es zum ersten Mal seinem potentiellen Geliebten ausgesetzt ist, entsteht keine »Chemie«, und seine Beziehung zu ihm wird nicht anders sein als die zu jedem anderen Männchen – ein weiterer lästiger Störenfried, den man flink und effektiv loswerden muss. Wenn man dem Weibchen jedoch einen Stoff injiziert, der die Dopaminaktivität in seinem Gehirn steigert, wird es sich fürs ganze Leben in das Männchen verlieben, das zur Zeit der Injektion in seiner Umgebung war, wird ihm treu sein und danach trachten, in seiner Nähe zu bleiben, auch wenn in der Praxis noch nichts zwischen ihnen passiert ist.

Menschen sind keine Mäuse. Der Vergleich beleidigt uns ebenso wie der Gedanke, dass die uns wichtigsten Gefühle, an die sich häufig die bedeutendsten Erinnerungen unseres Lebens knüpfen, von der einen oder anderen Chemikalie regiert werden. Die menschliche Liebe, unvergleichlich komplexer als die der Maus, hängt mit Gehirnmechanismen zusammen, die ebenfalls um vieles komplizierter sind und die wir bis heute nicht verstehen und vielleicht bis ans Ende der Welt nicht verstehen werden. Trotzdem scheint der Schluss unumgänglich zu sein, dass es zwischen der Liebe Romeos und Julias und der der Steppenwühlmaus eine Gemeinsamkeit gibt. Fisher und ihre Kollegen haben versucht, das Prägesiegel der romantischen Liebe im Gehirn zu lokalisieren. In einer Reihe von vergleichenden Gehirnversuchen bei verliebten Jugendlichen zeigte man jenen das Bild des Objekts ihrer Liebe und verglich die Gehirnaktivität mit derjenigen beim Bild einer anderen Person. Fisher wählte Probanden, die Tag und Nacht mit Gedanken an ihre Liebe beschäftigt waren, die starke Emotionen zeigten, wenn sie über ihn oder sie sprachen, die sich bis in kleinste Einzelheiten daran erinnerten, was sich zwischen ihnen abgespielt hatte, die die heftigste Sehnsucht packte, wenn sie nicht mit ihr oder ihm zusammen waren. Kurz, sie wählte solche aus, die »bis über beide Ohren« verliebt waren. Als Fisher und ihre Kollegen die computerisierten Gehirnaufnahmen entschlüsselten, fanden sie heraus, dass in den Gehirnen der Verliebten, die vom Bild des geliebten Objekts erfüllt waren, Gehirnteile, die mit dem Dopaminsystem verbunden waren, in spezifischer Weise in Betrieb gesetzt wurden. Ist das Dopamin somit jene Liebesdroge, die alle Menschen suchen? Im Gegensatz zur Meinung Fishers sind viele Wissenschaftler der Ansicht, dass die Dinge nicht ganz so einfach liegen. Dopamin ist mit Vergnügungen jeder Art verbunden, von Schokolade bis Kokain, und die Tatsache, dass es auch einen Anteil an der Chemie von Liebenden hat, bedeutet nicht, dass es ausschließlich dafür da ist.

Fisher beschreibt zwei weitere chemische Veränderungen, die im Gehirn während des Sichverliebens und in den ersten Stadien der Liebe entstehen. Eine davon hängt mit dem Nervenbotenstoff *Serotonin* zusammen. Ein Absinken der Aktivität des Serotonins ist mit Obsession verbunden, und tatsächlich dienen Medikamente wie zum Beispiel Prozac, die die Serotoninproduktivität im Gehirn fördern, auch zur Behandlung von obsessiven *Zwangsstörungen*. Charakteristika frischer Verliebtheit, die auch Avigail beschrieb, sind die Unfähigkeit aufzuhören, an den Geliebten zu denken, und ständig wiederkehrende, sich wiederholende Gedanken bis zu Schlaflosigkeit. Es liegen in der Tat indirekte Belege dafür vor, dass die Aktivität des Serotonins, während wir uns verlieben, in unserem Körper sinkt, genau wie bei Menschen, die an einer Zwangsstörung leiden. Parallel zum Absinken der Serotoninproduktion und der steigenden Aktivität des Dopamins erhöht sich im Gehirn auch die Aktivität des Neurotransmitters *Norepinephrin*. Wie das Dopamin, so hängt auch das Norepinephrin mit Energie, Schlaflosigkeit, Erregungszustand und Appetitlosigkeit zusammen. Mit anderen Worten ist romantische Verliebtheit, grob verallgemeinert, laut Fisher ein Zustand, in dem im Gehirn der Pegel des Dopamins und des Norepinephrins steigt und die Einwirkung des Serotonins zurückgeht. Diese Theorie, für die es erste Beweise gibt, wirft die Frage auf, ob eine Prozac-Tablette (die die Aktivität des Serotonins erhöht) das Heilmittel für ein gebrochenes Herz wegen einer geliebten Person, die einen verlassen hat, sein kann und soll. »Ich kann nicht aufhören, an ihn/sie zu denken«, sagen seit Angedenken Liebende, die verlassen wurden. Es könnte sein, dass Medikamente wie Prozac dazu angetan sind, die Wucht zu mindern und/oder die Phase dieser immer wiederkehrenden Gedanken abzukürzen. Brauchen wir somit alle Prozac, wenn eine Liebe zu Ende ist? Auch in Zeiten von Prozac ist die Antwort negativ. Taugt Prozac dazu, einem Teil von uns zu helfen, sich von dem Bruch zu erholen, der mit dem Ende einer Liebe einhergeht? Darauf ist die Antwort, allem Anschein nach, positiv, und in bestimmten Fällen ist das eine nützliche Option.

Trotzdem, die Schlussfolgerung, dass romantische Liebe ein Phänomen ist, das sich vollständig durch die Chemie dreier im menschlichen Gehirn aktiver Substanzen erklären lässt, scheint sehr simplifiziert und übertrieben. Darüber hinaus beantwortet sie keineswegs die Frage, die sich uns im zweiten Kapitel gestellt hat: »Warum ausgerechnet er/sie?«

***

Avigail fuhr mit ihrer Geschichte fort. Sie war jetzt entspannter.

– Und so wurden wir ein Paar und haben uns nicht mehr voneinander weggerührt, wie zwei zusammengeklebte Teile. Als Oren aus dem Militär entlassen wurde, zog ich zu ihm in sein Zimmer, das hübscher war als die Baracken, in denen die Freiwilligen untergebracht waren. Er hatte eigentlich daran gedacht, nach Mexiko zu fahren und von dort aus für ein Jahr in Südamerika herumzureisen. Es war auch mein Plan, nach Mexiko zurückzukehren, doch aus beiden Plänen wurde am Ende nichts. Wir blieben einfach im Kibbuz. Der Sommer ging vorbei, der Herbst kam und mit ihm der Beginn des Studienjahres in Mexiko. Ich teilte mit, dass ich nicht zurückkäme. Als sie an der Universität begriffen, dass ich es ernst meinte, gab es einen Skandal. Zuerst flehten sie, dann drohten sie, und zum Schluss warfen sie mich raus. Zur gleichen Zeit fingen die täglichen Anrufe von Zuhause an. Mein Vater verstand nicht, was ich mit meinem Leben machte. Er brüllte, und Mama weinte. Er wollte sogar selbst nach Israel kommen, um mich zurückzuholen, bis er begriff, dass das nichts helfen würde. Mir scheint, er versteht bis heute nicht, wie es geschehen konnte, dass ausgerechnet ich, immer »ein braves Mädchen«, so etwas getan habe.

Seitdem waren fünf Jahre vergangen. Avigails Worte brachten uns in die Gegenwart und zu ihrem momentanen Dilemma zurück, das ihr viel Leid bescherte und sie zu mir geführt hatte. Avigail versuchte verzweifelt zu entscheiden, ob sie sich endgültig von Oren trennen oder mit ihm zusammenbleiben sollte. Es gab auch die Zwischenlösung – kein Zusammenleben, aber auch keine Trennung. Doch das ganze Ringen hatte sie erschöpft. Um diesen Konflikt herum türmten sich haufenweise weitere Konflikte auf, die alle – so schien mir – etwas gemeinsam hatten: Die Spannung zwischen Gehorsam und Rebellion, bei ihr wie bei anderen. Diese Spannung hing auch mit Liors Geburt zusammen.

– Als mir plötzlich klar wurde, dass ich schwanger war, erleichterte mich Orens Reaktion sogar. Ich war schon über vierzig und hatte nicht erwartet, dass mir das noch passiert. Ich merkte es nicht einmal, als meine Periode ausblieb. Es war Oren, der sagte, dass er irgendetwas an meinem Körper spüre, dass sich mein Geruch verändert habe, dass irgendetwas mit mir sei. Ich fuhr nach Kiriat-Schmona und kaufte dieses Zeug, Sie wissen schon, für einen Urintest. Ich schloss mich damit im Bad ein – positiv. Vielleicht drei Minuten saß ich dort mit dem Plastikstäbchen in der Hand, schaute den kleinen rosa Streifen an und wusste nicht, ob ich lachen oder weinen sollte. Ich wusste, wenn ich aufstehen und die Tür öffnen würde, würde nichts mehr so sein, wie es war. Aber dann, als ich hinausging und es Oren sagte, hob er mich in die Luft, küsste mich und sagte, »wie schön«. Er sagte, er sei bereit, der Vater des Kindes zu sein, und auch wenn ich nach Hause, nach Mexiko, zurückkehren sollte, würde er sich freuen, mit mir und dem Kind in Verbindung zu bleiben. Und tatsächlich, was mir als Erstes durch den Kopf ging, war heimzufahren. Aber als ich weiterdachte, änderte ich meine Meinung. Auf einmal, nachdem ich mich schon an den Gedanken gewöhnt hatte, keine Kinder zu haben, eröffnete sich mir ein neues Leben. Plötzlich sah ich mich in Israel bleiben und hier ein Kind großziehen. Und dafür, ungeachtet all der Probleme zwischen uns, schulde ich Oren Dank. Seine Widerspenstigkeit und seine Neigung, gegen den Strom zu schwimmen, haben mich befreit. Aber wenn ich mich am Ende von Oren trenne, dann hauptsächlich eben wegen dieser Eigenschaften. Es rührt ihn einfach nicht die Bohne, was ich oder andere von ihm denken.

Avigail verstummte, und ich wartete darauf, dass sie fortfahren würde. Meine Gedanken wanderten von dem Millionär in Mexiko zu dem Jungen aus dem Kibbuz, die zwei wichtigsten und so unterschiedlichen Männer in ihrem Leben. Beide liebte sie, mit beiden identifizierte sie sich, und auf beide war sie wütend. Ich dachte, dass gewisse Teile ihrer Seele sehr ihrem Vater glichen und andere Oren – und zwischen diesen Teilen fand ein permanenter Kampf statt.

– Inzwischen war Oren aus dem Militärdienst entlassen und in den Kibbuz zurückgekehrt, und die Reibereien wegen der Arbeitseinteilung fingen an. Er stand in der Früh einfach nicht zum Arbeiten auf. Schlief weiter, und das war's. Ich fand es süß, noch eine Seite seines Nonkonformismus. Allerdings wusste ich damals nicht, wie sehr ich das einmal hassen würde, seine Faulheit und Verantwortungslosigkeit, die mich in letzter Zeit wahnsinnig machen. So verbrachten wir zwei Monate, und plötzlich hatte ich einen Abgang. Ein wenig Schmerzen und eine Blutung, und das war's, alles vorbei. Als die Assistentin im Krankenhaus den Ultraschall ausschaltete und mir ihr Mitgefühl ausdrückte, fing ich zu weinen an. Ich weinte zwei Tage am Stück. Oren war während dieser ganzen Zeit an meiner Seite. Er tröstete mich, sagte, wir würden es noch mal probieren, blieb im Krankenhaus bei mir, wartete vor dem Operationssaal, als sie die Ausschabung machten, und am nächsten Tag brachte er mich in den Kibbuz zurück. Aber ich konnte nicht mehr dort bleiben. Ich hatte das Gefühl, dass mich alle ansahen und hinter meinem Rücken über mich redeten.

– So wie Sie sich vorher unwohl fühlten, dass ich sie ansah und vielleicht auch über Sie sprach, hinter Ihrem Rücken.

– Ja. Anscheinend ist das sehr stark bei mir, und ich glaube nicht, dass es nur mit Ihnen oder dem Kibbuz zusammenhängt. Die ganze Zeit fühle ich mich, als ob Papa mich ansieht und sagt: »Das ist nicht gut. Wie kannst du so etwas tun? Du enttäuschst mich. Ich dachte, du hättest mehr Verstand.« Ich bin auf die andere Seite der Welt gewandert, um vor seiner Kritik zu fliehen, doch irgendwie ist sie mit mir bis hierher gelangt und lässt mich nicht in Ruhe lieben … Jedenfalls, zwei Wochen danach zogen wir zusammen nach Tel Aviv. Es war ein Abenteuer für mich. Die neue Atmosphäre half mir, die Fehlgeburt zu vergessen. Seine neuen Freunde wurden auch meine Freunde. Ich schrieb mich in einen Ulpan ein, um mein Hebräisch zu verbessern, und nach zwei Monaten war ich wieder schwanger.

– Mit Lior?

– Mit Lior. Und die ganze Zeit füllte die Liebe mein Herz bis zum Überlaufen. Wir blieben ganze Tage im Bett, ließen uns Fast Food bringen, schliefen in einem fort miteinander. Die Reise nach Südamerika war vergessen, und in den Kibbuz wollten wir nicht zurück. Plötzlich, mit über vierzig, fand ich mich mit einer eigenen kleinen Familie wieder, einem zweiundzwanzigjährigen Partner und einem Baby im Bauch, lebte in einer kleinen Wohnung in Tel Aviv und war glücklich wie nie zuvor. Jeden Tag gingen wir ans Meer hinunter. Es war Winter und kalt, man konnte nicht ins Wasser gehen, aber wir konnten Hand in Hand auf die Wellenbrecher gehen, uns dort hinsetzen, den Wellen zusehen und uns vom Schaum nass spritzen lassen. Dann nach Hause, sofort ins Bett, und noch und noch und immer noch mehr. Wie ein unstillbarer Hunger. Bis heute denke ich sofort, wenn ich das Meer rieche, an Oren und bin erregt, als hätte dieser Geruch, der mir früher überhaupt nichts gesagt hat, etwas Erotisches an sich.

***

Das sexuelle Verlangen packt uns und lässt uns nicht mehr los. Wie wir fast alle wissen, ist es sehr schwer, gegen die Lust anzukämpfen. Vor über hundert Jahren richtete der scharfsichtige Freud sein Augenmerk darauf, dass der Versuch der absoluten Beherrschung sexueller Begierde die nahezu ausschließliche Beschäftigung christlicher Mönche und Nonnen war. Es ist ein Machtkampf mit dem Trieb, der häufig in tragischem oder komischem Scheitern endet, je nach Umständen und Blickwinkel. Freud dachte, dass der Sexualtrieb der Motor sei, der die Menschheit antreibt, und er baute um ihn herum seine Lehre von Lust und Trieben auf. Was ist Lust, wie hängt sie mit Liebe zusammen? Viele sind, ähnlich Freud, der Ansicht, dass die sexuelle Lust ein *Trieb* ist und damit den Grundtrieben Essen und Trinken ähnelt. Aus neurobiologischer Sichtweise existieren heute zahlreiche Belege dafür, dass ein Teil dieser Triebe seinen Ursprung im alten »Reptiliengehirn« hat, gemäß der Einteilung MacLeans, die im zweiten Kapitel behandelt wurde. Die *Trieblehre* war eines der Modelle, die Freud zum Verständnis der menschlichen Motivation anbot. Im Umkreis der Psychoanalyse gab es viele, die sie übernahmen und erweiterten, und manche, die ihr mit dem Argument widersprachen, dass sie zu mechanisch sei, um ein ausreichendes Erklärungsmodell für das menschliche Verhalten zu liefern. Auf jeden Fall gibt es in der Trieblehre einige Elemente, die mit dem aktuellen neurobiologischen Wissen übereinstimmen. Das Prinzip dieser Theorie ist die Annahme, dass viele unserer Handlungen und Gedanken von Trieben bestimmt sind und nahezu alles, was sich in unserer Seele abspielt, in der einen oder anderen Form von ihnen beeinflusst ist. Freud definierte einen Trieb als etwas, das sich an der Grenze zwischen dem Körperlichen und dem Seelischen befindet, als psychische Vertretung biologischer Kräfte, die »von innen« heraus arbeiten und sich »draußen« etwas suchen, das ihnen Entladung ermöglicht. In der Tat bringt uns der Sexualtrieb dazu, »geil« zu sein – das heißt, zu wollen, dass »etwas passiert, ziemlich egal mit wem«. Wie es scheint, hängt dieser starke und unspezifische Trieb, der sich unter anderem in Onanieren, Pornographie und auch Prostitution äußert, eng mit der Aktivität eines Hormons im Gehirn zusammen.

Freud begriff, dass der Sexualtrieb eine außergewöhnliche Komponente im Repertoire unserer Triebe darstellt: Während die übrigen Triebe, die wir kennen (Essen, Trinken etc.), auf die Wahrung der existentiellen Interessen eines jeden Einzelnen von uns ausgerichtet scheinen, ist dies beim Sexualtrieb nicht im Geringsten der Fall. In Wahrheit läuft seine Aktivität unseren persönlichen Interessen sogar manchmal zuwider und geht häufig zu ihren Lasten. Das ist nicht überraschend, da der Sexualtrieb nicht in unseren Diensten, sondern im Dienste eines gänzlichen anderen, unsichtbaren Meisters steht. Dieser Meister ist die DNA, aus der sich unsere Gene aufbauen, das genetische Material, das in unseren Samen- und Eizellen angelegt ist und mit ihrer und unserer Hilfe von einer Generation auf die andere überspringt. Der Sexualtrieb scheint, bei Tieren wie bei Menschen, dazu bestimmt zu sein, die genetische Existenz (über die Nachkommenschaft) zu bewahren, die wir mit uns tragen, und nicht unsere persönliche, eigene Existenz. Wie Freud annahm, bestand die evolutionäre Notwendigkeit, ein besonders lohnendes Vergnügen daran zu knüpfen, damit Tiere und Menschen bereit seien, auf ihre vitalen Interessen zu verzichten, um einer Aktivität nachzugehen, die nichts zum persönlichen Profit beiträgt und die ihnen sogar schaden könnte. Es war etwas erforderlich, dem wir uns hingeben und nach dem es uns mit aller Macht und fast um jeden Preis gelüstet. Dieses »Etwas«, das tief in uns eingeprägt ist und das die menschliche Kultur seit Tausenden Jahren zu zügeln und zu unterdrücken, zu zähmen und es für andere Bedürfnisse einzuspannen versucht, ist die *sexuelle Lust*.

In seinem Buch »1984« sah George Orwell eine Gesellschaft der Zukunft voraus, in der die sexuelle Lust im Dienste eines totalitären Herrschaftssystems eingeschläfert wird. Unter dem wachsamen Auge des »Großen Bruders«, so warnte Orwell, würde die sexuelle Energie in andere Bahnen der Tätigkeit gelenkt, die dem Regime erwünscht seien. Jeder, der sich daran erinnert, wie er sich nach einer Liebesnacht fühlte, nach einem Liebesspiel, wie es Orwell zwischen Winston und seiner Geliebten Julia, den Helden seines Buches, beschreibt, weiß ganz genau, weshalb Diktatoren und religiöse Fanatiker jeder Art, von Hitler bis Chomeini, immer bestrebt waren, den Sexualtrieb unter Kontrolle zu bekommen. Wer sich in seiner Sexualität restlos befriedigt fühlt, wird seine Seele nicht so schnell auf dem Altar eines phantastischen und grausamen Ideals opfern. Julia drückte das sehr gut aus: »Beim Liebesspiel verbraucht man Energie, und hinterher fühlt man sich glücklich und pfeift auf alles andere. Das können sie nicht ertragen.

Sie wollen, dass man ständig zum Platzen mit Energie geladen ist. Dies ganze Auf- und Abmarschieren, Hurra-Brüllen und Fahnenschwenken ist weiter nichts als sauer gewordene Sinnlichkeit. Wenn man innerlich glücklich ist, kann man weder über den großen Bruder noch den Drei-Jahres-Plan, die Zwei-Minuten-Hass-Sendung und den ganzen übrigen Schwindel in Begeisterung geraten.«

Ist sexuelle Lust Chemie? Diese Frage wirft in aller Schärfe das psychophysische Problem auf, das sich mit dem Charakter der Beziehung zwischen Körper und Seele befasst. Ohne tiefer auf dieses komplizierte Kapitel einzugehen, soll nur gesagt werden, dass es zahlreiche Belege dafür gibt, dass sexuelle Lust mit bestimmten Substanzen zusammenhängt, ohne die sie nicht vorhanden wäre. Die ganze Geschichte hindurch haben die Menschen nach Stoffen und Elixieren gesucht, die ihre Lust oder sexuelle Potenz steigerten. Von Viagra[23] bis zu Haifischflossen wird eine blühende Industrie in allen Teilen der Welt und allen Kulturen von dem allzu menschlichen Wunsch getragen, sexuelle Lust in ihrer vollen Stärke zu erfahren und zu intensivieren. Allerdings gibt es in der Natur nur eine einzige Sorte von Stoffen, die sexuelle Lust auslösen – *Testosteron*, das hauptsächliche männliche Geschlechtshormon, sowie einige ihm in der Struktur ähnliche andere Hormone. Testosteron gibt es auch bei Frauen, wenngleich in viel niedrigerem Maße als bei Männern, und auch bei ihnen ist es eng mit der Stärke der sexuellen Lust verknüpft. Heute weiß man, dass Frauen und Männer mit einem höheren Testosterongehalt im Blut im Durchschnitt sexuell aktiver sind als die übrigen. Darüber hinaus verändern sich die sexuelle Lust und die Häufigkeit sexueller Phantasien bei Männern wie Frauen im Laufe ihres Lebens entsprechend dem Testosteronpegel. Bei Männern erreichen Lust und Phantasien Anfang zwanzig ihren Höhepunkt, zusammen mit ihrem Testosteronspiegel, und flauen danach langsam und stufenweise ab. Bei Frauen ist der Verlauf komplexer. Mit dem Alter steigt bei vielen Frauen der Gehalt an männlichen Hormonen und damit auch die Lust. Das ist offenbar der Grund, weshalb bei zwei Drittel der Frauen mittleren Alters der Grad der Lust mit eintretender Menopause nicht absinkt, sondern diese häufig sogar von einem Anstieg ihrer sexuellen Lust berichten.

Es gibt weitere Faktoren, die den Testosteronspiegel und die Stärke des sexuellen Verlangens beeinflussen. Eines der geläufigsten Zeichen von Depression ist ein Nachlassen der Lust, wie wir im ersten Kapitel sahen. In der Tat, Frauen und Männer, die sich in einer Depression befinden, denken weniger an Sex, haben weniger Lust, und in vielen Fällen ist auch ihre sexuelle Funktionsweise geschädigt. Eine Behandlung der Depression führt häufig dazu, die verlorene Lust zurückzubringen, so wie es bei Ja'el nach der Einnahme von Ciralopram geschah. Doch auch eine umgekehrte Kausalität ist möglich, das heißt, dass eine Verbesserung in der Sexualität eine Besserung des Gemütszustands verursacht. Dies fand der Psychiater Stewart Seidman bei einem Versuch heraus, bei dem er alten, depressiven Männern, die an Potenzschwierigkeiten litten, Viagra gab. Das Medikament verbesserte die Sexualfunktion der Männer erheblich, tat jedoch noch ein Weiteres – es führte zu einer bedeutenden Besserung ihres depressiven Zustands, zuweilen verschwand er sogar ganz. Der Erfolg von Viagra bei der Therapierung dieser Patienten kam dem der »traditionellen« Antidepressiva nahe. Seidmans Entdeckung ist besonders beeindruckend angesichts der Tatsache, dass Viagra, wie wir gesehen haben, nicht mit einer Erhöhung des Testosteronhaushalts zusammenhängt. Zusätzlich ist auch das Testosteron selbst, ein anspornender und erregender Stoff, der uns mit unseren Basistrieben verbindet, dazu angetan, als Antidepressivum zu wirken.

Doch es gibt nichts Gutes ohne etwas Schlechtes, und wie es scheint, ist das Testosteron ein lehrreiches Beispiel für diese uralte Regel. Heute kann man Frauen und Männern, die infolge von Testosteronmangel ihre Lust verloren haben, helfen, erneut sexuelle Leidenschaft und Befriedigung durch die Anwendung von Testosteronpflastern zu erleben, aus denen das Hormon über die Haut vom Körper absorbiert wird. Testosteron jedoch, das Lusthormon, ist auch das Hormon von Gewalttätigkeit und Mord. Eines der üblichen Klischees ist, dass Frauen mehr zu psychischen Problemen neigen als Männer, und als Beweis dafür soll dienen, dass die Mehrheit derjenigen, die sich in psychologische Behandlung begeben, Frauen sind. Das rührt nicht nur daher, dass sich Frauen ihrer Probleme bewusster sind: die Anzahl der Frauen, die an Depressionen und Angststörungen leiden, ist in der Bevölkerung generell um vieles höher als die der Männer. Doch wenn wir einen Vergleich zwischen den Geschlechtern anstellen wollen: in allem, was psychische Gesundheit anbelangt, empfiehlt es sich, nicht nur die Menschen zu berücksichtigen, die bei Psychologen und Psychiatern in Behandlung sind, sondern auch diejenigen, die von Polizei, Staatsanwaltschaft, Gerichten und Gefängnissen »behandelt« werden. Dies ist ein großer, problematischer Bevölkerungsteil, der sich überwiegend aus jungen Männern zusammensetzt, deren Gehirn in Testosteron »schwimmt«. In der Tat verstärkt Testosteron die Tendenz zu Aggressivität und gewalttätigem Verhalten nicht nur bei Tieren, sondern auch bei Menschen.[24] Zu all dem sind über 95% aller Mörder auf der Welt Männer, und diese Zahl ist umso beeindruckender, wenn man berücksichtigt, dass in unserer Zeit im Gegensatz zu früher keine physische Kraft mehr notwendig ist, um jemanden zu ermorden. Wie die sexuelle Lust selbst machen sich auch die anderen Auswirkungen des Testosterons manchmal an unerwarteten Orten bemerkbar. Frauen und Männer, die zu hohe Dosen *anabolischer Steroide,* dem Testosteron verwandte Hormone, einnehmen, um aufgeblähte Muskeln und einen dreieckigen Brustkasten zu bekommen, können nicht nur Akne und Haarwuchs an unerwünschten Stellen entwickeln, sondern auch Ungeduld und eine Tendenz zu Gewalttätigkeit.

Mit oder ohne Gewalttätigkeit, die Chemie der sexuellen Lust ist relativ schlicht, und ebenso ihr Ausdruck – ein vehementer Wunsch nach Paarung ohne spezifisches Objekt. Fisher führt biologische Nachweise dafür an, dass das Dopaminsystem im Gehirn den Testosteronstatus aktivieren kann. Mit anderen Worten: Liebe kann Lust erzeugen und steigern. Das Problem ist, dass es bei der Koppelung von Dopamin und Testosteron zusätzliche Auswirkungen gibt, die nicht alle »positiv« sind. Eine der erprobten Arten, den Dopamingehalt im

Gehirn zu erhöhen, ist, uns etwas *Neuem* auszusetzen. Jeder neue und lohnende Reiz wird an Schlüsselstellen des Gehirns einen Anstieg des Dopaminpegels auslösen, viel stärker als ein bekannter, genauso lohnenswerter Reiz. Ersetzt man das Wort »Reiz« durch »sexueller Partner«, offenbart sich eine unangenehme existentielle Wahrheit. Unzählige Romane, Filme und Theaterstücke kreisen um diese einfache und problematische Wahrheit, die die Menschen dazu bringt, sich für neue Sexualpartner zu interessieren und deren sexuelle Anziehung verstärkt, während die Langeweile beim festen Partner wächst. Das Bedürfnis nach Neuerung als Voraussetzung sexueller Lust zerstört nicht wenige Ehen, und möglicherweise hätte es der Familienmoral noch viel größeren Schaden zugefügt, wäre da nicht eine dritte Komponente der Liebe, die sich im Laufe der Zeit allmählich entwickeln kann, und das ist die *Bindung*, von der noch die Rede sein wird.

***

Avigail hob ihre Stimme ein wenig:

– Aber jetzt kann ich mit ihm nicht im gleichen Haus leben. Der gleiche Oren, nach dessen Geruch ich einmal süchtig war und von dem ich mich nicht wegbewegen konnte, macht mich die meiste Zeit wütend. Jede Kleinigkeit, die er tut, und viele Dinge, die er nicht tut, ärgern mich.

– Was zum Beispiel?

– Was nicht? Dass er oft in der Früh nicht aufsteht; dass man ihn, obwohl er das Filmstudium wollte und auch angenommen worden ist, aus der Hochschule werfen wird, weil er keine Arbeiten einreicht; dass er Lior jeden Tag vom Kindergarten abholen sollte, ich aber ungefähr einmal in der Woche einen Anruf von der Kindergärtnerin erhalte, dass Lior noch bei ihr ist und sie zuschließen muss, und Oren ist am Mobiltelefon nicht erreichbar. Dass er mich um mein Auto gebeten hat, um einem Freund beim Umzug zu helfen, und einen Unfall gebaut hat, und jetzt muss ich mich mit der Versicherung, den Gutachtern und der Werkstatt herumschlagen und mit einem Leihauto fahren, und er tut, als ob überhaupt nichts wäre.

Avigail verstummte und sagte danach mit leiser Stimme:

– Jetzt denken Sie sicher, ich sei kleinlich, dass ich all die guten Dinge ignoriere, die Oren getan hat und tut.

– Was zum Beispiel?

– Dass er am Schabbat immer als Erster aufsteht und mit Lior spielt, damit ich noch ein bisschen schlafen kann. Dass er bereit ist, den Babysitter zu spielen, wenn ich an der Uni unterrichte oder bis spätabends mit Freunden ausgehe; dass er bereit ist zu leben, wo ich will; dass er immer da ist, um mich zu trösten, wenn ich zusammenbreche; dass er mich und meinen Wahnsinn überhaupt erträgt. Ich weiß das alles. Aber wenn er sich völlig hirnlos benimmt und keinerlei Verantwortung für nichts übernimmt, ist meine Liebe zu ihm wie weggeblasen.

An diesem Punkt geriet ich, wie jeder Therapeut, in Konflikt über der Frage, wohin ich das Gespräch lenken sollte. Ich konnte mich auf die Beziehung und die Probleme konzentrieren, die zwischen Avigail und Oren bestanden, oder etwas tun, das Therapeuten gerne machen: mich auf die Beziehungen zwischen ihr und mir konzentrieren. Die psychoanalytische Wahl fällt fast immer auf das, was hier und jetzt geschieht (d.h. mit mir), und nicht auf das, was dort und damals passierte (d.h. mit ihm). Die Bevorzugung der Konzentration auf die Beziehungen zwischen Therapeut und Patient wird zuweilen als irrelevant betrachtet und häufig als übertriebenes Selbstwertgefühl aufgefasst. Viele Patienten sagen: »Ich bin schließlich nicht hergekommen, um über meine Probleme mit Ihnen zu reden. Was hat das überhaupt damit zu tun?« Doch die psychoanalytische Theorie geht davon aus, dass das Beziehungsmuster, das zwischen Therapeut und Patient entsteht, die gleiche Gestalt aufweist, die die Beziehungen des Patienten außerhalb des Behandlungsraumes charakterisiert. Das ist das Phänomen, das Freud *Übertragung* nannte. Übertragung ist im Prinzip eine universelle Erscheinung, die nicht auf den Behandlungsraum und die Beziehungen zwischen Therapeut und Patient beschränkt ist. Wir alle »übertragen« ständig. Das heißt, wir verhalten uns gegenüber neuen Menschen in unserem Leben unbewusst so, wie wir es gegenüber Menschen in unserer Vergangenheit taten, im Allgemeinen unsere Eltern und andere Familienangehörige, und neigen dazu, das Verhalten der Menschen in unserem Leben hier und jetzt zu interpretieren, als verhielten sie sich so wie Menschen in unserer Vergangenheit. Im Falle Avigails, die in einem sehr kritikfreudigen Haus aufgewachsen war, beinhaltete dieses Muster das ausgeprägte Empfinden, dass fast alle Menschen in ihrem Leben Kritik an ihr übten, und einen nicht weniger scharfen Sinn für Kritik an dem Menschen ihr gegenüber. Zwischen mir und ihr dominierte in diesem Stadium der Behandlung Ersteres – das heißt, Avigails Gefühl, dass ich Kritik an ihr übte. Häufig liegt ein Funken Wahrheit in den Empfindungen, die der Patient dem Therapeuten zuschreibt. Schließlich ist auch der Therapeut ein Mensch, der seine eigenen Gefühle und Bezugsmuster hat, auch unbewusste. Freud nannte das unbewusste Bezugsmuster des Therapeuten gegenüber dem Patienten, das in Reaktion auf eine Übertragung seitens des Patienten ihm gegenüber erwacht, *Gegenübertragung*. Er forderte, dass der Therapeut seine Gegenübertragung so weit wie möglich einzuschränken habe. Heute benutzen wir eine breitere Definition, und man ist der Ansicht, dass sich die Gegenübertragung unmöglich vermeiden lässt. Statt zu versuchen, sie auszuschalten oder zu ignorieren, ist es besser, sie zu berücksichtigen, wenn man prüfen will, was sich zwischen Therapeut und Patient abspielt. Sollte man dies auch in unserem Fall anwenden? Schien es Avigail nur so, dass ich Kritik an ihr übte? Wie konnte man das wissen? Ich beschloss, sie zu fragen.

– Wenn Ihnen scheint, dass ich Sie für kleinlich halte, haben Sie sicher Gründe dafür. Was hat Sie dazu veranlasst, das Gefühl zu haben, ich würde Sie kritisieren?

Meine Worte brachten sie auf.

– Wozu sollen wir dieses Spiel spielen? Sie werden mir ja doch nie die Wahrheit sagen. Ihre Kritik ist immer zwischen den Worten, immer stumm. So wie Sie hinter meinem Kopf sitzen und ich Sie nicht sehe, so werden Sie mir auch Ihre Kritik nie zeigen. Jetzt, wo ich das gesagt habe, bin ich mir nicht einmal darin sicher. Es ist zum Wahnsinnigwerden!

Die Wahrheit ist, dass es nicht möglich ist, wahnsinnig zu werden. Solche Zweifel wie die Avigails in Bezug auf Oren oder mich bringen die Menschen nicht dazu, verrückt zu werden – das heißt, die Verbindung mit der Realität zu verlieren. Jedoch lässt sich ein Mensch, der von solchen Zweifeln gepeinigt wird, nicht durch ein gutes Wort oder eine Geste beruhigen. Grund dafür ist, dass diese Zweifel die verborgenen Absichten ihres Gegenübers betreffen – und wie könnte man das Vorhandensein oder Nichtvorhandensein verborgener Absichten beweisen? Hätte ich Avigail davon überzeugen sollen, dass ich keinerlei Kritik an ihr hatte, während ich selbst nicht mit Sicherheit wusste, ob das tatsächlich so war? So oder so, der Zweifel war der zentrale Faktor in Avigails Leben. In den letzten Monaten konzentrierte sich dieser Zweifel hauptsächlich auf Oren und die Frage, ob sie ihn bitten sollte, das Haus und ihr Leben zu verlassen, oder ob sie mit ihm zusammenbleiben sollte. Dem Anschein nach war das sehr leicht: Avigail und Oren waren nicht verheiratet. Daher entfiel die Unannehmlichkeit einer Scheidung. Dank ihres familiären Vermögens war ihr und Liors Lebensunterhalt nicht von ihm abhängig. Im Gegensatz zu vielen Frauen in ihrer Lage gab es keine Fesseln und Barrieren, die Avigail in einer Beziehungskonstellation mit einem Mann festhielten, den sie verlassen wollte. Aber wollte sie ihn wirklich verlassen? Und falls nicht, welche Macht hielt sie zusammen?

– Wir haben uns schon einmal getrennt, und damals ging die Initiative von Oren aus, obwohl ich ihn dazu gedrängt hatte. Normalerweise ging es uns gut zusammen, aber er sagte, dass er das Gefühl nicht mehr ertragen könne, dass ich die ganze Zeit mit einem Bewertungsbogen hinter ihm herlaufe und mit Rotstift alle Paragraphen markiere, bei denen er scheitert.

– Und jetzt haben Sie das Gefühl, dass ich das Gleiche mit Ihnen mache.

– Stimmt.

– Was sollen wir also, Ihrer Meinung nach, in dieser Angelegenheit tun?

– Man braucht überhaupt nichts tun. Verstehen Sie doch, Yoram, ich könnte noch lange so weitermachen. Der Zweifel ist ein alter Bekannter von mir, es ist richtig, dass er mich manchmal behindert, aber es ist mir trotzdem gelungen, im Leben vorwärts zu kommen, in meinem Tempo. Auch zu Ihnen werde ich weiter kommen.

– Sie haben Recht, aber wir haben trotzdem ein Problem. Wenn Sie sich hier ständig kritisiert fühlen, kann es geschehen, dass Sie Ihr »Schweigerecht« wahrnehmen. Das wäre ein weiteres Hindernis, das Sie davon abhielte, mir bis zu Ende zu erzählen, was in Ihrer Seele geschieht.

– Meinen Sie Mirandas Gesetz?

– Was ist das?

– Man hat einmal in den Vereinigten Staaten einen Menschen namens Miranda auf Grundlage einer Untersuchung, bei der er sich selbst anklagte, schuldig gesprochen. Er legte Widerspruch ein und gewann am Ende, weil die Untersuchungsbeamten ihn nicht gewarnt hatten, dass alles, was er sagte, bei Gericht gegen ihn verwandt werden könnte. Seitdem ist jeder amerikanische Polizist dazu verpflichtet, dem Menschen, den er verhaftet, zu sagen, dass er das Recht zu schweigen hat, und alles, was er sagt, gegen ihn verwendet werden kann.

Der Anflug eines Lächelns tauchte auf Avigails Gesicht auf, als sie hinzufügte:

– Offenbar wende ich dieses Gesetz hier in Bezug auf mich selbst an. Unter diesem Blickwinkel gesehen haben Sie Recht.

– Das bringt mich dazu, wieder zu fragen: Was machen wir also?

– Ich weiß nicht. Oder vielleicht weiß ich es eigentlich schon. Es gab etwas, das mir half, den Zweifel mit Oren zu überwinden, zumindest vorübergehend. Das ist die Liebe, die ich für ihn hatte. Wenn es mir vielleicht gelingt, mich in Sie zu verlieben, so wie damals in ihn …

Avigail scherzte, doch in ihren Worten steckte eine Wahrheit. Wenn man jemanden liebt, stören uns seine Mängel weniger. Doch im Falle Avigails und Orens war es der Liebe, die zwischen ihnen entflammt war, seit jenem Sommer im Kibbuz bis zu dem Winter in Tel Aviv vor fünf Jahren nicht gelungen, die Nachteile zu verdecken. Was hielt sie dann also zusammen? Es bestand immer noch eine starke sexuelle Anziehungskraft zwischen ihnen, doch sie loderte nicht mehr mit der gleichen Stärke wie vor fünf Jahren. War es die gleiche Liebe? Hier kommen uns die alten Griechen zu Hilfe. Schon vor zweitausendfünfhundert Jahren erkannten sie, dass es verschiedene Arten von Liebe gibt. So wie die Beduinen Dutzende Wörter für »Kamel« haben, haben die alten Griechen mehrere Begriffe für das Gefühl der Liebe.

Das bekannteste griechische Wort für Liebe ist *Eros*, das erotische Liebe – das heißt geschlechtliche – beschreibt, die von

Energie und Lust geprägt ist, Liebe zu einem anderen, einzelnen und speziellen Menschen. *Mania* ist »verrückte« Liebe – eifersüchtig, besitzergreifend, hemmungslos und obsessiv, d. h. »stark wie der Tod« und ebenso gefährlich. *Storge* ist Zuneigung ohne Gefühlsdemonstration, eine Freundschaft, die auf gemeinsamen Interessensgebieten beruht, und nicht auf Sexualität. *Agape* ist die altruistische Liebe, still, freigiebig und vergeistigt. Manche würden auch masochistisch sagen, denn diese Liebe kann zugunsten eines anderen auf ihren Platz verzichten, wenn sie denkt, dass es zum Besten der geliebten Person sei, und ist bereit, gerne und demütig all deren grausame Wünsche zu erfüllen. Den absoluten Gegensatz zur Agape bildet *Pragma*, die pragmatische Liebe, die an einer Sache hängt, in der beide Seiten konkreten Nutzen aus der Verbindung ziehen und dieser Nutzen unabdingbar für die Fortsetzung der Beziehung ist.

Fisher tendiert dazu, all diese Arten von Liebe und viele andere aus einer Mischung von drei Komponenten aufgebaut zu sehen, von denen wir zwei bereits kennen gelernt haben – romantische *Liebe* und sexuelle *Lust*. Liebe und Lust sind entzündliche Stoffe, die meist plötzlich und vehement am Anfang einer romantischen Beziehung aufflammen. Die dritte Komponente, die sich stufenweise und in aller Stille entwickelt, ist die, die uns nach Ansicht Fishers und anderer für längere Zeit in Liebesbanden festhält – die *Bindung*. Vor fünf Jahren waren Avigail und Oren im Gefühlssturm von Lust und Liebe versunken, der sie gänzlich erfüllte und sie die Welt um sie herum vergessen ließ. Mit den Jahren reduzierte sich die Stärke der Flamme, die zwischen ihnen loderte, doch sie erlosch nicht völlig. Ihr gemeinsames Leben, das gemeinsame Kind, die Mühen und Plagen, die sie zusammen durchlebt hatten, sogar ihre Auseinandersetzungen schufen allmählich eine tiefe und einzigartige Verbindung. Zuneigung, Freundschaft,

Loyalität, Miteinander und Kameradschaft sind die Definitionen, die sich einer solchen Art Verbindung im Laufe der Jahre geben lassen. Hat auch die Bindung, ähnlich der Liebe und der Lust, einen biologischen Hintergrund?

Vor über fünfzig Jahren kam ein junger britischer Psychoanalytiker namens John Bowlby zu dem Schluss, dass die klassische psychoanalytische Theorie von der psychischen Lage des Säuglings in seinen ersten Lebenswochen falsch sei. Margret Mahler, deren Ansichten zu dem Thema damals von vielen Psychoanalytikern anerkannt wurden, glaubte, dass zu Beginn des Lebens eines jeden Säuglings ein »autistisches« Stadium existiere, in dem er auf sich selbst konzentriert und sich der Gegenwart anderer Menschen auf der Welt, einschließlich seiner Mutter oder der Person, die die Aufgabe seiner Mutter erfüllte, nicht bewusst sei. Er nehme nicht wahr, dass die Person, die für seine Bedürfnisse sorgt, ein von ihm getrenntes Wesen ist. Erst in einem späteren Stadium wird er sich des Getrenntseins von seiner Mutter und seiner völligen Abhängigkeit von ihr bewusst. Dieser damals vielfach akzeptierten Auffassung nach wird die Beziehung eines Säuglings mit seiner Mutter durch die Tatsache in Gang gesetzt, dass die Mutter seine Grundbedürfnisse befriedigt.

Bowlby drehte den Spieß um: Er behauptete, dass die Bindung nicht Ergebnis, sondern Ursache sei. Im Gegensatz zu der Auffassung, dass die Bindung aus der Versorgung der existentiellen Bedürfnisse des Säuglings durch die Mutter resultiert, ging Bowlby davon aus, dass das Bedürfnis nach Bindung der instinktive Antrieb per se sei. Es ist ein fundamentaler Primärtrieb, der stärker als Hunger oder Durst und auch nicht von ihnen abhängig ist. Bowlby meinte, dass der instinktive Trieb nach Beziehung die Mutter und den Säugling dazu veranlasste, sich zu einer unauflöslichen Verbindung zusammenzuschließen. Vielleicht ist eine solch intensive Verbindung mit dem Vers gemeint: »So dass auch viele Wasser die Liebe nicht auslöschen und Ströme sie nicht ertränken können« (Hohelied Salomos 8,7). Wenn man einen Säugling von seiner Mutter trennt, wird er mit schwerer seelischer Not reagieren, und wenn man ihm nicht ermöglicht, sich erneut mit ihr zu verbinden, wird ein langfristiger psychischer Schaden verursacht. Diese Idee ist die Basis der *Bindungstheorie,* die zu Bowlbys Lebenswerk wurde. Sie basierte zuerst auf seinen Beobachtungen von Säuglingen, die von ihren Müttern getrennt wurden, und in der Fortsetzung auch auf den Arbeiten des Ehepaars Harry und Margret Harlow, die die Reaktionen von Affenjungen untersuchten, die von ihren Müttern getrennt wurden, und auf weiteren Quellen.

Bowlby wurde in der Welt der Psychoanalyse zu einer umstrittenen Figur, hauptsächlich wegen seiner Behauptung, dass die grundlegenden Gefühle, mit denen sich die Psychoanalytiker beschäftigten, *Angst, Traurigkeit* und *Liebe,* alle dem fundamentalen menschlichen Bedürfnis nach Bindung untergeordnet sind. Bowlby erläuterte seine theoretische Position in einem dreibändigen Werk mit dem Titel »Attachment and Loss«, in dem er unter anderem feststellte, dass alle uns bekannten Gefühle der Bindung entspringen: Keine Form von Verhalten ist von stärkeren Gefühlen begleitet als die Bindung. Die Personen, auf die sich dieses Verhalten richtet, werden *geliebt,* und ihre Nähe löst *Freude* aus. Solange sich das Kind in der unerschütterlichen Gegenwart einer zentralen Bezugsfigur oder in ihrer Nähe befindet, fühlt es sich *sicher.* Verlustdrohung wird zu *Angst* führen, und ein realer Verlust wird *Traurigkeit* bringen. Darüber hinaus kann beides *Wut* auslösen.

Im Gefolge der Arbeiten von Donald Winnicott, René Spitz, Daniel Stern und anderen Psychoanalytikern wird Bowlbys

Auffassung heute von vielen in der Welt der Psychoanalyse anerkannt. Doch was ihn vor allem populär machte, war die Tatsache, dass seine Bindungstheorie eine Basis dafür bot, einen Zusammenhang zwischen dem Stil der Beziehung von Säuglingen und Kindern und der Art, in der sie sich im Erwachsenenalter auf sich selbst und ihre Mitmenschen beziehen werden, zu sehen. Diese Theorie, die die Psychologinnen Mary Ainsworth und Mary Main weiterverfolgten, ist heute zentral für viele intensive psychologische Forschungen, und es liegen viele Belege für ihre Richtigkeit vor.

Wenn also die Bindung ein grundlegendes menschliches Bedürfnis ist, muss sie dann nicht auch biologische Aspekte haben? Nachdem alle psychischen Phänomene im Gehirn verankert sind, muss jeder seelische Vorgang auch eine damit verbundene Gehirnlage haben. Die Aufgabe jedoch, die biologischen Aspekte der Beziehung im Dickicht des menschlichen Gehirns zu finden – das komplizierteste Gefüge, das wir heutzutage kennen –, scheint nahezu unmöglich. Jeder Einzelne von uns ist in seinem Leben nur einer Hand voll Menschen verbunden, und die Art der Beziehung ist von Mensch zu Mensch verschieden und ändert sich im Laufe des Lebens. Dennoch, es liegen Belege vor, die zwei Hormonen, kleine und einfache Proteine, die sich in unserem Gehirn wie in dem aller Säugetiere finden lassen – Oxytocin und Vasopressin –, eine entscheidende Rolle bei der Entstehung der Bindung zuweisen.

Die hauptsächlichen Nachweise für die Beteiligung des Oxytocin und Vasopressin beim Prozess der Bindung an einen Partner oder eine Partnerin entstammen den Studien bezüglich eines kleinen Tieres, dem wir bereits begegnet sind – der Steppenwühlmaus. Der Prozess der lebenslangen Bindung einer männlichen Maus an seine Partnerin kommt durch die Vermittlung dieser beiden Hormone zustande. Männliche Steppenwühlmäuse schütten, wie ihre menschlichen Geschlechtsgenossen, während des Orgasmus das Hormon Vasopressin aus, das eine unveränderbar treue Verbundenheit des Männchens zu seiner Gefährtin verursacht. Als die Forscher die Aktivität des Hormons im Gehirn männlicher Mäuse blockierten, begannen jene, unzuverlässig zu werden – verließen ihre Partnerin zu Gunsten eines neuen, verführerischen Weibchens, das in der Gegend auftauchte. Das Hormon Oxytocin, das im Gehirn der Mutter während der Geburt abgesondert wird, verursacht bei Frauen anscheinend ebenso wie bei allen weiblichen Säugetieren eine Fokussierung und Fixierung der Aufmerksamkeit und der Gefühle auf das Objekt der Liebe – den Partner oder den neuen Säugling. Während des weiblichen Orgasmus wird im Gehirn der Frau Oxytocin ausgeschüttet, und möglicherweise ist es an dem Phänomen beteiligt, dass sich Frauen für lange Zeit, manchmal nicht zu ihrem Besten, an einen Mann binden, mit dem sie einen vorübergehenden, stürmischen sexuellen Genuss erlebt haben.

Der Psychoanalytiker Donald Winnicott prägte den Begriff *primäre Mütterlichkeit* zur Beschreibung des Seelenzustands der frischgebackenen Mutter nach der Geburt ihres Babys. Es ist ein Zustand der völligen Hingabe und unaufhörlichen Sorge um das Wohlergehen des Säuglings. In dieser Phase, die meistens einige Wochen andauert, macht die Mutter einen wichtigen psychologischen Wandel durch: Der Säugling wird zum Zentrum ihres Lebens in jeder Hinsicht, und sie wird hauptsächlich von dem Gedanken an sein Wohl gesteuert, so weit, dass sie, falls nötig, ohne zu zögern ihr Leben für ihn opfern würde. Primäre mütterliche Besorgnis ist der Anfang einer Bindung, die ein ganzes Leben währen wird, auch nachdem das Kind das Haus verlassen und eine eigene Familie gegründet hat. Dieses Phänomen ist auch obsessiv: Es wird von Gedanken der Sorge um das Baby und sein Wohl charakterisiert, die immer wieder und wieder unkontrolliert auftauchen, von einer fast ausschließlichen Konzentration auf das Kind und alles, was es tut. Die Psychoanalytikerin Linda Mayes, die ähnlich wie Winnicott nach einer Spezialisierung als Kinderärztin zur Psychoanalyse gelangte, erforschte mit ihrem Kollegen Jim Leckman die Beziehung zwischen primärer mütterlicher Besorgnis und Obsession. Sie fanden heraus, dass Mütter nach der Geburt speziell anfällig für Zwangsstörungen sind, und dass im Gehirn von Menschen, die an diesem Syndrom leiden, eine erhöhte Menge an Oxytocin zu finden ist. Diese Befunde und andere unterstützen die Vermutung, dass ein Teil der obsessiven Charakteristika der Bindung durch das Oxytocin verursacht wird.

Trotz Helen Fishers Begeisterung über diese Entdeckungen scheint es, dass die Schlussfolgerung, Oxytocin und Vasopressin seien die »Bindungshormone«, voreilig ist: Eltern können sich in großer Liebe an ein adoptiertes Kind binden, und obsessive Liebe kommt häufig bei Menschen vor, deren Persönlichkeitsstruktur ganz und gar nicht obsessiv ist. Trotzdem sind die biologischen Aspekte der seelischen Vorgänge, die an dem Komplex beteiligt sind, den wir »Liebe« nennen, dazu angetan, uns einige der schmerzhaften Phänomene verstehen zu helfen, die die Liebe und ihr Ende und speziell die Beziehung zwischen Lust und Bindung begleiten. Es ist eine traurige Wahrheit, dass wilde Lust und stürmische Verliebtheit häufig nicht mit einer länger währenden stabilen Beziehung unter ein Dach zu bringen sind. Oft nagt die alltägliche Routine, in der die Beziehung gedeihen sollte, allmählich an der sexuellen Lust zwischen den Verliebten, eine Lust, mit der ein anderes Hormon, das wir bereits kennen gelernt haben, verbunden ist – Testosteron. Es gibt Belege dafür, dass verheiratete Männer einen niedrigeren Testosteronspiegel haben als ihre ledigen Geschlechtsgenossen. Wenn es in der Ehe eines

Mannes zu knirschen beginnt, steigt der Testosterongehalt in seinem Blut, und mit der Scheidung erhöht er sich noch mehr. Hormonelle Auswirkungen bestehen auch in umgekehrter Richtung: Wenn ein verheirateter Mann zum Vater wird, sinkt der Testosterongehalt in seinem Blut (und offenbar auch in seinem Gehirn). In der Tat genügt es, dass ein Mann ein Baby in seinen Armen hält, um ein messbares Absinken in seinem Testosteronspiegel auszulösen.

Lust, romantische Liebe, Bindung – in der weltlichen westlichen Kultur treten die drei Komponenten, wie bei Avigail und Oren, üblicherweise in dieser Reihenfolge ein: zuerst sexuelle Lust für jemand Neuen, danach – oder parallel – stürmisches Sichverlieben in ihn oder sie, und in der Folge eine langfristige Beziehung mit ihm oder ihr, die es den Partnern ermöglicht, eine Familie zu gründen und für deren Wohl zu sorgen. Doch wie Fisher zeigt, können diese Abläufe, die an verschiedene biologische Systeme mit wechselseitigen komplizierten Verbindungen untereinander geknüpft sind, in unterschiedlicher Reihenfolge auftreten: »Sag, liebst du mich?«, fragt Tevje, der Milchmann, seine Frau in dem Film »Der Fiedler auf dem Dach«. »Was ist das für eine Frage?«, antwortet seine Frau mit einer Frage, wie es bei Juden üblich ist, und fügt hinzu: »Seit fünfundzwanzig Jahren wasche ich dir die Kleider, ziehe deine Kinder groß, schlafe ich mit dir in einem Bett. Jetzt fällt dir plötzlich ein, von Liebe zu reden?«

In der Tat werden in traditionellen Gesellschaften Heiratsvermittlungen für eine zu ernste Angelegenheit gehalten, um dabei Lust und romantischem Verlieben das letzte Wort zu überlassen. Die Paare treffen sich zwar vor der Eheschließung, doch niemand erwartet von ihnen, dass sie sich unsterblich verlieben, und man ermöglicht ihnen auch nicht, einander derart kennen zu lernen, wie für ein solches Verlieben nötig wäre. Zuneigung, Kooperationsbereitschaft, gegenseitiges Vertrauen, gemeinsame Ziele im Leben, ähnlicher gesellschaftlicher Hintergrund, Freundschaft und gleiche Interessensgebiete sollen die Eheleute am Anfang kennzeichnen. Solche Ehen sollen auf Verbundenheit basieren, und im Laufe des gemeinsamen Lebens können sexuelle Lust und vielleicht auch romantische Verliebtheit auftauchen, doch für sich gesehen wird dies nicht als notwendig oder ausreichend für eine gute Paarbeziehung betrachtet.

Nach Meinung Fishers hat die Tatsache, dass die mit Lust, romantischer Liebe und Bindung zusammenhängenden Gehirnsysteme jeweils auch getrennt oder teilweise unabhängig voneinander funktionieren können, weit reichende Auswirkungen. Sie ist dafür verantwortlich, dass Bindung, Liebe und Lust zu unterschiedlichen Zeiten im Laufe jeder Liebesbeziehung auftauchen und wieder verschwinden. Möglicherweise ist das auch der Grund für das bekannte und problematische Phänomen, dass eine Frau einem Mann verbunden sein, in einen anderen verliebt sein und vehementes Verlangen nach einem dritten empfinden kann – und das gilt ebenso bei Männern.

***

Avigail war Oren tief verbunden, doch etwas nagte an ihrer Lust und Liebe zu ihm. Weder Gewohnheit noch Routine waren es, die ihre Liebe zum Abklingen brachten, wenigstens nicht direkt. Was sie dazu veranlasste, sich von Oren trennen zu wollen, war die Tatsache, dass sie Orens Verhalten, so wie es in ihrem gemeinsamen Leben zum Ausdruck kam, nicht respektierte.

Avigail fuhr fort, laut ihren Gedanken nachzuhängen:

– Nie hätte ich gedacht, dass ich so konservativ bin. Auch ich rauche gerne Gras. An den Wochenenden sitzen wir auf dem Balkon, rauchen zusammen, und ich fühle mich wohl dabei. Von unserem Balkon aus hat man eine überwältigende Aussicht – die Altstadt, die Moscheen, die Har-Hazofim-Universität, der Olivenberg und die Wüste. Es tut mir gut, hin und wieder auf dem Balkon auszuruhen und das alles bekifft anzuschauen. Aber Oren fing allmählich an, jeden Tag etwas zu rauchen, schon in der Früh, und ich möchte nicht, dass sich Lior an den Geruch von Gras gewöhnt. Ich habe ihm gesagt, er solle nicht im Haus rauchen, und er hat es mir versprochen. Aber ein paarmal, als ich früher nach Hause zurückkam, fand ich ihn im Wohnzimmer mit einem Joint in der Hand, als ob nichts wäre. An anderen Tagen komme ich heim, die ganze Wohnung ist voll mit dem Geruch, und die Fenster sind offen. Wenn ich ihn nach dem Gras frage, sagt er »hör auf« und wechselt das Thema. Er benimmt sich wie ein kleines Kind und gibt mir das Gefühl, seine Mutter zu sein, das ärgert mich. Ich weiß nicht, was ich tun soll.

Avigail war sich sicher, dass ich, im Gegensatz zu ihr, wusste, was sie tun sollte. Ihrer Meinung nach dachte ich, dass sie Oren aus ihrem Haus und ihrem Leben entfernen müsse. Doch sie irrte sich. Ich hatte keine Ahnung, was sie tun sollte. Ich hegte keinen Zweifel, dass Oren die Liebe ihres Lebens war, der Vater ihres Kindes, und dass er sie auch sehr liebte. Ich dachte auch, dass sie nicht rein zufällig ein Paar geworden waren: Oren pflegte direkte Konfrontationen zu vermeiden, während Avigail dazu tendierte, sich leicht in sie hineinziehen zu lassen. Ihre früheren Beziehungen waren am toten Punkt angelangt, wenn die Auseinandersetzungen um Einzelheiten des täglichen Lebens begannen. Sie verfolgte, wie ihr Vater, die Politik, »keinen Fußbreit« nachzugeben, und rückte nie von ihrem Standpunkt ab. Die Tatsache, dass Oren zwanzig Jahre jünger war als sie, dass das gesamte finanzielle Potential der Familie in ihrer Hand lag, die Tatsache, dass seine Methoden des Kampfes um Autorität in Vermeiden, Ausweichen und

»Hirnlosigkeit« bestanden und nicht in frontaler, offener Konfrontation – all dies ermöglichte ein Zusammenleben mit ihm. Oren war Lior auch ein guter Vater, und ich war nicht sicher, ob der Geruch nach Gras in der Wohnung ein gerechtfertigter Grund für die Auflösung dieser unüblichen, jedoch relativ stabilen familiären Zelle war, die sie ihrem Kind boten. Ich wusste nicht, was Avigail tun sollte, aber ich musste es auch nicht wissen – ich war nicht ihr geheimer Ratgeber, sondern schließlich ihr Analytiker. Jedoch war dies ein wunder und problematischer Punkt in unserem Verhältnis, wie sich herausstellte, nachdem ich ihr deutlich sagte, dass ich es nicht wusste.

– Nicht dass ich Ihnen nicht glaube. Aber bei mir bleibt ein Zweifel zurück bezüglich Ihrer Gedanken, und dieser Zweifel macht mich wahnsinnig. Ich fühle mich wie gelähmt.

– Was meinen Sie damit?

– Eine fast echte Lähmung. Ich fühle mich wie in einem seelischen Rollstuhl. Ich muss entscheiden. Es gibt eine richtige und eine falsche Entscheidung, aber ich weiß nicht, wie ich sie erkennen soll.

– Was bedeutet: richtige Entscheidung?

– Hinsichtlich des Ergebnisses. Wenn wir in einigen Monaten oder Jahren zurückschauen und sagen, dass ich gut und richtig entschieden habe.

– Und in welcher Verbindung steht das mit mir?

– Falls ich falsch entschieden habe, werden Sie mich verachten, wenn sich herausstellt, dass ich mich geirrt habe, und das könnte ich nicht ertragen.

– Sie glauben wirklich, ich würde Sie verachten?

– Schluss. Es reicht mir mit Ihren Fragen. Sie deuten die ganze Zeit an, dass Sie keine negative Meinung über mich haben, dass Sie mich nicht verurteilen. Wir haben immer wieder darüber geredet. Das taucht fast in jeder Stunde zwischen uns auf. Aber wir wissen beide, dass das Unsinn ist. Wenn Sie eine schlechte Meinung von mir hätten, würden Sie mir das ja doch nicht verraten. Sie würden bloß hinter meinem Kopf analytisch weiter schweigen.

Ich schwieg mein analytisches Schweigen hinter Avigails Kopf und dachte über ihre Worte nach. Hegte ich Kritik an ihr? Ich suchte gründlich in mir, doch ich fand keine.

– Im Allgemeinen sagen Sie, dass uns dieses Thema nicht zu stören braucht, doch ich habe das Gefühl, dass wir jetzt festgefahren sind. Ich glaube nicht, dass ich eine schlechte Meinung von Ihnen habe, und nicht weil ich kein kritischer und urteilsloser Mensch wäre. Ihr Problem mit Oren, der Konflikt in Sachen Liebe, hat zwei Gesichter. Ich habe keine Ahnung, was ich an Ihrer Stelle tun würde. Sogar wenn ich es wüsste, wie könnte ich sicher sein, dass ich Recht habe?

– Aber ich habe immer noch das Gefühl, dass Sie Kritik an mir üben.

– Ich weiß. Wir sind ein wenig festgefahren in dieser Angelegenheit, so wie Sie in der Sache mit Oren festgefahren sind. Es ist die wichtigste Entscheidung in Ihrem Leben und eigentlich auch in Liors und Orens Leben. Aber mir scheint, dass Sie aus den falschen Gründen feststecken.

– Wie meinen Sie das?

– Vor lauter Angst, dass Sie »falsch« entscheiden könnten und jemand Sie verachten würde, sind Sie nicht fähig zu entscheiden, was Sie mit Ihrer Liebe zu Oren und Ihrer Wut auf ihn machen sollen.

– Sind Sie sicher, dass Sie keine Kritik an mir haben und auch keine haben werden, wenn sich am Ende herausstellt, dass ich falsch entschieden habe?

– Wie kann ich sicher sein? Schließlich habe auch ich einen unbewussten Teil in meiner Seele. Alles, was ich Ihnen sagen kann, ist, dass ich mich selbst so gut wie möglich geprüft habe und keine Kritik gefunden habe.

– Und wenn Sie was gefunden hätten, würden Sie es mir sagen?
– Ja.
– Sind Sie sicher?
– Ja, das befindet sich in meiner Kontrolle. Daher bin ich sicher, dass ich es Ihnen sagen würde.

Sollte ein Therapeut Empfindungen, Gedanken und Gefühle, die er gegenüber einem Patienten hat, vor ihm offen legen? In der Vergangenheit lautete die psychoanalytische Antwort darauf anders als die, die ich Avigail gab. Bis vor wenigen Jahren herrschte in der Welt der Psychoanalyse die nahezu einhellige Empfehlung, dass man vermeiden solle, die innere Welt des Therapeuten und seine »wahre« Beziehung zu den Patienten in deutlicher Weise während des Gesprächs einzubringen. Parallel dazu entwickelte sich jedoch eine andere Auffassung – dass das praktikabel ist. Angefangen von Sandor Ferenczi, der versuchte, seine Patienten an allen seinen Empfindungen ihnen gegenüber zu beteiligen, bis hin zu modernen *bezugnehmenden Ansätzen*, deren herausragendster Vertreter Steven Mitchell war, wächst in psychoanalytischen Kreisen zunehmend das Gefühl, dass unter bestimmten Bedingungen eine Beteiligung des Patienten an unseren Emotionen ihm gegenüber nützlich und sogar notwendig sein kann. In der Vergangenheit war dies eine bahnbrechende, sogar revolutionäre Auffassung. Doch wie es immer wieder in der Welt der Psychoanalyse geschieht, und im Prinzip in jeder menschlichen Gesellschaft, hat die führende Schicht allmählich einen Teil der »revolutionären« Meinungen adoptiert. Mit anderen Worten, mein »Ja« zu Avigail war nicht besonders kühn oder bahnbrechend.

– Gut. Ich glaube Ihnen. Ich weiß nicht, was passieren wird, wenn ich von diesem Sofa aufstehe und das Zimmer verlasse, wie ich mich am Abend fühlen werde, aber momentan glaube ich Ihnen.

Wieder herrschte Schweigen zwischen uns, diesmal jedoch anderer Natur. Nun hatte ich das Gefühl, dass wir uns beide auf der gleichen Seite der Barrikade befanden, und auch Avigail empfand das. Nach ein oder zwei Minuten sagte sie:

– Wissen Sie, plötzlich fühle ich mich Oren nahe, wie früher. Als ob wir zwei Seelen wären, die einander in der Welt finden mussten. Dann habe ich nichts an ihm zu kritisieren, sondern habe nur Liebe für ihn. Aber gerade jetzt weiß ich, dass er das Haus verlassen muss. Wenn wir zusammenwohnen, machen mich seine Faulheit und Gleichgültigkeit wahnsinnig, und auch unserer Liebe gelingt es nicht, uns zu retten. Wir haben schon einige Male versucht, zusammenzuleben, und es ist immer schief gegangen, wenn er anfing mir auf die Nerven zu gehen oder meine Kritik ihm auf die Nerven ging. Und dabei verwirren wir Lior, unsere Freunde und vielleicht auch uns selber. Unsere Trennungen halten aber genauso wenig stand. Nach ein paar Wochen hat Oren schon eine neue Freundin, eine in seinem Alter oder jünger. Auch ich treffe jemanden an der Universität oder auf einem Kongress im Ausland. Doch nach ein paar Monaten, oder manchmal sogar weniger, liegen wir wieder zusammen im Bett, entdecken einander von neuem im Dunkeln. Mir scheint, er ist mein Freund fürs Leben, fürs ganze Leben. Ich glaube, wir werden immer in Verbindung bleiben, und nicht nur wegen Lior. Zwischen uns gibt es eine Chemie. Es ist stärker als wir, wie ein Naturgesetz, das man nicht umgehen kann. Aber in der gleichen Wohnung zusammenzuleben ist einfach zu viel für uns. Ich habe einmal gedacht, dass mir die Analyse helfen würde, meine Probleme mit ihm zu bewältigen, so dass wir zusammenwohnen könnten, aber anscheinend wird das nicht geschehen.

– Das heißt, dass Sie Ihren Eltern Ihre Beziehung mit Oren

nicht werden vorzeigen können. Wie werden Sie mit ihrer Kritik zurechtkommen?

– Ich weiß nicht. Sie kommen in zwei Wochen, und auf einmal scheint mir, dass mein Stress mit Oren in den letzten Wochen möglicherweise mit ihrem Besuch zusammenhängt. Jetzt denke ich, dass ich eigentlich nicht entscheiden muss, ob ich mit Oren zusammenbleiben oder mich von ihm trennen soll. Ich muss nur entscheiden, in welcher Distanz ich von ihm leben will. Ich glaube, es muss eine Tür mit Schlüssel zwischen uns geben. Wenn wir jeden Morgen in der gleichen Wohnung aufwachen – eigentlich wache nur ich auf, er schläft weiter –, fange ich an, wütend auf ihn zu werden, und es ist mir noch nicht gelungen, das zu überwinden. Aber wenn ich seine Faulheit und seine »Hirnlosigkeit« nicht direkt vor Augen habe, wenn wir uns nur manchmal treffen und nur aus Liebe – dann wird mir das vielleicht gelingen. Ich weiß, wenn ich ihn brauche, wird er immer für mich da sein. Er wird alles stehen und liegen lassen und mir zu Hilfe kommen. Früher habe ich gedacht, es würde mich stören, wenn ich wüsste, dass er auch mit einer anderen zusammen ist und nicht nur mit mir. Heute weiß ich, dass es nicht so ist, ich bin nicht eifersüchtig, was ihn angeht. Vielleicht ist das ein Zeichen, dass ich ihn nicht so sehr liebe, aber ich bin nicht bereit, auf ihn zu verzichten. Richtiger gesagt, ich kann nicht auf ihn verzichten, und anscheinend kann er auch nicht wirklich auf mich verzichten, nicht für längere Zeit.

Avigail schwieg und ich mit ihr. Nach einer Weile sagte sie:

– Vor einer Woche hat ein Freund von Oren aus dem Kibbuz bei uns angerufen. Er fängt im Oktober in Jerusalem zu studieren an und hat gefragt, ob wir eine Wohnung wüssten. Oren sagte, er sei bereit, sich eine mit ihm zu teilen, sie könnten sich zusammen eine Wohnung suchen. Ich dachte, das sei eine Provokation mir gegenüber. Jetzt scheint mir, dass das ernst gemeint war. Vielleicht ist es wirklich besser, wenn Oren mit jemand anderem zusammenwohnt statt mit mir und Lior und nur hin und wieder zu uns kommt. Denn irgendwo in dieser schwierigen und schönen Stadt, wo unsere Liebesgeschichte so gar nicht zu den normalen Geschichten passt, muss es auch für ihn einen Platz geben. Es muss eine Wohnung für Oren in Jerusalem geben. Wo er bis in den Vormittag hinein schläft und nicht in seine Seminare geht. Wo er rauchen kann, was er will und wann er will. Wo er zu Besuch haben kann, wen er will… Was denken Sie von dem Ganzen?

– Ist das eine Einladung zu konstruktiver Kritik?

Wir lachten beide ein wenig, und danach sagte ich:

– Jetzt im Ernst. Ich denke zwei Dinge. Erstens ist es sehr beeindruckend zu sehen, was mit Ihnen passiert, wenn Sie sich freischwimmen und wieder in Gang kommen, mit welcher Geschwindigkeit Ihnen die Dinge durch den Kopf schießen und wie Sie in dem Moment, in dem Sie sich frei fühlen, mit Leichtigkeit Pläne entwerfen. Das Zweite ist eigentlich eine Frage: Wie erklären Sie sich diesen schnellen Wandel, der bei Ihnen eingetreten ist? Inwieweit ist er mit dem verknüpft, was zwischen uns passiert ist, damit, dass es Ihnen endlich gelungen ist, mir zu glauben, dass ich keine Kritik an Ihnen und Ihrer Liebe habe?

– Mir scheint, dass Sie nun etwas nach Komplimenten fischen. Also: Jetzt habe zumindest ich keine Kritik an Ihnen, wenigstens nicht bewusst. Und das ist vielleicht das größte Kompliment, das ich Ihnen machen kann.

***

Avigails Geschichte und ihre Beziehung mit Oren werfen Fragen auf, die die Wahl des Partners betreffen, Fragen nach dem Beziehungsmuster, das mit ihm entsteht, und der Beziehung zwischen diesem und den Charaktereigenschaften und seelischen Problemen. Wann wird eine Partnerwahl pathologisch? Kann, und wenn ja, nach welchem Kriterium, ein Mensch seine

Liebe zu einem anderen Menschen beurteilen? Und inwieweit vermag die Psychologie überhaupt klare Aussagen zu diesen Themen zu machen?

Es besteht eine Spannung zwischen den psychologischen Ergebnissen, die quantitativen Untersuchungen entstammen – die mit großen Gruppen von Menschen durchgeführt wurden, normalerweise mit Hilfe von Fragebögen oder Interviews –, und dem, was sich über einen längeren Zeitraum in einer bestimmten Therapie zwischen Therapeut und einem einzelnem Patienten herausstellt. In ihrem Buch »Verlieben – Wie wir auswählen, in wen wir uns verlieben«, das im zweiten Kapitel erwähnt wurde, überprüft die Psychologin Ajala Malakh-Pines die Frage der Partnerwahl unter diesen zwei Gesichtspunkten. Erstere Befunde definiert sie als »bewusste« und letztere als »unbewusste Auswahl«. Sehr viele demographische Studien deuten darauf hin, dass geographische Nähe, »standardgemäße« Schönheit, Symmetrie im Körperbau, gemeinsame Interessensgebiete, Ähnlichkeit von Körperbau und Gesicht – ebenso wie Ähnlichkeiten in Alter, Erziehung, wirtschaftlicher und sozialer Stellung, Rasse, Religion, Gewicht und anderem – die Chance erhöhen, dass wir uns in einen bestimmten Menschen verlieben. Allem Anschein nach ist das ein logischer, im Voraus zu erwartender Prozess, der nach klaren Regeln abläuft. Betrachtet man große Bevölkerungsgruppen, ist es leicht zu sagen, welche Wahl und welche Muster von der »Norm« abweichen, die das »Anerkannte« vertritt. Jedoch ist dies natürlich eine Illusion der großen Zahlen. In der Realität weicht die Liebesgeschichte vieler Menschen, wie bei Avigail und Oren, von diesen Konventionen ab und ist weitaus komplexer und komplizierter. In der Tat findet sich bei einem beträchtlichen Teil der großen Romanzen aller Zeiten eine Abweichung in einem oder mehreren Punkten der standardgemäßen Übereinstimmung, die wir aufgelistet haben, eine

Abweichung, die einen untrennbaren Bestandteil ihres Zaubers ausmacht. Wie also wählen wir aus?

Eines der verblüffendsten Dinge beim Thema Verlieben in der modernen Gesellschaft ist, dass der Prozess, der am Ende für die wichtigste Entscheidung in unserem Leben bestimmend sein wird – wen wir heiraten –, häufig im Zustand leichter Sinnesvernebelung abläuft oder zumindest beginnt. Manchmal verlieben wir uns in der Nacht, auf einer Party, bei eingeschränkten Sichtbedingungen, unter Mitwirkung von Alkohol. Wie wir gesehen haben, ist Sichverlieben fast immer mit emotionaler Angeregtheit gewürzt, mit starken und häufig unbewussten Wünschen. Manchmal geschieht es sogar vor dem Hintergrund einer eigensinnigen Weigerung, auf die nüchterne Stimme der Logik zu hören. Zur Erinnerung, Freud sah die Verliebtheit als den Seelenzustand an, der dem Anormalen am nächsten ist, und daraus ergeben sich schicksalsträchtige Auswirkungen auf die Erwägungen von Liebenden. Viele Menschen widmen den Überlegungen der Vor- und Nachteile und einem kühlen, peniblen Vergleich der Alternativen bei einem Autokauf mehr Zeit als der Prüfung, mit wem sie ihr Leben teilen sollen. Lieder, Romane, Filme und Fernsehserien trichtern uns immer wieder ein, bei allem, was die Partnerwahl angeht, »auf uns selbst und unsere Gefühle zu horchen«. Allerdings kann die Intuition, die uns dabei leiten sollte, durchaus täuschen. Piloten auf Nachtflügen oder über dem Meer können *Vertigo* entwickeln – ein starkes, sogar ganz sicheres Gefühl bezüglich ihrer Position im Luftraum, das weit entfernt von ihrer wahren Lage ist. Dieses Gefühl, das jeder Pilot schon erfahren hat, kann tödlich sein. In Extremfällen führt es dazu, dass der Pilot davon überzeugt ist, dass oben unten ist und umgekehrt. Die einzige Chance im Zustand von Vertigo besteht darin, das Gefühl im Bauch und den Anblick, der sich draußen bietet, vollkommen stur zu ignorieren und das

Flugzeug unter Konzentration auf den »künstlichen Horizont« zu fliegen – ein einfaches Instrument, das die Position des Flugzeugs im Verhältnis zum Horizont anzeigt. Es ist jedoch sehr schwierig, unsere Bauchgefühle und den Anblick vor Augen zu ignorieren. Sterne können wie Lichter von Schiffen wirken und umgekehrt, und viele Piloten haben ihre Entscheidung, sich auf ihre Intuition zu verlassen, mit dem Leben bezahlt.

Eine Liebesgeschichte ist kein Nachtflug. Unsere Intuitionen bezüglich der Liebe sind im Allgemeinen bei weitem nicht so irreführend und gefährlich. Darüber hinaus sind, nach Verständnis der Psychoanalyse, unsere Intuitionen und Gefühle im Bauch nicht zufällig. Sie sind von bewussten und unbewussten Erinnerungen an Dinge beeinflusst, die uns passiert sind, von unseren Beziehungsmustern in der Vergangenheit, speziell in der Kindheit, und von unseren Charaktereigenschaften. Auch Avigails Wahl von Oren war, so wie die Partnerwahl eines jeden von uns, von Faktoren beeinflusst, die sich ihrer Vergangenheit zuordnen lassen. Bisweilen wird der Einfluss der Vergangenheit übermächtig und stereotyp. Freud hat dieses geheimnisvolle Phänomen *Wiederholungszwang* genannt. Zahlreiche Menschen kommen mit der Klage in die Therapie, »immer wähle ich den falschen Partner«. In diesen Fällen handelt es sich möglicherweise um eine Form von Wiederholungszwang, dessen Behandlung häufig eine dynamische Therapie sein wird. Wenn von Menschen wie Avigail die Rede ist, wird der Therapeut versuchen, sich eines Urteils und der Suggestion zu enthalten und sich bemühen, die Entscheidung des Patienten zu respektieren. Dabei sollte der Therapeut bestrebt sein, die dabei involvierten unbewussten Faktoren zu verstehen und das Bewusstsein des Patienten diesen Faktoren gegenüber zu erhöhen. Denn in der Liebe ist – vielleicht mehr als in jedem anderen Lebensbereich – die Grenze zwischen »normal« und »pathologisch« weder klar noch absolut. Darüber hinaus ist der Therapeut trotz seines fachlichen Wissens kein Spezialist für Liebe.

Bei allem, was mit Liebe zu tun hat, gleichen die, die mit dem Fach seelische Gesundheit befasst sind, vielleicht Schustern, die barfuß gehen. Es scheint, dass die Muster der Partnerwahl von Psychiatern, Psychologen und anderen Therapeuten nicht immer von Überlegung und Stabilität in der Liebe zeugen. Es grassiert das weit verbreitete Klischee in der Öffentlichkeit, dass die Spezialisten der Seele selbst am meisten seelische Probleme haben. Stimmt das? Möglicherweise steckt ein Körnchen Wahrheit darin. Die Antwort hängt von quantitativen Daten und der Art ab, in der man sie interpretiert. Ein Beispiel dafür ist eine Studie, die in der Johns-Hopkins-Hochschule für Medizin in den Vereinigten Staaten durchgeführt wurde. Diese Schule verfolgt den Weg ihrer Absolventen und bleibt in Kontakt mit ihnen. Unter anderem werden die Spezialisierungen der Abgänger und ihre familiäre Situation weiter beobachtet. Ein Teil der Studie, die 1997 publiziert wurde, untersuchte die Beziehung zwischen der vom Absolventen gewählten Facharztausbildung und seine Scheidungsaussichten im weiteren Verlauf. Die Forschungsarbeit umfasste 1118 Personen, die ihr Medizinstudium zwischen 1944 und 1960 beendeten, und die Ergebnisse waren beeindruckend: 22% der Kinderärzte und Pathologen sowie 24% der Internisten und 33% der Chirurgen ließen sich scheiden, doch an der Spitze der Liste standen die Psychiater – mit 50%. Der Unterschied in der Scheidungsrate zwischen den Psychiatern und ihren Kollegen, die andere Facharztausbildungen gewählt hatten, ist in statistischer Hinsicht signifikant.

Es gibt einige Interpretationsmöglichkeiten für diese Ergebnisse, die zum Teil nicht sehr schmeichelhaft für meinen Beruf sind. Möglicherweise haben Menschen, die die Psychiatrie wählen, von vornherein weniger stabile Charaktere als die, die sich anderen Facharztausbildungen zuwenden. Es kann auch sein, dass der Beruf per se etwas an sich hat, das die Stabilität der Ehe derer, die ihn ausüben, erschüttert. Eine optimistischere Auslegung ist, dass sich Psychiater, wie alle anderen im psychischen Behandlungswesen, einfach ihrer selbst und ihrer Wünsche mehr bewusst sind und nicht bereit, in ihrer Lebensqualität Kompromisse zu schließen und in einer Ehe ohne Liebe auszuharren. Auf jeden Fall ist es eine Tatsache, dass mehr Psychiater ihre Meinung bezüglich der wichtigsten Entscheidung ihres Lebens geändert haben als ihre Kollegen in anderen Facharztbereichen. Denn offensichtlich liegt die Scheidungsrate nicht nur im Kreise der Psychiater so hoch, sondern auch bei Psychologen sowie bei anderen Therapeuten, und dies verpflichtet uns zur Bescheidenheit bei der Begutachtung der Beziehungsmuster derer, die zu uns in Behandlung kommen.

4. KAPITEL

Der letzte Tango in Tel Aviv

Noa stand auf und überprüfte noch einmal die Tür ihres Zimmers. Es wäre unangenehm, wenn ihre neue Mitbewohnerin plötzlich hereinkäme und sie vor dem Computer anträfe, wie sie sich Bilder von Männern anschaute. Sie hatte Sehnsucht nach den Tagen, in denen sie sich die Wohnung mit Rakefet, ihrer besten Freundin, geteilt hatte, die vor einigen Wochen geheiratet hatte. Rakefet war eine echte Vertraute, und Noa pflegte ihr alles zu erzählen, auch die Dinge, die man niemandem sonst erzählt. Die Tür war abgesperrt, und sie kehrte auf ihren Platz zurück. Die Bilder erwarteten sie auf dem Display in senkrechter Reihe untereinander in dem Fenster der Bekanntschaftshomepage. Sie wusste, wenn sie weiterklicken würde, würden noch viel mehr Männer vor ihren Augen auftauchen, eine peinliche, trügerische Flut an Möglichkeiten, jemanden kennen zu lernen. Sie blickte auf den abgedroschenen Text neben einem der Bilder:

Ra'anan88, in gutem Gebrauchtzustand, sucht dich für Zeitvertreib und Freundschaft. Wenn du gerne ausgehst, heißblütig bist und Sinn für Humor hast, dann sollten wir uns treffen und schauen, ob es uns zusammen gut gehen könnte… :-)

Seinen Familienstand bezeichnete er als »getrennt«, ein nebulöser und elastischer Begriff, der im inoffiziellen Kode der

Internetbekanntschaften bedeutete, »Ich bin noch verheiratet, mache aber, was ich will.« Was für ein Mensch war Ra'anan88? Er war einhundertfünfundsiebzig Zentimeter groß. In der Spalte »Körperbau« hatte er die schmeichelhafte Option »kräftig« gewählt, doch das Bild zeigte einen Mann in den Vierzigern mit einem kleinen Bauch. Wie viele der Männer, deren Bildern sie auf einer Homepage begegnet war, hatte auch Ra'anan88 einen kahl rasierten Schädel und ein großes, unangenehmes Grinsen. Seine entblößte Brust war behaart. Im Hintergrund waren ein Streifen Strand und ein paar Hütten zu sehen, was darauf hinwies, dass das Foto am Sinai aufgenommen worden war. Dachte er, das Bild sei schmeichelhaft für ihn? Wer hatte es aufgenommen? Vielleicht seine Frau, von der er sich vor kurzem getrennt hatte? Oder hatte er sich vielleicht überhaupt nicht getrennt? Wie konnte man das wissen? Noa bekam wieder die Kopfschmerzen, die sie häufig befielen, wenn sie die virtuelle Bekanntschaftswelt aufsuchte, in der sie erst vor zwei Wochen zu surfen begonnen hatte. Sie schloss für einen Moment die Augen und atmete tief durch. Als sie sie öffnete, fand sie auf dem Bildschirm ein neues Menüfenster vor, das ihr unbekannt war: »Gespräch eins zu eins«. Jemand versuchte, Verbindung mit ihr aufzunehmen. Jetzt, in diesem Moment. Wie war er auf sie gekommen? Und warum ausgerechnet mit ihr? Die Kopfzeile des Fensters enthielt eine kurze Botschaft:

Amit252: Hi, komm, wir reden

Noa spürte eine angenehme Erregung, die ihr – ebenso wie das Kopfweh – von ihren früheren Ausflügen auf diese Internetseiten bekannt war. Sie versuchte, sich eine ungewöhnliche Antwort auszudenken, doch ihr wollte nichts einfallen. Nach kurzem Zögern tippte sie:

Während sie noch auf Antwort wartete, holte sie die Karte von Amit252 auf den Bildschirm. Das Erste, das ihre Aufmerksamkeit erregte, war das fehlende Bild. Auch dieser Mann bevorzugte, genau wie sie, die Wahrung einer gewissen Privatsphäre und hatte es nicht eilig, sich Fremden auszusetzen. Familienstand: Ledig. Das war gut. Hoffentlich stimmte es auch. Er sagte von sich, dass er einen schlanken Körperbau und braune Augen habe, achtundzwanzig Jahre alt sei – zwei Jahre älter als sie – und wie sie in Israel geboren. In der Spalte »Bildung« hatte er Universitätsabschluss markiert, aber nicht, welches Fach. Auch bei »Beruf« hatte er die unklare Option »anderes« gewählt. Sie überflog schnell den Rest. In der Spalte »ein Film oder ein Buch, das es mir angetan hat«, hatte er geschrieben »Der letzte Tango«. Auch Noa hatte den Film geliebt, obwohl sie es nicht gewagt hatte, das in ihrer Karte anzugeben, und stattdessen das gute alte »Casablanca« gewählt hatte. Bei »Sternzeichen« hatte er die Option gewählt, »daran glaube ich nicht«, was ihm einen weiteren Punkt bei ihr einbrachte. Sie übersprang »persönliche Eigenschaften« und »Interessensgebiete«. Aus ihrer Erfahrung mit diesen Bekanntschaftsseiten wusste sie bereits, dass alle Surfer Sinn für Humor hatten und ausnahmslos klug, optimistisch, spontan und kreativ waren. In der Spalte »freier Text« hatte er geschrieben: »Ich kann dir eigentlich nur zwei Dinge versprechen: Dass du dich nicht langweilen wirst, und dass du mich nie vergessen wirst. Alles andere hängt auch von dir ab.« Er gab sich als Nichtraucher und in »solider« finanzieller Lage zu erkennen. Sie holte seine Angaben zum Punkt »erwünschte Partnerin« auf den Bildschirm. Die Altersspanne zwischen 25 und 35 überraschte sie. Die meisten Männer waren an jüngeren Frauen interessiert, manchmal um vieles jünger als sie. Dieser Amit suchte also auch die Nähe von Frauen, die bis zu sieben Jahre älter waren als er, zusätzlich zu Frauen seines Alters und jüngeren. Die Spalte »suche Partnerin für…« war von ihrem Standpunkt aus wichtig. Amit war an einer Partnerin für »Zeitvertreib« interessiert, aber auch für eine »ernste Beziehung«. In der Spalte »erwünschter Bildungsgrad« hatte er alle Möglichkeiten von »irgendeine höhere Bildung« bis zu »Promotion« gewählt. Bei »erwünschter Familienstand« hatte er sämtliche Möglichkeiten gewählt: ledig, verheiratet, geschieden, getrennt und verwitwet. Das war eine unübliche Wahl, ebenso wie der Text, der in der Spalte »Beschreibung der erwünschten Partnerin« auftauchte:

Ich kann dir nicht sagen, wie du aussiehst und welche Charaktereigenschaften du hast. Ich habe keine Ahnung, wie alt du bist und was du arbeitest. Aber wenn du, wie ich, des Konventionellen müde bist und bereit, ein Risiko bis zum Ende einzugehen, um etwas Neues zu erfahren, dann werden wir eine gemeinsame Sprache finden und vielleicht sogar mehr als das.

Das gefiel ihr. Sie spürte, dass es einen Zusammenhang mit der leichten Erregung gab, ausgelöst durch den etwas drohenden Ton des Schreibers und die Überlegung, dass Amit sie gefunden und sich aus eigener Initiative, ohne Zögern oder Hemmungen, an sie gewandt hatte. Sie richtete ihren Blick auf das Gesprächsfenster auf dem Bildschirm und wartete auf seine Antwort.

Die Depression, in der sie sich befunden hatte, die Depression eines weiteren Abends in einer Wohnung mit neuer Mitbewohnerin, hatte sich gänzlich verflüchtigt und war einer angenehmen Erwartung gewichen. Ihr Computer, den sie bis vor zwei Wochen nur zur Erstellung von Präsentationen im Rahmen ihrer Arbeit als Texterin eines Werbebüros und für die E-Mails mit ihrem jüngeren Bruder benutzt hatte, der im Fernen Osten herumreiste, wurde plötzlich aufregend, sogar aufreizend.

***

Der PC und das Internet sind eine der letzten der technologischen Neuerungen, die immer schon die Art und Weise beeinflusst haben, wie Menschen miteinander kommunizieren und lieben. Die Verbesserung der Postzustelldienste im Laufe des neunzehnten Jahrhunderts brachte der Kunst des Liebesbriefschreibens viel Popularität ein. Es war die Blütezeit der geistigen und romantischen Liebe, die Entfernungen ignorierte, die zu warten und sich in Geduld zu fassen wusste. Die Liebe, die sich mittels Briefen des viktorianischen Zeitalters äußerte, bot eine tiefe seelische Intimität – und eine gespannte, süße Erwartung auf Post – als Ersatz für körperliche Nähe. In den siebziger und achtziger Jahren des vergangenen Jahrhunderts trat eine weitere Entwicklung ein, als der Computer dem Telefon im Dienste der Liebe angeschlossen wurde. So entstanden telefonische Kontaktdienste, die »ohne menschliche Berührung« zwischen dem Adressaten und dem Partner oder der Partnerin einen Kontakt herstellten, die dem bezeichneten Profil entsprachen, ohne dass ihre Identität preisgegeben wurde. Von hier war es nur ein kurzer Weg zu *Telefonsex*. Das ist ein Zeitvertreib, bei dem die Gesprächspartner einander schildern (häufig in ausführlicher, lautstarker Weise), was sie tun würden, wenn sie sich in diesem Augenblick zusammen in einem Bett befänden. Telefonsex stellt eine interessante Neuerung im menschlichen Lustrepertoire dar. Er ermöglicht eine Blüte der Phantasie und unkonventioneller sexueller Experimente, und das alles in Realzeit, ohne sich entblößen oder etwas riskieren zu müssen. Darüber hinaus gewährte der Telefonsex, wie der amerikanische Schriftsteller Armistad Maupin bemerkte, den Männern zum ersten Mal in der Geschichte eine Option, die bis dahin nur Frauen vorbehalten war – die Möglichkeit, einen Orgasmus vorzutäuschen.

Mit dem Potential, Distanzen von Raum und Zeit zu überwinden und es auch schüchternen, verschlossenen Menschen zu ermöglichen, am großen Paarungstanz teilzunehmen, waren die telefonischen Kontaktdienste die Vorboten der Internetrevolution auf dem Gebiet von Liebe und Sex. Es ist eine Ironie des Schicksals, dass das Internet, ein Kommunikationssystem zwischen Computern, das vor Jahrzehnten mit dem Ziel geschaffen wurde, die Kontrollfähigkeit des amerikanischen Verteidigungsministeriums im Falle eines Atomkriegs zu verbessern, im letzten Jahrzehnt zum ultimativen Heiratsvermittler avancierte, ebenso wie zum größten Pornographiemarkt, den es je gab[25]. Die Internetrevolution veränderte anscheinend nicht nur die Bekanntschaftsmuster, sondern auch die pornographischen Konsumgewohnheiten. In einer Studie, die im Jahre 2003 durchgeführt wurde und 15 000 Befragte umfasste, fanden die Firma Microsoft (MSNBC.com) und die Zeitschrift Elle heraus, dass nicht nur 81% der Männer, sondern auch 53% der Frauen pornographische Homepages im Netz aufsuchten. Die meisten gingen nicht leer aus – 75% der Männer und 41% der Frauen, die an der Umfrage teilnahmen, betrachteten und/oder luden sich erotische Bilder oder Videoausschnitte aus solchen Sites auf ihren Computer herunter. Die Rate der pornographiekonsumierenden Männer im Netz erstaunte keinen, doch die Tatsache, dass auch die meisten der befragten Frauen angaben, dass sie sich »widerliches Zeug« ansahen, war überraschend und wird wohl ein Umschreiben der einschlägigen Lehrbuchliteratur zur Folge haben müssen. Die Soziologin Julia Albright, die sich auf Sex im Internet spezialisiert hat, ist der Ansicht, dass Frauen im virtuellen Raum viel mehr Kontrolle als in der Realität haben und dadurch im Netz freier darin sind, ihre Sexualität zu entdecken.

Viele Frauen, die in pornographischen Websites im Internet surften, erlebten ihren Ausflug als positiv. Etwa ein Drittel von ihnen fand neue Wege, attraktiv zu wirken oder sich sexy zu benehmen. Ungefähr ein Viertel gab an, dass die Besuche ihr Gefühl bezüglich ihrer eigenen Sexualität verbessert und/ oder die Grenzen dessen, was von ihnen als »erotisch« erlebt wird, erweitert haben. Doch es gibt nichts Gutes ohne etwas Schlechtes: Über ein Drittel der Frauen, die pornographische Websites im Internet nutzten, begannen sich Sorgen zu machen, ob sie ihren Partnern unter sexuellem Aspekt denn auch genügten, und ein Viertel von ihnen empfand, dass das, was auf diesen Seiten präsentiert wird, erniedrigend und beleidigend für Frauen ist.

Es scheint, dass die eigentliche Revolution, die das Internet im Liebes- und Sexleben unzähliger Millionen Menschen in aller Welt hat eintreten lassen, nichts mit Pornographie, sondern mit den Beziehungen zu anderen Menschen zu tun hat. Derartige Bekanntschaften können sich – in dem weiten Feld zwischen dem Austausch kurzer, einmaliger Botschaften in völliger Anonymität und intimen, kontinuierlichen Kontakten bewegen, die zu »echten« Beziehungen werden und sogar manchmal zur Heirat führen. Die breite Spanne der möglichen Beziehungsformen im Internet stellt nichts Neues dar. Schon seit jeher haben die Menschen miteinander Beziehungen in verschiedenen Abstufungen von Nähe geknüpft. Die Neuerung bei den Bekanntschaften über das Internet drückt sich in der faszinierenden Kombination von Intimität und Anonymität aus.

Kathleen McKenna, die die psychologischen und gesellschaftlichen Auswirkungen der Beziehungen im Internet erforscht, fand allerdings heraus, dass auch diese Kombination nicht neu ist. Das Phänomen »Der Fremde im Zug« ist bekannt und vertraut: ein Mensch, dem wir zufällig begegnen, der auf einer langen Reise neben uns sitzt. Wir kennen seinen Namen nicht, doch führen wir mit ihm ein offenherziges Gespräch und bekennen ihm Dinge, die sogar die uns am nächsten Stehenden nie zu hören bekommen würden. Allerdings ist die Begegnung mit dem Fremden im Zug, im Autobus oder Flugzeug einmalig, und das ist Teil des Geheimnisses seiner Macht. Das Internet jedoch ermöglicht langfristige intime Beziehungen, die mit großer Intensität über Monate und sogar Jahre hinweg geführt werden können. Gleichzeitig können derartige Beziehungen vollkommen anonym bleiben, und die Beteiligten können sie jederzeit abbrechen, ohne lokalisiert zu werden. Ein solches Muster von Beziehungen hat Aharon Ben-Ze'ev, ein Philosoph, der sich mit Gefühlsbereichen und Internet beschäftigt und dessen Ansichten wir im Folgenden noch kennen lernen werden, »distanzierte Nähe« genannt.

***

Unvermittelt tauchten auf dem Bildschirm die Worte auf:

Amit252: Das ist keine echte Unterhaltung. Ich tippe bloß Wörter und kenne nichts von dir außer deiner Karte. Wer bist du?

Noa antwortete sofort, und so begann ein Pingpong, ein Austausch schneller Botschaften zwischen zwei Tastaturen. Noa war sich nicht sicher, ob das wirklich eine »echte« Unterhaltung war.

Noa348: Ich bin Noa.

Amit252: Und ich natürlich Amit. Vielleicht kommen wir noch ein bisschen weiter?

Noa348: Gut. Aber ich will die Erste sein, die fragt. Warum bist du 252?

Amit252: Weil 251 schon besetzt war. Und wenn wir gerade bei Zahlen sind, kann ich deine Telefonnummer haben? Ich tippe nur mit einem Finger. Machen wir lieber mündlich weiter.

Noa antwortete vorsichtig:

Noa348: Nicht so schnell, wir haben uns gerade erst kennen gelernt. Vielleicht erzählst du mir vorher, wer du bist und was du machst.

Amit252: Das sind zwei verschiedene Fragen. Ich möchte nur auf die erste antworten. Das heißt, ich will dir nicht meinen vollen Namen, Adresse, Arbeitsplatz und den Namen der Schule, in die ich gegangen bin, verraten. Diese ganzen Angaben sind unwichtig. Ich wohne in Tel Aviv, und deiner Karte nach wohnst du auch hier. Das genügt. Ich will deine ganzen Daten nicht wissen. Stattdessen möchte ich wissen, wer du bist. Ich möchte, dass du mir erzählst, was dich bewegt, was dich erregt, was du gerne hast, dich aber zu bitten fürchtest oder wofür du dich schämst. Wenn du möchtest, bin ich bereit, dir diese Dinge von mir selbst zu erzählen.

Es hat etwas Beruhigendes, wenn man den Hintergrund der Person kennt, mit der man sich verabredet. Israel ist ein kleines Land, und normalerweise ist es nicht schwer, in der Umgebung jemanden zu finden, der das potentielle Liebesobjekt kennt. Noas frühere Freunde sowie die Männer, die versucht hatten, in der Vergangenheit etwas mit ihr anzufangen, kamen aus ihrem Umkreis. Amit, oder derjenige, der sich so nannte, beharrte darauf, anonym zu bleiben, wollte sie allerdings bis in ihre tiefste Seele kennen lernen. Noa erinnerte sich, dass er auf seiner Karte angegeben hatte, den Film »Der letzte Tango« zu lieben. Vor einigen Monaten hatte sie auf Rakefets Empfehlung hin den Film auf Video gesehen. Sie hatte ihr gesagt: »Ich glaube, gerade dir wird das gefallen, mit deinem Hang zum Sado-Maso«, und sie hatte Recht. Was Noa daran gefallen hatte, war nicht nur die dunkle Seite der sexuellen Beziehung zwischen den beiden Helden des Films, sondern auch ihre Anonymität – eine Frau und ein Mann, die nichts voneinander kennen außer ihrer Leidenschaft, in der sie »bis zum Äußersten« gehen.

Aber Noas erstes virtuelles Treffen mit Amit ging nicht »bis zum Ende«, nicht einmal annähernd. Noa teilte weder ihre sexuellen Phantasien mit ihm, noch gab sie ihm ihre Telefonnummer. Sie registrierte jedoch während des zweistündigen Austauschs von Computerbotschaften, dass Amit einen scharfen Sinn für Humor hatte, dass er brillant war, sensibel, aber nicht empfindlich, und dass er – wie sie – einen Hang zum Verbotenen und Gefährlichen hatte. Als sie in jener Nacht schlafen ging, dachte sie daran, dass sie ausgemacht hatten, sich auch morgen wieder zu einem Chat – das heißt, zu einer elektronischen Unterhaltung zwischen zwei Tastaturen – zu treffen, und sie lächelte in sich hinein, bevor sie einschlief.

Bei ihrem Termin mit mir, zwischen den beiden Chats, erzählte sie mir von Amit. Sie erklärte, dass der anonyme Surfer bei ihr eine Spannung auslöste, wie sie sie in den letzten Monaten gegenüber keinem der Jungen, mit denen sie ausgegangen war, empfunden hatte. Davor war ihre Einstellung zu den Bekannschaftshomepages im Internet wie die zu einem harmlosen und unbedeutenden Hobby gewesen. Damit jedoch ignorierte Noa die aktuelle Realität, in der diese Websites zur heißen Adresse für Liebessuchende geworden waren. Die meisten Frauen und Männer, die an der besagten Umfrage von Microsoft und Elle teilnahmen, hatten eine solche Kontaktwebsite in Anspruch genommen. Es handelt sich um noch nie da gewesene Zahlen: In jedem der Monate des Jahres 2003 surften über 40 Millionen Amerikaner auf den Bekanntschaftssites im Internet. Viele von ihnen »spähten hinein und blieben hängen«. Über ein Drittel der Männer und fast die Hälfte der Frauen, die an der Umfrage teilnahmen, sagten aus, dass sich ihr reales Liebesleben als Folge ihrer virtuellen Ausflüge verbessert habe. Die häufigsten Veränderungen waren mehr Verabredungen und mehr Sex. Darüber hinaus berichteten 14% der Frauen und 8% der Männer, dass sie eine »ernste« Beziehung mit jemanden hätten, den sie per Internet kennen gelernt hatten, und 8% der Frauen und 5% der Männer sagten, dass sie jemanden geheiratet hätten, dem sie zum ersten Mal auf dem Computerbildschirm begegnet seien. Doch Noa beunruhigte die Möglichkeit, dass in der Welt des Internets, wie in Alice's Wunderland, »die Dinge nicht so sind, wie sie scheinen«.

Sie hatte gute Gründe für diese Befürchtung. In der virtuellen Welt ist es viel leichter zu lügen. Jeder Mensch kann sich als alles ausgeben, und viele tun dies auch. Unter den Nutzern der Bekanntschaftshomepages gaben in der besagten Umfrage eine von zehn Frauen und zwei von zehn Männern zu, behauptet zu haben, »ledig oder frei zu sein, obwohl das nicht stimmte«. 29% der Männer gaben zu, dass sie sich den Bekanntschaftsprogrammen in der Absicht zugewandt hatten, ihre Partnerin zu betrügen. Es gibt andere Lügen: Frauen lügen mehr als Männer, was ihr Gewicht angeht, Männer mehr als Frauen bezüglich ihres Altes, und beide Geschlechter lügen gleichermaßen in Bezug auf ihre Bildung und ihre finanzielle Situation. Die Rate derer, die ein anderes Geschlecht vortäuschen, ist relativ klein: Nur 1% der Frauen sagten aus, dass sie sich als Männer ausgaben, und umgekehrt 3% der Männer. Doch die Tatsache, dass Amits Bild nicht auf seinem Computereintrag erschien, verhieß nichts Gutes. Die Chance, dass ein Mann, der sein Foto nicht ins Netz stellte, bezüglich seines Familienstandes log, war doppelt so hoch wie bei einer Karte mit Bild. Es ist leicht und bequem, im Internet zu betrügen, und der Betrug – mit dem wir uns im achten Kapitel befassen werden – ist in der virtuellen Welt gang und gäbe. Angesehene Internetanbieter wie MSN und Yahoo! zögern nicht, in ihre Chatrooms auch solche mit einzuschließen, die sich »married but looking« nennen.

Nachdem mir Noa die Einzelheiten ihres virtuellen Treffens mit Amit beschrieben hatte, fügte sie hinzu:

– Die Logik sagt mir, dass alles, was er gestern geschrieben hat, gelogen sein kann.

– Und wie reagierten Sie auf diese Möglichkeit?

– Ich hätte natürlich nicht besonders gerne, dass sich herausstellt, dass er verheiratet ist oder eine Freundin hat, die er betrügt. Ich befürchte es, aber irgendwie finde ich es auch faszinierend. Als ob man mir die Augen im Bett verbindet, und Sie wissen ja, dass das eine Phantasie ist, die mich erregt. Außerdem, vergessen Sie nicht, dass ich einen zwei Stunden langen Chat mit ihm hatte. Ich glaube, das ist lang genug, um ein gutes Gefühl für den Menschen auf der anderen Seite zu bekommen.

Noa hatte mir immer ihre Empfindungen nach ihren realen Verabredungen mitgeteilt. Ich registrierte, dass mit »Amit252« eine wärmere Beziehung entstanden war und sie ihm mehr von sich verraten hatte als den Männern, die sie zum ersten Mal persönlich getroffen hatte. Wie war das möglich? Die größere Selbstentblößung vor einer anonymen Person gilt als ein Teil des bereits erwähnten Phänomens »Der Fremde im Zug«, doch der virtuelle Fremde ist nicht nur namenlos, sondern auch ohne Gesicht und Stimme. Er ist fast eine platonische Idee: fliegende Buchstaben und eine Seele ohne Körper. Vor zehn oder zwanzig Jahren galt eine Telefonaffäre als »entfernt«. Heute, in einer Welt, in der die Romantik auf Computertastaturen blüht, ohne Berührung, ohne Sichtbares und ohne Stimme – das heißt, vollkommen geschützt –, wird eine Telefonverbindung manchmal als »zu nah« erlebt.[26]

Der Verzicht auf eigenes Sehen und Hören blockiert allerdings zahlreiche, teils unbewusste Kommunikationskanäle. Im Laufe einer »normalen« Unterhaltung sammeln wir eine Menge wichtige Informationen über unseren Gesprächspartner durch seinen Gesichtsausdruck, aus der Betonung und der Aussprache seiner Worte, aus seiner Körpersprache. Diese Informationen erreichen uns und bestimmen häufig unsere emotionale Bezugnahme auf die gesagten Worte und die Person, die sie sagt, auch ohne dass wir uns dessen bewusst werden. Einer der Gründe, weshalb der Patient bei der klassischen Psychoanalyse auf der Couch mit dem Therapeuten im Rücken liegt – der sieht, aber nicht gesehen wird –, ist der, dass Ausdruck und Anblick des Gesichts des Therapeuten den Patienten nicht von seiner inneren Welt und von den Bedeutungen und Vorstellungen ablenken sollen, die in seiner Seele erwachen, während er die Worte des Therapeuten hört. Der Übergang zur Kommunikation zwischen Tastaturen blockiert diese intuitiven Informationskanäle und erzeugt so bei schüchternen Menschen, die sich davor fürchten, entblößt zu werden, obwohl sie eigentlich nichts zu verstecken haben, ein Gefühl der Sicherheit. In diesem Zusammenhang ist es angebracht, einen der Gründe zu zitieren, der Freud dazu bewog, das psychoanalytische Arrangement zu wählen, bei dem die Patienten auf dem Sofa lagen, während er sich hinter ihnen befand: Er konnte es nicht ertragen, dass ihn jemand acht Stunden lang am Tag anstarrt.

Noa war sich der Faszination der Anonymität bewusst. Doch was sie überraschte, waren die Sicherheit, das Vertrauen und die Zuneigung, die sie gegenüber einem Menschen empfand, den sie nie getroffen, nie gesehen und nie gehört hatte.

Bereits im Jahre 1973 fanden der Psychologe Gergen und seine Kollegen heraus, dass zwei einander unbekannte Menschen, die sich in einem dunklen Raum begegneten, viel offener miteinander redeten und nach dem Treffen mehr Zuneigung füreinander empfanden als zwei Fremde, die sich in einem hellen Raum trafen. McKenna und ihre Kollegen stellten bei einem Versuch, dessen Ergebnisse 2002 veröffentlicht wurden, fest, dass Studenten und Studentinnen ihren Gesprächspartner des anderen Geschlechts, den sie bei einem Chat im Internet für zwanzig Minuten »getroffen« hatten, lieber mochten als die Gesprächspartner/in, mit denen sie für eine gleiche Zeitspanne von Angesicht zu Angesicht zusammengebracht wurden. Ihre Studie ergab ein weiteres Resultat, das denen, die ihre physische Liebe über die virtuelle Welt suchen, Hoffnung gibt: Studentenpaare, deren erste Begegnung über Internet erfolgte, mochten sich, als sie sich danach persönlich trafen, mehr als Paare, die sich sowohl beim ersten als auch beim zweiten Mal von Angesicht zu Angesicht getroffen hatten. Was hat diese virtuelle Welt, dass sie uns dazu bringt, einander mehr zu mögen als in der realen?

In seinem Buch »Liebe im Netz«, das das Phänomen der Beziehungen im Internet tiefgründig in all seinen Aspekten untersucht, führt Ben-Ze'ev an, dass in der romantischen Liebe zwei Kriterien existieren, anhand derer wir unsere potentiellen Partner auswählen: Inwieweit dieser uns anzieht (attractiveness) und inwieweit er Eigenschaften besitzt, die wir als positiv und wertvoll begreifen (praiseworthiness). Bei den Beziehungen im Internet liegt größeres Gewicht auf dem zweiten Kriterium. Solange die Beziehung virtuell bleibt, deckt der Chat den fehlenden Augenschein ab. Mit anderen Worten, unter solchen Bedingungen wird unser Eindruck von der inneren Schönheit eines Menschen nicht durch seine äußerlichen Eigenschaften beeinflusst. Was geschieht demgegenüber, wenn man sich trifft? Wie viele wissen, die versucht haben, eine Internet-Bekanntschaft zu einer persönlichen zu machen, ist häufig eine Seite oder auch beide von dem enttäuscht, was sich ihren Augen offenbart. McKenna behauptet jedoch, dass das Internet den potentiellen Beziehungen die Chance gewährt, die Vielzahl der »Tore« zu überwinden, die romantische Beziehungen zu passieren haben, um eine Grundlage zu erhalten. Irgendein Makel im Äußeren, ein leichtes Stottern, Schüchternheit oder Nervosität, die bereits beim ersten Eindruck erkennbar sind – häufig reicht einer davon schon aus, dass wir den potentiellen Partner, den wir zum ersten Mal von Angesicht zu Angesicht treffen, disqualifizieren. Eine Bekanntschaft übers Internet ermöglicht, zuerst das Wesen des anderen auf sich wirken zu lassen, ihm nahe zu kommen und sich sogar in ihn zu verlieben, ohne dass solche Mängel stören. Die Offenherzigkeit, die die virtuellen Paare gleich von Anfang an miteinander pflegen, erhöht die Zuneigung und das gegenseitige Vertrauen. So kann es durchaus sein, dass man, wenn man sich schließlich trifft, entdeckt, dass die Tatsache, dass er ein bisschen rundlich ist, einen nicht wirklich stört.

Sind virtuelle Beziehungen also die idealen Beziehungen? Das hängt davon ab, wen man fragt. Es liegt Forschungsmaterial vor, das darauf hindeutet, dass virtuelle Beziehungen sich schneller als »normale« entwickeln und vertiefen, sich durch größere Offenheit auszeichnen und, wie wir gesehen haben, weniger empfindlich gegenüber dem äußeren Erscheinungsbild sind. Doch wie immer – jede Medaille hat zwei Seiten. Nach Meinung Ben-Ze'evs brauchen virtuelle Beziehungen durch die Abwesenheit physischer Nähe und die Möglichkeit, die Beziehungen im »Wartezustand« verharren zu lassen, indem man die Website verlässt oder den Computer ausschaltet, viel weniger Ressourcen als eine »echte« Beziehungskonstellation. Diese Tatsache ermöglicht es, mit Leichtigkeit einige virtuelle Beziehungen parallel zu betreiben ebenso wie sie per Knopfdruck zu beenden. Seiner Ansicht nach wird uns die Blüte der virtuellen Beziehungen dazu verpflichten, unsere emotionalen und moralischen Normen in allem, was Treue, Betrug, erlaubt und verboten angeht, erneut zu überprüfen.

***

Noa dachte, dass auch ich mich über ihre Beziehung mit Amit freuen müsste:

– Vielleicht ist das die Gelegenheit, auf die wir gewartet haben, seitdem ich angefangen habe, zu Ihnen zu kommen. Vielleicht finde ich jetzt heraus, was mich bei dieser ganzen Geschichte mit dem Beherrschen so anmacht.

Sie meinte das starke Interesse, das sie für Dominanz und Unterwerfung in sexueller Hinsicht hegte. Ihr Liebesleben war »normal«, das heißt, es glich dem anderer junger Frauen in Tel Aviv. Es gab nichts Außergewöhnliches an den sexuellen Beziehungen, die sie in der Vergangenheit hatte. Ihre sexuellen Phantasien jedoch beunruhigten sie. Noa liebte es, von »hartem« Sex zu träumen, der mit Schmerz und Zwang verbunden war. Sie hatte genaue und ausführliche Phantasiebilder, bei denen sich ihr Sexpartner, den sie nicht kannte, aggressiv und auch gewalttätig ihr gegenüber verhielt. Manchmal stellte sie sich vor, sie sei diejenige, die ihm auf verschiedene Art Schmerz zufügte, dass der Schmerz jedoch angenehm und erregend sei. Sie hatte niemals an anonymem Sex teilgenommen und hatte sich in der Realität nie in eine Situation gebracht, in der sie hätte verletzt werden können. In den letzten Jahren jedoch hatte sie zu fürchten begonnen, ihre Phantasien könnten damit zusammenhängen, dass sie noch keinen Partner gefunden hatte, für den sie über ein oder zwei Treffen hinaus wirkliche Begeisterung verspürt hätte. Diese Empfindungen verstärkten sich noch, als ihre beste Freundin Rakefet ihre gemeinsame Wohnung verließ, um Gideon zu heiraten. Das Problem war nicht ein Mangel an neuen Verabredungen. Doch in dem Moment, in dem sich der Mann in sie verliebte – was häufig geschah –, verlor Noa das Interesse an ihm. Jede Zärtlichkeitsbekundung seinerseits brachte sie dazu, von ihm abgestoßen zu sein. Ihre Befürchtungen hatten sie zu mir gebracht, doch bisher war die Therapie enttäuschend gewesen. Als wir anfingen, über ihre Phantasien zu sprechen, waren diese wie vom Erdboden verschluckt, und ihr Liebesleben in Realität und Phantasie wurde – so wie unsere Stunden – beinahe langweilig. Die Entscheidung, einen potentiellen Partner in den Bekanntschaftswebsites des Internets zu suchen, brachte Pfeffer in ihr Leben und eröffnete ihr eine Fülle neuer Möglichkeiten.

Rakefet hatte zu Noa gesagt, sie neige zu »Sado-Maso«. Sie begann ihr diese Eigenschaft zuzuschreiben, nachdem ihr Noa von ihren sexuellen Phantasien erzählt hatte, doch hatte sie es mit einem Augenzwinkern gesagt, das meinte, »ich weiß schon, dass du nicht wirklich so bist«. Das änderte sich, als Noa Rakefet eines Abends, als sie sich noch die Wohnung teilten, zu sich ins Zimmer rief, um sich am Computerbildschirm einen Videoclip anzusehen, in dem eine amerikanische Geisel im Irak geköpft wurde. Den Clip hatte sich Noa von einer Internetseite heruntergeladen, die sich auf die Sammlung und

Vorführung solcher Greuel sowie auf Vergewaltigungs- und Folterszenen spezialisiert hatte. Sie tat das manchmal und studierte deren Inhalt mit einer Mischung aus Ekel und Erregung. Rakefet fragte sie erschüttert, wie sie sich »solches Zeug« nur anschauen konnte. Noa erwiderte ihr verlegen, dass die Clips auch sie beängstigten und anekelten, dass sie jedoch den Wunsch, hin und wieder einen Blick hineinzuwerfen, nicht unterdrücken könne.

Viele von denen, die zu »Sado-Maso« neigen, sind nur von den Phantasien angezogen und nicht an echten Grausamkeiten interessiert, schrecken sogar davor zurück. Auf alle Fälle war Noa nicht die Erste, die der Faszination der grausamen Bereiche der menschlichen Existenz und Sexualität erlag. Im Jahre 1791, zwei Jahre nach Ausbruch der französischen Revolution, erschien in Paris das Buch »Justine oder das Unglück der Tugend«, das einen stattlichen kommerziellen Erfolg erzielte. Der Verfasser, der es unter einem Pseudonym veröffentlicht hatte, war Donatien Alphonse François de Sade, ein Adeliger, der uns besser als Marquis de Sade bekannt ist. Er war damals einundfünfzig und hatte bereits zahlreiche Jahre seines Lebens wegen diverser sexueller und moralischer Delikte im Gefängnis zugebracht. Während seiner Haft widmete er sich dem Onanieren, das er sorgfältig dokumentierte, und dem Schreiben von Büchern und Theaterstücken. Die Revolution brachte die Befreiung für de Sade, doch die Skandale, die mit seinem Namen verknüpft waren, setzten sich fort, bis er völlig mittellos im Alter von vierundsiebzig Jahren starb.[27] De Sade vollbrachte wahre Wunder darin, eine Sexualität zu beschreiben, bei der das Böse vitaler und untrennbarer Bestandteil ist. In seiner düsteren Welt sind die Schwachen vollständig der Herrschaft der Starken ausgeliefert, und die Grausamkeit gegenüber dem sexuellen Partner sowie seine Erniedrigung erhöhen nur das Vergnügen, das der Misshandelnde empfindet. Nach seinem Tod kam de Sade zu Ehren, die ihm zu Lebzeiten sicher große Genugtuung bereitet hätten. Die menschliche Neigung, *Genuss daraus zu ziehen, dem anderen Leid zuzufügen*, ist bis heute unter dem Namen *Sadismus* bekannt. Das Buch »Justine oder das Unglück der Tugend« wurde zu dem klassischen pornographischen Text schlechthin. Allerdings ist es in gleichem Maße ein philosophisches und gesellschaftliches Werk wie ein Schundroman. Die darin geschilderten Männer polemisieren und philosophieren mit der Heldin, Justine, über die angemessene Weltordnung mit der gleichen Häufigkeit und fast der gleichen Glut, mit der sie sie vergewaltigen, erniedrigen, schlagen und verletzen und sie zwingen, an Orgien teilzunehmen. De Sade behauptete, dass es den Männern, da sie stärker sind als die Frauen, erlaubt ist, ihnen sogar gebührt, die Frau zum Prügelsack für alle unmoralischen Taten und zum Ziel barbarischster und ungeheuerlichster Neigungen zu machen. Er erhob die Grausamkeit in den Rang eines Ideals und behauptete, es sei Naturgesetz, dass der Starke den Schwachen unterjocht und ihn für seine Bedürfnisse und zu seinem Vergnügen ausbeutet. Damit kam er dem *Sozialdarwinismus* um etwa hundert Jahre zuvor, eine Ideenströmung, die sich an der Nahtstelle zwischen Natur- und Sozialwissenschaften angesiedelt sah. Wie wir im siebten Kapitel noch sehen werden, machte sich der Sozialdarwinismus zahlreiche Gegner und wurde sogar als der ideologische und »wissenschaftliche« Vater der nationalsozialistischen Rassenlehre betrachtet.

Es gibt noch ein weiteres Phänomen, bei dem Sex und Leiden miteinander verknüpft sind. Der österreichische Rechtsanwalt und Schriftsteller Leopold von Sacher-Masoch, der etwa hundert Jahre nach de Sade geboren wurde, schrieb über den sexuellen Genuss, der mit Schmerz verbunden ist. Nach ihm ist das Phänomen benannt, wenn Menschen *Genuss daraus ziehen, dass ihnen Leid zugefügt wird, und/oder versuchen, sich selbst Leid zuzufügen* – der Masochismus. Um genau zu sein, ist es *sexueller Masochismus,* von dem in diesem Zusammenhang die Rede ist, eine abartige Neigung, die die Betroffenen nach heftigem Schmerz, Erniedrigung und manchmal auch nach ernstlicher Verletzung verlangen lässt, damit sie sexuelles Vergnügen empfinden können. Es ist eine relativ seltene, aber gefährliche Störung, da der sexuelle Masochist schwer verletzt werden und auch zu Tode kommen kann, meist durch Ersticken, als Ergebnis eines »Arbeitsunfalls« während seines Versuchs, das ultimative Leiden zu erreichen, das für ihn das höchste sexuelle Vergnügen ist. Manchmal fallen solche Menschen gewalttätigen Verbrechern und Sadisten zum Opfer, die sie zu Tode quälen. Sind Masochismus und Sadismus Gegensätze? Das war die weit verbreitete Auffassung im ausgehenden neunzehnten Jahrhundert. Diese beiden Eigenschaften waren damals – so wie heute – als *Perversionen* bekannt – das heißt, sexuelle Anormalitäten. Heute ist es in der Fachliteratur üblich, sexuell anormale Neigungen *Paraphilien* zu nennen, der Name, den ihnen Freud verliehen hat. Diese Bezeichnung ist weniger belastet und ist im Gegensatz zu »Perversion« nicht mit einem Stigma behaftet. Entgegen der Anschauung, die zu seiner Zeit herrschte, ging Freud davon aus, dass Masochismus und Sadismus nicht so sehr voneinander verschieden seien. Er sah in ihnen zwei Gesichter ein und derselben Sache. In seinem klassischen Aufsatz »Die sexuellen Abirrungen«, der 1905 erschien, schrieb er, dass weder ein »reiner« Sadismus noch ein »reiner« Masochismus zu finden sei. Fast in jedem Masochismus ließen sich sadistische Züge finden, und bei dem Menschen, der es genieße, anderen Leid zuzufügen, existiere häufig auch ein Teil, der sich an dem Schmerz erfreue, der ihm zugefügt würde: »Häufig lässt sich erkennen, dass der Masochismus nichts anderes ist als eine Fortsetzung des Sadismus in Wendung gegen die eigene Person, welche dabei zunächst die Stelle des Sexualobjekts vertritt.« Tatsächlich verlangen de Sades grausame Helden von ihren Opfern, dass sie sie peitschen. Sie genießen die Schläge, die sie erhalten, fast ebenso, wie ihnen das Leiden, das sie anderen verursachen, Vergnügen bereitet.

Es existieren auch andere Paraphilien: *Exhibitionismus* ist der starke Wunsch – der häufig auch zur Ausführung gelangt –, sich vor Fremden zu entblößen. *Voyeurismus* ist eine hemmungslose Spähsucht, das heißt, die zwanghafte Neigung, Menschen beim Ausziehen oder Sexualakt ohne deren Wissen oder Einverständnis zu beobachten. *Frotteurismus,* dem fast jede Frau und jedes Mädchen, die mit öffentlichen Verkehrsmitteln fahren, mehr oder weniger zum Opfer fallen, ist der Hang, sexuellen Genuss daraus zu beziehen, sich an einem fremden Menschen ohne dessen Einverständnis zu reiben oder ihn zu berühren. *Fetischismus* ist die Neigung, sich an der Benutzung irgendeines Objekts sexuell zu erregen – Frauenunterwäsche, Stöckelschuhe und zuweilen merkwürdige Dinge, bei denen der Zusammenhang mit einer sexuellen Erregung dem außen stehenden Betrachter unverständlich bleibt. Die Liste der Paraphilien ist noch lang, und bei allen ist der »perverse« Akt mit einer starken sexuellen Erregung verbunden, die die Erregung bei »normaler« sexueller Aktivität bei weitem übertrifft. Häufig ist die perverse Person überhaupt nicht an »normalen« sexuellen Beziehungen interessiert, ist manchmal regelrecht davon abgestoßen, und auch in Fällen, wo sie fähig ist, sie zu vollziehen, verschaffen sie ihr nicht annähernd solchen Genuss, wie sie ihn bei der Verwirklichung ihrer Paraphilie empfindet. Auf alle Fälle scheint es, dass die verhassteste sexuelle Verirrung – und zweifellos auch die gefährlichste – die *Pädophilie* ist, der heftige und häufig auch realisierte Wunsch nach sexueller Aktivität mit Knaben und/oder Mädchen. Menschen, die von Paraphilien betroffen sind, teilen ihr Geheimnis meist ungern mit

Therapeuten. Daher herrscht Unklarheit über die Häufigkeit ihres Auftretens in der Bevölkerung. Es macht den Eindruck, als seien Pädophilie, Voyeurismus und Exhibitionismus üblicher als Sadismus und Masochismus, doch was die Letzteren betrifft – wie im Grunde alle –, existiert eine breite Grauzone von Menschen, deren Symptomatik zwar nicht die Diagnose einer Paraphilie rechtfertigt, die jedoch »leichte Neigungen« in diese Richtungen haben.

***

Es war eine Woche vergangen, seit sich Noa zum ersten Mal mit ihm im Internet getroffen hatte, und die virtuelle Beziehung zwischen ihr und Amit dauerte an und intensivierte sich sogar in einer Reihe von Chats. Allmählich begann Noa, ihm ihre sexuellen Phantasien zu schildern. Amit reagierte mit einer Beschreibung seiner inneren Welt, in der ebenfalls »harter« Sex eine bedeutende Rolle spielte. Er bat Noa einige Male um ihre Telefonnummer, doch sie scheute davor zurück, sie ihm zu geben. Obwohl große Neugier in ihr wuchs, ihn persönlich kennen zu lernen, zog sie es vor, ihre und seine Anonymität zu wahren, die ihr volle Kontrolle über die Intensität der Beziehung sicherte und ihr die Möglichkeit ließ, sie jeden Moment für immer abzubrechen. Vor diesem Hintergrund überraschte sie Amits Bitte, die in einer ihrer nächtlichen »Unterhaltungen« eintraf:

Amit252: Wenn du mir deine Telefonnummer nicht geben willst, habe ich einen anderen Vorschlag. Wir treffen uns.

Nach einigen Sekunden des Zögerns erwiderte sie:

Noa348: Entschuldige, Amit, aber nach dem, was du mir letzte Woche über dein Liebesleben geschrieben hast, bist du nicht gerade der Typ, den man nach Hause mitnimmt.

Amit252: Ich habe kein Treffen zu Hause gemeint. Ich verstehe, wovor du Angst hast, obwohl uns beiden klar ist, dass das genau die Dinge sind, weswegen du mit mir weitermachst. Ich schlage vor, dass wir uns an einem öffentlichen Ort treffen. Aber ich will mich genauso wenig wie du entblößen. Daher schlage ich vor, dass wir uns im Dunkeln treffen. Am Freitag um zehn Uhr abends läuft in der Cinemathek »Der letzte Tango«. Hast du Lust?

Noa348: Weiter.

Amit252: Du hast schon verstanden. Normalerweise sitzt niemand in der ersten Reihe am Rand. Komm zehn Minuten nach Beginn der Vorstellung in die Cinemathek. An der Kasse wird eine Karte auf den Namen Noa Sadé auf dich warten. Geh in den Saal, und du wirst mich in der ersten Reihe auf dem Sitz ganz rechts außen finden. Der Platz neben mir wird leer sein. Setz dich dort hin. Wir haben ungefähr eineinhalb Stunden im Dunkeln. Wenn der Film zu der Szene kommt, wo Marlon Brando seinen Kaugummi hinklebt, steh auf und geh sofort raus. Ich verspreche, bis zum Ende des Films zu warten und dir nicht zu folgen. Obwohl ich wirklich Lust dazu hätte.

Noa348: Und nachdem du mir erzählt hast, was dir durch den Kopf geht, erwartest du echt, dass ich deinen Versprechen glaube?

Amit252: Ich atme tief durch und bemühe mich, deine Worte als Kompliment und nicht als Beleidigung aufzufassen.

Noa348: Danke für den guten Willen. Dein Vorschlag ist ein bisschen problematisch in meinen Augen, und ich muss noch etwas darüber nachdenken.

Amit252: Wie du meinst.

Jener süße Drang, jene Erregung, die sie erfasst hatte, als die virtuelle Beziehung zwischen ihnen begann, befiel Noa wieder. Sie tippte schnell:

Noa348: Gut, ich bin mit deinem Vorschlag einverstanden. Aber warum Noa Sadé?

Amit252: Weil Sadé, von mir aus gesehen, ein schlichter, schöner Familienname ist. Wenn der Marquis de Sade nach Israel einwandern würde, würde er seinen Namen in Sadé ändern. Auf Wiedersehen Freitagnacht um zehn nach zehn in der Cinemathek.

Noa348: Bevor du aus dem Haus gehst, schau deine E-Mails an. Wenn ich im letzten Moment beschließe, nicht zu kommen, hinterlasse ich dir eine Nachricht. Auf Wiedersehen.

Sie fügte den letzten Satz nur hinzu, um ihn in Spannung zu halten. Es war ihr klar, dass sie kommen würde, und sie wartete bereits ungeduldig auf Freitag. Zur Sicherheit erzählte sie Rakefet, wohin sie ging. Rakefet sprach sich nachdrücklich gegen die ganze Idee mit dem anonymen Treffen aus, aber Noa sagte, sie würde es sich nie verzeihen, wenn sie eine solche Gelegenheit ausließe. Sie bat Rakefet, sie um ein Uhr nachts auf ihrem Mobiltelefon anzurufen, um nachzusehen, wie es ihr ging, doch in Wahrheit hatte sie keine besonderen Befürchtungen. Alles, was mit Amit zusammenhing, schien ihr neu, anders und anziehend. Sie war noch nie allein in einen Film gegangen, und als sie die Cinemathek betrat, war sie aufgeregt wie noch nie bei einer ersten Verabredung. Bevor sie das Haus verlassen hatte, hatte sie lange Zeit im Bad verbracht, sich frisiert, geschminkt und sorgfältig ausgesucht, was sie anziehen würde. Erst unterwegs fiel ihr ein, dass Amit sie aller Voraussicht nach nicht wirklich sehen würde und der Großteil ihrer Bemühungen umsonst gewesen sein dürfte. Um eine Enttäuschung zu vermeiden, malte sie sich aus, was sie Enttäuschendes vorfinden könnte. Sie stellte sich Amit als kleingewachsen vor, als sehr dick, und gelangte bis zu Mundgeruch und Pickel. Sie dachte auch an die Möglichkeit, dass sie den Platz, auf dem er sitzen sollte, leer vorfinden würde. In diesem Fall würde sie wissen, dass er sich auf einem anderen Platz im Publikum befände, ihr nah, aber weder sichtbar noch identifizierbar, ruhig ihre Silhouette betrachten und ihr Verhalten kaltblütig begutachten würde, sich an ihrer Verwirrung und Hilflosigkeit weiden und aufgeilen würde.

***

Was bringt Menschen dazu, sexuelles Vergnügen aus – um es einmal so zu formulieren – unkonventionellen Erfahrungen zu gewinnen? Vor Freud herrschte in der Wissenschaft die Ansicht, dass Paraphilie von einem Gehirndefekt herrühre und daher als Krankheit anzusehen sei. Freuds Erklärung ist komplexer und hängt mit Problemen während des Entwicklungsprozesses zusammen. Er vermutete, dass bei Menschen mit Paraphilien eine Störung in der normalen sexuellen Entwicklung eingetreten war. Seinen Hypothesen nach, die er in »Drei Abhandlungen zur Sexualtheorie« formulierte, beginnt die sexuelle Entwicklung eines Menschen bereits im Säuglingsalter und durchläuft während der Kindheit und Pubertät einige Stadien, bis sie den Reifezustand erreicht: das Verlangen nach vollen sexuellen Beziehungen mit einem erwachsenen Partner anderen Geschlechts. Bei Menschen, die Paraphilien entwickelt haben, ist die *infantile Sexualfixierung* vorbei, jedoch nicht verdrängt. Mit anderen Worten: Die sexuellen Leidenschaften solcher Menschen sind »stecken geblieben«, und sie genießen Handlungen, die primitiven Trieben und Begierden entspringen, deren Ursprung in der frühen Kindheit liegt.

Als ich im Rahmen meiner psychoanalytischen Fachausbildung dieses Thema studierte, eröffnete der Dozent seine Vorlesung mit den folgenden treffenden Worten: »Meine Damen und Herren, heute werden wir etwas über Paraphilien lernen. Das heißt, über Männer, die sich vor Frauen fürchten.« Es ist tatsächlich extrem selten, dass die Diagnose der Paraphilie, so wie sie im DSM IV auftaucht (der heutzutage weltweit anerkannte Führer psychischer Störungen, siehe Kapitel 1), einer Frau gestellt wird. Eine Ausnahme bildet der Masochismus, und auch dort schätzt man, dass auf jede von dieser Störung betroffene Frau zwanzig Männer mit dieser Krankheit kommen.[28] Den perversen Mann gelüstet es nach »etwas anderem« – nach einem Fuß, einem Büstenhalter, einem hastigen Spähen hinterm Fenster, nach Schlägen, die er von einem Menschen erhält, den er nicht kennt, nach Misshandlung eines Opfers, nach einem kleinen Mädchen – und nur nicht nach einer Beziehung mit einer erwachsenen, reifen Frau. Er ist von einer solchen Frau und ihrer Sexualität abgestoßen, fürchtet sich sogar bis in die tiefste Seele davor. Psychoanalytische Denker nach Freud betonten den Anteil von Kindheitstraumata, darunter Missbrauch und Vernachlässigung, beim Auftreten sexueller Anomalien. Sandor Ferenczi prägte in seinem klassischen Artikel »Sprachenverwirrung zwischen den Erwachsenen und dem Kind« den Begriff der *Identifizierung mit dem Angreifer*, um den Prozess zu beschreiben, der aus einem sexuell missbrauchten Kind einen Erwachsenen macht, der Kinder missbraucht. Auch ohne extreme Traumata können Probleme im Verhältnis zwischen Kind und Eltern zur Entwicklung einer sexuell anormalen Neigung führen. Darüber hinaus existieren heute erste Belege, dass ein Teil der Paraphilien mit Gehirnproblemen zusammenhängt, so dass die ursprüngliche Auffassung, die Paraphilien als Krankheiten ansah, nicht gänzlich der Wahrheit entbehrte.

So oder so, die Therapie von Menschen, die an Paraphilien leiden, ist nicht einfach. Bei sexuellen Gewaltverbrechern sind Medikamente, die per Injektion verabreicht werden und ein drastisches Absinken der Aktivität des männlichen Sexualhormons, Testosteron, bewirken, fast die einzige Behandlung, die eine Chance auf Erfolg hat. Ohne eine solche Behandlung besteht auch nach einer langen Haftzeit ein hohes Risiko, dass der Täter rückfällig wird. In einigen Staaten der USA wurde das sogenannte Megan-Gesetz erlassen, das aus dem Gefängnis entlassene Sexualstraftäter dazu verpflichtet, sich bei der lokalen Behörde des Ortes, an dem sie sich niederlassen, registrieren zu lassen. Ihr Name und ihre Adresse werden öffentlich gemacht. Dieses Gesetz wurde nach einem Mädchen benannt, das von einem Sexualverbrecher vergewaltigt und ermordet wurde, der kurze Zeit nachdem er seine Gefängnisstrafe für ein ähnliches Vergehen verbüßt hatte, im Staate New Jersey in die Nachbarschaft des Mädchens gezogen war. Die hormonelle Behandlung kann auch in leichteren Fällen, in denen der von einer Paraphilie Betroffene nicht gewalttätig ist, entscheidend helfen.

Für Sexualtäter, die keine gewalttätigen Verbrecher sind, gibt es auch andere Behandlungsmethoden, darunter kognitive Therapien und Verhaltenstherapien und die Anwendung von Medikamenten aus der Prozac-Familie. Viele der nicht gewalttätigen Männer, die unter Paraphilien leiden, sind einsame, unglückliche Menschen, deren Fähigkeit, eine solide menschliche Beziehung herzustellen, äußerst eingeschränkt ist. Oft wünschen sie sich sehnsüchtig jemanden, der sie versteht, sich nicht vor ihnen und ihren Störungen ekelt und ihnen hilft, dem destruktiven Muster zu entkommen, in dem sie gefangen sind. Die Paraphilie ist manchmal der einzig gangbare Weg für sie, irgendeine Lust zu empfinden, und ohne sie sind sie zur Gänze erloschen und fühlen sich wie »wandelnde Tote«. Solche Menschen können von einer langfristigen psychodynamischen Therapie enorm profitieren. Zuweilen gelingt es hier, eine tiefgehende Veränderung in ihren Verhaltensweisen sich selbst und dem anderen gegenüber und damit das Verschwinden der Paraphilie oder einen Übergang von der Tat zum bloßen Gedanken herbeizuführen. Die Psychoanalytikerin Ofra Eshel und andere haben die Grundlagen der komplexen Therapie von Menschen, die an Paraphilien leiden, geschildert. Es ist eine Behandlung, bei der – sogar noch mehr als bei psychoanalytischen Therapien mit »normalen« Menschen – die stete, akzeptierende, langfristige Anwesenheit des Therapeuten unabdingbar für eine Heilung ist.

***

Der Film hatte bereits angefangen, als Noa die Cinemathek betrat. Der Kassierer reichte ihr die Karte, nachdem sie sich als Noa Sadé bezeichnet hatte. Mit Schritten, die viel sicherer waren, als sie sich in Wirklichkeit fühlte, ging sie in den dunklen Saal hinein, in Richtung Leinwand. Nachdem sich ihre Augen an die Dunkelheit gewöhnt hatten, entdeckte sie eine dünne, große Gestalt in der ersten Reihe auf dem äußersten rechten Sitz. Ein plötzlicher Impuls veranlasste sie stehen zu bleiben, bevor sie bei ihm angelangt war, und sich in die dritte Reihe in einiger Entfernung von ihm zu setzen. Soviel sie wahrnehmen konnte, machte der Mann keinen beunruhigten oder verstörten Eindruck. Er saß entspannt da und wirkte völlig auf den Film konzentriert. Nach etwa einer halben Stunde entschuldigte sie sich bei ihren Sitznachbarn, stand auf und setzte sich neben ihn. Er drehte weder den Kopf, um sie anzusehen, als sie sich setzte, noch machte er die geringste Andeutung, dass er ihre Existenz wahrnahm. Auf der Leinwand wälzten sich Marlon Brando und Maria Schneider auf dem Fußboden der leeren Wohnung, ohne ein Wort zu wechseln. Noa warf einen Blick aus dem Augenwinkel auf den Mann, der neben ihr saß. Er wandte sein Gesicht von ihr ab, und es gelang ihr nur, die Brille zu registrieren, die er trug. Fast sofort, ohne Zögern und ohne ein Wort, nahm Amit seine Hand von der Sitzlehne und legte sie auf ihr Knie. Die Hand blieb dort reglos für einige Sekunden, und dann erwachte sie zum Leben und begann sich aufwärts zu bewegen. Bei jeder anderen Gelegenheit hätte sie seine Hand schnell weggeschoben, vielleicht sogar laut etwas Beleidigendes oder Unflätiges gesagt und den Sitz gewechselt. Der hoch gewachsene, dreiste Mann war ihr jedoch irgendwie vertraut, so empfand sie, und daher konnte sie sich erlauben, die Erregung zu genießen, die die Berührung in ihr hervorrief. Nach einer Sekunde des Zögerns legte auch sie ihre Hand auf sein Knie.

Sie küssten und umarmten sich den ganzen Film hindurch, über den Kleidern und darunter, taten im Schutz der Dunkelheit Dinge, die Noa im Kino zum letzten Mal mit ihren Freunden zu Zeiten des Gymnasiums gemacht hatte und die ihr jetzt, viele Jahre später, eine ähnliche, sogar stärkere Erregung verursachten. Ab und zu drückte er stark zu und tat ihr sogar ein wenig weh, doch der Schmerz steigerte nur ihren Genuss. So vertieft waren sie ineinander, dass sie nicht darauf achteten, dass sich der Film seinem Ende näherte, Marlon Brando klebte seinen letzten Kaugummi und starb, und dann war der Film mit einem Mal zu Ende. Die Lichter im Saal flammten auf. Noa und Amit lösten ihren Griff und rückten ein wenig voneinander ab. Sie betrachteten einander mit einem langen, prüfenden Blick und rissen die Augen auf.

– Gideon? Das kann nicht sein.

– Noa?

– Au weia. Du bist es wirklich.

– Und du.

– Ich glaub's nicht. Wieso hast du dich Amit genannt?

– Weil ich Gideon nicht mag.

– Und seit wann hast du eine Brille?

– Ich setze sie nur im Kino auf.

– Du bist wohl völlig von der Rolle.

– Bloß ich? Und was ist mit dir?

– Wenigstens habe ich dich nicht angelogen. Hattest du eine Ahnung, dass ich es bin?

– Nein. Als ich auf deinen Namen gestoßen bin, Noa348, dachte ich für einen Moment an die Möglichkeit, dass du es bist, aber du warst so selbstsicher, dass ich mir gesagt habe, das kann nicht sein.

– Danke für das Kompliment. Die Sachen, die ich dir erzählt habe…

– Und die Sachen, die ich dir erzählt habe. Es tut mir Leid, Noa.

– Es braucht dir nicht Leid tun. Du müsstest dich schämen. Und was jetzt?

– Ich weiß nicht. Ich fühle mich ein bisschen blöd.

– Ein bisschen? Weißt du, wie ich mich fühle?

– Ich bin nicht sicher, dass ich es wissen will. Erzählst du Rakefet davon?

– Bist du verrückt geworden? Das hätte mir gerade noch gefehlt. Sie hat mir gesagt, dass du dich heute Abend mit einem Freund triffst. Ist das deine Tarngeschichte? Weißt du, dass sie mich in einer halben Stunde anrufen soll, um nachzusehen, ob alles in Ordnung ist?

Noa erinnerte sich nicht, wer als Erster zu lachen anfing, Gideon – der frischgebackene Ehemann ihrer besten Freundin Rakefet – oder sie. Sie lachten und lachten, ein tolles, anhaltendes Gelächter, das die Paare, die schweigend, noch in der abseitigen Welt des letzten Tangos in Paris befangen, den Saal verließen, dazu veranlasste, sich befremdet nach ihnen umzudrehen. Sie lachten weiter, bis sie draußen waren. Als sie sich ein wenig beruhigt hatten, sagte Gideon:

– Soll ich dich nach Hause fahren? Du wohnst doch noch in der gleichen Wohnung, oder? Vielleicht möchtest du mit mir was trinken gehen? Nicht weit von hier gibt es ein Pub, das ich mag. Sie machen eine mörderische Bloody Mary.

Etwas in seinen Worten gab ihr die Fassung zurück. Sie betrachtete ihn aufmerksam und sagte ruhig, wie in der Stille nach dem Sturm:

– Sei mir nicht böse, Gideon, aber ich glaube, ich habe genug von dir für diesen Abend. Es ist schon spät. Geh nach Hause.

– Aber ich …

– Vergiss es. Geh heim. Rakefet wartet sicher auf dich und macht sich vielleicht schon Sorgen. Gute Nacht.

Nachdem mir Noa die Ereignisse in der Cinemathek erzählt hatte, sagte sie, dass sie im Anschluss an diesen Abend hauptsächlich Verlegenheit empfunden habe, neben Wut, Scham und einem leichten Anflug von Ekel. Noa wusste nicht, ob sie sich vor Gideon ekelte, vor sich selbst oder vor den Dingen, die sie in ihren virtuellen Gesprächen ausgetauscht hatten, die im elektronischen Gedächtnis beider Computer gespeichert waren.

»Da wurden ihnen beiden die Augen aufgetan und sie wurden gewahr, dass sie nackt waren, und flochten Feigenblätter zusammen und machten sich Schurze« (Genesis 3,7). So wird in der Bibel der Augenblick beschrieben, in dem die Scham geboren wurde. Nicht nur das Wissen, dass sie jemand Bekanntem die dunklen Seiten ihrer Seele, die sie immer für sich behalten hatte, entblößt hatte, ließ Noa Scham empfinden. Es war in der Hauptsache das Gefühl, dass sie etwas getan hatte, das unwürdig war. Sie hatte Gideon dabei assistiert, ihre beste Freundin Rakefet zu betrügen, und der Nachgeschmack dessen klebte zum Teil mit an ihr und befleckte auch sie.

Im Laufe der folgenden Wochen meldete sich Gideon wiederholt bei ihr, nun per Telefon und nicht über Internet. Er bat immer wieder darum, sich mit ihr zu treffen, aufdringlich und hartnäckig, und Noa fühlte sich überrollt und wollte von ihm in Ruhe gelassen werden. Sie war nicht mehr von ihm angezogen. Der Zwang, nichts zu Rakefet sagen zu dürfen, belastete sie, und der Abscheu, den sie ihm gegenüber empfand, wuchs zunehmend. Schließlich sagte sie ihm, dass sie an keinerlei Kontakt mit ihm interessiert sei. Auch das half nichts. In die häufigen Nachrichten, die er auf ihrem Anrufbeantworter hinterließ, begann sich ein sadistischer Touch einzuschleichen. Da sagte ihm Noa, wenn er nicht aufhöre, sie zu belästigen, würde sie Rakefet alles erzählen. In Wahrheit hatte sie nicht die leiseste Absicht, das zu tun, doch die Drohung erfüllte ihren Zweck. Die Anrufe hörten mit einem Schlag auf. Blieb nur noch Rakefets Verwunderung darüber, dass Noa nicht mehr zu ihnen nach Hause kam oder mit Gideon und ihr gemeinsam ausging, so wie sie es früher oft getan hatte.

Im Nachhinein stellte sich heraus, dass sie Recht gehabt hatte, als sie nach ihrem ersten Computerchat mit Gideon zu mir gesagt hatte, »Vielleicht ist das die Gelegenheit, auf die wir gewartet haben, seit ich angefangen habe, zu Ihnen zu kommen.« Ihre kurze, abgebrochene virtuelle Affäre offenbarte nicht nur Gideon, sondern auch ihr selbst und mir, für einen flüchtigen, aber unvergesslichen Augenblick, die Teile in ihrer Seele, die zu ihrer »Sado-Maso«-Neigung beitrugen.

Diese Dinge haben sich erst vor kurzem ereignet, und wir stehen erst am Anfang des Prozesses, das kennen zu lernen, was sie, wenn auch nur in sehr leichter Form, dazu treibt, sich auf dem Gebiet der Liebe den erregenden Schmerz zu suchen und die Zärtlichkeit zu fliehen. Wir wissen noch nicht, was wir finden und was wir dann tun werden, oder wie die Therapie, falls überhaupt, ihr Leben beeinflussen wird. Doch mir scheint, dass wir beide den Bekanntschaftswebsites und dem Internet Dank schulden, da sie es ihr ermöglicht haben, einen kleinen Teil ihrer Phantasien auszuprobieren und damit einen Prozess beschleunigt haben, der in einer Welt ohne diese Technologie vielleicht sehr lange gedauert hätte.

***

Noas Geschichte wirft die Frage auf, die uns das ganze Buch hindurch begleitet: Was ist normal, und was ist pathologisch an »harter« Liebe? Wo verläuft die Grenze zwischen einer exotischen Neigung und sexueller Perversion? Wer legt diese Grenze fest und nach welchen Kriterien? Es ist sehr schwierig, im Bereich der Liebe klare und eindeutige Aussagen zu treffen, da er zu komplex und facettenreich ist, als dass er in eine scharf abgegrenzte Kategorie gepresst werden könnte. Wie wir im ersten Kapitel erwähnten, sind die Definitionen dessen, was normal und was pathologisch ist, kulturabhängig und entstammen zumeist gesellschaftlichen Konventionen und nicht wissenschaftlichen Befunden. Stellt jeder sexuelle Akt, der nicht in der Missionarsstellung zwischen Mann und Frau ausgeführt wird, eine Perversion dar? Es gab Zeiten und Orte, wo das tatsächlich die landläufige oder zumindest die offizielle Meinung war. Was ist mit Selbstverletzung? Ist sie immer pathologisch? Millionen schiitischer Muslime feiern überall im Nahen Osten alljährlich das Aschura-Fest. Im Laufe des Festes fügen sie sich selbst Verletzungen zu, als Bestandteil einer religiösen Zeremonie, bei der sie ihre Liebe zu Imam Hussein ausdrücken, indem sie sich mit seinen Leiden identifizieren. Wie wir im fünften und sechsten Kapitel sehen werden, findet in der heutigen westlichen Kultur eine systematische Ausweitung dessen statt, was auf dem Gebiet von Sexualität und Liebe als »regulär« betrachtet wird. DSM IV, der Führer für psychische Störungen, versucht die Frage der Normgrenzen durch eine Definition zu bewältigen, die jene vom Fehlen einer *»klinisch signifikanten seelischen Notlage oder Funktionsstörung*« abhängig macht. Nahezu alle Definitionen psychischer Störungen, die im DSM IV ausgeführt werden, ein Großteil davon sexuelle Paraphilien, enthalten einen Paragraphen, der für die Diagnose der Störung das Vorhandensein einer solchen seelischen Notlage oder Funktionsschädigung zur Bedingung macht.

Ist das ausreichend? Sehr viele Menschen haben ihr Vergnügen an sexuellen Phantasien, die masochistische und/oder sadistische Komponenten enthalten, und leiden deswegen weder an Seelennot noch an Funktionsstörungen. Ein kleiner Teil wird versuchen, diese Phantasien auch zu verwirklichen. Noa ist weit davon entfernt, in die klinischen Definitionen einer sexuellen Anomalie zu passen, und allem Anschein nach auch Gideon. Die Tatsache, dass sie es genoss, sich Websites anzuschauen, in denen »echte« Greuel wie der Mord an einer Geisel gezeigt wurden, ist nicht repräsentativ für die Mehrheit derer, die sich mit »Sado-Maso« beschäftigen. Nichtsdestotrotz habe ich den Eindruck, dass Noa in ihrem Leben einen gravierenden Preis für ihre »leichten« sado-masochistischen Neigungen gezahlt hat. Aus Gründen, die ich noch nicht verstehe, tendiert sie dazu, sich romantischen Beziehungen, in denen Zärtlichkeit auftaucht, zu verweigern, was zur Folge hat, dass sie gegen ihren Willen allein bleibt.

Das Problem wird noch komplizierter, wenn man den subjektiven Blickwinkel des Menschen berücksichtigt, der an einer Paraphilie leidet. Eines der faszinierendsten und verstörendsten Bücher, die im vergangenen Jahrhundert geschrieben wurden, ist Vladimir Nabokovs Roman »Lolita«. Es ist der Monolog und die Beichte von Humbert Humbert, einem gebildeten und scharfsinnigen Pädophilen, der in einer ruhigen Universitätskleinstadt im Nordosten der Vereinigten Staaten lebt. Nabokov schildert exzellent die Ängste, Begierden und die Liebe seines Helden. Der Leser ertappt sich häufig fast wider Willen bei einer Identifikation mit dem gejagten Humbert und neigt sogar dazu, seine Verbrechen zu verstehen – wenn nicht gar zu entschuldigen. Und das, obwohl Humbert die völlige Zerstörung über das Objekt seiner Liebe – Lolita – bringt, die gezwungen ist, die abscheulichste Seite des Lebens in einem Alter zu erfahren, in dem ihre Freundinnen noch mit Puppen spielen. Um jeden Zweifel auszuräumen: Humbert Humbert (Nabokov betonte, dass er für seinen Helden mit Absicht einen besonders übel klingenden Namen wählte) ist ein gefährlicher sexueller Perverser, ein Mensch, der weit über die Grenzen der Norm hinausgegangen ist. Neben den Diagnosen von normal und pathologisch existieren auf dem Gebiet der sexuellen Paraphilien auch juristische und strafrechtliche Definitionen. Was Humbert getan hat, ist Vergewaltigung einer Minderjährigen. Dies ist ein Verbrechen und nicht nur eine schwerwiegende sexuelle Abweichung. Wie wir im siebten Kapitel sehen werden, sind *Gewalt oder Zwang unter Missbrauch von Position und Macht im Bereich der Liebe immer pathologisch und anormal,* und dies stellt in der westlichen Gesellschaft eine klare Grenzlinie dar. Doch was ist dann mit der beduinischen Gesellschaft, in der zwölfjährige Mädchen gegen ihren Willen an doppelt-, drei- oder viermal so alte Männer verkuppelt werden? Niemand sieht darin eine »Perversion«, obwohl anzunehmen ist, dass auch ihnen ein gravierender Schaden zugefügt wird.

Darüber hinaus ist es schwierig, von einer strafrechtlichen Schuld zu sprechen, wenn von sexuellen Paraphilien ohne

Opfer die Rede ist, wie zum Beispiel bei Fetischismus, oder von Fällen, in denen wie beim Masochismus der Täter auch das Opfer ist. In den letzten Jahren zeigt die westliche Gesellschaft die Tendenz, an der Tür haltzumachen, wenn erwachsene Menschen (ein, zwei und manchmal mehr) einen Raum betreten, um dort in gegenseitigem Einverständnis freiwillig zu tun, was ihnen beliebt. Dieser Punkt korrespondiert mit einem komplexen Gebiet, das uns in den Kapiteln 5 und 6 beschäftigen wird – die Homosexualität. An dieser Stelle soll die Feststellung genügen, dass Frauen und Männer mit einer homosexuellen Neigung in der Mehrheit dazu fähig sind, einen erwachsenen Menschen zu lieben und eine volle Beziehung mit ihm anzustreben, weshalb ihre sexuelle Neigung das ist, was der Name besagt: eine Neigung und keine Perversion.

Letzten Endes ist die menschliche Liebe – ähnlich der damit verbundenen menschlichen Sexualität – ein Bereich, der dazu tendiert, sich einfachen Definitionen zu entziehen. Einerseits ist jeder sexuelle Akt mit Minderjährigen, auch wenn er scheinbar »mit Einverständnis« geschieht – pervers, amoralisch und ein kriminelles Delikt. Andererseits, wie in Kapitel 2 erwähnt, enthalten die sexuellen Phantasien von Frauen und Männern, die nicht an einem psychischen Problem leiden, häufig Szenarien, bei denen der Phantasierende jemand anderem seinen Willen aufzwingt oder sich in »aktiver Unterwerfung« übt. Die Internetrevolution lieferte jedem Haushalt mit Computer die Möglichkeit, solche Phantasien zu entwickeln, sie anzuschauen, sie mit anderen in völliger Anonymität zu teilen. Auch die Möglichkeiten zu virtuellen intimen Beziehungen, und damit das Potential an Betrug und Verlassen, haben sich in den letzten Jahren stark erweitert. Schon im Jahre 2000 wurden die meisten privaten Computer auf der ganzen Welt hauptsächlich für den Bereich »gesellschaftliche Interaktion« genutzt. Es ist noch zu früh, um voraussagen zu können, welche

Auswirkungen diese Revolution auf das Gefühl Liebe haben wird, doch wie es scheint, werden wir sie auf längere Sicht nicht ignorieren können.

5. KAPITEL

Dein für kurze Zeit

– Doktor Yovell? Schalom. Hier spricht Karen, die Sekretärin von Ofer Sagi. Er hat mich gebeten, mit Ihnen einen Termin für ihn zu vereinbaren. Hätten Sie am Donnerstagvormittag etwas frei?

– Tut mir Leid, nein.

Das war die Wahrheit, und einen Augenblick darauf fasste ich mich so weit, dass ich auch den Rest der Wahrheit hinzufügte:

– Ich habe diese ganze Woche nichts frei. Ich könnte mich kommende Woche mit ihm treffen, ab Dienstag. Aber wenn es dringend ist, verweise ich ihn gerne an einen Kollegen.

– Danke. Warten Sie bitte, Doktor Yovell.

Karen verband mich flink, ohne auf meine Reaktion zu warten. Schöne, ruhige klassische Musik war zu hören, etwas von Bach, das ich nicht kannte, bis eine tiefe, angenehme Stimme aus dem Hörer drang:

– Schalom, Doktor Yovell. Hier spricht Ofer Sagi.

Ich wollte ihm erklären, weshalb ich mich bis nächste Woche nicht mit ihm treffen könne, aber er kam mir zuvor:

– Erlauben Sie mir, eine persönliche Bitte an Sie zu richten: Dass Sie mir noch diese Woche zwei Stunden Ihrer Zeit widmen. Nur zwei Stunden. Ich weiß, es ist eine große Bitte, und ich weiß, wie beschäftigt Sie sind, aber es ist mir sehr wichtig. Es gibt etwas, worüber ich mich mit Ihnen beraten muss, ich muss einfach. Gerade mit Ihnen und nur mit Ihnen.

– Aber …

– Ich bin bereit, überallhin zu kommen, was Sie auch sagen, und zu jeder Zeit, auch mitten in der Nacht. Wann immer es Ihnen angenehm ist. Morgen sollte ich bis Donnerstagmorgen auf einen Sprung nach London, aber ich werde die Reise absagen, wenn es Ihnen passt, dass wir uns vorher treffen.

Er schwieg einen Moment, und ich dachte fieberhaft über alles nach, was ich gehört hatte, und versuchte zu entscheiden, was ich tun sollte.

Ofer Sagi kam mir wieder zuvor:

– Sie müssen mir jetzt nicht antworten. Lassen Sie sich meine Mobiltelefonnummer geben, und rufen Sie mich an, wenn Sie Zeit finden. Wann immer Sie es sagen, ich würde mit Vorlauf von einer halben Stunde bei Ihnen sein.

Und er schwieg wieder. Ich spürte eine angenehme Wärme in mir aufsteigen und hörte mich sagen:

– In Ordnung. Sie brauchen Ihre Reise nach London nicht abzusagen. Natürlich wird sich die Zeit finden lassen. Wenn es Ihnen nichts ausmacht, spät zu mir zu kommen, könnten wir uns am Donnerstag um halb zehn Uhr abends treffen.

Das Erste, was ich nach Beendigung des Telefongesprächs dachte: was bin ich doch für ein Idiot. Ich hatte doch gar keine Zeit, ich hatte wirklich keine Zeit. Donnerstagnacht sollte ich einen Vortrag vorbereiten, den ich in einem Kurs am Sonntag halten sollte, um am Wochenende nicht unter Druck zu geraten. Ofer Sagi hatte zwar darauf beharrt, sich unbedingt mit mir zu treffen, doch so eingebildet war ich nicht, zu denken, nur ich könne ihm helfen. Warum hatte ich dann trotzdem eingewilligt? Der Grund war einfach und ebenso klar wie unangenehm für mich. Er hatte weniger als eine Minute gebraucht, um mich zu verführen. Die Tatsache, dass ich in seinen Augen der absolut Einzige war, der machtvolle Wunsch dieses berühmten und talentierten Mannes, ausgerechnet mich zu konsultieren – unter jeder Bedingung, zu jeder Zeit und zu jedem Preis, hatten mir den Kopf verdreht. Genau, was war mit dem Preis? Ich hatte es nicht einmal fertig gebracht, ihm zu sagen, wie viel die Beratung kostete, bevor er aufgelegt hatte. Aber Ofer Sagi konnte jeden Preis zahlen. Die üblichen Summen für eine Psychotherapie waren für ihn nicht von Bedeutung.

***

Halb zehn. Zwanzig vor zehn. Zehn vor zehn. Er kam nicht. Ich blickte auf die Uhr und bereute, dass ich die Vortragsunterlagen nicht von zu Hause mitgenommen hatte. Ich hätte daran arbeiten können, während ich auf ihn wartete. Vielleicht tat er sich schwer, in der Dunkelheit den Ort zu finden? Schade, dass ich seine Mobiltelefonnummer nicht wie von ihm vorgeschlagen notiert hatte. Vielleicht hatte sein Flug Verspätung, und er saß in London fest. Vielleicht war er einfach auf der Straße von Tel Aviv nach Jerusalem in einen Stau geraten? Aber wenn er irgendwo stecken geblieben war, weshalb rief er mich nicht an, um das Treffen zu verschieben oder zu stornieren? Wenn ein Patient nicht kommt, ohne den Termin abzusagen, ist es üblich, dass der Therapeut bis zum Ende seiner Stunde auf ihn wartet. Denn diese Stunde gehört dem Patienten. Er hat sie gekauft, er wird für sie zahlen, und es ist sein Recht, sie nach Belieben zu verwenden – überhaupt nicht zu kommen oder erst in den letzten fünf Minuten. Doch Ofer Sagi war nicht mein Patient. Vielleicht war ein Missverständnis zwischen uns entstanden, was die Zeit anging? Sollte ich weiter auf ihn warten?

Die Minuten verstrichen, und gegen zwanzig nach zehn beschloss ich, dass es genug war. Wenn ich jetzt nach Hause fuhr, konnte ich vielleicht noch ein bisschen an dem Vortrag arbeiten, bevor ich zu müde wurde. Ich stand auf und schaltete das Licht im Raum aus. Als ich ins Wartezimmer hinaustrat, klingelte das Telefon.

– Doktor Yovell? Ich versuche schon seit über einer Stunde, Sie am Mobiltelefon zu erreichen, aber ohne Erfolg.

Erst da fiel mir auf, dass mein Mobiltelefon ausgeschaltet war. Wie immer vor einem Termin mit einem Patienten hatte ich es um halb zehn abgeschaltet, damit es uns nicht störte. Warum hatte ich es nicht eingeschaltet, als Sagi nicht eintraf? Und warum hatte er versucht, mich ausgerechnet über das Mobiltelefon zu erreichen, statt in der Praxis anzurufen, wo ich saß und auf ihn wartete? Ich spürte, wie der Ärger in mir aufwallte, wobei mir nicht klar war, ob ich auf ihn, auf mich oder auf uns beide wütend war.

– Ich bin in der Praxis, wie wir vereinbart haben. Wo sind Sie?

– Ich bin gleich da. Fragen Sie nicht, was mir passiert ist. Ich komme zwar nicht deswegen zu einer Konsultation zu Ihnen, aber was mir heute Abend passiert ist, hängt auch mit dem Problem zusammen, das bei mir schon ziemlich lange besteht. Vielleicht ist es an der Zeit, etwas dagegen zu unternehmen. Tun Sie mir den Gefallen und treffen Sie sich trotzdem heute Nacht mit mir. Ich weiß, wie spät es jetzt ist, aber geben Sie mir bitte so viel Zeit, wie Sie können. Ich bin in zwei Minuten da.

– Gut, ich bin hier.

Er traf nach etwa einer halben Stunde ein. Während ich wartete, beschloss ich, ihm, wenn er käme, etwas Deutliches über nicht eingehaltene Termine zu sagen. Ich hörte ihn mit schnellen Schritten die Treppe heraufkommen und spannte mich auf meinem Sitz, doch als er das Zimmer betrat, stellte ich fest, dass ich gegen meinen Willen aufgeregt war und mir alle harten Worte entglitten. Er sah in der Realität genauso aus wie im Fernsehen: lächelnd, energisch, selbstsicher, umgänglich und sehr gut aussehend. Er drückte kräftig meine Hand und fragte, ob er ein Glas Wasser bekommen könne. Bis ich es ihm brachte, hatte er sich schon in den Sessel gesetzt und holte vor meinen überraschten Augen eine kleine, weiße Tablette aus seiner Tasche. Er legte sie auf seine Zunge und spülte sie mit einem langen Schluck Wasser hinunter. Nachdem er das Glas auf dem Tisch abgestellt hatte, warf er mir einen zögernden Blick zu, den ich bei ihm im Fernsehen noch nie gesehen hatte, und sagte in flehendem Ton:

– Bitte helfen Sie mir. Ich habe das Gefühl, ich kann bald nicht mehr. Ich spüre, dass ich gleich platze, und wie Sie wissen, darf ich nicht platzen. Zu viele Menschen hängen von mir ab. Sie müssen mir etwas verschreiben.

Wie um seine Worte zu bekräftigen, begann sein Mobiltelefon zu vibrieren. Er entschuldigte sich und antwortete:

– Schaul? Kann ich dich in einer Stunde zurückrufen? Dann schau nach. Ich warte.

Diese Worte sagte er mit einer anderen Stimme, entschieden und gelassen. Während er auf die Antwort wartete, veränderte sich vor meinen Augen sein Gesichtsausdruck, er nahm wieder das sichere Aussehen an, das das ganze Land kannte. Ofer Sagi war mehr als ein junger, erfolgreicher Geschäftsmann: Er war ein israelisches Wunder, der herausragende Vertreter der technologischen Revolution der neunziger Jahre, in deren Verlauf sich viele israelische Firmen in den internationalen Softwaremarkt eingeschaltet hatten. Als einer der führenden Geschäftsleute auf dem Gebiet kannte er die High-Tech-Welt durch und durch. Er hatte einen Universitätsabschluss in Mathematik und Informatik. Aus dem regulären Armeedienst wurde er zu einer Zeit entlassen, in der in Israel Hunderte von Start-up-Firmen aus dem Boden schossen. Doch während seine

Gefährten des Nachts ihre Ideen vor den Computerbildschirmen zu entwickeln begannen und von einer großen amerikanischen Firma träumten, die sie kaufen würde, schlug Sagi einen anderen Kurs ein. Er studierte Wirtschaft und Management an der Harvard-Universität, verbrachte danach einige Jahre im Silicon Valley und kehrte nach Israel als Vertreter amerikanischer Risikokapitalfonds zurück, die in Hochtechnologien investierten. Seine Kenntnisse in Wirtschaft und Finanzen, seine Vertrautheit mit der Softwareszene in Israel und sein Verständnis von Computern bildeten eine triumphale Kombination. Ungleich dem typischen Computerspezialisten, der häufig eher ein »Waschlappen« ist, hatte Sagi einen gewinnenden persönlichen Charme. Er war ein Mann der Gesellschaft, liebte es, Einladungen zu geben und eingeladen zu werden, und er besaß die phantastische Fähigkeit, zur richtigen Zeit am richtigen Ort zu sein und dort das Richtige zu tun.

Nach ein paar enorm einträglichen Erwerbungen eröffnete er seinen eigenen Risikokapitalfonds, mobilisierte an der New Yorker Börse innerhalb eines knappen Jahres Milliarden Dollar und investierte sie in Israel mit einer Umsicht und Geschicklichkeit, die seinen Investoren fast noch nie da gewesene Profite eintrugen. Er wurde zum Multimillionär, erwarb aus eigener Kraft und mit Beteiligung fremder Investoren die Kontrolle über einige israelische Firmen und setzte seine Leute in deren Verwaltungsräte. Er wusste, was er kaufte: Er hatte eine überragende Intuition, die kommende brandheiße Sache zu erkennen, die technologische Neuerung, die den Markt erobern würde. Seine Strategie, die Aktionsbasis seiner israelischen Firmen nach Amerika zu verlegen durch den Erwerb einer dortigen Parallelgesellschaft, bewies sich immer wieder. In den letzten Jahren hatte er mit Erfolg neue Märkte und Branchen gefunden – manchmal auch erfunden –, die seinen Firmen halfen, die Rezession zu überleben und zu prosperieren.

Das war noch nicht alles. Ofer Sagi hatte Charisma, einen breiten Horizont und eine Ausdrucksfähigkeit, die ihn zu einem gesuchten Interviewpartner in Fernsehtalkshows machte. Sein Redestil war schlicht, fast volkstümlich. Die Kameras liebten ihn, er war »telegen«, und die Zuschauer liebten den Mann, der die Welt des Hightech allen verständlich und zugänglich zu machen verstand. Wie bei vielen Fernsehstars war es nur eine Frage der Zeit, bis Sagi in der Politik mitmischte. Seine Tendenz ging zur rechten Mitte, und so war es ein konsequenter Schritt für ihn, dass er aktives Mitglied der Likud-Partei wurde. Mit Alice, seiner Frau, war er Stammgast auf den Gartenpartys der amerikanischen Botschaft und bei Familienfeiern von Ministern, Knessetabgeordneten und Schlüsselfiguren im Zentrum der Likud. Während ich noch über Ofers Lebensweg nachsann, telefonierte er weiter und hörte sich wieder vollkommen sicher an, als er sagte:

– Nein. Wieso? Dann sag ihnen, es sei dir nicht gelungen, mich zu erreichen. Ich bin nicht bereit zu unterschreiben, bevor Ben-David alle neuen Paragraphen durchgesehen hat. Richtig. Genau. Bei denen ist es jetzt zwei Uhr Nachmittag, und sie haben noch einen langen Tag. Wenn es ihnen nicht passt, ein paar Stunden zu warten, können wir uns auch in aller Freundschaft trennen. Ich rufe dich später zurück. Bye.

Er schaltete das Gerät aus, und damit verschwand auch seine Souveränität. Als er das Telefon in seine Tasche zurücksteckte, sah ich in seinen Augen nicht nur Trauer, sondern auch ein anderes Gefühl, das mich überraschte: Angst. Er bemerkte es offenbar und sagte:

– Das sind Dinge, über die ich mit niemandem sprechen kann. Verstehen Sie? Alice lacht schon über mich. Und wenn mir jemand gesagt hätte, dass ich am Ende in der Praxis eines Psychiaters sitzen werde, um darüber zu reden, hätte ich auch gelacht. Aber hier bin ich nun, und ich muss Ihnen erzählen, was ich durchmache. Leicht ist das nicht. Gut. Also, das Ganze hat vor ungefähr einem halben Jahr angefangen, als ich in Kalifornien war, auf der Verwaltungsratssitzung einer meiner Firmen, eine ziemliche Routineangelegenheit. Während der Besprechungen fing ich plötzlich an, mich schlecht zu fühlen. Ich spürte einen Druck in der Brust, Atemnot, Schmerzen unter den Rippen und auch in der linken Schulter. Kurz gesagt, ich war sicher, dass ich einen Herzinfarkt kriege, dass ich sterbe. Aber es war kein Herzinfarkt. Schon im Krankenwagen sah ich, wie der Sanitäter in sich hineinlächelte, nachdem er ein EKG von mir gemacht hatte. In der Notaufnahme sagten es mir die Ärzte dann deutlich: Ich hatte einen Angstanfall. Das war das erste Mal, und seitdem sind noch viele gekommen. Gleich nachdem ich zurück in Israel war, habe ich eine Reihe Untersuchungen bei Professor Brawerman machen lassen. Kennen Sie ihn?

Ich kannte ihn. Er war ein begnadeter Kardiologe, Leiter der Abteilung für innere Medizin in einem der großen Krankenhäuser im Zentrum. Hatte Brawerman Sagi an mich verwiesen? Oder hatte er sich aus eigenem Entschluss an mich gewandt?

– Ein überragender Arzt. Er nahm mich als persönliches Projekt an, verschob für mich alle anderen Termine, die er hatte, räumte für mich zwei Tage in seinem Kalender frei, brachte mich in seiner Abteilung unter und nahm persönlich alle Untersuchungen von Kopf bis Fuß an mir vor, ohne einen Groschen von mir zu verlangen. Seine Schlussfolgerung war einfach: Ich war gesund, und alles war in Ordnung. Ich nehme an, er hat Recht, aber ich kann nicht völlig sicher sein. Ich brauche Ihnen nicht erzählen, dass die Medizin keine exakte Wissenschaft ist. Seitdem bin ich mit ihm in Kontakt geblieben, und er hat eine Menge für mich getan. Er hat mich wieder zum Fitnesstraining gebracht, zwang mich, hin und wieder Pausen in dem wahnsinnigen Tempo meines Lebens einzulegen, hat sich sogar einmal mit Alice und mir gemeinsam getroffen und mit uns über die Wege gesprochen, die Spannung zu Hause abzubauen. Aber es hat nichts geholfen, die Attacken sind immer wieder zurückgekehrt. Immer wenn ein solcher Anfall auftauchte, bin ich zu Brawerman zu Untersuchungen gerannt. Aber ich fliege viel ins Ausland, und dort endete es normalerweise in der Notaufnahme.

Mir fiel die kleine, weiße Pille ein, die vor einigen Minuten auf seiner Zunge lag, und ich fragte ihn, ob sie mit seinen Anfällen zusammenhänge.

– Ja, am Ende sind wir bei Xanax[29] gelandet. Es hilft mir sehr, aber ich kann es nicht die ganze Zeit nehmen. Brawerman sagte, ich bräuchte vielleicht etwas anderes, aber das sei nicht mehr sein Spezialgebiet. Er schlug vor, dass ich mit Ihnen spreche. Wenn Sie wollen, wird er auch gern mit Ihnen reden.

Ich konnte nicht umhin, mir darüber Gedanken zu machen, dass sich Professor Brawerman, im Gegensatz zu mir, Ofer Sagi gratis zur Verfügung gestellt hatte. Mir fiel auch auf, dass Ofer das so platziert hatte, dass es mir von Anfang an klar sein würde. Damit erzeugte er, als guter Geschäftmann, einen heimlichen Wettstreit zwischen den beiden Ärzten, die ihn behandelten. Und Ofer Sagi wollte tatsächlich eine ärztliche Behandlung im engen Sinne – er wollte ein Medikament. Vielleicht hoffte er, bewusst oder unbewusst, dass ihn das Medikament der Notwendigkeit entheben würde, sich mit der Bedeutung seiner Symptome auseinander zu setzen. Doch wenn es das war, was er wollte, war er möglicherweise an den falschen Arzt geraten: Meiner Ansicht nach dient ein Medikament nicht als Ersatz für die Suche nach der Bedeutung, sondern kommt als Ergänzung hinzu. Das Medikament, das ihm Brawerman verschrieben hatte, Xanax, war ein Beruhigungsmittel. Ich fragte ihn, wie er damit zurechtkäme.

– Es macht mich ein wenig benommen. Und ich kann mir nicht erlauben, benommen zu sein, nicht einmal ein bisschen. Daher nehme ich es nur, wenn ich spüre, dass ein Anfall kurz bevorsteht, oder nachdem er schon angefangen hat.

– So wie jetzt?

Er warf mir einen kurzen, durchdringenden Blick zu, und mir schien, als fragte er mich wortlos: »Sind Sie für oder gegen mich?« Dieser Gedanke veranlasste mich, mich selbst objektiv zu prüfen und feststellen zu müssen, dass es mir schwer fiel, für diesen Mann, der mir gegenübersaß, Empathie aufzubringen. Meine Frage war durchaus am Platz gewesen, doch wie Ofer sofort gespürt hatte, war mein Ton leicht stichelnd. Warum eigentlich? Nur weil er mich indirekt mit Professor Brawerman verglichen hatte und ich aus diesem Vergleich als Pedant und Knauser hervorgegangen war? Oder weil er mich über eine Stunde in der Praxis hatte »schmoren« lassen? Ich hatte jedoch keinen Zweifel, dass Ofer Sagi wirklich litt, und dieses Wissen stimmte mich milder und öffnete mein Herz für ihn. Und als er mir dann leise antwortete, »ja, so wie jetzt«, waren wir beide bereits weiter an einer anderen, besseren Stelle. Ohne dass wir es ausdrücklich sagten, war klar, dass dieses Treffen eine Fortsetzung haben würde und Ofer und ich gemeinsam weitermachen würden.

Ich sprach mit ihm über die Identifizierung der Faktoren, die eine Angstattacke auslösten. Wir waren uns einig, dass Situationen, in denen er angespannt und gestresst war, die Chance eines solchen Anfalls um ein Vielfaches vergrößerten. Ich versuchte, das Gespräch über die reinen Symptome hinaus auszuweiten, und fragte ihn nach seinem persönlichen Leben. Er lächelte und zog aus seiner Aktentasche einige Seiten, die er mir reichte. Es war ein Computerausdruck mit den Resultaten der zahlreichen ärztlichen Untersuchungen, die er bei Professor Brawerman in den letzten Jahren vorgenommen hatte. Wir hatten über diese Ergebnisse schon gesprochen, die Brawerman zusammengestellt und ihm in Hinblick auf meine Konsultierung mitgegeben hatte, und waren übereingekommen, dass ich mit Brawerman sprechen würde, nachdem ich sie durchgesehen hatte. Ich beabsichtigte, die Blätter beiseite zu legen und Ofer zu fragen, warum er es vorzog, das Thema zu wechseln, doch er sagte:

– Nein, schauen Sie sie sich an. Ich denke, Sie werden etwas von meinem persönlichen Leben begreifen.

Ich sah sie mir an und begann tatsächlich, etwas zu verstehen. Zwischen Blut- und Fettwerten, wiederholten Herzuntersuchungen und Ergebnissen der Überwachung der Rhythmusstörungen tauchte immer wieder die folgende Zeile auf:

HIV, Serum, (ELISA): NEGATIV

Nur die Daten veränderten sich. Ich verfolgte sie und stellte fest, dass Ofer Sagi alle ein bis zwei Wochen einen Aidstest machen ließ, schon seit einigen Jahren. Wofür? Wegen wem? Ich dachte an seine Frau, die so wie er viel in Talkshows im Fernsehen zu sehen war. Alice Sagi war das, was man in den Vereinigten Staaten, mit einem politisch extrem unkorrekten Ausdruck, als »trophy wife« zu bezeichnen pflegt. Gemeint ist damit die Frau eines reichen und berühmten Mannes, die nicht nur hinreißend aussieht, sondern auch eine erfolgreiche Karrierefrau aus eigenem Verdienst ist.

Die Tatsache, dass erfolgreiche Männer schöne Frauen heiraten, die häufig viel jünger sind als sie, ist nichts Neues. Doch in den letzten Jahren sind an der Seite solcher Männer mehr und mehr Frauen zu sehen, die außer schön und jung hochrangige Managerinnen, Wissenschaftlerinnen oder, wie Alice Sagi, erfolgreiche und gesuchte Rechtsanwältinnen sind. Als hätte sich dem Ideal der weiblichen Schönheit, so wie es sich in den Augen der Männer in der westlichen Gesellschaft darstellt, ein weiterer Aspekt hinzugesellt – hohe Intelligenz, akademische Auszeichnung oder beruflicher Erfolg. Erst da fiel mir auf, dass Ofer seine Frau seit Anfang unserer Stunde nur zweimal erwähnt hatte. Ihre kleine Tochter, Bar, deren Geburt vor etwa einem Jahr zu einem Medienereignis geworden war, hatte er überhaupt nicht erwähnt. Ihr erster Geburtstag, der kürzlich stattgefunden hatte, war Anlass zu einem Fest gewesen, das die Spitze der Likud und der führenden Persönlichkeiten der israelischen Geschäftswelt in der Villa der Familie Sagi versammelt hatte. Alice Sagi brillierte damals in den Zeitungsberichten als eine Frau, die alles hatte – Karriere, Geld, einen begehrenswerten Ehemann und eine vollkommene Tochter. Als ich die Reihe der Aidstests betrachtete, die sich über einige Seiten erstreckte, begann ich zu verstehen, was wohl die Spannung zwischen dem »königlichen Paar« hervorrief.

– Ofer, ich schlage vor, dass Sie mir einfach erzählen, was ich wissen muss.

– Kann ich Ihnen eine persönliche Frage stellen?

– In diesem Raum ist Ihnen erlaubt, alles zu sagen und auch alles zu fragen, allerdings bin ich nicht sicher, dass ich antworten werde.

– Mit wie vielen Frauen waren Sie zusammen?

– Wie bitte?

– Gut, Sie müssen mir wirklich nicht antworten. Ich verstehe die Regeln hier. Die Aidstests sind nicht deswegen, weil ich mich mit Animiermädchen herumtreibe oder solche Sachen. Ich war nie mit einer Frau für Geld zusammen. Das macht mich einfach nicht an. Aber ich war in meinem Leben mit über achthundert Frauen zusammen.

– Wie viele Frauen?

– Nehmen Sie mich nicht beim Wort. Kann sein, dass es eher an die tausend waren. Ich führe nicht wirklich Buch.

Ich stellte eine schnelle Rechnung für mich an. Er war sechsunddreißig, und angenommen, er hatte mit achtzehn ernsthaft damit angefangen – neunhundert Frauen in achtzehn Jahren machte im Durchschnitt fünfzig Frauen im Jahr, oder eine neue Frau pro Woche. Aber war dieses Tempo weniger plausibel als die Tatsache, dass er Dutzende Millionen Dollar in weniger als zehn Jahren gemacht hatte?

Ofer hatte einen glänzenden Verstand, persönlichen Charme, starke Willenskraft und immenses Umsetzungstalent. Er tat sich auf jedem Gebiet hervor, mit dem er sich befasste. Warum nicht auch darin? Und dennoch, etwas störte mich. Die Art, wie er über die Hunderte von Frauen in seinem Leben sprach, hatte etwas Entfremdetes, Mechanisches. Ich erinnerte mich auch an seine Verspätung und daran, dass er am Telefon zu mir gesagt hatte: »Fragen Sie mich nicht, was mir passiert ist«, und hinzufügte, dass auch das vielleicht ein Problem sei, das man behandeln müsse. Ich fragte also, was geschehen sei, dass er sich zu dem Treffen mit mir verspätet hatte.

– Alle Achtung. Sie haben richtig geraten. Mir ist genau das passiert, was Sie denken. Ich war mit einer Frau zusammen. Ich hatte nicht geplant, dass es heute Abend passieren würde, aber es ist passiert.

– Ich hoffe, es hat sich wenigstens gelohnt.

Ich bereute meine Bemerkung sofort. Für einen Moment lächelten wir einander an wie Partner bei einem Vergehen. Wenn du sie nicht schlagen kannst, dann schließ dich ihnen an, besagt ein amerikanisches Sprichwort, und ich hatte das Gefühl, dass ich mich für einen Augenblick Ofer Sagis glitzerndem und entfremdetem Leben angeschlossen hatte.

– Würden Sie sagen, dass das, was Ihnen heute Abend passiert ist, typisch ist?

– Zu typisch. So beginnen und enden alle meine »Quickies«.

Er lächelte wieder, aber diesmal lächelte ich nicht mehr mit. Stattdessen sagte ich:

– Vielleicht erzählen Sie mir einfach alles, was heute Abend passiert ist, von Anfang bis Ende.

– Warum? Weil Sie ganz wild drauf sind zu wissen, wie das ist?

Seine Angstattacken und Beruhigungsmittel waren vergessen, die Wolken der Furcht hatten sich zerstreut. An die Stelle der Anspannung und beunruhigten Sorge, die meine Praxis bis zu jenem Moment eingehüllt hatten, war ein energischer Wind von Abenteuer und Wettkampf getreten. Ich fragte mich, ob es das war, was auch in Ofers Seele geschah. Versuchte er, sich vor seinen vorhandenen Ängsten zu noch mehr Frauen zu flüchten, in noch mehr Geschäfte, noch mehr von allem? Doch vielleicht hatte er Recht, vielleicht war ich gar nicht so anders als er und versuchte, auch wenn ich nicht wirklich an dem großen Spiel teilnahm, indirekt einen Geschmack davon zu erhalten.

– Vielleicht. Ich kann nicht beschwören, dass es nicht so ist. Aber schließlich denken wir beide, dass möglicherweise ein Zusammenhang zwischen Ihrer sexuellen Aktivität und Ihren Ängsten besteht. Wenn also das, was heute Abend passiert ist, typisch ist, und wenn Sie mir das in allen Einzelheiten beschreiben, werden wir vielleicht generell etwas mehr von Ihnen und Ihrem Leben verstehen.

– Bitte. Die Transaktion mit »Microsystems«, an der wir bereits seit einem Monat arbeiten, hätte heute über den Tisch gehen sollen. Doch es gab Verzögerungen wegen einiger Paragraphen, die sie in letzter Minute einfügten, und ich wollte das nicht im Büro abwarten. Ich habe Alice gesagt, dass ich bis sieben arbeite und danach direkt zu Ihnen zu einer langen Sitzung fahre. Aber ich habe das Büro um fünf verlassen und ging mit Eddie, dem Anwalt, der mit mir an dem Vertrag gearbeitet hat, ins »Singapur«, um eine Kleinigkeit zu essen. Dalit war da, sie war für die Schicht zuständig, und wir kennen uns seit ungefähr zwei Jahren, seit sie aus dem Mutterschaftsurlaub zurück ist. Ich habe schon lange ein Auge auf sie geworfen, und ich glaube, bei ihr war es genauso, aber außer Gelächter und kleinen Umarmungen war nichts zwischen uns. Bis heute Abend. Als ich sie begrüßte, haben wir uns für eine halbe Sekunde länger als normal in die Augen gesehen, und das genügte. Ich kann nie mit Sicherheit sagen, wer den ersten Schritt macht, ob es sie ist oder ob es ich bin, alles geschieht innerhalb von Sekunden und ohne Worte. Aber es passiert mir so gut wie nie, dass ich anfange und sich nachher herausstellt, dass sie nicht wollte. Bis jetzt ist das nicht öfter als dreimal passiert, und ich hörte immer sofort auf.

– Und was haben Sie in solchen Situationen gefühlt?

– Dass es mich nicht interessiert weiterzumachen. Verstehen Sie, ein großer Teil der Anziehung bei einer Frau liegt für mich darin, dass sie mich will. Wenn das nicht da ist oder sie plötzlich vor mir zurückschreckt, verliere ich die ganze Lust. Jedenfalls, als sie uns an unseren Tisch brachte, habe ich sie die ganze Zeit angesehen, und auch sie schaute mich an. Ich fragte sie leise, ob sie die Schicht heute auch um sechs beende. Sie bejahte und war überrascht, dass ich ihre Arbeitseinteilung kannte. Ich sagte, ich wisse noch eine ganze Menge Dinge über sie, obwohl es eigentlich nicht stimmte. Sie wollte mir antworten, doch inzwischen hatten wir den Tisch erreicht. Sie schaute Eddie an und schwieg. Ich beruhigte sie, das sei in Ordnung, als sein Mandant genieße ich seinen anwaltlichen Schutz, und Eddie wüsste Sachen über mich, die nicht einmal ich selber wisse. Eddie sagte, er ginge zur Toilette, und ließ uns allein.

– Er hat schon Übung?

– Jeder, der mit mir zusammenarbeitet, hat Übung. Nachdem er gegangen war, sagte ich zu Dalit, dass ich sie heute Abend nach Hause fahren würde, ich würde um sechs draußen auf sie warten und sie solle mir nicht davonlaufen. Sie lächelte und kehrte auf ihren Posten am Eingang zurück, ohne ja oder nein zu sagen. Aber ich wusste es schon.

– Woher wussten Sie es?

– Wenn Sie im Ernst fragen – das heißt, falls ich Ihnen das wirklich erklären muss –, dann werden Sie es ohnehin nicht verstehen.

Ich schluckte die Beleidigung hinunter und hörte ihm weiter zu.

– Eddie kam von der Toilette zurück, und wir erwähnten beide nichts von dem, was sich mit Dalit abgespielt hatte. Wie immer. Wir teilten uns einen Nudelsalat, tranken ein Bier und redeten ein bisschen über die Verhandlungen mit den Leuten aus Kalifornien. Er verließ mich gegen halb sechs, und wir vereinbarten, wenn die Neufassung des Abkommens einträfe, würden wir uns zusammentelefonieren und uns vielleicht auch spät nachts treffen, um daran zu arbeiten. Schaul, mein Finanzgeneraldirektor, sollte mit Eddie diesbezüglich in Kontakt bleiben. Nachdem Eddie weg war, blieb ich am Tisch sitzen und betrachtete Dalit, die versuchte, nicht in meine Richtung zu schauen. Ich rief in der Stundenhotelanlage von Schai und Niza in Rischpon an und sagte ihnen, dass ich in ein paar Minuten käme und sie mir eine Hütte organisieren sollten. Beachten Sie, dass ich Dalit Zeit für sich selbst ließ, nachdem klar war, was wir beide heute Abend tun würden. Das heißt, dass ich schon um halb sechs geklärt hatte, was um sechs passieren würde, und sie hatte noch eine halbe Stunde ohne mich, bis wir uns trafen. Wissen Sie, wozu das gut ist?

– Vielleicht, damit sie nicht in Ihrer Anwesenheit zu Hause anrufen und sagen muss, dass sie später käme. Damit sie das tun kann, ohne dass Sie es hören.

– Richtig. Eine Sache des Takts. Alle Achtung. Vielleicht verstehen Sie mich ja doch.

Sein Kompliment tat mir wohl, doch ich schämte mich sofort dafür. Fast gegen meinen Willen begann ich, seinen Stil zu kopieren, der es vermied, die Dinge beim Namen zu nennen.

Er fuhr fort:

– Um fünf vor sechs stand ich auf, um das Auto zu holen. Ich habe einen kleinen Mazda Miata mit dunklen Fenstern, so dass von außen nicht zu sehen ist, mit wem ich fahre, und das ist kein Zufall. Dalit war nicht mehr auf ihrem Posten, als ich hinausging, aber das Mädchen, das sie ablöste, warf mir ein wissendes, anerkennendes Lächeln zu. Um Punkt sechs hielt ich vor dem »Singapur«. Dalit kam sofort und stieg in den Wagen, ohne mich anzusehen. Nachdem sie die Tür zugeschlagen hatte, sagte ich zu ihr, dass ich sie schon seit langer Zeit immer ansähe und zu entscheiden versuchte, wann ich ihr sagen sollte, dass sie überwältigend sei. Sie lächelte und schwieg.

Nachdem Ofer das gesagt hatte, lächelte auch er – für sich und vielleicht auch für mich – und verstummte. Ich schwieg gemeinsam mit ihm, bis er wieder zu sprechen anfing:

– Nun passen Sie auf. Jetzt kommt der wichtige Augenblick, denn bis jetzt war alles noch in der Schwebe, aber ab hier erhalten die Dinge offizielle Gültigkeit. Ich sagte, ich wolle sie irgendwohin mitnehmen und fragte sie, wie viel Zeit wir hätten. Sie sagte, bis halb zehn und dass sie in Ramat Hascharon wohne. Ich sagte, das gehe in Ordnung und sie solle sich gut anschnallen, denn wir würden abheben. Sie lachte, und innerhalb von zehn Minuten war ich in dem Stundenhotel. Um die Zeit ist es ziemlich leer bei ihnen, der meiste Betrieb ist vormittags. Niza empfing uns mit dem Moped am Tor und brachte uns zu meiner Stammhütte. Erst nachdem sie weg war, stieg ich aus dem Wagen, hielt Dalit die Tür auf und forderte sie auf, in die Hütte einzutreten. Drinnen erwartete uns eine Flasche gekühlter Weißwein. Ich schenkte ihn in die Gläser, und wir tranken auf unser Wohl. Ich wartete, bis sie fertig getrunken hatte, und dann küssten wir uns zum ersten Mal. Wollen Sie, dass ich fortfahre?

– Vielleicht springen Sie gleich zum Endstadium.

– Gut. Nachdem wir fertig waren, ließ ich sie als Erste duschen. Manchmal gehe ich mit ihnen zusammen unter die Dusche, aber diesmal spürte ich, dass es nicht passte. Aus dem gleichen Grund habe ich Sie auch nicht angerufen, als sie in der Dusche war. Einerseits war das meine erste Gelegenheit, Ihnen zu sagen, dass ich nicht pünktlich eintreffen würde. Aber andererseits hatte ich das Gefühl, dass Dalit, wie die meisten, in diesen ersten Momenten danach sehr empfindlich war, und sie sollte spüren, dass ich noch bei ihr war. Wenn sie mich zufällig, trotz des Wasserrauschens in der Dusche, telefonieren gehört hätte, wäre sie beleidigt gewesen. Also rief ich nicht an. Man muss sich der Situation überlassen.

– Ja, so wie Sie sich Dalit überließen, nachdem Sie sie zufällig im Lokal getroffen haben. Aber da ist etwas, das ich nicht verstehe. Sie sagten vorher zu mir, dass Sie nicht im Voraus geplant haben, dass das passiert. Andererseits haben Sie Ihrer Frau, schon bevor Sie ins »Singapur« gingen, telefonisch mitgeteilt, dass Sie bis sieben im Büro blieben und danach direkt zu mir fahren würden.

– Wissen Sie, Yoram, da sind Sie auf einen wichtigen Punkt gestoßen. Ich plane nie im Voraus, ich lasse die Dinge einfach geschehen, oder richtiger gesagt, halte sie nicht auf. Was ich zu Alice sagte, war dazu bestimmt, eine Manövrierspanne an der Hand zu haben, falls sich Möglichkeiten auftun. Das ist alles. Ich mache das fast jeden Tag.

– Und Ihre Manövrierspanne erhalten Sie mit Hilfe der Menschen, die mit Ihnen zusammenarbeiten, die Spielregeln kennen und bereit sind mitzumachen?

– Ja.

– Vielleicht erwarten Sie dann, dass ich auch kooperiere

und mich damit abfinde, dass Sie manchmal nicht rechtzeitig eintreffen, ohne es mir vorher mitzuteilen, da sich Ihnen unvorhergesehenerweise eine Möglichkeit mit einer Frau aufgetan hat?

– Daran habe ich so nicht gedacht, aber vielleicht haben Sie Recht. Nehmen wir an, es wäre so, was stört Sie daran? Ich werde Sie in jedem Fall für Ihre Zeit bezahlen, und es steht Ihnen frei, in dieser Zeit zu tun, was Ihnen beliebt. Wie ich Ihnen schon sagte, die Regeln sind mir klar. Warum also sind Sie sauer? Es stimmt doch, dass Sie sauer auf mich sind, oder?

Ich hegte keinen Zweifel, dass Ofer meinen Ärger spürte. Ich antwortete ihm also:

– Stimmt, ich ärgere mich ein bisschen über Sie.

– Weil Sie mich beneiden?

– Mag sein. Aber ich glaube, der Grund ist ein anderer: Sie bringen mich dazu, mich wie ein Produkt zu fühlen, das Sie benutzen, und vielleicht beleidigt mich das. Schließlich bin auch ich nur ein Mensch.

– Heißt das, dass ich mich in Acht nehmen muss, Sie hier nicht zu beleidigen?

Ich gab ihm keine Antwort darauf und versank stattdessen in Gedanken. Der argentinische Psychoanalytiker Heinrich Racker beschrieb die zwei prinzipiellen Wege, wie die Worte eines Patienten beim Therapeuten Identifikation auslösen können: *Übereinstimmende Identifikation* ist die »normale«, wie wir sie alle fühlen, wenn uns ein Freund oder eine geliebte Person von den Beschwerlichkeiten ihres Lebens erzählt. Sie ist der Grund, weshalb viele von uns im Kino Tränen vergießen: Wir identifizieren uns mit den Gefühlen der Helden auf der Leinwand und empfinden sie, als seien es unsere. Es ist jedoch auch die *komplementäre Identifikation* möglich, die zum Beispiel vorliegt, wenn uns ein Freund von seinem Wortwechsel mit einer dritten Person erzählt, und wir uns nicht mit ihm, sondern gerade mit jenem dritten Menschen identifizieren, dem wir nie begegnet sind: »Jetzt weiß ich, was mein Freund andere fühlen lässt.«

Als mir Ofer von seinem Versteckspiel mit Alice erzählte, ertappte ich mich dabei, dass ich mich mit ihr und nicht mit ihm identifizierte. Warum? Vielleicht weil er mit mir ein ähnliches Spiel wie mit ihr spielte: Man kennt die Regeln, bricht sie nicht, manipuliert die Situation aber zu seinen Gunsten, ohne die Gefühle des anderen zu berücksichtigen. Was war mit Dalits Gefühlen? Und der der Hunderten Frauen, die ihr vorausgegangen waren? Was war mit den Gefühlen von Ofer selbst? Wusste er, was Liebe ist?

***

Bei unserem nächsten Termin fragte ich ihn:

– Sagen Sie mir, Ofer, haben Sie jemals eine Frau geliebt?

Er antwortete sofort, ohne nachzudenken:

– Ich habe dreimal in meinem Leben geliebt, nicht mehr und nicht weniger. Schachar, David und Alice. Eigentlich liebe ich die drei immer noch. Aber Schachar ist mir unter den Händen weggestorben, David habe ich fast zwanzig Jahre nicht gesehen, und Alice… ich weiß nicht, was aus uns wird.

– Wollen Sie es mir erzählen?

– Es ist komisch für mich, daran erinnert zu werden… ich habe seit Jahren mit niemandem darüber geredet. Alles fing in der zehnten Klasse an. Wir drei waren die Klassenstars, Schachar, David und ich. Wir waren immer zusammen, in der Pause, nach der Schule und in den Ferien. Wir waren Freunde seit der ersten Klasse, sind im gleichen Viertel aufgewachsen, zusammen zu den Pfadfindern gegangen, aber in der zehnten Klasse ist uns etwas passiert, auf das wir nicht vorbereitet waren: Wir haben uns alle drei verliebt, jeder in die beiden anderen, und mehr oder weniger zur selben Zeit.

Ofers Augen wichen den meinen aus, und mir schien, dass er von einem Gefühl übermannt wurde, dem ich bei ihm noch nicht begegnet war – Sehnsucht. Nach kurzem Schweigen fuhr er fort:

– In der zehnten Klasse, in den Pessachferien, fuhren wir zu dritt an den See Genezareth. Nur wir. Wir schlugen ein Zelt an einer einsamen Stelle am Strand nahe der Jordanmündung auf. Tagsüber schwammen wir und versuchten zu angeln, nicht besonders erfolgreich. Am Abend, nach dem Lagerfeuer, gingen wir im Zelt schlafen. Aber wer konnte schon schlafen, wenn der Mond dermaßen hell schien und die Frösche im Schlamm am Seeufer quakten. Das Geräusch der kleinen Wellen schwappte zu uns durch die Zeltöffnung herein, und die Gerüche von uns dreien erfüllten den kleinen Innenraum. Schachar lag in der Mitte, David und ich zu beiden Seiten. Irgendwann fiel uns auf, dass wir alle drei nicht schliefen. Ich erinnere mich nicht, wer angefangen hat, aber wir zogen die Kleider aus und liebten uns einfach … Wollen Sie jetzt auch, dass ich zum Ende überspringe, oder haben Sie Lust, das Ganze zu hören?

– Ofer, mir scheint, wir sind nicht an der gleichen Stelle, an der wir bei unserem vorigen Treffen waren. Richtig?

– Vielleicht. Ich bin noch nicht sicher. Jedenfalls, fangen Sie nicht an zu denken, ich sei ein Homo. Ich bin nicht so. Wenigstens glaube ich das. Ich war nie mit einem Mann zusammen nach dieser Nacht damals mit David. Aber in jener Nacht war da eine Art Zauber, als seien wir zur Liebe geboren, und alles andere wurde unwichtig. Wir waren beide mit ihr und auch miteinander zusammen, und wieder mit ihr, und immer so weiter, die ganze Nacht. Erst am Morgen, als die Sonne aufs Zelt schien, schliefen wir ein. Ich glaube, ich habe mich nie so wohl gefühlt wie in jener Nacht. Mir kommt auch vor, dass ich seitdem nie wieder so gut geschlafen habe, wie ich während dieses Tages, vor zwanzig Jahren, schlief. Am Nachmittag wachte ich von Davids Schreien auf. Er schrie wie ein Verrückter, ich solle sofort kommen. Ich ging hinaus und sah, wie er Schachar aus dem Wasser an den Strand zog. Ich rannte hin, und zu zweit versuchten wir, sie zu beatmen, sie wieder zu beleben, doch ehrlich gesagt wussten wir nicht so recht, was wir taten. Vielleicht war es auch schon zu spät. Am Nachmittag gibt es am Ostufer des Sees immer so Wellen. Sie war als Erste aufgestanden und allein zum Schwimmen runtergegangen. Man darf dort nicht allein schwimmen. Wir hatten ihr schon am Tag vorher gesagt, dass sie sich nicht ohne uns vom Ufer entfernen solle, aber sie hat gelacht. Sie hat immer gemacht, was sie wollte… Mit der Polizei nachher hatten wir keine Probleme. Sie haben David und mich getrennt verhört und glaubten uns. Aber in der Schule sind Gerüchte über ein tödliches Liebesdrama zwischen uns dreien aufgekommen. David verließ kurze Zeit später das Land. Er kehrte mit seiner Mutter in die Vereinigten Staaten zurück, woher er eingewandert war, und die Verbindung zwischen uns riss ab. Ich bin an der Schule geblieben. Alle Mädchen aus der Mittelstufe wollten mich trösten. Es war ein richtiges Fest für mich mit ihnen, und eigentlich habe ich seitdem nicht mehr aufgehört zu feiern. Am Ende der elften Klasse verließ ich die Schule, machte das Abitur extern und bereitete mich darauf vor, ebenfalls Israel zu verlassen. Aber dann kamen die guten Menschen von der Computereinheit der Armee, und zum ersten Mal seit Schachars Tod hatte ich etwas gefunden, das mich wirklich interessierte… Also was sagen Sie, habe ich einmal geliebt oder nicht?

Sein provozierender Ton machte keinen Eindruck auf mich. Er hatte mein Mitgefühl. Mir fiel das psychologische Klischee vom serienmäßigen Liebhaber ein, der sich vor dem tiefen Loch in seiner Seele in eine Sensation nach der anderen flüchtet, die ihn niemals erfüllen kann, und ich dachte, dass es im Falle Ofer Sagis vielleicht stimmte. Doch hauptsächlich hoffte ich, dass wir die Intimität, die zwischen uns in den Minuten entstanden war, als er mir von Schachar und David erzählte, wiederherstellen könnten. Die Geschichte von der verzauberten Nacht am See Genezareth und dem schrecklichen Tag, der darauf folgte, rührte nicht nur an mein Herz, sondern half mir auch, Ofers Symptome in anderer und tieferer Weise zu verstehen. Seine Angstattacken erhielten plötzlich eine Bedeutung, wie auch seine Sexintermezzos mit Hunderten Frauen. Und dann erinnerte ich mich, dass er von drei Menschen gesprochen hatte, die er liebte, und ich fragte ihn nach Alice.

– Ja. Auch sie liebe ich. Heute noch. Wir trafen uns in meinem zweiten Jahr in Harvard. In den Vereinigten Staaten ist Jura ein Magisterstudium, wie Management, und die Studenten sämtlicher Magister- und Promotionsstudiengänge wohnen in Universitätsunterkünften oder in der Nähe, in Cambridge und Brooklyn. Dort haben wir uns getroffen. Lernen ist mir immer leicht gefallen. Echte Freunde hatte ich nicht nach David, und meine Freizeit widmete ich »Quickies«. Bis zu Alice hat es keine bei mir auf mehr als zweimal gebracht.

– Weil Sie nur ein oder zwei Mal bei jedem Mädchen brauchten, um sich davon zu überzeugen, dass sie nicht Schachar ist?

– Sie sagen das so dramatisch … ich weiß nicht. Sie sind der Therapeut, nicht ich. Ich erzähle Ihnen nur, was war. Jedenfalls, als ich Alice traf, war alles anders, und ich könnte nicht beschwören, dass Schachar nicht etwas mit der Sache zu tun hatte.

– Was meinen Sie damit?

– Ich meine, dass sie sich in äußerlicher Hinsicht wirklich ähnlich sehen. Jeder, der mich und Schachar von der Schule her gekannt hat und Alice trifft, schaut sie an, als ob er einen Geist sehen würde. Ich liebte Alice, ich liebte sie wirklich, aber ich bin nicht sicher, ob ich sie aus den richtigen Gründen liebte. In unserem gemeinsamen ersten halben Jahr war ich mit keiner anderen zusammen. Aber noch bevor ich meine erste Arbeit in Kalifornien bekam, kehrte ich schon wieder zu den Quickies zurück und habe seitdem nicht mehr damit aufgehört.

– Wissen Sie, Ofer, mir scheint, dass Sie ein Gefangener jener Nacht am See Genezareth von vor zwanzig Jahren sind, ein Gefangener Schachars, als sie beide sechzehn waren. Aber heute sind Sie bereits sechsunddreißig, und mir scheint, Sie sind stecken geblieben.

– Jetzt kann ich fragen: Was meinen Sie damit?

– Sie versuchen, eine einmalige Erfahrung wiederherzustellen, eine Nacht voll Zauber und Liebe ohne Grenzen. Schachar ist gestorben, bevor Sie Gelegenheit hatten, sich an sie zu gewöhnen, und es bleibt die Erinnerung, die immer das Leben übertrifft. Sie sind in einem Traum von vollkommener Liebe und perfektem Glück gefangen, und Sie weigern sich aufzuwachen. Träume haben eine immense Macht, doch in Ihrem Fall kann es sein, dass die Jagd nach dem Traum auch eine destruktive Seite hat. Als hätte Ihr Leben vor zwanzig Jahren seinen Höhepunkt erreicht, und seitdem ist die Realität, trotz all Ihrer Errungenschaften, nur ein Ersatz. Von außen sieht es aus, als hätten Sie ein großartiges Leben, doch in Ihrer Seele fehlt immer irgendetwas.

– Dann vielleicht auch David …

Er verstummte. Ich fragte, was er meinte.

– Ich sagte Ihnen schon, dass ich seit David keine echten Freunde mehr hatte. Es gibt Menschen, mit denen ich befreundet bin, und es gibt Menschen, die ich brauche, aber ich habe niemanden geliebt, wie ich David liebte. Bis zu jener Nacht am See Genezareth habe ich nicht begriffen, dass ich mich auf diese Weise zu ihm hingezogen fühlte. Nicht wirklich. Aber nach dem, was in der Nacht passiert war, und nachdem Schachar tot war, konnten wir nicht mehr miteinander reden oder zusammen sein. Es war einfach zu viel. Seit damals hat mich kein anderer Mann angezogen, und seit damals hatte ich auch keinen Seelenfreund mehr, jemand, dem man völlig vertrauen kann.

***

In der nächsten Stunde teilte mir Ofer mit, dass er beschlossen habe, die Therapie zu beenden. Ich dachte, vielleicht sei sein Problem nicht die Therapie, sondern der Therapeut, und versuchte ihn zu ermutigen, über seine Gefühle mir gegenüber zu sprechen. Er sagte, von seiner Warte aus gäbe es »null Probleme« in den Beziehungen zwischen uns, und er würde mich sogar mögen. Aber die Angstattacken quälten ihn immer noch und behinderten ihn, und die Erinnerung an Schachar und David habe ihm nichts genützt. Im Gegenteil, sie habe ihm Herzschmerzen beschert. Er sagte, er habe nicht die Kraft, mit mir oder jemand anderem immer wieder über Schachar, über David, über seine Quickies und seine Gefühle zu reden. Alles, was er wolle, sei eine medikamentöse Behandlung. Ich sagte, ich stimme ihm zu, dass ein Medikament ihm helfen könnte, doch meiner Ansicht nach sei das nicht die Hauptsache. In seiner Situation komme dem Gespräch, der Innenschau und schmerzhaften, schweren Entscheidungen, die er zu treffen habe, eine große Bedeutung zu. Ofer dachte anders. Er beharrte darauf, sich mit einem Medikament begnügen zu wollen, und bat mich, falls mir unwohl dabei sei, ihm eines zu verschreiben, ihn an jemanden zu überweisen, der bereit sei, das zu tun.

Welches Medikament konnte Ofer helfen? Im Fachjargon der Psychopharmaka ist der Ausdruck »*Silberkugel*« üblich, um ein Medikament mit verschiedenen Wirkungen zu beschreiben, das effektiv und konzentriert alle Probleme des Patienten behandelt. Die »Silberkugel« ist das ideale Medikament, eine elegante Antwort auf vielerlei Probleme und Symptome. Doch in der Realität gibt es normalerweise keine »Silberkugel«, und häufig sind verschiedene medikamentöse Behandlungen mit diversen Nebenwirkungen nötig, um eine pharmakologische Antwort auf die meisten Probleme des Patienten zu geben. Dennoch dachte ich, dass *Seroxat* (Paroxetin), ein Antidepressivum aus der Prozac-Gruppe[30], für ihn möglicherweise eine Art »Silberkugel« sein könnte.

Neben der Funktion als Antidepressivum wirkt Seroxat gegen Angststörungen und Angstattacken wie jene, an denen Ofer litt. Es ist auch ein Medikament, das bei vielen Menschen Schlaf begünstigt, und ich dachte, es könnte seinen Schlaf in der Nacht verbessern. Im Gegensatz zu Xanax, das er von Professor Brawerman erhalten hatte, macht es nicht abhängig. Allerdings können die Medikamente aus der Prozac-Gruppe als Nebenwirkung eine Verzögerung des Orgasmus zur Folge haben und manchmal auch sexuelle Lust, bei Frauen wie bei Männern, hemmen. Unter allen Produkten aus dieser Gruppe ist dies bei Seroxat am stärksten der Fall, doch ich dachte, dass Ofers vehementer Sexualtrieb nicht nennenswert davon betroffen sein dürfte.

Ich erklärte ihm all diese Dinge und wiederholte, dass es für ihn besser sei, sich, zusätzlich zu einem Medikament, auch einer Therapie zu unterziehen. Ich sagte, ich hätte den Eindruck gewonnen, dass sein Leben mit Alice nicht besonders glücklich sei und dass er keine echte Beziehung zu seiner kleinen Tochter habe. Ich fügte hinzu, dass es meiner Meinung nach einen Zusammenhang zwischen seinen Angstanfällen, den Hunderten Frauen, mit denen er geschlafen hat, und der Tatsache, dass sein Familienleben nur im Fernsehen, aber nicht aus der Nähe gut aussehe, gab. Er befinde sich offenbar bis heute auf einer verzweifelten Jagd nach dem, was ihm auf der Welt am teuersten sei und vor zwanzig Jahren im See Genezareth ertrunken war, und er suche das Verlorene überall an den falschen Orten. Ofer hörte mir angespannt zu, und als ich geendet hatte, stellte er eine gute Frage:

– Sie reden, als ob all diese Dinge meiner freien Wahl entspringen. Als ob ich mir ausgesucht hätte, so zu sein. Die Tatsache an sich, dass Sie sich über mich ärgern – und das haben Sie ja zugegeben –, bezeugt, dass ich aus Ihrer Sicht der, der ich bin, freiwillig bin. Aber vielleicht irren Sie sich ja? Vielleicht muss ich der sein, der ich bin? Vielleicht sollte man sich nicht über mich ärgern oder von mir beleidigt fühlen und auch nicht mit mir über meine Probleme reden, sondern mir einfach ein Medikament geben? Als ich noch in Kalifornien gelebt habe, habe ich aus Zufall in Palo Alto einen Vortrag von einem alten Neuropsychologen gehört, Benjamin Libet. Kennen Sie ihn?

– Nicht persönlich, aber ich habe ihn auch gehört und kenne seine Forschungsarbeiten.

– Schön. Was ich seinem Vortrag entnommen habe, ist, dass unsere freien Wahlmöglichkeiten – die wir vom subjektiven Standpunkt aus als frei erleben – anscheinend überhaupt nicht frei sind. Habe ich Recht?

Es war etwas Wahres an Ofers Worten. Vor zwanzig Jahren, gerade zu der Zeit, als das Silicon Valley zu erwachen begann, führte Benjamin Libet an der nahe gelegenen Stanford-Universität einen originellen Versuch durch, der inzwischen in der Welt der Neuropsychologie zum Klassiker geworden ist. Es war ein dem Anschein nach simpler Versuch: Er bat Freiwillige, einen Finger zu heben, »wann sie Lust dazu hätten«, und dabei auf eine Art Uhr mit einem einzigen, schnell rotierenden Zeiger zu blicken. Er wies die Testpersonen an, darauf zu achten, auf welche »Stunde« der Zeiger in dem Moment deutete, in dem in ihnen zum ersten Mal der Wunsch erwachte, den Finger zu heben. Gleichzeitig maß er mit Hilfe von Elektroden, die an ihrem Kopf angebracht wurden, die elektrische Aktivität ihres Gehirns. Die Versuchsergebnisse waren überraschend: Etwa eine halbe Sekunde bevor sich der Mensch seines »freien« Wunsches, den Finger zu heben, bewusst wurde, »wusste« sein Gehirn schon, dass ein solcher Wunsch erwachen würde. Es gibt eine elektrische Aktivität, genannt *Bereitschaftspotential*, die exakt die Tatsache vorhersagt, dass der Mensch demnächst »spontan« und aus »freier« Wahl beschließen wird, etwas zu tun. Die Differenz von einer halben Sekunde zwischen der Aktivität des Gehirns und der Empfindung des Wunsches scheint winzig, doch in der Gehirnforschung hat sie großes Gewicht. Libets Versuch brachte einen Teil der Wissenschaftler zu der Schlussfolgerung, dass unser subjektives Erleben des *freien Willens* eine Lüge ist. Dieser Interpretation nach ist das, was wir als eigenen freien Willen empfinden, das Ergebnis unbewusster – und daher unkontrollierbarer – Prozesse, die ihm vorausgehen und ihn verursachen. Aus subjektiver Warte scheint uns, dass der freie Wille, der in uns erwacht, der Grund für das Heben des Fingers ist, doch in Wirklichkeit ist das Gegenteil richtig: Der freiwillige Impuls, den wir verspüren, ist anscheinend nicht die Ursache, sondern ein Ergebnis des Bereitschaftspotentials im Hirn, ein Prozess, der außerhalb des Bewusstseins erwacht und agiert. Dies ist eine wichtige Schlussfolgerung, da sie darauf verweist, dass unsere subjektive Erfahrung, was die Kausalität psychischer und physischer Situationen betrifft – »*Ich habe beschlossen*, etwas zu tun, *und daher* habe ich es getan« –, nicht die Realität widerspiegelt. Unsere Annahmen bezüglich der ursächlichen Zusammenhänge psychischer und physischer Konstellationen sind Grundannahmen, mittels derer wir uns selbst und die Welt verstehen. Falls sie fehlerhaft sein sollten, wie Libets Test andeutet, müssen wir das, was wir als

»menschlichen Willen« bezeichnen, und die Faktoren, die ihn beeinflussen, von neuem überprüfen. Es gibt auch alternative Erklärungen für Libets Versuch, und der Zusammenhang zwischen dem freien Willensgefühl und dem, was der Test untersuchte, ist kompliziert und sehr umstritten.

Die breiteren Auswirkungen dieses und ähnlicher Versuche sind Gegenstand einer regen Debatte, die heute unter Gehirnforschern, Psychologen und Philosophen zum Thema des freien menschlichen Willens geführt wird. Libet selbst, an dessen Versuch sich die Diskussion entzündete, tendierte in den letzten Jahren zu der Ansicht, dass wir trotz allem einen freien Willen haben. Ich sagte Ofer das und fügte hinzu, dass sich nach Libets Meinung unser freier Wille nicht in einer spontanen Entscheidung, etwas zu tun, ausdrückt, sondern gerade in der spontanen Entscheidung, etwas zu tun *zu vermeiden.* Libet fand nämlich heraus, dass, obwohl der in uns erwachende Wille, etwas zu tun, im Voraus zu erwarten und daher nicht frei ist, ein kurzes Zeitfenster von etwa einer Zehntelsekunde besteht, in dem wir entscheiden können, dieses etwas *nicht* zu tun. Für diese Vetoentscheidung fanden Libet und andere Forscher keine elektrische Aktivität, die das voraussagen lassen würde, bevor sie ins Bewusstsein dringt. Daraus folgerte Libet, dass der Beschluss eines Vetos erst in dem Moment fällt, in dem er ins Bewusstsein dringt. Mit anderen Worten: Möglicherweise haben wir die Freiheit einer echten Wahl – auch wenn es die Freiheit ist, etwas *nicht* zu tun.

Das ist eine weit reichende Schlussfolgerung, die keinesfalls die physikalische und philosophische Problematik des freien Willensbegriffs löst. Dennoch, ein Teil ihrer Auswirkungen entspricht gewissen Grundhypothesen der Freud'schen Psychoanalyse, in der die Freiheit der Wahl manchmal als die Fähigkeit des Über-Ichs definiert wird, die Triebe zu beherrschen.

Ofer hörte mir zu, während ich ihm all diese Dinge auseinander setzte. Danach sagte er:

– Gut, ich hab's gehört. Ich muss über das Ganze nachdenken. Wir wollen uns noch einmal treffen und darüber sprechen.

Nachdem er gegangen war, hörte ich den Motor seines »Mazda Miata« auf dem Parkplatz der Praxis zum Leben erwachen. Reifenkreischen, ein Aufheulen des Motors, und kurz danach erstarb der Lärm, was auf das Tempo schließen ließ, in dem Ofer die kurvige Straße entlangdonnerte. Er war schließlich ein israelischer Millionär. Weitaus weniger reiche Leute als er hatten in den USA einen Chauffeur, der sie überallhin fuhr und Geheimnisse bewahren konnte. Doch Ofer liebte es, wie die meisten israelischen Männer, sein eigener Fahrer zu sein. Ich dachte an ihn, wie er wenige Minuten später allein hinter seinen dunklen Scheiben auf der Schnellstraße nach Tel Aviv dahinfuhr und vielleicht in der Geschwindigkeit wieder eine Zuflucht, vielleicht sogar einen Trost vor den Erinnerungen fand, die ihn überallhin verfolgten.

***

Die Fragen, die Ofer aufwarf, sind für jeden Therapeuten und Patienten von großer Bedeutung, ob sie ihnen nun bewusst sind oder nicht: In welchem Maße ist der Patient frei, der zu sein, der er ist? In welchem Maße ist er frei zu wählen, mit Hilfe der Therapie oder aus eigener Kraft, ein anderer zu werden – das heißt, anders zu fühlen, zu denken und handeln, als er dies in der Vergangenheit tat? In welchem Maße ist die Psychotherapie ein Instrument zu größerer menschlicher Freiheit, und in welchem Maße ist sie eine weitere Form der Suggestion, bei der der Therapeut den Patienten in eine bestimmte Richtung drängt, zuweilen ohne Wissen beider Beteiligter und manchmal ohne das Wissen eines von ihnen?

Gab es eine Verbindung zwischen den Hunderten von Frauen, die Ofers Leben passiert hatten, und den Charaktereigenschaften, mit denen er geboren worden war? Welcher Zusammenhang bestand zwischen seiner verzweifelten Jagd nach jener fernen Nacht, die seinen Lebensweg bestimmte, ein Wettlauf, der von seinen häufigen Quickies gekennzeichnet war, und seinen Angstattacken? Höchstwahrscheinlich waren die Quickies und die Angstanfälle beide an schmerzhafte Erinnerungen geknüpft, die er in sich trug. Doch gab es auch eine andere Form, eine, die sich dem Blick entzog, in der diese beiden Phänomene, die sein Leben charakterisierten, miteinander verbunden waren? Es gab noch eine Betrachtungsweise, die wichtig zum Verständnis Ofer Sagis innerer Welt war. Wie er selbst argwöhnte, ließen er und sein Leben sich auch aus dem Blickwinkel der Biologie betrachten, die Sigmund Freud als »das Land der unbegrenzten Möglichkeiten« sah.

Dass die molekulare Genforschung in den letzten zwanzig Jahren derart aufgeblüht ist, hängt mit dem Verständnis für die Art der genetischen Kontrolle zusammen, unter der sich wichtige Charaktereigenschaften zum Teil befinden. Heute beginnt sich herauszustellen, welche Gene bei der Festlegung mitwirken, in welchem Maße wir dazu neigen, aggressiv, schüchtern, nervös oder kühn zu sein. Mir scheint, die meisten Menschen der westlichen Welt haben die Tatsache bereits verinnerlicht, dass die klassische Hypothese des englischen Philosophen John Locke, wir würden als *Tabula rasa* zur Welt kommen, auf die unser Leben wie auf »neues Papier« geschrieben wird, nicht richtig ist. Die meisten Menschen sind sich auch dessen bewusst, dass eine weitere Annahme Lockes, dass die Menschen nämlich völlig frei seien zu bestimmen, wer sie sein werden, ebenfalls nicht korrekt ist. In uns existieren angeborene Charaktereigenschaften, deren Einfluss, obwohl sie unser Schicksal nicht absolut bestimmen müssen, man nicht entkommen kann. Dazu stellt sich in letzter Zeit zunehmend heraus, dass auch private biographische Einzelheiten wie die Häufigkeit intimer Beziehungen im Laufe des Lebens eines bestimmten Menschen sowie die Anzahl der Sexualpartner, die er im Laufe seines Lebens haben wird, von Genen beeinflusst und daher – teilweise – vererbt werden.

Eines dieser Gene hängt mit einer Charaktereigenschaft zusammen, die man die *Suche nach neuen Eindrücken* nennt. Es handelt sich um eine Tendenz, die mehr oder weniger ausgeprägt bei jedem von uns existiert, neue Dinge ausprobieren zu wollen, Genuss aus dem zu ziehen, was erregend ist, und sich leicht zu langweilen, wenn »nichts passiert«. Es gibt Menschen, wie zum Beispiel Ofer, bei denen diese Eigenschaft in hoher Dosierung vorhanden ist, und es gibt Menschen, denen das Streben nach Neuerung fern liegt, die die Routine und das Vertraute vorziehen. Die Sehnsucht nach Neuem steht, nach Ergebnissen von Richard Ebstein, Chaim Bellmaker und Kollegen, mit dem Gen eines der Rezeptoren des Nervenbotenstoffs Dopamin in Zusammenhang. Dieser Rezeptor – genannt D4 – existiert in zwei Formen, lang und kurz. Diejenigen von uns, die die längere Form geerbt haben, legen zumeist einen größeren Hang zu Neuerungen an den Tag als Menschen mit kurzen Formen. Auf das Dopamin sind wir bereits im dritten Kapitel gestoßen, im Zusammenhang mit Verliebtheit. Wie wir im Weiteren noch sehen werden, hat sich in den letzten Jahren herausgestellt, dass das Gen für D4 auch mit einer Zahl verknüpft ist, die bei Ofer Sagi in Extremform ausgeprägt war, nämlich die Anzahl der Sexualpartner, die eine Person im Laufe ihres Lebens hat.

Quantitative Daten zu diesem Thema basieren zumeist auf verschiedenen Definitionen des Begriffs »Sexualbeziehungen« und auf anonymen Fragebögen, weshalb das Maß ihrer Exaktheit unklar ist. Gemäß diesen Erhebungen jedenfalls wird der heterosexuelle amerikanische Durchschnittsmann im Laufe seines Lebens mit sechs Frauen sexuelle Beziehungen unterhalten. Der durchschnittliche homosexuelle Mann wird weitaus mehr Sexualpartner haben, und viele sehen das als Beweis für die, vielleicht unerträgliche, Leichtigkeit, mit der Männer bereit sind, Verhältnisse einzugehen.

Wenn das Gen für D4 Einfluss auf die Suche nach neuen Eindrücken nimmt, und wenn dieses Neue ein Teil dessen ist, was neue sexuelle Partner in unser Leben bringen – ist dann die Einflussnahme des Gens auf die Anzahl der sexuellen Partner von Männern identisch mit dem Einfluss auf ihre Suche nach neuen Eindrücken? Diese – folgerichtige – Annahme erwies sich als falsch. Daher stellten die Forscher eine andere Frage: Gibt es eine Verbindung zwischen den Aussichten eines heterosexuellen Mannes, sexuelle Beziehungen mit einem Mann zu unterhalten (wie es Ofer tat), und seinem Gen für D4? Auf diese Fragen werden wir am Ende des Kapitels zurückkommen.

Als Ofer mir von seiner Nacht im Zelt mit David und Schachar erzählte und dass er mit beiden geschlafen hatte, warnte er mich sofort, ich solle nicht denken, er sei ein Homo. Das störte mich nicht. Ich dachte auch nicht, dass er homosexuell sei. Fast alle heterosexuellen Männer sind von der Angst gepeinigt, jemand könnte eventuell etwas verwechseln und irrtümlich denken, sie seien homosexuell. Bei einem tieferen Blick fürchtet der »normale« Mann im Grunde seines Herzens, dass er vielleicht trotzdem homosexuell ist, und ist von dem homosexuellen Potential in sich selbst beunruhigt. Diese

Furcht, *homosexuelle Panik* oder *Homophobie* genannt, kann extreme Auswirkungen haben. Die meisten Therapeuten sind, wie auch ich, der Ansicht, dass das Phänomen der Gewalttätigkeit – bis hin zum Mord – gegenüber Homosexuellen seitens heterosexueller Männer, das fast überall auf der Welt verbreitet ist, dieser homosexuellen Panik entspringt. Jeder Mann, der versucht, einen »normalen« Mann sanft zu streicheln oder ihn auf den Mund zu küssen, weiß genau, wie die fast schon komische Reaktion ausfallen wird, in der sich Wut und Entsetzen mischen: »Ich?! Mich?! Nein! Hau ab!«

Wenn Ofer heterosexuell war, weshalb hatte er dann mit David geschlafen? Und falls er trotz seiner energischen Zurückweisungen homosexuell war, warum gab es keine weiteren Männer bei den Hunderten von sexuellen Beziehungen, die danach folgten? War er bisexuell? Und was ist das genau? Bereits vor etwa hundert Jahren stellte Freud die Behauptung auf, dass in allen Menschen ein bisexuelles Potential existiere und dass die endgültige sexuelle Prägung bei uns allen zumeist nur Teilausdruck bewusster und unbewusster latenter Neigungen ist. Einige Jahrzehnte später erfand der große, umstrittene amerikanische Sexologe Alfred Kinsey eine Skala, nach ihm benannt als *Kinseyskala*, mit der es möglich ist, jedem Mann eine Bewertung von 0–6 zu geben, die seine Position in der Skala zwischen straight und homosexuell anzeigen soll.[31]

Der Gedanke, der hinter dieser Skala steht, ist, dass die kategorische Einteilung, nach der die Mehrheit der Menschheit sich und ihre Nächsten als »straight« und als »homo« definiert (zuweilen auch »bisexuell« als Kompromisslösung), nicht die Kompliziertheit der menschlichen Realität widerspiegelt. Kinsey ging von der Annahme aus, dass die sexuelle Neigung, wie andere Persönlichkeitseigenschaften auch, keine Frage von ja oder nein sei, sondern ein Spektrum bildet, an dessen einem Ende sich ein gänzlich heterosexueller Mensch befindet und an dessen anderem – ein komplett homosexueller. Wenn ein Mensch in der Öffentlichkeit als »straight« auftritt, im Laufe seines Lebens ausschließlich Beziehungen mit Frauen hat und all seine sexuellen Phantasien heterosexuell sind – wird er die Bewertung 0 erhalten. Sein Geschlechtsgenosse, der in der Öffentlichkeit als homosexuell auftritt, im Laufe seines Lebens nur mit Männern Beziehungen hat und dessen sämtliche Phantasien seit jeher homosexuell waren – wird die Bewertung 6 erhalten. Wenn ein Mann, der sich selbst als »straight« darstellt – und auch als solcher agiert –, irgendwann einmal auch homosexuelle Phantasien hat oder hatte oder freiwillig sexuelle Handlungen mit einem Mann ausführte, wird er die Note 1 erhalten. Ein Mann, dessen Phantasien und sexuelle Beziehungen überwiegend mit Frauen stattfinden, der jedoch häufig auch homosexuelle Phantasien hat oder hin und wieder Verhältnisse mit Männern eingeht, wird die Bewertung 2 erhalten. Die gleichen Kriterien in der homosexuellen Richtung bringen die Bewertungen 5 und 4. In der Mitte befinden sich mit Bewertung 3 die seltenen Männer, deren Phantasien und sexuelle Aktivitäten sich tatsächlich exakt in der Mitte des Spektrums bewegen.

Ofer hätte auf der Kinseyskala die Bewertung 1 erhalten. Das ist nicht ungewöhnlich. Es gibt viele Männer, die ein oder wenige Male in ihrem Leben sexuelle Beziehungen mit einem Mann hatten, meistens als sie sehr jung waren, zu Beginn der Pubertät. Die sexuelle Prägung jedoch, die sie sich selbst zuschreiben, ihre gewohnten Phantasien und sexuellen Verhältnisse im weiteren Verlauf ihres Lebens sind sämtlich heterosexuell. Die Kinseyskala stellt eine Verbesserung gegenüber der üblichen Einteilung in hetero-/homo-/bisexuell dar, doch auch sie ist eine Simplifizierung der komplizierten menschlichen Lage. Viele Psychoanalytiker sind der Ansicht, dass die

Skala nicht genügend Betonung auf das Thema der *Identität* legt – die komplexe Weise, in der sich ein Mensch selbst definiert.

In der Realität der menschlichen Gesellschaft definiert ein Mensch seine Identität auf mehreren Ebenen gleichzeitig: »Ich bin ein Mann«, »ich bin Vater«, »ich bin Arzt« und so weiter. Ein heterosexueller Mann mit der Bewertung 0 auf der Kinseyskala, den man auffordert, sich selbst zu definieren, wird im Allgemeinen jedoch nicht sagen, »ich bin normal«. Weshalb nicht? Weil er – wie die Mehrheit unserer Gesellschaft – eine heterosexuelle Neigung als selbstverständlichen Teil der Identität ansieht, der nicht eigens betont werden muss. Dagegen werden Menschen mit homosexueller Prägung (4, 5 und 6 auf der Kinseyskala) normalerweise ihre Identität auch mit den Worten »ich bin homosexuell« oder »ich bin schwul« definieren, und sie werden sich häufig Gedanken über ihre sexuelle Neigung machen. Mit anderen Worten, das Identitätsempfinden von Homosexuellen wird, wie das jeder verfolgten Minderheit, oft von dem geprägt, was sie von der Mehrheit unterscheidet. Philosophen, die sich in der zweiten Hälfte des vergangenen Jahrhunderts mit Homosexualität befassten, führten die Ähnlichkeit zwischen den Reaktions- und Assimilationsweisen der Juden im Exil und den Homosexuellen auf die Tatsache zurück, dass sie eine Minderheit mit andersgearteter Identität waren.

***

Ofer kam nicht zum nächsten Termin, der ebenfalls spätabends angesetzt war. Er rief auch nicht an, um ihn abzusagen. Aus Erfahrung klug geworden hatte ich mir Arbeit in die Praxis mitgenommen, die ich fertig stellen musste. Doch hin und wieder ertappte ich mich dabei, wie ich den Computerbildschirm anstarrte und an ihn dachte. Mir fiel ein, wie er gesagt hatte, dass er sich mit fast allen seiner Quickies nur einmal, allerhöchstens zweimal traf, und ich dachte daran, dass es mir gelungen war, es immerhin auf drei bis vier Treffen mit ihm zu bringen. Auch in den folgenden Tagen versuchte er nicht, mit mir in Verbindung zu treten, und reagierte nicht auf die Nachrichten, die ich ihm telefonisch hinterließ, wie ich es immer tue, wenn ein Patient unvermittelt mit der Therapie aufhört. Das bestärkte mein Gefühl, dass er beschlossen hatte, den Kontakt abzubrechen. Wer den Kontakt zu Hunderten von Frauen abbricht, von denen zumindest ein Teil die Beziehung mit ihm fortsetzen wollte, was heißt das für so jemanden schon, sich von einem Therapeuten zu trennen, dessen Dienste man mit Geld einkauft und der bereits zugegeben hat, dass er sich über ihn ärgert? Vielleicht hätte ich meine Gefühle ihm gegenüber nicht zu erkennen geben sollen? Doch er hatte meinen Ärger ja selbst wahrgenommen, mit der gleichen Intuition, die ihn im Geschäftlichen und bei Frauen so erfolgreich sein ließ. Als ich in seinem Büro anrief, fertigte mich Karen, die Sekretärin, mit vollendeter, aber kühler Höflichkeit ab. Sie bedaure, Ofer Sagi sei momentan nicht da, könne man ihm etwas ausrichten? Nein, sie wisse nicht, wann er im Büro sein würde. Noch etwas? Danke, Doktor Yovell. Schalom.

Ich fragte mich, ob Karen Erfahrung darin hatte, diejenigen von den Hunderten von Frauen abzuwimmeln, die den Wink nicht verstanden hatten und darauf beharrten, die Beziehung fortzusetzen. Benutzte sie die gleichen Sätze, mit deren Hilfe sie mich losgeworden war? Wieder spürte ich meine komplementäre Identifikation gegenüber Ofer, so wie ich sie empfunden hatte, als er seine Beziehung zu Alice schilderte: Ich identifizierte mich mit den Frauen in seinem Leben und nicht mit ihm. Je mehr ich darüber nachdachte, desto mehr verdichtete sich die Schlussfolgerung meinerseits, dass es mir nicht gelungen war, eine stabile empathische Beziehung mit Ofer herzustellen. Mit seinem Kontaktabbruch reagierte er, zumindest teilweise, auf mein diesbezügliches Scheitern. Ich dachte auch über die Spannung zwischen den psychologischen Erklärungen und denen der Biologie und Evolution zum Verständnis von Ofer Sagis stürmischem und unkonventionellem Leben nach. Die Erklärungen, die eine Bedeutung in seinem Leben und innerhalb seiner Psyche suchten, waren angenehmer, sowohl für mich als auch für ihn. Mit Verständnis kommt manchmal Akzeptanz, im Weiteren Verzeihen und vielleicht auch Mitleid und Liebe. Es ist um vieles leichter, sich mit einem brillanten, egozentrischen Millionär zu identifizieren, der im Schoße von Hunderten von Frauen das Mädchen und den Jungen sucht, die er in einem Zelt am Ufer des Sees Genezareth liebte. Im Bewusstsein der Leere und des Leids in seiner Seele war es auch möglich, ihm die Spur von Schmerz und Verwirrung zu verzeihen, die er hinterließ, wenn er sich begeisterte, näherte, enttäuscht wurde und verließ.

Die biologischen Erklärungen dagegen hatten nichts mit Bedeutung zu tun. Über eine Eigenschaft, die ein Mensch geerbt hat, kann man nicht verärgert sein. Ich wusste nicht, welche Genkombination Ofer geerbt hatte. Aber ich hegte keinen Zweifel daran, dass sein besonderer Charakter – seine Suche nach allem, was neu und schnell war, die Fähigkeit, immense Anstrengung auf einen einzigen Punkt zu konzentrieren, das rastlose Leistungsstreben, die starke Willenskraft und die unstillbare Begierde sowie auch seine Angstanfälle –, dass all dies seine Basis in seiner ererbten Genkonstellation hatte. Die biologischen Wahrheiten über Ofer sind, wie die Geschichte der Ereignisse in seinem Leben, nicht nur eine Ansammlung von Einzelheiten über ihn. Auf eine nicht zu entschlüsselnde Weise sind sie zu ihm selbst geworden. Jedoch klingen die biologischen Erklärungen befremdlich und sogar beleidigend. Wir alle suchen nach Bedeutung in unserem Leben, speziell in unserem Liebesleben. Auch wenn Ofer dies nicht deutlich zum Ausdruck bringen konnte, auch wenn er sich unfreundlich aufführte, kam er zu mir, damit ich ihn liebte und ihm half, sich selbst zu lieben, und nicht damit ich seine Situation von den Genen her erklärte. Auch wenn er kam, um ein Medikament zu erhalten, suchte er nach etwas, das ihn tröstete.

Wie wir aus den Versuchen Benjamin Libets ersahen, erzählen wir uns selbst unablässig Geschichten über unser Leben, in denen eine Kausalität existiert: »Mir ist das und das passiert. *Deshalb* habe ich mich so und so gefühlt, und *daher* habe ich das und das getan.« Es sind Geschichten, die für uns annehmbar sind, in denen wir als *Subjekt* und nicht als *Objekt* auftauchen, das heißt, als eine Person, die entscheidet und handelt, und nicht als eine, die aktiviert wird. Doch es häufen sich wissenschaftliche Belege dafür, dass wir uns zumindest in einem Teil der Fälle unsere Taten im Nachhinein selbst erklären. Wir konstruieren, erfinden sogar, für uns selbst und die Welt eine bedeutungsvolle Geschichte unseres Lebens, die innere Logik und gezielte Initiative besitzt. Gleichzeitig ist die wirkliche Kausalität, wenigstens teilweise, ohne Bedeutung, befindet sich außerhalb unseres Bewusstseins und funktioniert auf eine uns unverständliche Art und Weise, bei der wir die Objekte und nicht die Subjekte sind. Meiner Ansicht nach ist die *conditio humana* unter anderem deshalb so unerträglich kompliziert, weil beide Arten der Erklärung bezüglich jedes Menschen richtig sind, so auch bei Ofer.

***

Es vergingen einige Monate, in deren Verlauf ich Ofer Sagi ab und zu im Fernsehen sah. Er sah gut aus und war brillant wie immer, entspannt, selbstsicher, aufmerksam und rücksichtsvoll. Seine wirtschaftlichen und technischen Erklärungen, wegen derer man ihn interviewte, waren immer eingängig ohne banal zu sein. Mir fiel auf, dass ich nicht mehr verärgert über ihn war, und ich hoffte, auch er war es nicht. Ich hatte ihm auch verziehen, dass er mir die letzten beiden Termine nicht bezahlt hatte, wobei er zu dem einen nicht aufgetaucht war. Im Laufe der Jahre hatte mich die Erfahrung gelehrt, dass reiche Leute viel mehr dazu neigten, bei ihrem Therapeuten Schulden zu hinterlassen, als Menschen, die Mühe haben, mit ihrem Gehalt das Monatsende zu erreichen.

Und dann rief er mich an.

– Yoram? Hier spricht eine Stimme aus der Vergangenheit. Erinnern Sie sich an mich?

– Wie könnte ich anders, Ofer. Selbst wenn ich Sie vergessen wollte, würden mich das Fernsehen und die Zeitungen an Sie erinnern.

– Ich erinnere mich, wie unser letztes Treffen zu Ende ging. Verzeihen Sie mir bitte. Trotz des Ganzen muss ich mich wieder mit Ihnen treffen, so schnell wie möglich. Ja?

– Gut. Wann wollen Sie kommen?

– Ich richte mich nach Ihnen. Wann Sie wollen. Sie brauchen es nur sagen, und in einer halben Stunde bin ich da.

– Das klingt bekannt.

– Sie klingen auch bekannt.

Wir lachten beide.

Er traf pünktlich zur Stunde ein und eröffnete sie damit, dass er einen Scheck auf meinen Tisch legte.

– Ich habe es nicht vergessen. Das ist für unsere zwei letzten Treffen und für das von heute. Wissen Sie, ich habe nicht wenig über das nachgedacht, worüber wir geredet haben. Ich wollte Sie schon längst anrufen, aber was mir den letzten Anstoß gab, war Bars Geburtstag. Sie ist schon zwei. Unglaublich, was? Na gut. Kommen wir aufs Thema zurück. Ich habe angefangen, jeden Tag Xanax zu nehmen, manchmal öfter am Tag, und es geht mir nicht gut damit. Zweimal ist mir fast ein

Unfall passiert – einmal auf der Schnellstraße nach Haifa und einmal auf der 101 zwischen San Francisco und San José, und dort war es fast tödlich. Brawerman liegt mir in den Ohren, Sie anzurufen, und auch Alice.

– Und Sie? Was will Ofer?

– Wissen Sie, was »exoterische Präferenz« heißt?

– Nein. Was ist das?

– Es ist ein Begriff aus der Wirtschaftswelt. Wenn man wissen will, an welchen Produkten ein bestimmter Markt interessiert ist, hören Sie nicht auf den zuständigen Finanzminister. Er wird Sie bloß verwirren. Schauen Sie sich stattdessen das an, was sie kaufen, ihre sichtbare Präferenz, und Sie wissen genau, was sie wollen. Das Gleiche bei mir. Ich habe von Ihnen gelernt, dass es nicht einfach ist zu wissen, was ich in Wahrheit will, aber ich kann Ihnen erzählen, was sich bei mir verändert hat, seit unseren letzten Treffen. Ich habe fast aufgehört mit meinen Quickies. Nicht komplett, aber seit wir uns zum letzten Mal gesehen haben, ist es mir nur zwei oder drei Mal passiert.

– Und wie fühlen Sie sich diesbezüglich?

– Ich weiß nicht ... es ist merkwürdig für mich. Ich habe viel über die Dinge nachgedacht, die wir hier gesagt haben, über die Relation zwischen biologischen und psychologischen Erklärungen. Ich denke, ich brauche sie beide, und darüber wollte ich eigentlich mit Ihnen reden. Ich möchte, dass Sie mir Seroxat oder ein ähnliches Mittel verschreiben und sich hin und wieder mit mir treffen, um mich bei der Einnahme zu beraten. Ich muss unbedingt die Angstanfälle loswerden. Und es gibt noch andere Dinge. Wie ich Ihnen erzählt habe, ist Bar schon zwei, und es vergehen ganze Wochen, in denen ich sie nur zwei- oder dreimal sehe. Ich gehe aus dem Haus, wenn sie noch schläft, und komme spät in der Nacht zurück, wenn sie wieder schläft. Ich möchte das ändern, aber es fällt mir schwer. Es kann sein, dass Sie Recht haben, vielleicht ist es sinnvoll, wenn ich in eine Psychotherapie gehe, und mir ist nur nicht klar, ob Sie der richtige Mann für mich sind. Mir scheint, wir haben auf dem falschen Fuß angefangen. In der Grundaussage verlasse ich mich auf Sie und glaube, dass wir zurechtkommen könnten, aber vielleicht ist es besser, etwas Neues mit jemand Neuem anzufangen.

– Möglicherweise haben Sie Recht. Wenn wir wieder mit einer Psychotherapie beginnen würden, hoffe und glaube ich, dass sie anders sein würde als das, was beim vorigen Mal zwischen uns ablief, aber ich verstehe, weshalb Sie neu anfangen möchten. Möchten Sie, dass ich Ihnen einen anderen Therapeuten empfehle? Oder vielleicht eine Therapeutin?

– Ich bin tatsächlich gekommen, um Sie zu bitten, mir eine Therapeutin zu empfehlen. Ich möchte die Therapie bei einer Frau machen und weiterhin mit Ihnen in Verbindung bleiben, was die Medikamente angeht, und auch einfach, um Sie zu treffen. Ich denke, es wäre gut für mich, ab und zu mit Ihnen zu reden. Was halten Sie davon?

– Ich halte sehr viel davon. Ich muss nur noch darüber nachdenken, welche Therapeutin Ihnen entsprechen könnte. Aber tun Sie mir einen Gefallen: Treffen Sie sich mit der Therapeutin, die ich Ihnen empfehlen werde, öfter als ein- oder zweimal, bevor Sie sich entschließen, wieder aufzuhören. Einverstanden?

– Ich kann es nicht versprechen, aber ich werde mich bemühen. Sehr.

***

Ofers Geschichte zeigt die Aktualität einer altbekannten Thematik: *Welcher Zusammenhang besteht zwischen sexuellen Beziehungen und romantischer Liebe?* Diese Frage wurde im Laufe der Jahre kulturell und psychologisch, und in letzter Zeit auch biologisch behandelt. Es ist klar, dass sexuelle Beziehungen und Liebe gemeinsam unter einem Dach wohnen können. Wie wir im achten Kapitel sehen werden, beginnen so die meisten Ehen. Es unterliegt allerdings auch keinem Zweifel, dass romantische Liebe und sexuelle Beziehungen eigenständig, ohne jede Abhängigkeit voneinander bestehen können. Die Prostitution, der wir uns im sechsten Kapitel widmen werden, ist ein Beispiel für Sex ohne Liebe. Andererseits beschreiben unzählige Lieder, Balladen und ein erheblicher Teil der romantischen Literatur des neunzehnten Jahrhunderts die umgekehrte Situation – stürmische romantische Liebe, die ohne sexuelle Beziehungen blüht und gedeiht. Wie wir in Kapitel 4 gesehen haben, kennt auch die Welt der virtuellen Liebe zu Beginn des einundzwanzigsten Jahrhunderts die »lautere« romantische Liebe – ohne Sex, ohne Berührung, und bisweilen auch ohne jede visuelle Komponente. Demgegenüber scheint es, dass die Welt der bürgerlich traditionellen Werte, wie auch die des Judentums und des Christentums, darauf hofft, dass sich romantische Liebe und Sex ein für alle Mal vereinigen: ein Mann, eine Frau, eine Liebe. Vorhang zu.

Doch die Realität unterscheidet sich stark von diesem Ideal. Die ganze Geschichte hindurch gab es zahlreiche Männer, von König Salomon bis Ofer Sagi, die »Frauen mehrten«, ebenso wie Frauen, die sich viele Liebhaber nahmen. Es ist hier nicht die Stelle, um die komplizierte und höchst widersprüchliche Haltung der westlichen Kultur gegenüber dem Bild der Liebhaberin und des Liebhabers in Serie eingehend zu betrachten. Wir wollen hier nur den Gegensatz zwischen der weit verbreiteten Einstellung gegenüber der Figur Casanovas und der Don Juans ansprechen, zwei historische Gestalten, die zum Mythos wurden – zum Symbol des Mannes als Verführer und Liebhaber.

Giacomo Girolamo Casanova, ein Venezianer, der im achtzehnten Jahrhundert lebte, hinterließ den kommenden Generationen die Geschichte eines Lebens, in dessen Verlauf er kreuz und quer durch Europa wanderte, von Stadt zu Stadt und von Bett zu Bett. Casanova war allem Anschein nach ein hoch talentierter und mit außergewöhnlichem persönlichem Charme gesegneter Mensch, was ihm half, die Herzen unzähliger Frauen zu erobern. Er war ein Abenteurer, der sich an diversen Betätigungen versuchte, darunter Heilungen mittels der Kabbala, Schreiben, Geschäfte, Diplomatie und Dramaturgie. In seinen letzten Jahren schrieb er eine Autobiographie, die nach seinem Tod veröffentlicht wurde und ihn in unser kollektives Bewusstsein rückte. Der Mythos von Casanova entzündete die Phantasie von Künstlern wie Arthur Schnitzler, Stefan Zweig, Federico Fellini und vielen anderen. Es scheint, dass das Interesse an ihm und seinen Abenteuern auch heute nicht geringer geworden ist, wie sich aus der Existenz eines internationalen Vereins von »Casanovisten« ersehen lässt. Jedoch ist Casanova, Betrüger und Wüstling, geradezu das Musterbeispiel für den Serienliebhaber, den wir im Allgemeinen nicht mögen. Warum? Weil seine sexuellen Abenteuer offenbar ohne Liebe im Herzen geschahen. Er betrieb ungesetzliche Wetten, verführte reiche Frauen und stahl ihnen ihr Geld, wurde für das Fälschen von Schuldscheinen verurteilt, saß viele Male im Gefängnis, wurde durch die Intervention seiner einflussreichen Gönnerinnen wieder auf freien Fuß gesetzt und dergleichen mehr. Zuletzt erkrankte er und starb an einer Infektion der Harnwege, die höchstwahrscheinlich mit seinem bewegten Sexleben zusammenhing.

Das Poem »Don Juan« des romantischen Dichters George Byron hingegen präsentiert einen Serienliebhaber der völlig anderen Sorte – ein kühner Abenteurer mit heißem, rotem Blut. Byron war nicht der Einzige, der dem Zauber des verführerischen, großherzigen Spaniers erlag. Der Mythos von Don Juan, ein Mann aus Sevilla, wurde in zahlreichen Werken verewigt, aus der Feder Molières, Mozarts, George Bernard

Shaws und anderen. Ähnlich Casanova wird auch Don Juan als ein Mann mit außergewöhnlichem persönlichem Zauber geschildert. Auch er fand den Weg zu den Herzen unzähliger Frauen. Don Juan jedoch war nicht nur ein Serienliebhaber, er war auch ein *Verliebter* in Serie – begeisterte sich, verliebte sich und wurde enttäuscht, immer enttäuscht. Unter den Händen von Molière, Shaw und anderen wurde seine Geschichte als Karikatur über die unstete männliche Glut, die weibliche Unschuld und die Heuchelei der »anständigen« Gesellschaft präsentiert. Don Juan verliebte sich immer wieder Hals über Kopf in eine Frau nach der anderen. Er verführte sie unverzüglich ohne jegliche Gewissensbisse, doch die Verführung geschah heiß- und nicht kaltblütig, wie sich Don Juans Ausspruch bei Molière entnehmen lässt: »In meinem Herzen ist genug Liebe für alle!« Daher wird Don Juan offenbar als weitaus sympathischere Figur angesehen als Casanova. Wieder scheint es, dass auch bei dieser Thematik dem Fazit nicht zu entrinnen ist – »Liebe deckt alle Verbrechen zu«.

Don Juans Enttäuschungen sind dazu angetan, uns etwas auch über die Art zu lehren, in der sich Männer oftmals gegenüber Frauen verhalten, mit denen sie sexuelle Beziehungen hatten. Don Juan ist von den Frauen in seinem Leben erst nachdem er mit ihnen geschlafen hat enttäuscht. Das ist kein Zufall: Von der gespaltenen Haltung vieler Männer gegenüber den Frauen erzählt der Ausdruck »Madonna oder Hure«. Mit anderen Worten: In den Augen eines Mannes ist die Frau entweder ein edles Geschöpf, erhaben und unschuldig, oder eine verführerische, ausschweifende Dirne – doch niemals eine Mischung dieser beiden. In dem Film »Reine Nervensache« beklagt sich Robert de Niro, der Mafioso, darüber, dass das Sexleben mit seiner Frau eintönig sei. »Haben Sie einmal an Oralsex gedacht?«, fragt ihn Billy Crystal, der Psychiater. De Niro ist entrüstet: »Sie sprechen von dem Mund, der meine

Kinder küsst!« Die Tatsache, dass viele Männer dazu neigen, von Frauen in dem Moment enttäuscht zu sein, in dem sie mit ihnen schlafen, das heißt – »wenn sich die Frau in solche Niederungen begibt« –, ist für viel Leid auf unserer Welt verantwortlich.

Und wie ist es bei den Frauen? Offenbar musste man bis zum Ende des letzten Jahrhunderts warten, damit »anständige« Frauen anfingen, ihr sexuelles Begehren sowie die Tatsache, dass »auch wir es manchmal wollen«, offen zu äußern. Unter diesem Aspekt war Lou Andreas-Salomé eine wahrhaft außergewöhnliche Frau. Sie war die jüngste Lieblingstochter eines Generals deutscher Abstammung, der in der Armee des russischen Zaren diente. Im ausgehenden neunzehnten Jahrhundert, einer Epoche, in der unabhängige Frauen als Dirnen betrachtet wurden, war sie eine erfolgreiche Schriftstellerin, die es wagte, nicht nur unabhängig zu denken und über das, woran sie glaubte, zu schreiben, sondern auch zu lieben, wie sie wollte. Den Schilderungen der Männer nach, die sich in sie verliebten, war sie schön, klug, kreativ und neugierig. Friedrich Nietzsche – wie auch Rainer Maria Rilke und viele der Intellektuellen, die Ende des neunzehnten und Anfang des zwanzigsten Jahrhunderts im Zentrum Europas lebten und wirkten – war in sie verliebt und völlig gebrochen, als sie ihn verließ. Andreas-Salomé glaubte an die flüchtige, heftige und vergängliche Liebe. Wie Don Juan verliebte sie sich in Serie und erlitt reihenweise Enttäuschungen. Ihre letzte große Liebe galt der Psychoanalyse. Sie wurde zu Freuds Freundin und eine der ersten Psychoanalytikerinnen. Allem Anschein nach war die Beziehung zwischen ihr und Freud platonisch, und vielleicht hatte sie deshalb bis zu ihrem Tod im Jahre 1937 Bestand. Sie hinterließ nicht nur gebrochene Herzen und zahlreiche literarische Werke, eigene oder von ihr inspirierte, sondern auch ein Exempel für die Fähigkeit einer kühnen Frau, gegen die männlichen Konventionen zu revoltieren und sich ihr Glück in einer Reihe vorübergehender Liebschaften zu suchen. Jahrzehnte später, in den sechziger Jahren des vergangenen Jahrhunderts, brachte Erica Jongs Buch »Angst vorm Fliegen« die Traumnummer, den »zipless fuck«, ins Bewusstsein der westlichen Welt – anonymer, schneller Sex, bei dem die Frau diejenige ist, die Lust darauf hat. Trotz des Einflusses von Andreas-Salomé, Jong und der feministischen Bewegung blieb die Ungleichheit zwischen den Geschlechtern in diesem Thema bis in die heutige Zeit bestehen: Anfang des einundzwanzigsten Jahrhunderts erfreut sich nur ein kleiner Teil der Frauen auf der Welt echter sexueller Freiheit.

Wie uns Casanova und Don Juan lehren, ebenso wie Erika Jong und nicht zuletzt Lou Andreas-Salomé, versucht die westliche Kultur immer wieder, zwischen Geschlechtstrieb und Liebe zu trennen. In den Psalmen gibt es keine Unterscheidung zwischen Sex und Liebe, doch in der westlichen Welt, speziell im Christentum, besteht das konsequente Bestreben, sie zu trennen. Diese Teilung existiert auch in den meisten psychologischen Theorien über Liebesbeziehungen. Dem Anschein nach müsste die Biologie von einer solchen Tendenz eigentlich frei sein, doch in der Wirklichkeit ist dem nicht so. Die zwei biologischen Modelle für romantische Liebe, die in diesem Buch geschildert wurden – von MacLean und von Fisher –, basieren ebenfalls auf der Trennung von Sex und Liebe. Das Modell des dreischichtigen Gehirns von MacLean (Kapitel 2) weist den Sexualtrieb dem Reptiliengehirn zu, während die romantische Liebe dem limbischen System im Säugetiergehirn zugeschrieben wird. Bei Fishers Modell (Kapitel 3) wird der Sexualtrieb auf die Aktivität des Testosterons zurückgeführt, während der Zustand von Verliebtheit und romantischer Liebe mit der korrelativen Aktivität der Neurotransmitter Dopamin, Norepinephrin und Serotonin verbunden ist. Zur

Erinnerung, diese beiden Modelle sind nur die vereinfachte Beschreibung einer äußerst komplizierten Realität. Möglicherweise entstammen diese Theorien nur dem Bedürfnis, in der verwirrenden Welt der Sexualität und Liebe »Ordnung zu schaffen«. Allen gemeinsam ist die Schlussfolgerung, dass Sex und Liebe unter einem gemeinsamen Dach hausen können, jedoch verschiedenen Quellen entspringen. In der Realität, wie in Ofers Leben, sind die Dinge allerdings nicht so eindeutig.

Ofers Geschichte wirft eine weitere Frage auf, die ebenfalls weit reichende Auswirkungen hat: *Ist die Anzahl der Sexualpartner eines Menschen genetisch bedingt?* Kann es sein, dass die Zahl der Menschen in unserem Leben, mit denen wir unser Bett teilen werden, schon beeinflusst oder sogar festgelegt wurde, bevor wir zur Welt kommen? Dean Hamers Forschungsarbeit dazu wurde bereits geschildert. Er und seine Kollegen versuchten, wie erwähnt, den Einfluss des Gens für D4 auf die Anzahl der sexuellen Partner des Menschen nachzuweisen. Sie kamen zu keinem eindeutigen Ergebnis in der großen Beispielgruppe der Männer, die sie untersuchten. Daher nutzten sie die Tatsache, dass ihnen von all diesen männlichen Testpersonen eine detaillierte, unter Zusicherung von Vertraulichkeit abgegebene Sexualhistorie zur Verfügung stand, und stellten davon ausgehend folgende Fragen: Beeinflusst das Gen für D4 die Aussichten eines Mannes, der sich selbst als heterosexuell definiert, mit einem Mann zu schlafen, und die Chancen eines Homosexuellen, mit einer Frau zu schlafen? Zeigt es Auswirkungen auf die Anzahl der sexuellen Partner heterosexueller Männer, die einmal mit einem Mann geschlafen hatten? Und beeinflusst es die Anzahl der Sexualpartner homosexueller Männer, die einmal mit einer Frau schliefen? Die Ergebnisse waren klipp und klar: Es wurde ein Zusammenhang zwischen dem Gen für D4 und den Aussichten eines Mannes, der sich selbst als heterosexuell definiert, gefunden, irgendwann in seinem Leben, wie Ofer, mit einem Mann zu schlafen. Es stellte sich auch eine Verbindung zwischen dem Gen für D4 und den Chancen eines Homosexuellen heraus, sexuelle Beziehungen mit einer Frau zu haben. Bei beiden dieser Gruppen, die »die Seite wechselten«, wurde auch ein enger Zusammenhang zwischen dem Gen für D4 und der Anzahl der Sexualpartner erkennbar, die ein solcher Mensch in seinem Leben hatte. Darüber hinaus waren eben die Ausprägungen des Gens, die mit einem stärkeren Hang zur Suche nach neuen Eindrücken verknüpft sind, bei ihnen auch mit einer Häufung ihrer sexuellen Partner verbunden.

Die vernünftigste Interpretation dieser Ergebnisse ist, dass das Gen für D4 zwar die Anzahl der Sexualpartner der Männer beeinflusst, die »die Seite wechselten«, jedoch nur indirekt – durch den Einfluss auf ihre Persönlichkeit. Sex mit einem Mann ist zweifellos etwas sehr Neues für heterosexuelle Männer. Diejenigen, die dazu neigen, es auszuprobieren, und sei es auch nur einmal, sind oft diejenigen, die grundsätzlich auf der Suche nach neuen Eindrücken sind, und in ihrem Leben werden sie, wie in Ofers Leben, meist auch zahlreiche Sexualpartner haben.

Die Häufigkeit, mit der ein Mensch sexuelle Beziehungen hat, wird von Gegebenheiten der Umwelt beeinflusst, eine davon ist seine familiäre Situation: Im Gegensatz zu dem Mythos von den Vergnügungen des ungebundenen Lebens im Vergleich zu Verheirateten hat sich herausgestellt, dass Ehen die Häufigkeit von Geschlechtsverkehr durchaus fördern: Etwa vier von je zehn verheirateten Menschen haben zweimal oder öfter in der Woche Sex, gegenüber nur zwei oder drei von je zehn Ledigen. Doch auch zu diesem Thema hat die Biologie – »das Land der unbegrenzten Möglichkeiten« – etwas auszusagen. Es liegen heute überzeugende Nachweise dafür vor, dass sich die Häufigkeit der sexuellen Beziehungen eines Menschen im Laufe seines Lebens unter genetischer Kontrolle befindet, zusätzlich zu der bewiesenen Einwirkung umweltbedingter Einflüsse. Es existiert eine ganze Reihe potentieller Anwärter für den Träger des genetischen Einflusses auf die Stärke unseres Sexualtriebs, der unter anderem in der Häufigkeit des Geschlechtsverkehrs zum Ausdruck kommt. Wir haben bereits im dritten Kapitel gesehen, dass das Hormon Testosteron mit der Stärke des Sexualtriebs bei Männern und auch bei Frauen zusammenhängt. Es ist anzunehmen, dass Gene, die mit der Erzeugung von Testosteron und seinen Rezeptoren zu tun haben, Einfluss auf die Häufigkeit sexueller Beziehungen des Menschen haben. Doch Hamer und seine Kollegen beschlossen, ihre Aufmerksamkeit einem anderen Gen zuzuwenden: dem Gen für Eiweiß, das den Neurotransmitter Serotonin in die Nervenzellen zurücktransportiert, wo er zersetzt oder zurückgewonnen wird. Dieses Eiweiß, das *Serotoninüberträger* genannt wird, hat immense Bedeutung in der Psychiatrie erhalten, da Prozac und die übrigen Medikamente dieser Gruppe darauf einwirken, einschließlich des Seroxats, das ich Ofer verschrieb. All diese Medikamente unter der erwähnten Sammelbezeichnung SSRI (Selective Serotonin Reuptake Inhibitors) neutralisieren die Aktivität des Serotoninüberträgers und verursachen dadurch indirekt einen Anstieg der Serotoninaktivität im Gehirn. Daher versteht sich der Gedanke, dass dieses Gen wohl die Häufigkeit sexueller Beziehungen beeinflusst, fast von selbst. Wie ich zu Ofer sagte, konnte Seroxat die Stärke seines Sexualtriebs eventuell sinken lassen. Sollte dies der Fall sein, würde das durch seinen Einfluss auf die Aktivität des Serotoninüberträgers in seinem Gehirn geschehen. Daraus folgt, dass genetische Veränderungen in der Struktur oder Effektivität der Erzeugung dieses Eiweißes in unserem Gehirn unseren Sexualtrieb beeinflussen können, und in spezifischer Weise die Häufigkeit unserer sexuellen Beziehungen.

Das Gen für den Serotoninüberträger ist seit einigen Jahren für seine Verbindung mit Phänomenen bekannt, an denen auch Ofer litt. K.-P. Lesch und seine Kollegen fanden im Jahre 1966 heraus, dass Menschen, die eine bestimmte Form des Gens geerbt hatten, besonders anfällig für Angst und Depression waren. Auch das überrascht nicht angesichts der Tatsache, dass Prozac, Seroxat und andere aus dieser Medikamentengruppe Angst und Depression durch ihre Wirkung auf das Eiweiß, das dieses Gen erzeugt, bekämpfen. Wie gesagt, beschlossen Hamer und seine Kollegen zu untersuchen, ob jenes Gen eventuell die Häufigkeit sexueller Beziehungen beeinflusst. Sie verglichen die Daten der genetischen Kartographie ihrer Versuchspersonen mit den Antworten, die dieselben Personen auf die berühmte Frage »wie oft pro Woche…« gegeben hatten. Die Wissenschaftler fanden eine bedeutende Relation zwischen den Formen des Gens, das die Probanden geerbt hatten, und der Häufigkeit ihrer sexuellen Beziehungen. Das bedeutet natürlich nicht, dass die Umwelt und Erziehung, die sexuelle Neigung, Alter und Qualität der Beziehung mit dem Partner oder der Partnerin sowie viele weitere Faktoren die Häufigkeit nicht beeinflussen würden, mit der die Menschen generell und speziell Ofer Sex haben. Doch zusätzlich zu all diesen hat sich herausgestellt, dass auch die Gene für den Serotoninüberträger, die wir von unseren Eltern geerbt haben, einen verborgenen Einfluss bei der Festlegung der Stärke unseres Sexualtriebs haben.

Wie beeinflusst das Gen die Häufigkeit unserer sexuellen Beziehungen? Ohne in die Tiefe der Molekulargenetik einzusteigen, kann man sagen, dass das Gen für den Serotoninüberträger ebenso wie der Rezeptor D4 in zwei Formen, lang und kurz, existiert. Beide Formen sind »normal«, und beide treten gleich häufig auf. Unter Hamers Versuchspersonen hatten zwei Drittel derer, die die kurze Form des Gens für den Serotoninüberträger geerbt hatten, mindestens einmal in der Woche Geschlechtsverkehr. Demgegenüber erreichte nur ein Drittel mit der längeren Form eine solche Häufigkeit. Die kürzere Ausformung des Gens ist auch die, die mit einer größeren Anfälligkeit für Angst und Depression verbunden ist. Vielleicht waren es somit Ofers Angst und Depression, die ihn dazu trieben, mehr Sex zu haben, um diesen Gefühlen zu entrinnen? Vielleicht war das die Erklärung, an die ich dachte, als ich versuchte, sein Leben bis in die Tiefe zu verstehen, und nicht ein direkter Einfluss des Gens für die Häufigkeit der sexuellen Beziehungen? Die Befunde Hamers und seiner Kollegen unterstützen diese Erklärung nicht, da sich bei ihren Testpersonen kein Zusammenhang zwischen der Stärke der Angst und der Häufigkeit von Sex ergeben hat. Offenbar ist der Einfluss des Gens auf die Häufigkeit sexueller Beziehungen ebenso direkter Natur wie der auf die Gemütslage.

Hamer führt an, dass sein Ergebnis, was den Beitrag der kurzen Form des Gens für den Serotoninüberträger zur erhöhten Häufigkeit sexueller Beziehungen angeht, bei der Lösung eines psycho-biologischen Rätsels hilfreich sein kann: Wenn diese kurze Form bei den Menschen, die sie geerbt haben, die Wahrscheinlichkeit vergrößert, trauriger oder angstanfälliger zu sein – weshalb hat die Evolution etwa der Hälfte der Menschheit auf der Welt dieses traurige und furchtsame Gen vererbt? Die Erklärung ist fremd und gnadenlos wie alle evolutionären Erklärungen. Laut Hamer kümmert es Mutter Natur nicht, ob man verängstigt ist, und es stört sie nicht, wenn man traurig ist. Solange das vererbte Gen auch zu häufigeren sexuellen Beziehungen führt und damit der Beförderung dieses »traurigen« Gens in die nächste Generation, wird es überleben.

Die Überlegenheit des Menschen jedoch drückt sich unter anderem in seinem Bestreben aus, dass er die Gesamtheit der auf ihn und seine Seele einwirkenden Einflüsse zu verstehen und sie neu zu gestalten versucht. Ich wusste nichts über Ofers genetische Konstellation. Dieses Wissen hat bisher auch keine unmittelbaren klinischen Auswirkungen, da die Forschung diesbezüglich noch in den Kinderschuhen steckt. Dennoch ist das Wissen darüber, dass Ofers Leben nicht nur von der Bedeutung durchlebter Ereignisse, sondern auch von willkürlichen Faktoren wie zum Beispiel seiner genetischen Struktur beeinflusst wurde, bereits ausreichend, seine Chancen zu vergrößern, besser zu leben und vielleicht auch besser zu lieben.

6. KAPITEL

Berufsgeheimnisse

Für den Zeitraum einiger Monate passierte es mir – wie vielen Therapeuten –, dass meine sämtlichen Therapiestunden ausgebucht waren und auch die Warteliste voll war. Ich änderte die Ansage auf dem Anrufbeantworter dahingehend, dass ich keine neuen Patienten mehr aufnehmen könne. An einem der Tage während dieser Zeit fand ich auf dem Anrufbeantworter die folgende Nachricht: »Doktor Yovell? Ich verstehe, dass Sie keinen Platz haben und keine neuen Patienten annehmen. Aber ich wollte Ihnen trotzdem meine Telefonnummer hinterlassen, für den Fall, dass bei Ihnen irgendwann ein Platz frei wird. Ich heiße Chen, und ich wollte mich mit Ihnen wegen der Beziehungen mit meinem Freund beraten, den ich heiraten werde. Ich hoffe, von Ihnen zu hören. Mmm… Bye.«

Vielleicht täusche ich mich, aber mir scheint, dass nur bestimmte Frauen ihre Telefongespräche so beenden. Mir scheint, dass überhaupt nur Frauen vor dem Abschiedswort manchmal dieses liebenswürdige summende M, kürzer oder länger, einschieben, ohne sich dessen irgendwie bewusst zu sein. Oder vielleicht doch? Bisher hatte ich diesen weichen, reizenden Ton nur aus dem Mund von Frauen gehört, die mich schon kannten. Chens Nachricht war deshalb ungewöhnlich, weil sie diesen eher intimen Laut auf dem Anrufbeantworter hinterließ, obwohl wir uns nie getroffen hatten. Und da war noch mehr: Diejenige, die die Nachricht auf Band gesprochen hatte, hatte die Botschaft, dass ich keine neuen Therapiefälle annehmen könne, mit Gelassenheit aufgenommen. Sie hatte nicht versucht zu feilschen, sich als Notfall darzustellen oder moralischen Druck auf mich auszuüben, und hatte mir die Wahl überlassen, sie anzurufen oder nicht. Ich hörte die Nachricht noch einmal ab. Wie die meisten Therapeuten habe ich im Laufe der Jahre eine Art sechsten Sinn für die erste Nachricht entwickelt, die man mir auf Band hinterlässt. Ohne genau zu wissen, warum, denn es bestand keine Chance, dass in den nächsten Monaten ein Termin bei mir frei würde, kritzelte ich den Namen und die Telefonnummer auf ein Stück Papier und löschte die Nachricht. Erst nach meinem ersten Treffen mit ihr, über ein halbes Jahr später, begriff ich: Chen verstand, instinktiv Wege zum Herzen der Menschen zu finden, von denen sie etwas brauchte. Diese Eigenschaft war ausgesprochen nützlich für ihre Arbeit als Leiterin der lokalen Marketingplanung einer großen, internationalen Arzneimittelfirma. Etwa zehn Jahre davor hatte ihr diese Fähigkeit auch in dem ältesten Gewerbe der Welt geholfen: Chen war ein ganzes langes Jahr »Animiermädchen« in Tel Aviv gewesen. Das lag inzwischen weit hinter ihr. Sie hatte eine neue Seite in ihrem Leben aufgeschlagen. Doch in den letzten Jahren beschlich sie der Verdacht, dass ein Teil dessen, was sie als Animiermädchen mitgemacht hatte, bis auf den heutigen Tag in ihr brütete, all ihre romantischen Beziehungen verdarb und in letzter Zeit auch ihr Verhältnis zu Arik.

Einige Wochen bevor sie sich an mich gewandt hatte, war Chen zu dem Schluss gekommen, dass sie eine Psychotherapie anfangen musste. Zu Anfang hatte sie an eine Paartherapie mit Oded gedacht, den sie bald darauf heiraten würde, doch am Ende entschloss sie sich, eine persönliche Behandlung aufzunehmen. Allerdings wollte Chen eine Therapie bekommen, so wie sie alles in ihrem Leben haben wollte: zu ihren Bedingungen. Exakt. Entweder so, wie sie es wollte, oder gar nicht. Zusätzlich zu diesem Eigensinn hatte Chen die außergewöhnliche Fähigkeit, sich selbst »kurz« zu halten. Es fiel ihr nicht schwer, sich Dinge aufzuerlegen, die sie nicht gern tat, und sie war in der Lage, wenn sie es einmal beschlossen hatte, sich andere Dinge, auf die sie Lust hatte, zu versagen. Als sie auf dem Anrufbeantworter hörte, dass ich sie nicht zur Therapie annehmen konnte, verbanden sich alle diese Eigenschaften von ihr zu der generellen Entscheidung, nichts zu tun, um einen anderen Therapeuten zu finden. Chen wartete auf einen Anruf und führte unterdessen ihr Leben in vollem Schwung weiter. Sie bezahlte auch einen nicht unerheblichen Preis dafür, eine kurze gescheiterte Ehe, die man vielleicht hätte verhindern können.

In der Zwischenzeit hatte sie es nämlich fertig gebracht, Oded zu heiraten, sich von ihm scheiden zu lassen und ihre Liebesaffäre mit Arik anzufangen. Sie kam gar nicht auf die Idee, mich noch einmal anzurufen, um sich aufzudrängen, zu betteln oder einfach zu prüfen, ob sich inzwischen etwas geändert hatte – das war nicht ihre Art. Sie konnte nicht wissen, dass gerade das Stück Papier mit ihrem Namen und ihrer Telefonnummer bei mir in einer meiner Schreibtischschubladen aufbewahrt wurde. Wichtiger allerdings war, dass ich die kurze Nachricht mit dem hübschen Laut am Ende, die sie auf dem Anrufbeantworter hinterlassen hatte, nicht vergessen hatte. Als ich sie zu guter Letzt anrief – wie gesagt, über ein halbes Jahr später –, war sie nicht überrascht: Sie wusste genau, dass ich anrufen würde. Als ich sie danach fragte, gegen Ende unseres ersten Termins, antwortete sie mir leichthin:

– Alle kommen am Ende auf mich zurück. Auch Arik. Überhaupt, am Ende bekomme ich alles, was ich will.

– Das klingt gut.

– Das klingt nicht nur so. Es ist wirklich gut, aber es löst meine Probleme nicht. In gewissem Sinn befördert es sie nur. Als ich in Washington in der Schule war, haben wir einmal einen klugen Satz gelernt: »Nimm dich in Acht, was du für dich erbittest, denn du könntest es bekommen.« Mir kommt vor, dass das das Motto meines Lebens ist.

Ich schaute sie an und neigte dazu, ihr zu glauben. Chen sah jünger aus als ihre siebenundzwanzig Jahre, und ihre Größe lag knapp über eins fünfzig. Aber es war nichts »Kleines« an der Art ihres Benehmens und an ihrer Präsenz. Sie hatte kurzes, schwarzes Haar, weiße, ja blasse Haut, hohe Backenknochen und längliche, fast asiatische Augen. Ihr Gesicht war faszinierend. Wenn es sich plötzlich mit Leben füllte, fühlte ich mich ihr sehr nah. Doch mit der gleichen Geschwindigkeit verlor es diesen Ausdruck wieder, und mit einem Schlag nahm Chen ein fernes und distanziertes Aussehen an. Es gab eine Art Intensität in ihrer Körpersprache, etwas, das schwer zu beschreiben oder zu erklären, jedoch leicht zu spüren war. Der generelle Eindruck, den sie bei mir hinterließ, war der von Schönheit und Beherrschung – nahezu absolute Kontrolle über sich selbst und andere.

Bei jenem ersten Treffen erzählte mir Chen, dass sie nie jemanden so geliebt hatte wie Arik. In vieler Hinsicht war diese Beziehung die tiefste und bedeutendste in ihrem Leben. Dennoch, und vielleicht gerade deswegen, war sie stürmisch und krisengeschüttelt. Zahlreiche Gründe dafür hingen mit Chens und Ariks Persönlichkeit zusammen. Ich bedurfte noch einiger Treffen, um zu verstehen, dass ein Teil der Probleme zwischen Chen und Arik aber einer gänzlich anderen Quelle entsprang, die ich zu Anfang nicht vermutet hatte: Dalia Steinitz, Chens Mutter, widersetzte sich dieser Beziehung mit aller Vehemenz und machte ihren ganzen Einfluss geltend, um Chen dazu zu bringen, sie aufzugeben.

***

Bereits im zweiten Kapitel haben wir gesehen, dass ein Widerstand der Eltern im Allgemeinen zu einer Verstärkung der Beziehung zwischen einem Liebespaar führt, doch in Chens Fall war es komplizierter. Chen hatte das Gefühl, dass sie zwischen den beiden wichtigsten und geliebtesten Frauen in ihrem Leben regelrecht zerrissen wurde: Arik auf der einen und ihre Mutter auf der anderen Seite. Dalia sagte immer wieder zu ihr, allein der Gedanke an eine lesbische Beziehung verursache ihr Ekel, und die Tatsache, dass Chen darauf beharrte, Ariela, ihre Geliebte, bei dem Kosenamen Arik zu nennen, brachte sie nur noch mehr auf. »Das ist bloß eine vorübergehende Verrücktheit«, sagte sie zu ihrer Tochter, »das ist noch was, das du bloß machst, um Papa und mich zu ärgern. Deswegen hast du dich auch von Oded scheiden lassen. Du liebst sie nicht wirklich. Wie kann man eine solche Kreatur lieben?«

Es gibt, wie man inzwischen weiß, wenn man das Buch bis hierher gelesen hat, keine Antwort auf eine solche Frage und kann es im Grunde auch nicht geben. Schlussendlich ist es unmöglich zu erklären, warum wir diejenigen lieben, die wir lieben. Die Psychoanalyse, die Neurobiologie, die kognitive, die experimentelle und die Sozialpsychologie bieten uns eine Reihe von Wegen vorauszusehen, in wen wir uns verlieben werden, und eine Fülle von Erklärungen für die Wahl, die wir getroffen haben. Ein Teil dieser Erklärungen resultiert aus höchst ausgeklügelten statistischen Erhebungen, ein anderer stützt sich auf lange Jahre klinischer Beobachtungen. Ein Teil des Wissens, das in diesen Erklärungen steckt, stammt aus Versuchen mit Labortieren und ein anderer aus den unzähligen Fragebögen, die bei uns und an den meisten Universitäten auf der Welt an Psychologiestudenten im ersten Semester ausgeteilt werden.[32] Alles schön und gut, es besteht also kein Mangel an Erklärungen, doch die Grundaussage ist immer dieselbe nichtssagende: Wir lieben, weil wir lieben. Allerdings existieren in der Gesellschaft klare Erwartungen bezüglich des Bildes einer »normalen« Liebe. Ich bitte den Leser, seine Reaktionen zu testen, als sich im vorigen Abschnitt herausstellte, dass Arik eine Frau und kein Mann war.

– Ich liebe Arik. Ich bin verrückt nach ihr. Wir sind fast ein halbes Jahr zusammen, und ich bin immer noch aufgeregt, wenn ich sie am Telefon höre. Ich genieße den Sex immer noch nicht wirklich, und wenn ich ehrlich bin, ekelt mich vor dem, was wir zusammen machen, zum Teil sogar ein bisschen, aber die Beziehung zwischen uns ist nicht bloß körperlich. Arik und ich verstehen uns. Sie weiß, was ich hinter mir habe, und sie nimmt mich, wie ich bin. Warum kann ich sie nicht so nehmen, wie sie ist?

– Können Sie das näher ausführen?

– Ja. Ich schäme mich wegen ihr. Schäme mich einfach. Und zwar nicht nur weil ich zusammen mit ihr lesbisch bin und dem nicht zu entkommen ist. Verstehen Sie, sie kommt aus einer anderen Welt als ich.

– Ich bin nicht sicher, dass ich verstehe. Was meinen Sie damit?

– Sie ist Friseusin. Das heißt, Haarstylistin. Sie hat ein eigenes Friseurgeschäft aufgemacht, sich in Schulden gestürzt, und jetzt ertrinkt sie in juristischen Auseinandersetzungen. Und nicht nur das. Vielleicht ist es blöd, aber ich habe ein Problem damit, dass sie kaum zehn Jahre in der Schule war. Mich und meinen kleinen Bruder hat man immer auf gute Schulen geschickt, und wir haben beide einen Universitätsabschluss. Meine Mutter arbeitet im Außenministerium, und diese ganzen kleinen Dinge, die mit äußerem Eindruck und gesellschaftlichen Konventionen zusammenhängen, stören sie einfach.

Im Gegensatz zu Chen, die aus einer etablierten Familie kam, war Arik die jüngste Schwester in einer mittellosen Familie mit neun Kindern. Trotz ihrer natürlichen Intelligenz machte sie Schreibfehler, ihr Englisch war dürftig, und sie hatte Lücken in ihrer Allgemeinbildung.

Doch meine Aufmerksamkeit galt nicht Ariks Orthographiefehlern, sondern etwas anderem in Chens Worten. Es war nicht das erste Mal, dass mir Chen von den Gedanken, Vorlieben und Wünschen ihrer Mutter erzählte, wenn ich sie nach ihren eigenen Gedanken und Wünschen fragte. Je mehr Zeit wir miteinander verbrachten, desto deutlicher bemerkte ich, dass es Chen manchmal schwer fiel, zwischen ihren Gedanken und Wünschen und denen ihrer Mutter zu unterscheiden. Dieses Phänomen, wenn es in hoher »Dosierung« vorliegt, nennen die Psychoanalytiker *Verwischung der Identitätsgrenzen*, und es wird als eines der Charakteristika der *Borderline-Persönlichkeitsstörung* betrachtet. Litt Chen also an einer solchen Störung? Nach einigen Terminen mit ihr begann ich, diese Frage ernsthaft zu erwägen.

Woher weiß man, ob jemand eine Borderline-Persönlichkeitsstörung hat? Das ist keine einfache Frage, und sie wirft in aller Schärfe prinzipielle Fragen auf, die die Diagnosen psychischer Probleme berühren, speziell auf dem Gebiet der Persönlichkeitsstörungen. Jeder von uns hat seine eigene charakteristische Persönlichkeit, die ihn von anderen unterscheidet. Wann wandelt sich die Persönlichkeit zur gestörten Persönlichkeit? Wer bestimmt das und nach welchen Kriterien? Wird jeder, dessen Benehmen extrem oder außergewöhnlich ist oder der uns nicht zusagt, als ein Mensch mit gestörter Persönlichkeit angesehen? Diese Thematik, mit der wir uns im ersten Kapitel beschäftigten, ist immer noch umstritten. Wie erwähnt, existiert in der Psychologie und Psychiatrie dennoch eine lange Tradition, bestimmte Charaktereigenschaften als »pathologisch« zu definieren. Wenn diese Eigenschaften in extremer Form vorliegen und das Leben eines Menschen oder seine Umgebung zerstören, dann werden sie als Persönlichkeitsstörungen bestimmter unterschiedlicher Kategorien betrachtet.

Was die Borderline-Persönlichkeitsstörung am stärksten charakterisiert, ist eine außerordentliche Empfindsamkeit in punkto Verlassenwerden und verzweifelte Versuche, dies um jeden Preis zu verhindern. Wir alle sind sensibel, wenn es darum geht, verlassen zu werden und uns von Menschen zu trennen, die wir lieben, aber bei Chen war diese Empfindsamkeit extrem und von einigen weiteren Eigenschaften begleitet, die mit einer Borderline-Persönlichkeitsstörung verbunden sind – heftige und unkontrollierbare Stimmungsschwankungen, ihre Beziehung mit Arik, die sich abrupt zwischen extremer Liebe und Verehrung sowie Ablehnung bis hin zu Abscheu bewegte, und hauptsächlich *Wutanfälle*, die sie mehrere Male in der Woche heimsuchten, manchmal auch öfter als einmal pro Tag, und die sie innerhalb von Sekunden in eine menschliche Zeitbombe verwandelten.

Da die Beziehung, die sich zwischen ihr und mir zu entwickeln begann, so korrekt und höflich, fast an der Grenze zur Langeweile war, war mir zu Anfang die Vehemenz dieser Probleme in ihrem Leben nicht klar. Arik aber bemerkte sie sehr wohl. Wenn Chen wütend war, wurde sie innerhalb weniger Sekunden zu einem gänzlich anderen Menschen. Obwohl sie klein und dünn war, fiel sie mit Schlägen und Bissen über Arik her und jagte sie mit Gewalt aus der Wohnung. Ein paar Stunden oder einige Tage später bereute sie es, beide entschuldigten sich per E-Mail und danach persönlich und versöhnten sich schließlich, wie immer, im Bett.

Dennoch war schwer zu übersehen, dass Chens »grenzwertiges« Verhalten nur um Arik herum zum Ausbruch kam und – in viel geringerem Maße – bei ihren Eltern. Ihre Kontakte mit anderen, einschließlich ihrer Beziehungen in der Arbeit und mit mir, hatte sie völlig unter Kontrolle: beherrscht, überlegt und sogar distanziert. Obwohl sie bezaubernd und gewinnend sein konnte, wenn sie es brauchte (so war sie im Grunde zu der Therapie bei mir gekommen), fühlte sie sich sehr fern von allen Menschen, die sie umgaben. Chen sagte auch, dass sie fast nicht imstande war, irgendwelche Gefühle in ihren Beziehungen mit Menschen zu empfinden, und speziell nicht mit den Männern in ihrem Leben.

– Auch nicht mit Ihrem Vater und Ihrem Bruder?

– Auch mit ihnen nicht. Überhaupt, meinen Vater habe ich kaum gesehen, als ich klein war. Er baute damals sein Geschäft auf und war die meiste Zeit auf Auslandsreisen.

– Und Ihre Mutter?

– Mit meiner Mutter ist das etwas anderes … ihr gegenüber fühle ich eine Menge Dinge. Wie mit Arik. Ich denke, dass mich beide erschlagen würden, wenn sie das hören würden, aber Arik und meine Mutter erinnern mich wirklich aneinander.

***

Über die Ähnlichkeit und die Verschiedenheit zwischen den Eltern und unseren Geliebten wurde sehr viel geschrieben. Freud glaubte, dass die ersten romantischen Lieben die seien, die sich in unserer frühesten Kindheit, innerhalb der Familie, abspielen. Dieser Gedanke ist die Basis für den berühmten Freud'schen Ödipuskomplex und kann auch erklären, weshalb unsere Geliebten häufig äußerliche und/oder innere Eigenschaften haben, die an ein Elternteil erinnern. Wie viele Eltern bestätigen können, ist ein Fünfjähriger tatsächlich oft bis über beide Ohren in seine Mutter verliebt, und das noch nicht einjährige Mädchen in seinen Vater. Freud glaubte, dass der Junge und das Mädchen, wenn sie begreifen, dass ihre romantische Liebe verboten und hoffnungslos ist, wichtige und schmerzhafte Veränderungen hin zum »Kulturmenschen« durchmachen und in ihre Seele das *Inzesttabu* einbrennen, das sie in Zukunft davon abhalten wird, sexuelle Beziehungen mit Verwandten ersten Grades und speziell mit ihren Eltern zu pflegen. Wie andere Grenzen, die mit Sex und Sexualität zusammenhängen, hat auch das Inzesttabu in vielen Kulturen religiöse Gültigkeit: »Du sollst mit deinem Vater und deiner leiblichen Mutter nicht Umgang haben. Es ist deine Mutter, darum sollst du nicht mit ihr Umgang haben« (Levitikus 18,7).

Heute haben die Evolutionspsychologen und die Anthropologen andere Erklärungen für das Inzesttabu. Sie weisen darauf hin, dass bei den meisten Säugetieren – in welchem Maß auch immer – eine Scheu vor Paarungen mit Blutsverwandten ersten Grades besteht, und argumentieren, dass dieses Zurückschrecken zwar in der Kindheit erworben wird, jedoch duch einen anderen Mechanismus als den, den Freud anbot. Unter evolutionärem Aspekt ist eine Paarung mit Blutsverwandten ersten Grades keine gute Idee, sogar eine äußerst schlechte. Grund dafür ist die große Gefahr, dass der Nachwuchs aus einer solchen Paarung von schweren Erbkrankheiten befallen ist, und der natürliche genetische Unterschied, der einen wichtigen Beitrag zum ordnungsgemäßen Funktionieren des Immunsystems leistet, dabei umgangen wird. Gemäß dieser Argumentation entwickelten die Säugetiere, und darunter der Mensch, eine Hemmung vor einer Paarung mit jemandem, der ihnen in genetischer Hinsicht sehr ähnlich ist, und es bestehen hier gar keine verbotenen Begierden und Kastrationsängste, wie Freud annahm. Wie können aber, wenn dem so ist, ein Mädchen und ein Junge wissen, wer von den Menschen in ihrer Umgebung ihnen unter dem genetischem Aspekt zu nahe steht?

Die Antwort darauf liegt in dem Begriff *negative Prägung*. Die meisten von uns haben von dem Phänomen gehört, dass sich Küken an das erste große, sich bewegende Objekt, das sie in den ersten Stunden nach dem Ausschlüpfen als »Mutter« identifizieren, in emotionaler Hinsicht binden und ihm in Treue und Liebe folgen. Die Theorie der Negativprägung geht davon aus, dass ein ähnlicher Prozess, allerdings in entgegengesetzter Richtung, unsere sexuellen Präferenzen beeinflusst: Wir entwickeln ein Zurückschrecken vor einer Paarung mit jemandem, dem wir in unseren ersten Lebensjahren ausgesetzt waren und mit dem wir aufgewachsen sind. Da es sich im Allgemeinen – bei Mensch wie Tier – um Eltern, Brüder und Schwestern handelt, stellt dieses Zurückschrecken einen hervorragenden Mechanismus zur Verhinderung von Inzest dar. Was sind die Beweise für diese Theorie? Wie lässt sie sich überprüfen? Hier kommt das gemeinschaftliche Schlafen ins Bild, das im Kibbuz bis vor nicht allzu vielen Jahren üblich war. In einer originellen und überzeugenden Studie, die vor über dreißig Jahren veröffentlicht wurde und zu einem Klassiker der Anthropologie wurde, untersuchte Josef Shepher bei über 2700 Mädchen und Jungen, die unter diesen Bedingungen im Kibbuz aufgewachsen waren, wen sie heirateten. Die Ergebnisse waren verblüffend. Nur in vierzehn Fällen waren die Partner im gleichen Kinderhaus aufgewachsen. Auch im Kreis dieser seltenen Fälle gab es kein einziges Paar, das die ganzen ersten sechs Jahre seines Lebens zusammen verbracht hätte. Mit anderen Worten: Die Tatsache, dass die Mädchen und Jungen der gleichen Altersgruppe von Kindheit an gemeinsam geduscht, geschlafen und gelebt hatten, verstärkte nicht die sexuelle Spannung zwischen ihnen, sondern bewirkte genau das Gegenteil. Es führte dazu, dass sie sich zueinander wie Familienangehörige verhielten – und mit Verwandten paart man sich nicht, da sie der negativen Prägung unterliegen. Dagegen gibt es zahlreiche Untersuchungen, die zeigen, dass wir uns im Allgemeinen in Personen verlieben, die uns ähnlich sind – in Aussehen, Kultur und Bildung –, was heißt, in jemanden, der scheint, als sei er aus unserer Familie und der uns an sie erinnert, der jedoch zugleich verschieden, geheimnisvoll und fremd ist. Die Spannung zwischen »Familiarität« und Fremdheit ist ein bedeutender Faktor beim Hingezogensein zu einem Geliebten oder einer Geliebten, und sie lässt sich bis in die Bibel zurückverfolgen: »O dass du mein Bruder wärest, der meiner Mutter Brüste gesogen! Fände ich dich draußen, so wollte ich dich küssen und niemand dürfte mich schelten!« (Hohelied Salomos 8,1)

Es ist wichtig zu betonen, dass eine Negativprägung kein Schutzbrief ist. Sie funktioniert nicht immer, und die Fälle, in denen das Inzesttabu gebrochen wird, verursachen fast immer schweren psychischen Schaden. Man könnte diese Vorfälle als Unterstützung für Freuds Vermutung ansehen, dass innerhalb der Familie eine starke sexuelle Anziehung herrscht und daher die kulturelle wie auch biologische Notwendigkeit besteht, sie zu überwinden.

Die antike griechische Tragödie von Ödipus widerspricht nicht der Theorie der negativen Prägung: Ödipus wurde von seiner Mutter nach der Geburt getrennt und wuchs im Haus von Adoptiveltern auf. Daher hatte er keine Möglichkeit, eine Negativprägung in Hinblick auf sie zu entwickeln, kannte weder sie noch die Geschichte seiner Geburt. Als er nach vielen Jahren in seine Stadt zurückkehrte, nachdem er seinen Vater getötet hatte (der ihn als Erster angriff und den er ebenfalls nicht kannte), verliebte er sich sofort in die reife, schöne Frau, die ihn im Palast erwartete – seine Mutter. Die Fortsetzung ist ebenso bekannt wie traurig. Wie auch immer, die Tatsache, dass Arik Chen an ihre Mutter erinnerte, half mir zu verstehen, weshalb sie sich beiden gegenüber auf die gleiche stürmische Art verhielt.

– Und mit anderen Frauen, außer den beiden, hatten oder haben Sie ein Problem mit Wutanfällen oder Unbeherrschtheit?

– Ich glaube nicht. Bis ich Arik traf, hatte ich dieses Problem nicht in meinen Liebesbeziehungen. Wirklich nie. Vor Oded, den ich am Ende geheiratet habe, hatte ich vier ernsthafte Freunde. Mit jedem von ihnen war ich mindestens ein bis zwei Jahre zusammen, und bei keinem habe ich je die Beherrschung verloren. Ich hatte auch eine Freundin, im Prinzip die, durch die ich Arik kennen gelernt habe, aber auch mit ihr war alles ruhig. Sogar zu ruhig.

– Zu ruhig?

– Ja. Ich wollte furchtbar gerne etwas fühlen, aber ich fühlte nichts. Nicht für sie und nicht für die anderen. Ich wusste, dass ich ein Problem habe, aber ich wusste nicht genau, welches Problem.

Die unausweichliche Schlussfolgerung war also, dass sich Chen »grenzwertig« verhielt, wenn sie sich in Interaktion mit ihrer Mutter und mit Arik befand, und »ordnungsgemäß« bei jedem anderem Menschen. Doch mir war nicht klar, welcher Aspekt ihres Verhaltens der gesunde und welcher der krankhafte war. Gutes Benehmen ist nicht zwingend ein Zeugnis von erfülltem oder glücklichem Leben. Nur wenn sie diesen beiden Frauen nahe war, spürte Chen, dass sie lebte, während sie sich bei all ihren Kontakten mit dem Rest der Menschheit empfindungs- und gefühllos fühlte, abgeschnitten von sich selbst. Vielleicht war es besser für Chen, etwas zu fühlen, was auch immer, und sei es auch ein Aufruhr der Gefühle und Seelennot, anstatt ein erfolgreicher und gut funktionierender »Zombie« zu sein, der sich im Inneren tot fühlte. Es bestand kein Zweifel, dass Chen selbst meistens die erste Möglichkeit bevorzugte und bereit war, einen hohen Preis dafür zu zahlen. Aber waren diese beiden Möglichkeiten die einzigen, die ihr offen standen? Und war es grundsätzlich schlecht, von Gefühlen abgeschnitten zu sein?

Es gibt Situationen, in denen emotionale Abgeschnittenheit und Abstumpfung sehr nützlich sein können. Soldaten zum Beispiel, die im Kampf verwundet wurden, oder Autobuspassagiere, die ein Selbstmordattentat miterlebten, schildern häufig, wie sie trotz einer schweren körperlichen Verletzung kaltblütig weiter funktionierten, ohne Schmerz oder Angst zu empfinden, bis sie herausgeholt wurden. Solche Situationen der mentalen Abspaltung werden in der Fachsprache *Dissoziationszustände* genannt. Wenn sie schwerwiegend oder anhaltend sind und Schaden statt Nutzen verursachen, diagnostizieren wir sie als *dissoziative Störungen*, bei denen sich Menschen von ihren Emotionen und Erinnerungen, von der Realität, die sie umgibt, und manchmal auch von sich selbst und ihrer Identität abgeschnitten fühlen. Frauen und Männer, die schwere Traumata wie Vergewaltigung oder Folter durchmachten, neigen dazu, dissoziative Störungen zu entwickeln. In den letzten Jahren haben die meisten Einwohner Israels in Reaktion auf die echte Todesgefahr, der sie durch die Terroranschläge ausgesetzt sind, leichte und »normale« dissoziative Reaktionen entwickelt. Sie hören die Nachrichten im Radio und sehen die brutalen Szenen im Fernsehen, doch irgendwie gelingt es ihnen, am nächsten Morgen aufzustehen, die Kinder in die Schule zu schicken und in die Arbeit aufzubrechen.

Die Anpassungsreaktionen der breiten Öffentlichkeit befinden sich im Allgemeinen im Bereich der Norm. Diejenigen jedoch, die an wirklichen dissoziativen Störungen leiden, sind Menschen, in deren Seele Bruchstellen vorhanden sind. Dies führt zu einer Verletzung des Empfindens der Einheit, das die menschliche Seele überwiegend kennzeichnet, ein Gefühl, das den meisten Menschen normalerweise nicht auffällt: »Das bin *ich*, und *jetzt* befinde ich mich *hier*. Das ist *mein* Körper, und dies sind *meine* Erfahrungen und Gedanken.« Wenn jedoch das Gefühl der »Bewusstseinseinheit« gravierend verletzt wird, ist das Ergebnis eine schwere seelische Notlage und/oder äußerst merkwürdiges Verhalten.[33] In den meisten Fällen, in denen ein Mensch an einer dissoziativen Störung leidet, lassen sich gravierende psychische Traumata in seiner Vergangenheit, hauptsächlich seiner Kindheit finden, und die meisten Wissenschaftler sind der Ansicht, dass ein kausaler Zusammenhang zwischen schweren Traumata und dissoziativen Problemen besteht. Es war zu vermuten, dass dies bei Chen der Fall war. Allerdings zeichnet sich in den letzten Jahren zunehmend ab, dass nicht nur psychische Verletzungen sondern auch bestimmte Hirnschädigungen – wirkliche Bruchstellen im Gehirn – manchmal dissoziative Zustände in der Seele des Menschen auslösen.

Ein ganz konkretes Beispiel dafür kommt aus der Innenwelt von Menschen, bei denen eine Operation am *Corpus callosum* durchgeführt wurde, an dem Balken, der die beiden Gehirnhemisphären miteinander verbindet, denen wir im zweiten Kapitel begegnet sind. Menschen, die eine solche Operation hinter sich haben, haben ein sogenanntes *gespaltenes Hirn*. Normalerweise geschieht das im Rahmen einer Epilepsiebehandlung in den extrem seltenen Fällen, in denen eine medikamentöse Therapie nicht anschlägt und der epileptische Nervenreiz im Gehirn über den Balken von einer Seite zur anderen wandert. Roger Sperry war einer der Pioniere der chirurgischen Behandlung dieser Kranken und erhielt für seine

Arbeit den Nobelpreis. Er und seine Kollegen fanden heraus, dass Menschen, die eine Durchschneidung des Gehirnbalkens hinter sich hatten, im Allgemeinen wie »normale« Menschen auf alles reagierten und gut funktionierten. Allerdings deutet ihr Verhalten manchmal auf merkwürdige innere Spaltungen hin. In einem berühmten Versuch legten die Forscher einer weiblichen Testperson ein pornographisches Bild vor. Man kann dies so machen, dass nur die rechte Gehirnhemisphäre das präsentierte Bild »sieht«. Die Fähigkeit zu sprechen und in Worten zu denken sitzt bei den meisten Menschen in der linken Hemisphäre. Die Versuchsperson kicherte errötend beim Anblick des Bildes. Als sie gefragt wurde, weshalb sie kicherte, antwortete sie: »Vielleicht habe ich plötzlich an etwas Lustiges gedacht.« Die Testperson hatte keine Ahnung (in ihrer linken Hemisphäre), dass sie ein pornographisches Bild gesehen hatte (mit ihrer rechten Hemisphäre). Daher reagierte sie nicht mit Worten darauf, so wie es ein »normaler« Mensch tun würde, wenn er ein solches Bild sähe.[34]

Anders ausgedrückt: Die Testperson befand sich in einem von Menschenhand herbeigeführten dissoziativen Zustand, eine Spaltung zwischen dem, was sie bewusst fühlte (Verlegenheit), und dem, was sie nicht bewusst wusste (dass sie ein pornographisches Bild sah). Doch Chens Spaltungen waren andere, und was sie am meisten störte, war ihre Unfähigkeit, Sex und Sexualität zu genießen. Das war auch bei Arik der Fall, die die erste Person war, die in Chen eine sexuelle Anziehung auslöste. Sex blieb weiterhin etwas leicht Abstoßendes für sie, und sie zog es weitaus vor, sich mit Arik zusammenzukuscheln, als mit ihr zu schlafen.

– Und war das immer so?

– Ich weiß nicht … Mit fünfzehn habe ich mich zum ersten Mal verliebt, in Jossi. Er war zwei Jahre älter als ich und auf harten Drogen. Ich flüchtete mich immer zu ihm und weigerte mich, wieder heimzugehen. Wenn mein Vater von seinen Auslandsreisen zurück war, kam er immer und holte mich wieder nach Hause. Ich fühlte mich wohl bei Jossi, seine Mutter war nett zu mir und stachelte mich an, mit ihm bis zum Äußersten zu gehen. Ich liebte ihn, aber ich fühlte mich nicht von ihm angezogen. Jetzt, wenn ich zurückschaue, scheint mir, dass ich ihn liebte, weil sein Körper ein bisschen weiblich war, glatt, ohne viele Haare. Ich mag keine Männer mit vielen Haaren, und besonders nicht mit Schnurrbart oder Bart.

– So wie mein Bart?

– Ja, wie Ihrer. Eigentlich wollte ich zu Ihnen in die Therapie kommen, weil das ein bisschen so war, als ginge ich zum Feind in Behandlung.

– Dann bin ich Ihr Feind?

– Vielleicht. Jedenfalls sehen Sie wie der Feind aus. Das heißt, Sie sind sowohl ein Mann als auch ein Arzt und haben einen Bart. Ich verbringe meinen Tag größtenteils mit Männern. Die meisten der hochrangigen Ärzte, mit denen ich zusammenarbeite, sind Männer, und sie versuchen die ganze Zeit, mit mir etwas anzufangen. Ich weiß mein Aussehen zu meinen Gunsten zu nutzen und sie dazu zu bringen, ihren Patienten und ihren Krankenhausabteilungen unsere Medikamente zu empfehlen, was eine Menge Geld bedeutet. Aber wenn ich nahe bei ihnen sitze, habe ich so ein Ekelgefühl, dass ich am liebsten zu ihnen sagen würde: Kommt mir nicht zu nahe. Es steckt mir im Hals und würgt mich. Ich dachte, wenn ich zu Ihnen in die Therapie komme, könnte ich lernen, besser damit zu leben, mehr in Frieden.

Ich warf einen hastigen Blick auf den Teppich, der sich zwischen Chens und meinem Stuhl erstreckte: Saßen wir weit genug voneinander entfernt? Nah genug? An diesem Punkt verstand ich zum ersten Mal, dass Chen auch mit mir, wie in ihren Beziehungen mit Jossi vor etwa fünfzehn Jahren, fast bis zum Äußersten gegangen war. Ich konnte nicht umhin, das zu bemerken, und im gleichen Moment fiel mir noch etwas ein. Im Gegensatz zur Welt der Prostitution und Drogen ihres »früheren« Lebens kannte ich die Welt der Medikamente und Ärzte, von denen Chen sprach. Die großen Arzneimittelfirmen investierten riesige Summen, um Ärzte davon zu überzeugen, ihren Produkten den Vorzug vor denen der Konkurrenz zu geben. Neben der allgemeinen Werbung in der Presse und Fachliteratur ergoss sich eine Flut von Dingen über die Ärzte, die Geld wert, aber keine wirkliche Bestechung waren: Gratismuster von Medikamenten für ihre Patienten, Spenden für Forschungsfonds, Einladungen zu Studientagen und internationalen Kongressen, Stifte, Uhren, Aktenmappen und mehr. Doch es gibt keinen Ersatz für menschlichen Kontakt. Fast sämtliche Vertreter für den Verkauf von Arzneimitteln sind Frauen, im Allgemeinen jung und hübsch, und es besteht eine heimliche, aber spürbare Spannung zwischen ihnen und ihren Kunden. Chen war für das Vermarktungssystem verantwortlich, das etwa vierzig solcher Vertreterinnen hatte, und ich konnte mich des Gedankens nicht erwehren, dass eine gewisse Ähnlichkeit zwischen ihrem früheren Leben als Prostituierte und ihrem gegenwärtigen als Verkaufsagentin von Medikamenten bestand. Chen konnte sich anscheinend vorstellen, woran ich dachte, denn sie sagte:

– Ihnen geht sicher durch den Kopf, dass ich mit Prostitution beschäftigt bin. Vielleicht. Ich habe auch schon daran gedacht. Aber in meinem Freudenhaus holt man sich keine Geschlechtskrankheiten, sondern heilt sie, und alles in allem ist es kein Schwindel. Die Medikamente, die ich verkaufe, haben sich in Untersuchungen bewiesen, und unsere Vertreterinnen kennen sich gut in der Materie der Fachliteratur aus. Außerdem, fast alle Ärzte, mit denen ich bisher zu tun hatte, sind letztendlich anständige Menschen. Meiner Erfahrung nach würde ein Arzt kein Medikament empfehlen, an das er nicht glaubt. Die Kunst dabei ist nur, sie dazu zu bringen, dass sie daran glauben.

– Und Sie wissen, wie man das macht?

– Ich denke schon.

– So wie Sie mich dazu brachten, Sie anzurufen und zu einer Therapie bei mir einzuladen?

Chen lachte und wurde gleich wieder ernst:

– Sie sehen, am Ende funktioniert es … aber das genügt mir nicht. Ich will mich lebendig fühlen, ich will lieben und nicht nur gut funktionieren. Können Sie mir helfen?

Konnte ich Chen helfen? Und falls ja, wie? Wie behandelt man dissoziative Probleme? Die Ironie der Geschichte war, dass uns die Medikamente, die Chen den Ärzten anbot, hier nicht viel helfen würden. Einer der Bereiche in der Psychologie und Psychiatrie, für den noch keine medikamentöse Behandlung gefunden wurde, sind die chronischen dissoziativen Störungen. Ihre Behandlung ist und bleibt hauptsächlich die Psychotherapie. Welche Psychotherapie? Das hängt davon, wen man fragt, und von der Art der dissoziativen Störung. In Chens Fall vermutete ich, dass zumindest ein Teil ihrer gegenwärtigen Symptome seinen Ursprung in ihrem Leben als Prostituierte und dem hatte, was sie damals erlebt hatte. Anders und einfacher formuliert: Offenbar hatten die Traumata, die sie erlitt, als sie täglich anonyme sexuelle Beziehungen mit mehreren Männern hatte, dazu geführt, den fühlenden von dem denkenden Teil in ihrer Seele abzutrennen. In solchen Fällen empfehlen die meisten Spezialisten eine Therapie, die sich auf dieses Trauma des Patienten bezieht und die versucht, es auf irgendeinem Weg ins Behandlungszimmer zu bringen. Nach einem schmerzhaften Prozess des Erinnerns soll eine Reintegration der Erinnerungen bewerkstelligt werden. Ziel ist dabei deren erneute Eingliederung in die Lebensgeschichte des

Patienten, so wie er sie sich selbst erzählt. Parallel dazu arbeitet man an einer Reintegration des Patienten in sein Leben hier und jetzt – das heißt, an der Schaffung neuer und einer Vertiefung existierender Beziehungen mit Menschen – in einer Weise, die das, was er durchlebt hat, nicht ignoriert, sein gegenwärtiges Leben davon jedoch nicht beherrschen lässt.

Allem Anschein nach ist das eine veritable Behandlungsmethode, doch wurden in der Vergangenheit auf diesem Gebiet von wohlmeinenden Therapeuten viele Fehler gemacht, was auch heute noch manchmal passiert. Der Hauptfehler, den ich vermeiden wollte, war, mit der Aufarbeitung der traumatischen Vergangenheit der Patientin zu beginnen, solange ihre gegenwärtige Situation noch erschüttert, gefährlich oder unkontrolliert war. Wenn man das macht, kann eine Verschlimmerung statt einer Besserung eintreten, und es besteht die Gefahr von Selbstverletzung, Selbstmordversuchen oder gefährlich impulsivem Verhalten. Die amerikanische feministische Psychiaterin Judith Lewis Herman beschrieb in ihrem Buch »Trauma und Heilung« ein dreistufiges Programm für Probleme von der Art, an denen Chen litt. Sie dachte auch, dass die Diagnose einer Borderline-Persönlichkeitsstörung, die häufig seitens männlicher Therapeuten Patientinnen gestellt wird, im Prinzip eine beleidigende und erniedrigende Bezeichnung für eine komplizierte, chronische posttraumatische Belastungsstörung ist. Weshalb? Weil ihrer Meinung nach die an einer Borderline-Störung leidenden Frauen an den Folgen von Traumata in ihrer Vergangenheit und nicht an einer »pathologischen Persönlichkeit« leiden. Die Debatten und Kontroversen zu diesem Thema halten an, doch Lewis Hermans dreistufiges Modell ist von vielen im Fach anerkannt. Gemäß diesem Modell gilt es, in der ersten Behandlungsstufe das Leben der Patientin zu stabilisieren. Erst dann können die beiden Stufen folgen, die bereits aufgeführt wurden – Erinnern und Reintegration. Ich hatte all diese Dinge im Hinterkopf, als ich Chen antwortete:

– Ich denke, ich kann Ihnen helfen. Aber Sie leiden an mehr als einem Problem. Außer der alten Abspaltung Ihrer Gefühle von den Gedanken, die Sie behandelt haben wollen, haben Sie Probleme im Hier und Jetzt, und die müssen zuerst behandelt werden.

– Was meinen Sie?

– Ihre Wutanfälle. Die Schläge, Flüche und das Geschrei mit Arik. Dass Sie zu viel trinken, vor allem am Wochenende, in einen benommenen Zustand geraten und sich danach nicht erinnern, was mit Ihnen geschehen ist.

– Und was sagen Sie mir damit? Dass Sie mich nicht behandeln können, bis ich nicht gesund, ruhig und höflich bin und eine akademische Freundin habe? Wirklich sehr klug.

– Nein, das sage ich nicht damit. Ich sage, um hier eine sinnvolle Aufarbeitung dessen machen zu können, was Sie als Animiermädchen durchlebt haben, muss Ihre Gegenwart stabiler sein, und ich werde Ihnen dabei helfen. Ich schlage vor, wir beginnen mit den Wutanfällen.

– Ich versuche schon seit einem Jahr, sie zu vermeiden. Glauben Sie mir, ich versuche es wirklich. Vielleicht gäbe es eine Chance, wenn ich eine Frau zur Freundin hätte, die selber etwas stabiler ist. Aber Arik brennt schnell durch, ganz genau wie ich. Außerdem, wie behandelt man Wutanfälle überhaupt?

– Es gibt mehrere Wege, aber ich schlage vor, dass wir den medikamentösen Weg einschlagen, mit einem Wort: Prozac. Es gibt auch die kognitive Verhaltenstherapie, die oft sehr erfolgreich ist, aber ich bin kein Spezialist darin. Ich schlage vor, dass wir zusätzlich zu einem Medikament aus der Prozac-Gruppe auch kognitive verhaltenstherapeutische Techniken benutzen, die ich durchaus kenne und die helfen könnten.

– Was heißt das, »Techniken«?

– Vielleicht beginnen wir damit, dass Sie sich ein Heft kaufen und detailliert alle Wutanfälle notieren, die Sie von jetzt an bis zu unserem nächsten Termin haben. Beschreiben Sie die Umstände, unter denen Sie den Anfall hatten, wie er genau begann, wie lange er dauerte, was dabei passierte und was geschah, nachdem er vorüber war, oder mit anderen Worten: die Folgen. Das ist ein Modell, das sich auf Englisch ABC nennt, die Anfangsbuchstaben für Antecedents, Behavior, Consequences. Zur nächsten Stunde bringen Sie das Heft mit, wir gehen durch, was Sie aufgeschrieben haben, und versuchen, eine Gesetzmäßigkeit bei den Anfällen zu finden.

– Und dann?

– Dann können wir vielleicht zusammen spezifischere Techniken herauskristallisieren, wie die Anfälle zu vermeiden sind. Danach werden wir auch wieder über das Thema Medikamente sprechen, die auch Risiken beinhalten. Wir unterhalten uns darüber, und Sie sagen mir am Ende, ob das etwas ist, das Sie versuchen möchten.

– Ich habe gelesen, dass diese Medikamente echt gefährlich sind. Dass sie normale Menschen zu Mördern machen können, und ich habe so schon eine kurze Zündschnur. Sind Sie sicher, dass es eine gute Idee ist, wenn ich sie nehme?

In letzter Zeit sind in der Presse Reportagen aufgetaucht, die die Anwendung von Antidepressiva aus der Prozac-Gruppe mit Anfällen von Wut und Gewalttätigkeit bis hin zum Mord in Verbindung bringen. Jenen Berichten nach haben diese Medikamente eine gefährliche Nebenwirkung – das Auftreten von Mordlust bei Menschen, die friedliche und gesetzestreue Bürger waren, bevor sie die kleinen, zum Wahnsinn treibenden Pillen einnahmen. Ein Beispiel dafür war die Behauptung eines Mannes, der für schuldig befunden wurde, seine kleine Tochter ertränkt zu haben, den Mord unter dem Einfluss eines Medikaments aus der Prozac-Gruppe verübt zu haben, das er in vorangegangenen Monaten eingenommen hatte. Daher, so argumentierte er, sei er des abscheulichen Verbrechens, das er verübt hatte, nicht schuldig oder trage nur eine Teilschuld. Wenn das die Konsequenzen einer Einnahme von Medikamenten aus der Prozac-Gruppe sind, weshalb kommt jemand auf die Idee, sie zur Behandlung von Wutanfällen anzuwenden?

Die Antwort lautet in drei Worten: Weil sie helfen. Es liegt eine breit gefächerte Literatur vor, die die Effektivität dieser Medikamente in einem Teil der Fälle von Impulsivität und Wutanfällen nachweist. Chens Profil, bei dem Wutanfälle ein Teil ihres fast grenzwertigen Verhaltens waren, passte auf die Menschen, die besonders gut auf diese Medikamente ansprachen. Gewalttätige Impulsivität kann eine Begleiterscheinung sinkender Aktivität des Nervenbotenstoffs Serotonin sein, dessen Einfluss Medikamente aus der Prozac-Gruppe im Gehirn erhöhen. Es muss betont werden, dass hier nicht von jeder Art Gewalttätigkeit und Aggressivität die Rede ist, sondern nur von impulsiver Gewalttätigkeit, und auch das nicht bei allen Fällen. Was ist also dran an den Behauptungen, dass der Gebrauch dieser Medikamente zu Mord führen kann? Diese Vorwürfe, die mit zunehmender Häufigkeit bei Gericht laut werden, erhielten in den Vereinigten Staaten die Bezeichnung »Die Prozac-Verteidigung«. Man kann nicht den Anwälten die Schuld dafür geben, die nach jeder möglichen Verteidigungslinie suchen, doch nach Ansicht vieler Fachleute entbehren diese Behauptungen fast immer der Realität – und das ist auch meine Meinung. Wie es scheint, fühlen wir uns alle von grauenhaften Mordtaten wie jener des Vaters, der seine Tochter ertränkte, bedroht. Der Gedanke, dass sich eine solche Schlechtigkeit in der Seele eines »normalen« Menschen verbergen kann, der wie wir aussieht und spricht, ist beängstigend und bedrohlich. Daher ziehen wir es vor zu denken, dass etwas von außen – wie zum Beispiel ein Medikament – diesen Horror in seine Seele gepflanzt hat. Doch es scheint, dass die Wahrheit härter und grausamer ist.

In dem erwähnten Beispiel wurde in der Presse öffentlich gemacht, dass der Vater den Mord einige Wochen im Voraus geplant hatte, seiner kleinen Tochter ein Grab an einem verborgenen Ort aushob und auf eine Gelegenheit wartete. Ohne die Tatsachen selbst zu kennen, ist es schwierig für mich, eindeutige Aussagen zu treffen, doch es war offenbar ein kaltblütiger Mord. Weshalb ist das von Bedeutung? Weil Fälle möglich sind, in denen die Behandlung mit einem Medikament der Prozac-Gruppe – wie bei allen anderen Antidepressiva – Impulsivität bis hin zur Gewalttätigkeit auslösen kann. Das geschieht zum Beispiel, wenn man mit diesen Medikamenten einen Menschen behandelt, der zu einer bipolaren Störung tendiert und gleichzeitig depressiv ist. Bei solchen Konstellationen kann unter der Einwirkung des Medikaments ein *manischer Anfall* auftreten, der sich nun gerade nicht in Hochstimmung ausdrückt, sondern in Jähzorn und Impulsivität. Doch ist die Gewalttätigkeit, die dann auftreten kann, spontan, nicht vorausgeplant und enthält zumeist keine Mordabsicht. Der geschilderte Fall des Mordes an dem kleinen Mädchen passt nicht in dieses »spontane« Muster. Jedenfalls erkannte das Gericht in Israel die Argumente der Verteidigung nicht an und sprach den Vater des Mordes an seiner Tochter schuldig. Während diese Zeilen geschrieben werden, wird der Einspruch vor dem israelischen Obersten Gerichtshof verhandelt.

Manchmal ist es unmöglich, im Voraus zu wissen, ob ein Mensch an einer versteckten bipolaren Störung leidet, und daher besteht die Notwendigkeit einer ständigen und strengen Beobachtung der Menschen, die Medikamente aus der Prozac-Familie nehmen. Die Einnahme muss sofort abgebrochen werden, wenn Anzeichen für eine Manie auftreten. Auch Chen, mit ihren heftigen Stimmungsschwankungen, konnte eventuell an einer bipolaren Störung leiden. Bei unserem nächsten Treffen sprach ich mit ihr darüber und beschrieb ihr die Anzeichen, die einem manischen Anfall vorausgehen. Ich schlug ihr vor, die Häufigkeit unserer Treffen auf zweimal in der Woche zu erhöhen, und bat darum, falls sie spüren sollte, dass sich ihre Reizbarkeit vergrößert statt verringert, mich jederzeit anzurufen. Sie stellte viele Fragen, bis sie zuletzt damit einverstanden war, eine medikamentöse Behandlung auszuprobieren, und verließ meine Praxis mit einem Rezept.

***

In den kommenden Wochen traten weitreichende Veränderungen in Chens und Ariks Leben ein. Die Häufigkeit von Chens Wutanfällen verringerte sich zunehmend, bis sie schließlich ganz verschwanden. Die neue Ruhe, die zwischen den beiden herrschte, stärkte das Vertrauen und die gegenseitige Anerkennung, was wiederum überraschende Folgen hatte. Arik beschloss, wieder zur Schule zu gehen, um ihre höhere Schulbildung abzuschließen. Chen schlug ihrerseits vor, Arik das Abitur zu finanzieren, wenn sie sich verpflichtete, sich ebenso wie sie zu bemühen, Wutanfälle zu vermeiden. Das Leben in der gemeinsamen Wohnung wurde einem »normalen« Leben ähnlicher. Je länger es andauerte und je mehr sich die Beziehung zwischen Chen und Arik stabilisierte, desto klarer wurde, dass das Verhältnis zwischen Chen und ihrer Mutter ebenfalls eine Quelle der Instabilität in ihrem Leben war. Es stellte sich heraus, dass Dalia eine viel härter zu knackende Nuss war als Ariela. Dalia dachte und sagte ihrer Tochter das auch, dass ihre lesbische Lebensweise eine bewusste Entscheidung sei und keine Erwiderung auf eine unabänderliche innere Neigung, gegen die nicht anzukommen war. Sie behauptete, die Menschen hätten viele verschiedene Neigungen, doch mit ein bisschen gutem Willen und Selbstdisziplin sei es möglich, sie zu überwinden. Der Gedanke, dass ihre Tochter eine lesbische Beziehung hatte, stieß sie ab und erinnerte sie an die schlaflosen Nächte während des Jahres, in dem Chen als »Animiermädchen« gearbeitet hatte, nachdem sie von zu Hause weggerannt war. Sie erklärte auch, sie würde Arik nie akzeptieren, weder mit ihr reden noch dulden, dass sie einen Fuß in ihr Haus setze, sie würde Chen nicht besuchen kommen, wenn Arik in der Wohnung sei, und falls Chen ihre Pläne für die Zukunft verwirklichen und mit Arik eine Familie gründen wolle – würden ihre Kinder nicht Dalias Enkel sein.

Es vergingen einige Wochen. Chens und Ariks Wutausbrüche hatten sich gelegt, doch es blieben Chens Ausfälle gegen ihre Mutter, nach denen sie immer in tiefem Selbsthass versank. Auch die starke Ambivalenz, die sie bezüglich ihrer sexuellen Neigung empfand, hielt an. Allmählich wurde mir klar, dass Dalia bei ihrer Meinung blieb und dass Chen von den Ansichten ihrer Mutter weitaus mehr beeinflusst wurde, als sie bereit war zuzugeben. Sie führten dazu, dass sie sich vor sich selbst und dem ekelte, was sie mit Arik machte, und trübten ihre Stimmung. Schließlich entschloss ich mich zu einem ungewöhnlichen Schritt und schlug Chen vor, ihre Mutter zu einem unserer Termine einzuladen. Das Dreiertreffen hatte zwei Ziele: erstens, über die Beziehung zwischen Mutter und Tochter zu sprechen in dem Versuch, sie zu verbessern; und zweitens, Dalia etwas davon zu vermitteln, was heute über Homosexualität und lesbische Beziehungen, über Wahl oder *sexuelle Orientierung* und die Faktoren bekannt war, die sie beeinflussten.

Das Treffen zu dritt begann dem Anschein nach in entspannter Atmosphäre. Dalia Steinitz war eine beeindruckende Frau, viel größer als Chen, ähnelte ihr jedoch in Gesichtsform, Redeweise und der inneren Stärke, die sie ausstrahlte. Chen dagegen war, ganz gegen ihre Art, sehr still, und mich streifte der Gedanke, dass unser Dreieckstreffen nur ihre Position als verhaltensgestörte Tochter zementierte, wegen der sich die Erwachsenen treffen, um über ihr Schicksal zu beraten. Dalia war ruhig, aber zielstrebig, und es war erkennbar, dass sie von den langen Jahren im Außenministerium profitiert hatte. Mit ausnehmender Höflichkeit, jedoch unbeirrbarer Entschiedenheit lenkte sie das Gespräch in die Bahn, die ihr wichtig war – die Notwendigkeit, dass Chen wieder »straight« werde und dass ich sie dabei unterstützte.

– Jeder Mensch macht verschiedene Phasen in seinem Leben durch. Das sind Dinge, die kommen und gehen. Stimmt's, Yoram? Wer wüsste das so gut wie Sie, bei Ihrem Beruf. Es gab eine Periode, in der sich Chen darauf versteifte, ein Animiermädchen zu sein, und dann kam sie wieder weg davon. Ich hoffe, sie findet auch aus dieser Sache mit lesbischen Beziehungen wieder heraus. Sie war bereits mit einem bezaubernden Jungen verheiratet, den wir alle liebten, und plötzlich ist der alte Teufel wieder in sie gefahren, und sie hat alles zerstört. Ich hoffe, dass sie sich diesmal von Ihnen helfen lässt, ein für alle Mal dieses zerstörerische Muster zu besiegen.

– Sie reden über Chen, als sei sie überhaupt nicht da. Vielleicht sagen Sie ihr diese Dinge direkt, nicht in dritter Person?

– Sie hat das schon viele Male von mir gehört, glauben Sie mir. Sie weiß genau, was ich denke. Wer das nicht weiß, sind Sie, der nur ihre Version kennt. Ich dachte, es lohnt sich vielleicht, wenn Sie die Dinge auch von einer anderen Warte aus hören. Deswegen habe ich eigentlich zugestimmt, hierher zu kommen. Wie lange kennen Sie sie? Nicht einmal dreißig Stunden. Ich kenne Chen seit dem Tag ihrer Geburt. Ich kenne sie nicht nur von außen, sondern auch von innen.

– Von innen?

– Ja. Ihr Charakter und ihre Gedanken sind den meinen ähnlich. Sie ist nicht so weit vom Stamm gefallen, wie sie vielleicht gerne denken würde.

– Was meinst du damit?

Diesmal war es Chen, die sprach. Als ich meinen Blick von Dalia auf sie richtete, erkannte ich in ihrem Gesicht einen Ausdruck, der mir neu war: Chen wirkte wie ein verliebtes junges Mädchen, vielleicht sogar wie ein kleines Mädchen. Sie war gänzlich auf Dalia konzentriert. Ihre Augen hingen an ihrer Mutter, weit offen, um jede Regung und jedes Wort aus ihrem Mund aufzufangen.

Dalia wandte sich an sie:

– Cheni, meinst du, ich hätte keine eigenen Dinge, die ich gerne tun würde?

– Sicher hast du die. Du willst mich beherrschen. Es so hinbringen, dass du vor deinen Freundinnen stolz auf mich sein kannst.

– Und was ist schlecht daran, dass ich stolz auf dich sein möchte?

Chens Gesichtsausdruck änderte sich rasch. Sie wurde zornig, die Wut überflutete sie. Auch das sah ich bei ihr zum ersten Mal. Ihr Gesicht rötete sich, und sie erhob die Stimme:

– Ich bin nicht dein Pudel. Ich will, dass du aufhörst, stolz auf mich zu sein. Ich will, dass du mich liebst, so wie ich bin. So wie ich wirklich bin.

– Wenn du dir selber das Leben mit der Liebe zu irgendeiner Friseuse zerstörst? Wenn du deine Chance auf ein normales Leben und eine glückliche Familie vernichtest, eine Familie mit Vater und Kindern? Niemals. Das kann ich nicht.

– Und warum kann es Papa?

Dalia schwieg einen Moment. Das war ein heikler Punkt. Ruben Steinitz, ein erfolgreicher Geschäftsmann, liebte seine Tochter sehr. Obwohl er in der Geschäftswelt als harter Boss und dominanter Macher galt, hatte ich Chens Schilderungen nach keinen Zweifel, dass er zu Hause immer wie auf Eiern ging. Mir schien, er fühlte sich schuldig wegen der langen Jahre in Chens Kindheit, in denen er in ihrem Leben nicht vorhanden gewesen war, und versuchte nun, ihr nach besten Kräften wieder näher zu kommen. Er hatte sich schon ein paarmal mit Chen und Arik getroffen, hatte sie zu Hause besucht und pflegte beiden Geschenke mitzubringen, wenn er von Auslandsreisen zurückkehrte. Chen dachte, dass sich ihre Mutter sehr wohl dessen bewusst war, doch hatte sie das Thema nie vor ihr zur Sprache gebracht. Wie so oft, wenn innerhalb der Familie Geheimnisse existieren, war auch in diesem Fall ein Gleichgewicht des Schreckens entstanden, das alle Betroffenen dazu veranlasste, bestimmte Fragen nicht zu stellen und nicht zu beantworten.

Diese Herangehensweise charakterisiert die inoffizielle, aber weit verbreitete Haltung vieler Gesellschaften zum Thema Homosexualität. Die Regel, die in der amerikanischen Armee üblich war, »frag nichts, erzähl nichts«, drückt die Art aus, in der Familien, Religionen, Gesellschaften und Staaten Wahrheiten zum Thema Sexualität bewältigen. Man mag es Heuchelei nennen oder Takt – beides sind natürlich nur zwei Namen für ein und dieselbe Sache. Freud dachte, einer der Gründe, die es unmöglich machten, dass Homosexuelle sich in Massen »outeten«, sei, dass sich keine militärische Disziplin in einer Wirklichkeit aufrechterhalten ließe, in der sich Offiziere ineinander und in ihre Soldaten verlieben könnten. Der Film des israelischen Regisseurs Eitan Fox, »Jossi und Jagger«, so wie auch Dani Kaplans Buch, »David, Jonathan und andere Soldaten«, schildern jene »unmögliche« Realität, in der die Homosexualität mit der Mentalität der kämpfenden Truppe zusammentrifft. Die israelische militärische Erfahrung mit der Brüderlichkeit der Soldaten als immanenter Wert und einigender Faktor wurde hier mit homosexuellen Liebesgeschichten verflochten. Im Grunde ist das keine Überraschung: Wie wir im zweiten Kapitel gesehen haben, ist die Verflechtung von Gefahr, seelischer Not und Intimität eine triumphale erotische Mischung, die eine wunderbare Brutstätte für Liebe abgibt – und homosexuelle Liebe unterscheidet sich in dieser Hinsicht in keinster Weise von jeder anderen.[35]

Doch all das war für Dalia ohne Bedeutung. Ihre Willenskraft und Unbeugsamkeit beeindruckten mich, ebenso wie bei Chen. Sie hatte einen heiligen Krieg um die Seele ihrer Tochter entfesselt und war nicht bereit, sich mit irgendeinem anderen Ergebnis als ihrem Sieg abzufinden. Sie sagte daher:

– Was Papa macht, ist seine Sache. Er war auch bereit hinzunehmen, dass du von Zuhause weggerannt bist, um mit diesem Junkie zusammenzuleben. Ich liebe dich, und ich werde dich niemals aufgeben. Ich kann nicht so tun, als ob nichts passiert und alles bei dir in Ordnung sei, wenn du mit einem Drogensüchtigen zusammen bist oder eine lesbische Familie gründest. Ich werde mich nie mit dem abfinden, was du dir selbst und unserer Familie antust. Niemals.

Chen wandte sich an mich, deutete auf Dalia, die weiterhin entspannt dasaß, als ob Chens unterdrückte Wut sie überhaupt nichts anginge:

– Sehen Sie? Ich habe Ihnen gesagt, dass es so sein würde.

Sie hatte Recht. Sie hatte mich wirklich gewarnt, dass Dalia genau das sagen würde, und ich empfand Betroffenheit. Das von mir initiierte Treffen zu dritt hatte so weit keinerlei Nutzen erbracht. Ich war kein geübter Familientherapeut, und mir schien, dass alles, was ich getan hatte, sie nur dazu veranlasst hatte, ihre üblichen Streitigkeiten in meiner Gegenwart auszutragen. Ich beschloss, zum nächsten Thema überzugehen, und wandte mich an Dalia.

– Was denken Sie über Chens lesbische Neigung?

Dalia machte es sich in ihrem Sessel bequem. Ein kleines Lächeln stieg auf ihren Lippen auf, das sofort verschwand, als sie sagte:

– Ich denke, es ist eine Mode. Etwas, das sie angenommen hat, um besonders zu sein, wie ein Ring mehr im Nasenflügel oder ein Piercing an der Augenbraue oder im Nabel. Und auch wenn es etwas sein sollte, das sie wirklich fühlt, so ist das kein Gebot des Himmels, sondern eine Wahl, die Entscheidung, einen weiteren ihrer Impulse nicht zu kontrollieren. Wir alle möchten alles Mögliche, doch wir beherrschen unseren Willen. So war es immer, bis es in den letzten Jahren für Homos und Lesben plötzlich modern wurde, sich zu »outen«. Was ist so gut daran, sich zu outen?

***

Das strenge Verbot homosexueller Geschlechtsbeziehungen ist offenbar so alt wie die Kultur selbst, zumindest die jüdisch-christliche Kultur: »Wenn jemand bei einem Mann liegt wie bei einer Frau, so haben sie getan, was ein Greuel ist, und sollen beide des Todes sterben; Blutschuld lastet auf ihnen« (Levitikus 20,13). Es gab zwar Kulturen, allen voran die klassische griechische Antike, die die homosexuelle und lesbische Beziehung priesen und institutionalisierten, doch die meisten Kulturen gestanden ihr keinen offiziellen Platz zu, zum Teil wurden die Beteiligten sogar bis zur völligen Vernichtung verfolgt. Heute ist bekannt, dass Homosexualität auch bei Tieren vorkommt, und man kann annehmen, dass sie die menschliche Rasse schon seit jeher begleitet. Wodurch wird bestimmt, ob wir uns in einen Mann oder eine Frau verlieben? Was legt unsere sexuelle Neigung fest? Ist die sexuelle Orientierung eine biologische Gegebenheit, auf die man keinen Einfluss nehmen kann, wie die Augenfarbe, oder eine persönliche Präferenz, die sich mit ein bisschen Hilfe und viel gutem Willen ändern lässt?

Diese Fragen bilden den Brennpunkt einer tiefgehenden öffentlichen Debatte, die auf mehreren Ebenen – sozial, psychologisch, wissenschaftlich und religiös – geführt wird, und die nur wenige von uns gleichgültig lässt. Die Komplexität der Argumentationen und Theorien, die zu dieser Thematik geäußert wurden, ist zu vielschichtig, als dass wir hier auch nur einen partiellen Überblick geben könnten. Daher werden wir uns an dieser Stelle mit der kurzen, oberflächlichen Darstellung der psychologischen und biologischen Theorien begnügen, die für den Streit zwischen Chen und ihrer Mutter relevant sind.[36] Zu Ende des neunzehnten und Anfang des zwanzigsten Jahrhunderts waren Neurologen und Psychiater überwiegend der Meinung, dass Homosexualität eine psychische Störung sei, deren Ursprung in einem Degenerationsprozess des Gehirns läge. Vor diesem Hintergrund waren Freuds Positionen im Verhältnis zu seiner Epoche aufgeklärt und tolerant. In seinen »Drei Abhandlungen zur Sexualtheorie« schrieb Freud, dass Homosexualität bei Menschen vorkomme, deren Funktionalität nicht beeinträchtigt sei und die sich durch ihre hohe intellektuelle Entwicklung und ihr moralisches und kulturelles Niveau auszeichneten. Freud nahm an, dass alle Frauen und Männer mit einem bisexuellen Potential geboren werden und dass Homosexualität, die eine *Sublimation* durchlaufen hat, zu einem intakten heterosexuellen Funktionieren nötig sei. In einem zu Herzen gehenden Brief, der nach Freuds Tod veröffentlicht wurde, schrieb er an eine besorgte amerikanische Mutter, dass ihr homosexueller Sohn nicht »krank« sei. Gleichzeitig jedoch dachte er, dass das kulturelle und soziale Klima in großem Maße festlege, inwieweit Homosexualität ein verbreitetes Phänomen würde. Er war der Ansicht, dass gesellschaftliche Hemmnisse die Häufigkeit des Phänomens stark einschränkten, und empfand die Situation zu seiner Zeit für extrovertiertes homosexuelles Verhalten als nicht geeignet. Freud definierte die Homosexualität nicht als

Perversion oder psychische Störung. Er sah in Homosexuellen Männer, deren sexuelle Entwicklung eine »Inversion« hinsichtlich der Wahl ihres Liebesobjekts (Mann statt Frau) durchlaufen hat, doch nicht unter emotionalem Aspekt. Das heißt, ihre Fähigkeit, einem erwachsenen Partner Liebe zu schenken und sie zu erhalten, war nicht geschädigt.

Und was ist mit lesbischen Frauen? In seinem Artikel »Über die Psychogenese eines Falles weiblicher Homosexualität« beschrieb Freud seine Behandlung eines achtzehnjährigen Mädchens, das sich in eine ältere Frau verliebt hatte. Nachdem es von ihrem Vater schwer getadelt worden war, versuchte das junge Mädchen, Selbstmord zu begehen. Infolge des Suizidversuchs wurde es zur Psychoanalyse an Freud verwiesen, damit dieser die sexuelle Orientierung des Mädchens ändere und »es eines Besseren belehre« – genau das, was Dalia von mir hinsichtlich Chens wollte. Freud sah den Grund für die sexuelle Orientierung des Mädchens in ihrem heftigen Männerhass, den er auch als Hindernis für seine Behandlung betrachtete. Er empfahl ihren Eltern, sie zu einer weiblichen Psychoanalytikerin zu schicken, und sah in diesem Fall eine Bestätigung seiner Annahme, dass Homosexualität keine »Neurose«, sondern eine psychische Neigung sei, die sehr schwer zu verändern war.

Nach Freuds Tod herrschte in der Psychoanalyse die These, dass die homo-lesbische sexuelle Orientierung stets das Ergebnis von Entwicklungseinflüssen und problematischer Verhältnisse in der Kindheit sei. Wie üblich wurde den Müttern die Hauptschuld gegeben. Laut dieser Theorie war Homosexualität immer von Persönlichkeitsstörungen begleitet. Im Gegensatz zu Freud glaubten viele Psychoanalytiker in der Vergangenheit, dass eine psychologische Behandlung mit starker Motivation seitens des Patienten oder der Patientin dazu angetan sei, die Homosexuellen und Lesbierinnen zu einer »normalen« sexuellen Ausrichtung zurückzubringen. Inzwischen jedoch haben sich die Zeiten geändert. Homosexuelle und Lesbierinnen begannen sich zu outen, und unter ihnen auch zahlreiche Psychologen und Psychiater.

Im Jahre 1973 initiierte die einflussreiche amerikanische psychiatrische Vereinigung eine historische Revolution und strich die Homosexualität aus dem Buch der psychischen Störungen. Es vergingen noch viele Jahre, bis ihnen das Establishment der amerikanischen Psychoanalyse folgte. Im Gegensatz zu der Situation, die bis vor etwa zehn Jahren herrschte, ist es heute Homosexuellen und Lesbierinnen unter Psychologen und Psychiatern – die ihre sexuelle Orientierung offen erklären – erlaubt, an amerikanischen Lehranstalten ein Studium der Psychoanalyse aufzunehmen. Obwohl reparative Therapien mit dem erklärten Ziel, die sexuelle Orientierung Homosexueller und Lesbierinnen umzukehren, in den Kreisen der Psychotherapie noch immer existieren und sogar gewisse Erfolge beanspruchen, haben sich die Psychologen-, Psychiater- und Ärzteorganisationen in den Vereinigten Staaten und in Europa in den letzten Jahren deutlich gegen solche Behandlungen ausgesprochen.

Auch wenn die homo-lesbische sexuelle Orientierung keine psychische Störung ist – und heutzutage sehen die meisten Fachleute sie tatsächlich nicht mehr als Störung –, ist sie eine Variante der »normalen« sexuellen Tendenz. Wodurch wird sie verursacht? Weshalb gibt es eine Minderheit, die es vorzieht, sexuelle Beziehungen mit ihren Geschlechtsgenossen zu unterhalten und ihre Liebe auf sie zu richten? Ein ferner, entfremdeter Vater, eine übergriffige, »verführerische« Mutter, bekümmernde und/oder traumatische Kindheitserlebnisse sowie genetische und hormonelle Einflüsse werden heute als mögliche Faktoren für eine homo-lesbische sexuelle Orientierung genannt. Wie wir im Folgenden sehen werden, gibt es für die biologischen Faktoren gewisse Forschungsbelege.

In der Vergangenheit war in wissenschaftlichen Kreisen die Meinung verbreitet, Homosexualität sei erblich, hauptsächlich auf Grund von Forschungen, die die sexuelle Orientierung von Zwillingspärchen untersuchten. Ein Teil dieser Zwillinge waren eineiige, mit vollkommen identischem genetischem Material, und ein Teil waren zweieiige, mit einer genetischen Nähe wie von »normalen« Geschwistern. Die ersten Forschungen ergaben, dass bei den eineiigen Zwillingen eine größere Symmetrie in der homosexuellen Orientierung bestand als bei den zweieiigen. Mit anderen Worten, war einer der eineiigen Zwillinge homosexuell, waren die Chancen des zweiten, ebenfalls homosexuell zu sein, viel höher als die eines zweieiigen homosexuellen Zwillings. In der Medizin wurden diese Befunde als überzeugender Beweis dafür gehalten, dass die untersuchte Eigenschaft eine Erbkomponente hatte. Allerdings basierten diese Forschungen auf einer relativ kleinen Anzahl von Zwillingspaaren. Heute ist bekannt, dass das Bild weitaus komplexer ist. In aktualisierten Untersuchungen, die mit sehr großen Gruppen von Zwillingen gemacht wurden (einigen tausend), fand sich kein überzeugender Unterschied in der Korrelation weder der eineiigen noch der zweieiigen Zwillinge zur Homosexualität. Dagegen stellte man einen bedeutenden Erbbeitrag bei *Nonkonformität der Geschlechtsidentität in der Kindheit fest*. Gemeint sind Mädchen, die in ihrer Kindheit »Rangen« waren – das heißt, statt mit Puppen lieber Fußball mit den Jungen spielten –, und ebenso Jungen, die es als Kinder liebten, mit den Mädchen zu spielen und deswegen häufig unter dem Spott der restlichen Jungen zu leiden hatten. Mit anderen Worten, es existiert eine erbliche Komponente, die die typische Spielform beeinflusst, die ein Kind bevorzugt. Bei den Kindern, deren Spielform charakteristischer für die des anderen Geschlechts ist, wird ein beträchtlicher Teil (jedoch weder alle noch die Mehrheit) im weiteren Verlauf eine homosexuelle Orientierung entwickeln.

Im Gegensatz zu den erblichen Einflüssen, die noch nicht geklärt sind, ist heute bekannt, dass die Sexualhormone, denen ein Embryo im Laufe der Schwangerschaft ausgesetzt ist, im weiteren einen starken Einfluss auf seine sexuelle Ausrichtung haben werden. Bei Tierversuchen fand man heraus, dass die Sexualhormone auf das Gehirn des Embryos einwirken und es »männlich« oder »weiblich« machen können, unabhängig von seinem biologischen Geschlecht. So ist es möglich, eine männliche Maus mit weiblichem Verhalten zu »erschaffen« und umgekehrt. Und wie ist das bei uns? Natürlich wird es solche Versuche nie mit Menschen geben, doch die Natur bringt zuweilen auch Dinge hervor, die von Menschen nie gemacht würden. Es gibt eine Gruppe von Erbkrankheiten, die die Adrenalindrüse schädigen, genannt CAH – Congenital Adrenal Hyperplasia. Diese Krankheiten führen unter anderem zu einem Anstieg der männlichen Sexualhormone. Im Allgemeinen wird diese Krankheit gleich nach der Geburt erkannt und behandelt, doch im Laufe der Schwangerschaft sind die daran leidenden Embryos hohen Dosen männlicher Sexualhormone ausgesetzt. Mädchen, die mit der Krankheit geboren wurden, werden in den meisten Fällen zu Heterosexuellen heranwachsen, doch der lesbische Anteil unter ihnen wird viel höher sein als der in der Gesamtbevölkerung. Darüber hinaus berichten heterosexuelle Frauen mit CAH von mehr lesbischen sexuellen Phantasien als andere Frauen.

Die Tatsache, dass ein biologischer Faktor, wie zum Beispiel der Hormonpegel vor der Geburt, ein psychisches Phänomen wie sexuelle Phantasien beeinflussen kann, die Jahrzehnte später entstehen, ist faszinierend. Zugleich aber ist es wichtig hervorzuheben, dass die sexuelle Orientierung, wie jede andere seelische Eigenschaft, das Endprodukt soundso vieler verschiedener, teils angeborener, teils durch die Umwelt geprägter Faktoren ist, die gemeinsam und in komplizierten Interaktionen zusammenwirken. Die Feststellung, eine homo-lesbische sexuelle Orientierung sei »angeboren«, ist stark vereinfachend und daher ebenso irreführend wie der Ausspruch, »die homolesbische sexuelle Orientierung wird durch Kindheitstraumata festgelegt«. Es gibt zudem nicht wenige Fälle einer solchen Neigung ohne jeden ersichtlichen Faktor, und heute ist es anerkannt, sie auch als mögliches Ergebnis einer intakten sexuellen Entwicklung zu sehen. Einer der Wege, auf dem die Wissenschaftler versuchten, die Komplexität des Themas zu bewältigen, ist, die Homosexualität entweder als »primär« zu klassifizieren, das heißt, als Festlegung durch angeborene Faktoren, oder als »sekundär«, das heißt, der Kindheitsgeschichte, dem Leben und der Wahl des Menschen entstammend. Doch auch diese Einteilung ist natürlich simplifiziert.

Auf jeden Fall ist es angebracht, daran zu erinnern, dass sich hinter der wissenschaftlichen (und der unwissenschaftlichen) Diskussion des Themas großes Leid verbirgt. Nahezu alle jungen Menschen, die entdecken, dass ihre sexuelle Orientierung homosexuell oder lesbisch ist, leiden an Zweifeln, Scham, Stigmatisierung und häufig auch an Selbsthass. Der gesellschaftliche Druck, »wie alle« zu sein, ist eine starke, alles überrollende Walze. Es darf angenommen werden, dass das gesteigerte Auftreten von Depression, Angst und Selbstmord im Kreise der Homosexuellen überwiegend dem unvermeidlichen Zusammenstoß zwischen ihren inneren Empfindungen und der Botschaft entspringt, die ihnen die Gesellschaft übermittelt. Der Ausdruck »Gays«, den sich die homo-lesbische Gemeinde zugelegt hat, ist natürlich mehr Wunschdenken als Situationsbeschreibung.[37] Wenn es also so schwer ist, »fröhlich« zu sein, vielleicht war man dann besser straight? So dachte auch Dalia. Als ich ihr die prinzipiellen Dinge erklärt hatte, die heute über die sexuelle Orientierung und die Faktoren bekannt sind, die an ihrer Festlegung beteiligt sind, sagte sie:

– Das ist alles schön und gut. Aber ich habe keine eindeutige Aussage von Ihnen gehört, dass es ein Gesetz des Schicksals ist. Wenn es auch nur die kleinste Chance gibt, ihre sexuelle Orientierung zu ändern, weshalb versucht Chen es nicht? Warum muss sie die harte Tour wählen? Ich hatte es nicht leicht im Leben. Ich wurde nicht mit einem goldenen Löffel im Mund geboren. Alles, was ich habe, habe ich mit eigenen Händen aufgebaut. Mein ganzes Leben lang wollte ich nur eines: Dass es meine Kinder besser haben, dass sie es leichter haben würden als ich. Und da wirft Chen wieder alles weg, verlässt einen bezaubernden Mann, der sie liebt, und geht, um mit einer … egal. Warum tut sie das?

– Vielleicht fragen Sie sie.

– Cheni?

Chen schwieg einige Sekunden, und ich fürchtete, sie würde ihre Mutter gleich anschreien, doch stattdessen sagte sie mit leiser Stimme, den Blick in den Teppich gebohrt:

– Weil ich nicht mehr kann, Mama. Mir ist speiübel von der Verstellung. Ich ekle mich selbst an. Ich kann die ganze Welt betrügen, und zwar ziemlich leicht, aber ich kann mich nicht selber betrügen. Mir reicht's. Ich kann jedes Mal, wenn ich aus dem Haus gehe, eine Maske aufsetzen, das ist kein Problem. Aber bei mir daheim will ich die sein, die ich bin. Ich kann nicht mehr lügen. Weder mich selbst belügen noch dich. Ich kann einfach nicht mehr. Du bist meine Mutter, und ich will, dass du mich liebst, so wie ich wirklich bin, ich will, dass du die echte Chen liebst. Das ist alles.

– Aber ich kann nicht, Cheni.

– Ich weiß. Deshalb bist du nicht bereit, zu mir nach Hause

zu kommen, dich mit Arik zu treffen und deinen Freundinnen zu erzählen, mit wem ich zusammenlebe. Du hoffst, dass es dir am Ende gelingt, mich zu brechen. Aber du täuschst dich. Und weißt du, warum, Mama? Weil ich es schon versucht habe. Ich schwör's, dass ich es versucht habe. Die ganze Geschichte mit Oded war im Grunde mein Versuch, das zu tun, was du von mir willst. Ich wollte es dir recht machen, aber ich kann nicht. Du zwingst mich, zwischen dir und ihr zu wählen, und das macht mich kaputt. Einstweilen kann ich mich noch nicht von dir lösen, aber am Ende wird es mir gelingen. Und dann wird es uns beiden Leid tun. Wir werden es vielleicht bereuen, aber dann wird es zu spät sein.

Danach herrschte Schweigen im Raum, und in das Schweigen hinein sagte ich, dass die Zeit abgelaufen sei. Chen und Dalia standen auf, und wieder fiel mir die Ähnlichkeit zwischen ihnen auf, eine Ähnlichkeit in den Gesichtszügen und in den sicheren, langsamen Bewegungen, mit denen sie das Zimmer verließen.

***

Chen war mir nicht böse wegen des Treffens mit ihrer Mutter. Sie hatte im Voraus gewusst, was passieren würde, und war froh darüber, dass ich Gelegenheit hatte zu sehen, womit sie es aufzunehmen hat. Sie hoffe, so sagte sie, dass ich mich nun von meiner Illusion befreien könne, wenn sie sich nur ruhig und überlegt verhalte, würde sich ihre Mutter mit ihrer sexuellen Orientierung abfinden und aufhören, Druck auf sie auszuüben. Unterdessen rückte Pessach heran. Wie immer beabsichtigte Chen, den Sederabend im Haus ihrer Eltern zu feiern, das jedes Jahr die Tanten und Onkel, Nichten und Neffen von beiden Seiten anzog und das soziale Zentrum für die gesamte Familie war. Arik, die sich in permanentem Konflikt mit ihrer Familie befand, hatte die Absicht, allein zu Hause zu bleiben. Etwa eine Woche vor dem Fest, als Chen nach Haifa zu einer Terminrunde mit Leitern von Krankenhausabteilungen und mit ihren Verkaufsagentinnen im Norden fuhr und Arik lange schlief, war ein Klingeln an ihrer Wohnungstür zu vernehmen. Arik zog sich schnell etwas an und machte auf. Vor ihr stand eine Frau, die sie noch nie gesehen hatte, die sie jedoch sofort identifizieren konnte: Dalia.

– Schalom, Ariela.

– Äh … Schalom.

– Sie wissen, wer ich bin?

– Chens Mutter, und sie ist nicht zu Hause.

– Ich weiß. Deshalb bin ich gekommen. Kann ich eintreten?

Die perplexe Arik gab ihr den Weg frei, und Dalia kam herein und wandte sich der Küche zu. Dort setzte sie sich an den Esstisch und forderte Arik auf, sich ihr gegenüberzusetzen. Es herrschte Schweigen. Dalia musterte eingehend die Küche, und Arik ordnete verlegen ihre Kleider. Nach einer Weile gelang es ihr, sich zu fassen, und sie fragte:

– Weshalb sind Sie gekommen?

– Ich bin gekommen, um mit Ihnen zu reden. Hübsch hier … eure Küche ist sauber und ordentlich. Ich weiß, dass Chen chaotisch ist, das heißt, Sie sind für Ordnung und Sauberkeit zuständig. Stimmt's.

– Stimmt.

– Sehr schön. Sagen Sie, Ariela, können Sie kochen?

– Ich … ja.

– Das ist gut. Chen kann und will es auch nicht. Es ist mir nie gelungen, sie fürs Kochen zu interessieren. Normalerweise teile ich mir die Kocherei für Pessach mit meiner Schwester, aber dieses Jahr hatte sie einen Schiunfall, sie hat sich ausgerechnet die Schulter gebrochen, und ich weiß nicht, was ich machen soll. Dieses Jahr kommen außer euch beiden noch vierundzwanzig weitere Personen zum Sederabend zu uns, und ich schaffe das ganze Kochen nicht allein.

Ariks Verblüffung wuchs. Dalia lächelte sie liebenswürdig an und begann, ihr von Chen zu erzählen, von ihrer Kindheit und den Pessachfeiern der vergangenen Jahre. Sie erzählte von den Gerichten, die aufgetischt worden waren, wer was zubereitet hatte, von Verwandten, die gestorben waren, Kindern, die geboren worden und herangewachsen waren, von den Streitigkeiten zwischen Chen und ihrem kleinen Bruder bei der Suche nach dem versteckten Matzestück. Arik hatte das Gefühl, dass Dalia sie fast schon offiziell in den Schoß der Familie einführte. Als Dalia nach einer Zeit, die Arik wie eine Ewigkeit vorkam, die Wohnung verließ, hatten sie einen gemeinsamen Schlachtplan für die Vorbereitungen des Festessens, der eine Reihe telefonischer Absprachen zwischen ihnen erforderte. Eine Woche später saßen Chen und Arik an dem gedeckten, geschmückten Tisch im Haus der Familie Steinitz und lasen die Pessach-Haggada vor. Sie lasen laut, gemeinsam mit dem Rest der Familienangehörigen, die alten Zeilen in der Tradition des jüdischen Sederabends – von Sklaverei und Unterdrückung, von der Angst und ihrer Überwindung, vom Kampf um Befreiung und Freiheit.

Bis heute weiß ich nicht, was Dalia dazu veranlasste, ihre Meinung zu ändern. Chen fragte sie nicht danach, und ich denke, es war besser so. Die Folgen dieses Wandels ließen nicht auf sich warten: Chen beruhigte sich vollkommen. Die Wutanfälle verschwanden aus ihrem Leben, und sie hatte im Prinzip keine weiteren Krisen mehr. Nach einigen Wochen beschlossen wir, das Medikament behutsam abzusetzen, aus zwei Gründen. Erstens befürchtete ich, dass das Medikament einen Anteil an Chens mangelndem Interesse an Sex haben könnte. Zum Zweiten wollten wir beide sehen, ob die wesentlichen Veränderungen, die in Chens Leben eingetreten waren – allen voran die Beilegung des Konflikts zwischen Dalia und Arik und parallel dazu die Entspannung ihres eigenen inneren Konflikts in Bezug auf ihre sexuelle Orientierung –, genügten, um ihr zu helfen, sich auch ohne das Medikament zu beherrschen. Ungefähr zwei Monate nach Beendigung der Einnahme, in denen wir uns auf Grund ihrer und meiner ausgedehnten Reisen kaum sahen, kam sie wieder zu mir, setzte sich auf den Stuhl und sagte lächelnd:

– Nu, also was ist alles passiert? Fangen wir mit den schlechten Nachrichten an. Ich habe immer noch kein Interesse an Sex. Weder mit Arik noch mit irgendjemand anderem. Das stört sie, sie ist sogar beleidigt, obwohl ich ihr gesagt habe, dass sie keinen Grund dazu hat. Auch mich stört es vielleicht ein bisschen. Und die guten Nachrichten – meine Anfälle sind nicht wirklich zurückgekommen. Etwas hat sich bei mir verändert, nachdem ich mit dem Medikament aufgehört habe. Ich habe mehr Wut in mir gespürt als vorher und hatte ein paar »Beinah-Anfälle«, aber am Ende habe ich es geschafft, mich zu beherrschen, bevor ein Unglück passierte. Solange ich das Medikament einnahm, war es leichter, aber ich komme zurecht. Was noch? Mama und Arik haben ihre stürmische Liebe zueinander entdeckt. Sie telefonieren die ganze Zeit, tratschen über mich, tauschen Rezepte aus, eine echte Familienidylle. Samstags gehen wir zu den Eltern, und einmal sind wir mit ihnen und meinem Bruder und seiner Freundin übers Wochenende in den Norden raufgefahren. Und was noch viel verblüffender ist, alles ist gut gegangen. Arik und ich haben jetzt eine gute Phase, viel Liebe, Zuneigung und Kooperation. Sie hat mit den Prüfungen fürs Abitur angefangen und denkt sogar an Studieren. Auch darüber berät sie sich mit meiner Mutter.

– Ausgezeichnet. Das klingt, als ob Ihr Leben eine riesige Veränderung durchlaufen hätte.

– Stimmt. Mein Leben ist gut geworden.

– Was Sie und mich zu der Frage bringt: Was machen wir nun?

Und wirklich, was sollten wir jetzt tun? Chens Behandlung hatte gefruchtet. Ihre Beziehungen mit den beiden wichtigsten Frauen in ihrem Leben hatten sich verbessert, und die innere Spannung wegen ihrer sexuellen Orientierung hatte sich etwas gelegt. Sowohl sie als auch ich hatten allen Grund, stolz und zufrieden zu sein. Vielleicht konnte man hier aufhören? Das war eine Möglichkeit. Oder hatte es einen Sinn weiterzumachen? Das kam darauf an. Psychotherapie ist etwas Merkwürdiges – der Horizont erweitert sich, je weiter man kommt. Die Erwartung, dass »alle Probleme gelöst sind«, wenn die Behandlung endet, ist bestenfalls ein Wunschtraum. Wichtiger ist, dass man im Laufe einer Psychotherapie häufig neue Ziele entdeckt. In dieser Hinsicht unterscheiden sich die Psychotherapie und die Psychopharmakologie von anderen ärztlichen Behandlungen, die normalerweise zum Ziel haben, den Menschen wieder gesund zu machen – das heißt, ihn in den Zustand zurückzuversetzen, in dem er sich vor seiner Erkrankung befand. Psychotherapie ist häufig ambitionierter. Sie ist darauf ausgerichtet, den Menschen in einen Zustand zu bringen, in dem er noch nie war. Dies geschieht durch den Versuch, mit Hilfe von Worten und/oder Medikamenten Hindernisse zu beseitigen, die ihn in seinem Leben aufhalten. Wenn das die Philosophie ist, die hinter der Psychotherapie steht, erhebt sich im Laufe jeder Behandlung zwangsweise die Frage: Sind wir am Ziel angelangt? Das zu entscheiden ist Aufgabe des Patienten, und der Therapeut hat dabei nur beratende Funktion. Bevor ich also meinen Rat erteilte, bat ich Chen um ihre Meinung.

– Was wir jetzt machen… ich habe nicht das Gefühl, dass ich in dieser Therapie alles bekommen habe, was ich wollte. Ich bin zu Ihnen gekommen, damit es leichter für mich wird zu lieben, und meine Liebe hat sich wirklich gebessert. Doch mit dem Essen kommt der Appetit. Jetzt möchte ich mehr mit meinem Körper und meiner Sexualität verbunden sein. Arik und ich leben wie zwei gute Freundinnen zusammen, nicht wie ein Liebespaar. Und das kommt nicht daher, weil ich von Männern angezogen wäre. Das Problem ist, dass ich mich überhaupt nie angezogen fühle. Ich habe das Gefühl, ich bin so weit, diese Sache anzugehen, aber ich weiß nicht, wie.

– Ich weiß es auch nicht wirklich, aber ich habe eine Idee. Ich denke, dass Ihre Probleme mit Ihrem Körper und Ihrer Sexualität mit dem Jahr zusammenhängen, in dem sie ein Freudenmädchen waren, und zu diesem Jahr würden wir bei einer Fortsetzung der Therapie zurückkehren müssen.

– Ich weiß auch, dass mir dieses Jahr viel Schlechtes eingebracht hat. Es kommt mir wenigstens so vor, aber was kann man da tun? Schließlich kann man die Vergangenheit nicht zurückholen und sie reparieren, und es gibt auch vieles, an das ich mich schlicht nicht erinnere. Dieses ganze Jahr ist ein bisschen verschwommen in meinem Kopf. Das sind Dinge, an die ich nicht gerne denke oder mich daran erinnere. Vielleicht können Sie mir Übungen oder so was Ähnliches geben, um mir zu helfen, eine Beziehung zu meinem Körper herzustellen?

Die Frage, wie Situationen wie die Chens zu behandeln sind, ist noch lange nicht gelöst. Auch wenn klar ist, dass Traumata der Vergangenheit der Grund für die gegenwärtige psychische Lage sind – und wie kann man dessen sicher sein? –, bleibt die entscheidende Frage, welche Therapie helfen könnte. Das klassische Modell, das Freud zu Beginn seines Weges vorschlug, war *Abreaktion und Katharsis*. Er wollte seinen Patienten helfen, sich an ein verdrängtes traumatisches Ereignis zu erinnern, ein Erinnerungsprozess, der von einem läuternden emotionalen Erlebnis begleitet würde, auf Grund dessen der Patient gesunde. Dieses Modell, das in einem Teil der Fälle eine gewisse Effektivität und beträchtliche Verbesserung gegenüber den restlichen Therapien aufwies, die zu jener Zeit verbreitet waren, gilt heute als übermäßig optimistisch. Auch

Freud sagte sich in seiner späteren Laufbahn davon los. Aber Hollywood liebt dieses Modell ungemein und setzt es in vielen seiner Filme ein, die sich um psychische Probleme und ihre Heilung drehen. Dort kehrt das immer gleiche Motiv wieder: Dem Therapeuten, der selbst aufgewühlt ist, gelingt es am Ende, dem Patienten zu helfen, sich an das Verdrängte zu erinnern. Der Patient bricht in befreiendes Weinen aus, wischt sich die Tränen ab – und geht mit neuen Kräften ins Leben hinaus.

So ist es im Kino. Die Realität liefert jedoch Belege dafür, dass die Erinnerung an vergangene Schrecken nicht immer von Nutzen ist und sogar schaden kann. So ist zum Beispiel im Gegensatz zu dem, was wir in der Vergangenheit dachten, heute bekannt, dass ein *Debriefing* auf den Spuren eines Traumas – das heißt, ein ausführliches Besprechen der Erinnerungen an das Geschehene und die erlebten Gefühle unter Anleitung – die Verfassung mancher Betroffener auch verschlimmern kann statt sie zu erleichtern. Bezeugt ist auch, dass Überlebende aus Vernichtungslagern, die das, was sie durchgemacht haben, erfolgreich verdrängten, besser funktionieren und von weniger Seelennot berichten als jene, die sich an alles erinnern. Es stellt sich zunehmend heraus, dass es keine Lösung gibt, die für alle gut ist, die an den Folgen psychischer Traumata leiden, und es gilt, jeden Fall eigens abzuwägen. Demgegenüber gibt es Situationen, in denen es allem Anschein nach keinen anderen Ausweg gibt, als wieder und wieder, auf unterschiedlichen Wegen, in die Vergangenheit zurückzukehren, um stufenweise den Weg zurück in ein Leben zu finden, in dem Liebe möglich ist. Ich vermutete, dass es in Chens Fall so war, und die Tatsache, dass sich ihr Leben in den letzten Monaten stabilisiert hatte und ihre Beziehung mit mir sicher geworden war, gab mir das Gefühl, dass die Zeit reif war. Daher sagte ich zu ihr:

– Eine Arbeit mit dem Körper kann Ihnen helfen, einen Bezug zu Körperlichkeit und vielleicht auch zu Ihrer eigenen Sexualität herzustellen. Das Problem ist, dass ich kein Experte in solchen Methoden bin, und die Art, in der wir arbeiten, ist dafür nicht geeignet. Es gibt andere Therapeuten, die mit diesen Methoden arbeiten, mit Hilfe von Bewegung und Tanz oder mittels Massage. Ich möchte Ihnen auch die Telefonnummer einer Bewegungstherapeutin geben, von der ich denke, dass sie gut ist.

– Meinen Sie das anstelle oder zusätzlich zu dem, was wir machen werden?

– Zusätzlich. Der Körper kann ein wunderbares Tor zu Orten sein, die sonst unzugänglich sind. Es gibt viele Dinge jenseits von Worten, und wir werden sie hier nicht erreichen können.

– Und was ist mit Hypnose?

– Auch Hypnose kann manchmal helfen, aber sie ist kein Wunderheilmittel. Außerdem, ich bin kein guter Hypnotiseur, obwohl ich einmal einen Kurs gemacht habe. Jedenfalls empfehle ich momentan keine Hypnose. Ich möchte mit Ihnen auf eine andere, einfachere Art arbeiten. Nur falls wir »stecken bleiben« sollten, würde ich vielleicht eine Hypnose bei einem autorisierten Hypnotiseur empfehlen.

– Was schlagen Sie denn vor?

– Ich schlage vor, dass Sie anfangen, mir zu erzählen, was Ihnen in jenem Jahr, an das Sie sich nicht genau erinnern und an das Sie nicht denken möchten, passiert ist.

– Ich weiß nicht, an welchem Punkt ich anfangen soll.

– Vielleicht beginnen Sie an dem Punkt, an dem Sie beschlossen haben, als Animiermädchen zu arbeiten.

Chen blickte mich ernst an. Es lag etwas Neues in ihrem Blick, eine Art Vorsicht, die ich vorher bei ihr nicht wahrgenommen hatte. Das Gefühl der Sicherheit und des Vertrauens, das von

Anfang an zwischen uns geherrscht und es uns ermöglicht hatte, an die Stelle zu gelangen, an der wir jetzt waren, schwand plötzlich, was uns beiden auffiel. Sie fing an, über etwas anderes zu reden, spürte jedoch einen Augenblick darauf, dass sie nur sprach, um nicht zu schweigen, und verstummte. Ich fragte:

– Was ist passiert?

– Ich weiß nicht … mir ist plötzlich unwohl.

– Mir scheint, dass Ihnen mit mir nicht wohl ist.

– Stimmt.

– Haben Sie eine Ahnung, weshalb?

– Ich erinnere mich an meinen ersten Tag. Zumindest an einen Teil davon. Aber plötzlich fühle ich mich nicht wohl dabei, Ihnen das zu erzählen. Schließlich sind Sie ein Mann, und das ist eine Geschichte über Männer und das, was sie mir angetan haben, was ich zuließ, dass sie mir antaten. Und Sie … ich weiß eigentlich überhaupt nichts über Sie.

– Mir scheint, dass sie etwas ganz Bestimmtes wissen möchten.

– Was meinen Sie damit?

– Dass Sie wissen möchten, ob ich jemals zu einem Animiermädchen gegangen bin.

– Stimmt.

– Was glauben Sie?

– Ich glaube nicht, aber ich bin nicht sicher. Woher soll man das wissen? Sie machen sich keine Vorstellung, welche Leute in diesem Lande zu Animiermädchen gehen oder sie zu sich nach Hause bestellen. Auf jeden Fall würden Sie es ja doch nicht zugeben, auch wenn es stimmte.

– Das heißt, auch wenn ich Ihnen sagte, dass ich es nie getan habe, würde das nicht genügen.

– Nein. Auch wenn Sie mir jetzt schwören würden, dass Sie nie bei einem Animiermädchen waren, würde ich Ihnen nicht hundertprozentig glauben.

– Bisher haben Sie mir in vielen wichtigen und intimen Dingen vertraut. Mir scheint, dass es jetzt, wo wir uns den Dingen nähern, die für Sie am schmerzhaftesten sind, schwieriger wird.

– Stimmt. Was schlagen Sie vor?

– Ich habe keine Lösungen. Ihr mangelndes Vertrauen war zu erwarten und ist logisch. Wie Sie verstehen, kann ich nichts dazu tun oder nicht tun, damit Sie mir glauben. Sie wollten in eine Behandlung beim »Feind« kommen, und hier haben Sie ihn nun endlich gefunden. Daher schlage ich vor, dass wir uns beide Ihren Vertrauensmangel näher ansehen und die Gründe dafür zu verstehen versuchen. Was Sie mit Ihnen zu tun haben und was mit mir.

– Und wie soll das alles helfen?

– Wenn wir zu verstehen versuchen, werden die Gefühle in Bezug auf das, was Sie als Freudenmädchen durchgemacht haben, aufsteigen. Aber sie werden hier, zwischen uns, herauskommen. Auch ich werde emotional auf sie reagieren, so wie ich jetzt reagiere. Vielleicht gelingt es uns dabei, etwas zu reparieren, das vor langer Zeit bei Ihnen zerbrochen ist. Dass Sie mir glauben und dass Sie an mich glauben ist nicht nur eine Bedingung für die Fortsetzung der Therapie – das ist die Therapie selbst.

Die Prostitution ist einer der schändlichsten Punkte in den Beziehungen zwischen Männern und Frauen. Psychologische, gesellschaftliche und wirtschaftliche Faktoren üben schon seit Tausenden von Jahren ihren Einfluss auf »das älteste Gewerbe der Welt« aus und deformieren die Seelen aller, die damit zu tun haben. Allein der Gebrauch des Wortes »Prostituierte« ist in unserer Gesellschaft belastet und erniedrigend, genau wie zu Freuds Zeiten und schon lange davor. Mir war aufgefallen, dass Chen sich »Animiermädchen« nannte, obwohl das meiste, das sie in jenem Jahr tat, schlichte Prostitution war. Doch ich korrigierte den Begriff, den sie benutzte, nicht. Ich erinnerte mich wieder an den schönen Rat, »Richte nicht deinen Nächsten, bevor du an seiner Stelle bist« (Pirkei avot 2,4). Ich war nicht an Chens Stelle, und ich würde es nie sein können. Dennoch haben sich Frauen zu allen Zeiten in den verschiedensten Kulturen prostituiert. Auch Männer taten dies und tun es noch, doch sind ihre Kunden fast ausnahmslos ebenso Männer. Was ist Prostitution, was bringt Frauen dazu, sie zu betreiben, und Männer, sie in Anspruch zu nehmen, und was ist der Zusammenhang zwischen ihr und Liebe?

Die Anthropologin Helen Fisher hat gezeigt, dass Prostitution nicht nur bei Menschen und Affen, sondern auch bei Kriechtieren und sogar Insekten vorkommt. Sie beschreibt, wie bei vielen Tierarten das Weibchen das Männchen zur Paarung gegen Nahrung verlockt. Dies scheint jedoch eine zu weite Auslegung des Begriffs zu sein, denn in der menschlichen Gesellschaft handelt es sich nicht nur um Nahrung, sondern auch um Machtverhältnisse, Heuchelei und Doppelmoral. Wie hat alles begonnen? Eines der angebotenen Szenarien hängt mit dem Phänomen der Kernfamilie (Mutter, Vater und Kinder) in der menschlichen Gesellschaft zusammen. Dieser Theorie nach lebten die Affengesellschaften, von denen wir abstammen, zu Anfang in den afrikanischen Regenwäldern, wo es Nahrung im Überfluss gab. Unter diesen Bedingungen konnte die Mehrheit der Weibchen für sich selbst sorgen und auch Nahrung für ihre Jungen heranschaffen, ohne enge persönliche Hilfe zu benötigen. Klimaveränderungen und anderes zwangen einen Teil dieser Affengesellschaften dazu, allmählich von den Bäumen herunterzukommen und sich an ein Leben auf dem Boden anzupassen. Mit dem Übergang unserer Urahnen zum aufrechten Gang in den offenen Weiten der Savannen Afrikas ergab sich eine fundamentale Verschlechterung ihrer Umweltbedingungen: Die Nahrungsbeschaffung wurde schwieriger und die Aufzucht der Kinder zu einer komplizierten Aufgabe, die das Weibchen nicht mehr ohne Unterstützung bewältigen konnte. So entstand offenbar die Familie, als eine Regelung, von der beide Seiten profitierten: Das Männchen hatte ein Weibchen, das bereit war, regelmäßig Geschlechtsverkehr mit ihm zu haben und seine Nachkommen aufzuziehen, und das Weibchen hatte jemanden, der für es und seine Kinder sorgte und ihm bei dieser schweren, langen Aufgabe half. Zu Anfang war es ein gleichberechtigtes Geschäft, doch wie wir im achten Kapitel sehen werden, veränderten sich mit dem Übergang der menschlichen Gesellschaften zum Ackerbau die Machtverhältnisse zwischen den Geschlechtern. Die Männer widmeten sich der Nahrungsbeschaffung auf den Feldern und Märkten, und die Frauen wurden, nicht zu ihrem Vorteil, fast völlig von ihren Männern abhängig.

Laut Fisher und anderen Anthropologen hatten die Männer in den frühen Ackerbaugesellschaften, aus denen sich alle heute existierenden Kulturen entwickelten, einen »sexuellen Pfad«, die Frauen dagegen zwei. Der männliche Weg war einfach: Ehe mit einer Frau oder mehreren und gelegentliche sexuelle Beziehungen mit anderen Frauen. Der »erste« weibliche Weg war der der züchtigen Hausfrau. Sie hatte nur mit ihrem Mann Verkehr oder sollte es zumindest haben. »Pfad B« war der der Konkubinen, Tempelhuren und Prostituierten. Dies waren freie Frauen, attraktiv und erfahren, die viele Partner hatten, die ihre Gunst mit Geld oder Geldwert erkauften. Doch weshalb waren die meisten Männer an sexuellen Gelegenheitsbeziehungen interessiert, und warum waren viele Frauen (wenn auch nicht alle) bereit, ihren Männern treu zu sein?

Über dieser Frage schwebt der Schatten des Sozialdarwinismus, eine Ansammlung von Thesen und Beweisführungen, die wir im siebten Kapitel noch eingehend behandeln werden. Die große Gefahr des Sozialdarwinismus besteht darin, einer ungerechten sozialen Wirklichkeit eine »biologische Rechtfertigung« zu verleihen. Dieser Argumentation zufolge liegt der Ursprung des Unterschieds im Imperativ der Evolution, der für jede lebende Kreatur gilt, Nachkommen auf der Erde zu hinterlassen, die ihr genetisches Material weitertragen. Nachdem alle Säuglinge hilflos geboren werden, müssen ihre Mütter lange Jahre für sie sorgen, damit sie überleben. Daher »lohnt« es sich vom evolutionären Standpunkt aus für weibliche Wesen, sich der hingebungsvollen Pflege der kleinen Anzahl von Nachkommen zu widmen, die das Erwachsenenalter erreichen werden. Demgegenüber erfordert es vom männlichen Wesen nur eine passende Gelegenheit und ein paar relativ angenehme Minuten, um ein Kind zu zeugen. Deshalb ist es für den Mann wiederum »lohnend«, seinen Samen in der Welt zu verbreiten und Vater vieler Kinder zu sein. Mit anderen Worten: Die weibliche Eizelle ist »teuer«, während der männliche Samen »billig« und im Überfluss vorhanden ist. Von daher leiten sich, dieser Theorie nach, auch die verschiedenen sexuellen Strategien ab: Das männliche Wesen wird mit einer großen Anzahl von Frauen Geschlechtsverkehr haben wollen, während das weibliche Wesen versucht, sich die Treue eines einzigen Mannes zu bewahren, der ihm hilft, die Kinder aufzuziehen. Die Prostitution erwächst, laut dieser Argumentation, aus der Kluft zwischen der »normalen« männlichen und weiblichen Strategie und ist eine legitime weibliche Alternative.

Allerdings ist die Wirklichkeit um vieles verwickelter und grausamer als diese vereinfachende Theorie. Israel ist ein bedeutender Konsument auf dem Weltmarkt des Frauenhandels, der erbarmungslosen kommerziellen Ausbeutung des weiblichen Körpers. Viele Mädchen landen mangels Alternative, unter Druck oder aus Naivität in der Prostitution, häufig infolge von Vergewaltigung oder anhaltendem sexuellem Missbrauch in ihrer Kindheit, und von dort aus ist der Weg zurück sehr schwierig. Die Prostitution verlangt den Frauen, die sie betreiben, einen harten Preis in jeder Hinsicht ab. Auch ohne Misshandlung und Geschlechtskrankheiten hinterlässt die Prostitution bei ihnen – wie bei Chen – psychische Narben, die schwer zu heilen sind. Darüber hinaus kommt in dem Verhalten von Männern einer Frau gegenüber, die gehurt hat (das heißt, die sexuelle Beziehungen mit einem Mann unterhalten hat, der nicht ihr gesetzlicher Ehemann ist), ein doppelbödiger moralischer Standard zum Ausdruck, der bis heute in den meisten Gesellschaften auf der Welt weit verbreitet ist. Diese Doppelmoral erreicht ihren Höhepunkt, wie wir im siebten Kapitel sehen werden, in der Sitte, Frauen um der Familienehre willen zu ermorden.

Auch in Gesellschaften, die ihre Frauen nicht aus Gründen der Familienehre ermorden, existiert ein doppelter Standard bei diesem Thema. So zeigt sich die traditionelle jüdische Gesellschaft zum Beispiel duldend, wenn auch nicht verzeihend in ihrer Haltung gegenüber einem Mann, der Geschlechtsverkehr mit einer Frau betreibt, die nicht die seine ist. Diese Einstellung drückt sich in der Regel aus, »frag nichts, erzähl nichts«, der wir bereits bei dem Verhältnis vieler Gesellschaften zur Homosexualität begegneten. Jedoch ist die offizielle Haltung der konservativen jüdischen Gesellschaft gegenüber einer Frau, die eine außereheliche sexuelle Affäre hat, keineswegs von einer ähnlich pragmatischen Einstellung gekennzeichnet.

Ich sagte zu Chen, dass das Verhältnis zwischen uns ein Ausgangspunkt sein könnte, um in abgestufter Form einen Teil dessen zu erleben, was ihr in jenem Jahr widerfahren war und sie bis heute verfolgte. Sie dachte darüber nach, und bei unserem nächsten Treffen begann sie zögernd die Ereignisse jenes Tages zu beschreiben, an dem sie zum ersten Mal die rote Linie überschritt, die die meisten Menschen nie übertreten werden:

– Es passierte, als ich siebzehn war, nachdem ich zum x-ten Mal von Zuhause davongerannt war und meine Eltern es aufgegeben hatten, mich zurückzuholen. Ich wohnte damals mit Jossi in Tel Aviv, in einer Mietwohnung neben dem zentralen Busbahnhof. Er zog in der Früh immer los, um Arbeit zu suchen, aber er hatte kein Glück. Anscheinend versuchte er es auch nicht übermäßig. Bis Mittag war er fast immer schon bekifft und saß mit seinen Freunden im Café. Auf alle Fälle hatten wir kaum mehr Geld. Eines Morgens, nachdem er weg war, saß ich in der Wohnung und las Zeitung. Ich kam zu der Seite mit diesen Anzeigen von Amüsier- und Massageklubs, und plötzlich kam mir die Idee, dass ich das auch machen könnte, und merkte, dass ich gar keine Angst davor hatte. Ich saß ein paar Minuten still da und dachte nach. Ich sah wie ein braves Jerusalemer Mädchen aus, also fing ich an zu grübeln, wie eine Prostituierte aussah. Ich nahm das bisschen Geld, das uns übrig geblieben war, ging zum Friseur und ließ mir die Haare blond färben. Dann ging ich wieder nach Hause und schminkte mich übertrieben, so wie ich es noch nie gemacht hatte. Jetzt fällt mir plötzlich auch ein, was ich damals angezogen habe: einen roten Minirock, ein enges T-Shirt und die einzigen Stöckelschuhe, die ich hatte. Ich wollte anfangen, die Nummern der Anzeigen durchzutelefonieren, um zu fragen, ob sie jemand bräuchten. Schon beim ersten Anruf sagten sie zu mir, dass ich vorbeikommen solle. Die Stimme am Telefon war die einer Frau, was mich etwas beruhigte. Sie fragte mich, ob ich über achtzehn sei. Ich sagte ja, und sie gab mir die Adresse. Es war einfach bloß eine Wohnung im dritten Stock im Stadtzentrum. Ich rief noch bei mehreren Nummern von den Anzeigen an, aber da antworteten mir Männer. Das schreckte mich ab, also ging ich am Schluss zu der ersten Adresse. Ich klingelte an der Tür und wartete, dass mir aufgemacht würde. Ein Auge spähte durch den Spion, und die Tür öffnete sich.

– Und was haben Sie gefühlt, als Sie dort im Treppenhaus standen und warteten?

– Gar nichts. Eine von den beiden Frauen, die dort wohnten, machte mir auf, es war ein Lesbenpaar, das die Wohnung betrieb, und alles in allem waren sie ganz nett zu mir. Sie zeigten mir das Zimmer, das meines sein sollte, erklärten mir, was ich sagen und tun solle, was die Männer mit mir machen dürften und was nicht. Danach sagten sie, dass beim nächsten Mal, wenn es an der Tür klingele, ich aufmachen solle, nachdem ich durch den Spion geschaut und gesehen hätte, dass es keine Polizei oder mehrere Leute auf einmal seien. Ich wartete ein paar Minuten, unterhielt mich inzwischen mit ihnen, und dann klingelte es. Es war ein Soldat, ein großer, dünner Junge mit einer Menge Pickel im Gesicht. Ich sagte zu ihm, dass es zweihundert Schekel koste, Vorauskasse, und schickte ihn in den Salon, um bei den beiden zu zahlen. Danach gab ich ihm ein Handtuch, zeigte ihm, wo die Dusche und wo das Zimmer war und sagte zu ihm, er solle ins Zimmer kommen, wenn er mit dem Duschen fertig sei. Er kam, nur in das Handtuch gewickelt, herein und ließ es fallen. Ich bekam Angst, dass es nun so weit war, aber er breitete das Handtuch auf dem Boden aus, setze sich darauf und sagte, er wolle nur, dass ich mich aufs Bett setze und ihn mit meinen Beinen spielen ließe. Ich sagte ihm, dass es bei mir das erste Mal sei, aber das schien ihm egal zu sein. Er war sehr aufgeregt, vielleicht sogar mehr als ich. Ich saß einfach da und er vor mir auf dem Boden. Er berührte mich ein bisschen hier und dort, kam ganz schnell, zog sich an und ging. Ich musste nicht einmal die Unterhose ausziehen. Ich ging hinaus und erzählte ihnen, was los war, und sie sagten, ich hätte Glück gehabt, dass es einer von der leichten Sorte gewesen war, von denen es gar nicht so wenige gebe, und dass hoffentlich alle meine Klienten heute so sein würden. Nach einiger Zeit klingelte es wieder an der Tür. Es war ein älterer Mann, vielleicht um die fünfzig, so ein Dicker mit einem Haufen Haare am ganzen Körper. Ich fing an, ihm zu sagen, was er tun sollte, aber er sagte, er wisse es schon, und ging zahlen. Nachdem er geduscht hatte, kam er ins Zimmer, nahm das Handtuch ab, betrachtete mich und sagte: »Nu, du bist ja noch nicht ausgezogen.« Ich sagte ihm, dass es das erste Mal für mich sei, aber er sagte nur: »Na gut, jetzt steig schon ins Bett.« Ich zog mich aus, ohne ihn anzusehen, und gab ihm das Kondom. Er sagte zu mir, ich solle es ihm überziehen. Ich wusste nicht, ob ich das tun musste oder nicht. Außerdem wusste ich damals auch nicht, wie man ein Kondom überzieht. Ich hatte das noch nie gemacht. Ich versuchte und versuchte es, bis es mir endlich gelang, und er griff nach mir, hob mich einfach wie ein Spielzeug hoch und setzte mich auf sich drauf. Er leckte mir das Gesicht und den Hals ab, aber die Frauen hatten mir gesagt, dass mich die Männer nicht auf den Mund küssen durften. Ich wandte den Kopf zur Seite, und dann drehte er mich um, legte sich zwischen meine Beine und drang in mich ein. Im ersten Moment tat es weh, aber dann war es wie beim Zahnarzt nach der Spritze, und ich spürte gar nichts mehr. Ich erinnere mich, dass er ein Goldkettchen mit seinem Namen um den Hals trug. Er machte eine Menge Lärm, daran kann ich mich erinnern, er stöhnte und schnaufte, und es war ihm egal, dass man ihn draußen hörte. Es dauerte ziemlich lang bei ihm, aber dann kam er endlich, zog sich an und verließ das Zimmer, ohne mich anzusehen. Ich blieb auf dem Bett liegen und rührte mich nicht.

– Und wie haben Sie sich in diesem Augenblick gefühlt?

– So wie ich mich jetzt fühle: Als ob ich alles, was dort passierte, wie neben mir sähe, als ob ich nicht wirklich da sei, sondern nur zusehe, wie das alles passiert.

– Und was haben Sie noch gefühlt?

– Vielleicht auch Scham. Ich bin nicht sicher. Auf jeden Fall hatte ich genug. Ich ging in den Salon und sagte ihnen, dass es mir für heute reichte, und sie gaben mir dreihundert Schekel … Moment, das kann eigentlich nicht sein. Normalerweise hat der Betreiber der Wohnung die Hälfte für sich behalten, und ich erinnere mich nicht, dass ich an dem Tag noch jemanden gehabt hätte … aber anscheinend haben sie mir trotzdem dreihundert Schekel gegeben. Ich bin mir nicht sicher. Vielleicht hatten sie Mitleid mit mir. Ich dachte, Jossi würde sich freuen, und ging ihn in dem Café suchen, in dem er immer saß. Ich fand ihn dort, setzte mich neben ihn und sagte: »Schau mal, Jossi, wir haben Geld.« Er fragte: »Wieso hast du dir die Haare gefärbt? Und woher hast du das Geld?« Ich antwortete: »Woher meinst du, dass ich es haben könnte?« Worauf er sagte: »Chen, sag mir, dass es nicht stimmt, was ich denke.« Ich sagte zu ihm, dass es schon stimmte, und da kippte er mir einfach den Tisch entgegen. Es war so ein runder weißer Plastiktisch, nicht besonders schwer. Alles auf dem Tisch wurde ausgeschüttet und zerbrach, und dann stand er auf und ging, ohne mich anzusehen, und ab da wollte er nicht mehr mit mir zusammen sein. Ich versuchte noch, ihn zu überreden, aber er sagte, er könne nicht aufhören, daran zu denken, was ich getan hatte. Er machte sich aus dem Staub, und ich blieb allein in der Wohnung. Ich wollte nicht zu meinen Eltern zurück, und ich musste Miete zahlen und irgendwie leben … ich weinte zwei Tage lang, und am dritten Tag ging ich wieder zu dieser Wohnung zurück.

Chen verstummte, und auch ich schwieg. Wir waren beide ein wenig betäubt von dem, was in den letzten Minuten gesagt worden war. Chens Erinnerungen hatten jene scharfe, unmittelbare Qualität, die Erinnerungen eigen sind, die lange Zeit in einer Schachtel verpackt sind, ohne Abnutzung und Verschleiß ausgesetzt zu sein.[38] Und da war noch etwas: Diese Worte wurden nicht von einer siebenundzwanzigjährigen, hochrangigen und erfahrenen Verkaufsleiterin ausgesprochen, sondern von einer verwirrten und verzweifelten Siebzehnjährigen, die sich allein auf der Welt fühlte und gezwungen war, einen Schwall von Gefühlen in sich zu ersticken. Ich teilte Chen meinen Eindruck mit, worauf sie sagte, das sei auch ihr Gefühl. Danach sprachen wir ein bisschen über ihr Leben als Animiermädchen, und Chen bemerkte:

– Wissen Sie, vielleicht gibt es eigentlich gar keinen so großen Unterschied zwischen mir und Ihnen.

– Was meinen Sie damit?

Doch ich glaubte zu wissen, was sie meinte. Seitdem wir über ihr Leben als Animiermädchen zu sprechen begonnen hatten, konnte ich nicht umhin, über gewisse ähnliche Züge zwischen dem Leben eines Therapeuten und dem einer Prostituierten nachzudenken. Es war nicht angenehm, so viel stand fest, aber unvermeidlich. Der Vergleich wollte mir nicht aus dem Kopf gehen. Chen dachte an ähnliche Dinge:

– Wissen Sie, vielleicht sind auch Sie im Grunde so eine Art Animiermädchen. Das heißt, auch Sie verkaufen Ihre Zeit für Geld. Jeder kann zu Ihnen kommen und mit Ihnen reden, und Sie sind verpflichtet, still dazusitzen, dürfen nicht schreien, sich nicht ekeln und nicht davonlaufen. Wollen Sie, dass ich fortfahre?

– Chen, wenn ich eine Art Animiermädchen bin, dann sind Sie ein viel vorsichtigerer, netterer und rücksichtsvollerer Kunde als diejenigen, die Sie hatten.

– Weil ich eine Frau bin?

– Vielleicht auch. Aber das habe ich nicht gemeint. Ich sagte, dass Sie rücksichtsvoller sind, weil Sie mich gefragt haben, ob Sie damit fortfahren dürfen, Dinge zu sagen, die mich vielleicht beleidigen könnten. Wer von Ihren Kunden hat Sie je gefragt, ob er weitermachen darf?

– Gut. Auch ein Therapeut wie Sie hat, wie ein Animiermädchen, viele Kunden. Auch sie lieben es nicht, dabei gesehen zu werden, wie sie zu Ihnen kommen, und sie wechseln sich schnell ab. Einer geht, und einer kommt. Der Stuhl und das Sofa sind noch warm vom Körper des Vorgängers, und Sie haben nicht einmal Zeit, sich zwischendurch zu duschen. Keiner von ihnen möchte an die anderen denken, die vor ihm und nach ihm zu Ihnen kommen, die anderen, die Sie bezahlen, um genau wie sie Ihre Gunst zu erhalten. Auch zu Ihnen kommen Leute, die Liebe im Leben brauchen und keine kriegen. Alle schütten ihr Herz bei Ihnen aus und hätten so gerne, dass Sie sie lieben, und nur sie. Und Sie? Sie geben jedem das Gefühl, dass Sie für ihn da sind und dass er Ihnen furchtbar wichtig ist. Sie sind verpflichtet, nett zu Ihren Kunden zu sein. Das ist Ihre Arbeit, aber Ihr Herz ist nicht dabei.

Chen machte das, was viele Patienten tun, wenn der Moment kommt, ihrem Therapeuten unangenehme Dinge über das zu sagen, was im Raum steht: Sie machte aus einer persönlichen Angelegenheit eine generelle. Statt deutlich über ihre Empfindungen mir gegenüber zu reden, sprach sie verallgemeinernd davon, was meine Patienten fühlten. Daher brachte ich das Gespräch an die Stelle zurück, an die es, wie ich dachte, gehörte – die Distanz zwischen ihr und mir.

– Woher wissen Sie, dass mein Herz nicht bei der Sache ist?

– Weil ich Ihnen ekelhafte Sachen von mir selbst erzählt habe. Weil ich Ihnen widerliche Dinge über Sie, Ihre Arbeit und Ihr Verhalten mir gegenüber erzähle. Weil ich widerwärtig bin.

– Sie widern mich nicht an. Nicht das kleinste bisschen.

– Ich würde Ihnen gerne glauben, aber wie kann ich sicher sein?

– Das ist es, Chen. Sie können es nicht. Aber es ist die Wahrheit. Nichts zu machen. Erinnern Sie sich, dass das lesbische Pärchen in der Wohnung zu Ihnen sagte, dass Sie sich von den Kunden nicht auf den Mund küssen lassen müssen? Mir scheint, ich muss auch nicht. Vergessen Sie nicht, wie unsere Bekanntschaft begonnen hat. Sie klopften nicht einfach an meine Tür und kamen zu einem flüchtigen, anonymen Geschlechtsakt herein. Wir haben uns gegenseitig ausgewählt, jeder auf seine Weise. Das ist es, was das Verhältnis zwischen Patient und Therapeut charakterisiert. Die Beziehungen zwischen uns sind nicht von der Art »rein – raus«. Ich denke, auch das ist klar. Unsere Beziehungen entwickeln und vertiefen sich langsam, wie stets zwischen zwei Menschen, die übereingekommen sind, sich immer wieder zu treffen und aufrichtig miteinander zu reden.

– Aber Sie erzählen mir fast nichts von sich.

– Stimmt, aber ich belüge Sie auch nicht. Und ich sage Ihnen durchaus häufig, was ich fühle. Außerdem, Sie haben das Buch gelesen, das ich geschrieben habe, und wissen eine Menge über mich. Trotzdem ist vielleicht partiell etwas Wahres an den Dingen, die Sie über den Vergleich zwischen Therapie und Prostitution sagten. Ich habe mich etwas unwohl gefühlt, als Sie das sagten, was ein Zeichen dafür ist, dass offenbar etwas dran ist. Aber mir scheint, Sie wissen, dass ich mir etwas aus Ihnen mache, sonst würden Sie mir all das, was Sie mir heute erzählt haben, nicht gesagt haben.

– Vielleicht ist es eher richtig zu sagen, dass Ihre Arbeit etwas Prostituierendes hat. Aber letztendlich sind Sie keine Prostituierte. Ich habe diese Geschichte von meinem ersten Tag im Gewerbe noch niemandem erzählt, eigentlich nicht mal mir selbst. Mir ist der zweite Mann, der dicke, erst eingefallen, während ich Ihnen von dem Soldaten mit den Pickeln erzählt habe. Vorher habe ich mich nicht an ihn erinnert.

– Das überrascht mich nicht, Chen. All diese Erinnerungen sind bei Ihnen weggepackt. Wir werden langsam und ausdauernd daran arbeiten müssen, ohne dabei aus den Augen zu lassen, was auf der einen Seite in Ihrem Leben passiert und auf der anderen, was in diesem Raum geschieht.

– Was meinen Sie damit?

– Wenn Sie mir hier Ihre Geschichte erzählen, sollten wir auch das, was zwischen uns vorgeht, verstehen. Gleichzeitig müssen wir darauf achten, dass das, was in Ihrem Leben und unserem Verhältnis geschieht, weder außer Kontrolle gerät noch zur Lüge wird.

– Und am Schluss werde ich den Sex genießen können? Am Ende werde ich eine Liebe haben, die bleibt?

– Es wird nicht einfach sein, aber ich hoffe schon.

***

Chens Behandlung befand sich, während ich diese Zeilen schrieb, auf ihrem Höhepunkt – oder vielleicht noch an seinem Anfang. Das ist ein wichtiges Detail, da meine Behandlungsart während der geschilderten Periode nicht die widerspiegelt, in der – so hoffe ich – Chens zukünftige Therapie ablaufen wird. Das Drei-Stufen-Programm von Judith Lewis Herman diente mir als Wegweiser bei der Arbeit mit ihr. Wie wir gesehen haben, ist es ein Modell für die psychoanalytische Behandlung von Menschen, die an einem anhaltenden Trauma aus ihrer Vergangenheit leiden. Die erste Stufe konzentriert sich auf das Wiedererlangen der persönlichen Sicherheit und Lebensroutine des Patienten und den Aufbau eines Verhältnisses von Vertrauen und Kooperation zwischen dem Therapeuten und dem Patienten, eine Art Bündnis, das sich *therapeutischer Bund* nennt. In diesem Stadium sollte auf die Vergangenheit des Patienten nicht tiefer eingegangen werden, da er dafür noch nicht bereit ist und eine solche Konzentration seinen Zustand verschlimmern könnte. Der Großteil meiner Arbeit mit Chen wurde als Teil dieser Stufe durchgeführt. Das Treffen mit ihrer Mutter, die Stabilisierung der Beziehung mit Arik und die medikamentöse Behandlung ihrer

Wutanfälle – all das sind Beispiele therapeutischer Interventionen, die nicht psychoanalytisch, jedoch notwendig sind, um den Boden für die folgenden Stufen vorzubereiten.

Die Frage, »was machen wir jetzt«, die auftauchte, nachdem wir beide von unseren Reisen zurückgekehrt waren, markierte im Nachhinein gesehen den Übergang zur zweiten Behandlungsstufe. Diese Phase, die Lewis Herman »Erinnerung und Trauer« nennt, bewegt sich auf zwei Ebenen – einerseits Erinnern an die Vergangenheit und andererseits Fokussierung und Bearbeitung dessen, was zwischen uns stattfand. Das heißt, man konzentriert sich auf die Übertragung und Gegenübertragung zwischen Patient und Therapeut. Diese Stufe ähnelt mehr einer traditionellen psychoanalytischen Behandlung. Chens Erinnern an die Ereignisse ihres ersten Tages als Animiermädchen und ihre Empfindung, dass ich »der Feind« war, sind Beispiele für Inhalte und Emotionen, die diese Bearbeitung charakterisieren, die in unserem Fall noch ganz am Anfang steht. Ich weiß noch nicht, wie sich der weitere Verlauf entwickeln und wann und wie das dritte Stadium eintreten wird, das Lewis Herman die Stufe der »erneuerten Verbindung« nennt. In diesem Stadium wird Chen, wie ich hoffe, ihre verlorene Sexualität in sich entdecken und damit gleichzeitig die Fähigkeit, nicht nur mit der Seele, sondern auch mit dem Körper zu lieben.

Dieses Bild ist gezwungenermaßen stark zusammengezogen und vereinfacht. Die Realität der Beziehungen zwischen Menschen und ihrer Liebe ist viel komplizierter und mannigfaltiger, als dass irgendein Modell sie erfassen könnte. Doch wendet man es als Behandlungsmetapher an, kann es durchaus einige Punkte erhellen, die in der Fallgeschichte nicht geklärt sind. Erstens ist Ariks Figur in meinen Augen immer noch ein Rätsel. Die Art, in der Chen sie schilderte, ermöglichte es mir nicht, ein Bild von ihren Charaktereigenschaften und von der Natur der Beziehung zwischen ihnen zu erhalten. Die Schilderungen ihrer Auseinandersetzungen waren viel sprudelnder, dichter und farbiger als die der gnädigen Liebesmomente zwischen ihnen. Das ist kein Zufall. Ich hege keinen Zweifel, dass Chens Fähigkeit, mir Zärtlichkeit und Liebe mit Worten zu beschreiben, und besonders wenn es sich um fleischliche Liebe handelt, noch nicht entwickelt ist. Möglich, dass die gleichen Bruchstellen in ihrer Seele, die ihr dabei helfen, die Gräuel der Vergangenheit nicht zu empfinden, sie auch daran hindern, den »Geschmack des Lebens« in seiner Fülle auszukosten – jene Augenblicke der Lust, die es zwischen zwei Liebenden gibt.

Der zweite Punkt, der mir in Chens Geschichte nicht klar ist, ist der, wie sie zu einer Prostituierten wurde. Wie konnte es passieren, dass ein Mädchen aus einem »normalen« Haus mit Mutter, Vater und Bruder, ohne sexuellen oder anderen Missbrauch in ihrer Kindheit, in jener Wohnung im Zentrum Tel Avivs landete und ein ganzes Jahr lang dort blieb? Auch das weiß ich nicht, da unsere Therapie noch nicht bei einer ernsthaften Beschäftigung mit diesen schmerzhaften Fragen angelangt ist. Es ist mir jedoch wichtig zu betonen, dass Prostitution fast immer alles andere als frei gewählt ist. Ein Teil der Untersuchungen auf diesem Gebiet ergab, dass fast alle Frauen, die Prostitution betreiben, in ihrer Kindheit Opfer sexuellen Missbrauchs geworden waren. Mit anderen Worten: *Prostitution ist nicht nur zerstörerisch und schädlich – sie ist auch Folge einer Schädigung und fast immer Ausbeutung dieser Schädigung*. Chens Mutter hatte von einer Tendenz zur Selbstzerstörung gesprochen. Doch sehr viele der Frauen und Mädchen, die der Prostitution nachgehen, leiden hauptsächlich unter der zerstörerischen Tendenz der Männer – durch anhaltende und gewalttätige Ausbeutung ihrer Körper, um finanziellen Gewinn daraus zu schlagen.

Der letzte und kritischste Punkt, dessen Folgen sich noch nicht absehen lassen, ist der Einfluss der Schilderung und Veröffentlichung dieses Falles auf Chens Behandlung und im Wesentlichen auf unser Verhältnis. Das Schreiben war mir eine Hilfe dabei – so wie es im Allgemeinen auch anderen Psychoanalytikern und Therapeuten dient, die die Therapiegeschichte eines bestimmten Menschen niederschreiben –, sie und ihre Vergangenheit besser zu verstehen, das, was zwischen uns ablief, meine inneren Reaktionen auf sie, die vielen Dinge, die mir noch unbekannt sind, die Fehler, die ich machte, und die therapeutischen Dilemmata, die uns auf dem weiteren Weg erwarten werden. Jedoch wird uns die Fallbeschreibung, einmal veröffentlicht, immer wieder einholen. Chen hat sie natürlich gelesen, um zu entscheiden, ob sie die Veröffentlichung zulassen will, und um sich zu vergewissern, dass ihre Identität ausreichend getarnt ist. Die Lektüre brachte ihr nicht viel Neues, vor allem da ich sie für gewöhnlich an meinen Notizen im Laufe der Behandlung teilhaben ließ. Es ist jedoch noch zu früh vorauszusehen, welche Auswirkung, auf sie wie auf mich, die öffentliche Aufdeckung – und sei es auch inkognito – ihrer Geschichte und dessen, was sich zwischen uns ereignet hat, haben wird. Ich persönlich hege keinen Zweifel, dass die Veröffentlichung einen weitreichenden Einfluss auf die Behandlung haben wird.

Möglicherweise hat diese Exponierung auch gewisse Vorteile. Sie kann zum Beispiel dazu führen, dass viele meiner Kollegen ihre Meinung zu meiner Arbeit mit Chen beisteuern und mich und die Behandlung mit ihrer Erfahrung bereichern. Als ich mit Chen darüber sprach, nannte sie einen weiteren Vorteil: Die Tatsache, dass ihre Geschichte in Geschäften auslag und sie bei sich zu Hause und an anderen Orten, wo es das Buch geben würde, reflektierte, würde es ihr schwer machen, ihre Vergangenheit zu verdrängen und zu ignorieren – wie sie es bisher erfolgreich getan hatte –, und den Fortschritt der Therapie beschleunigen. Doch es gibt natürlich auch Nachteile. Die Veröffentlichung der Geschichte nutzt Chens Leben zu Zwecken, die, zumindest teilweise, kommerziell sind. Liegt darin nicht die Ausbeutung einer Schädigung durch einen Mann, der sich rühmt, ihr zu helfen? Das ist eine verzwickte therapeutische und ethische Frage, die ich offen lassen muss. Es besteht auch immer die Möglichkeit, dass die Tarnung der Geschichte fehlschlägt. Auf jeden Fall, den Großteil des Risikos, das sich aus der öffentlichen Darstellung des Falls ergibt, trägt Chen und nicht ich.

Während ich diese Worte schreibe, fällt mir fast unwillkürlich eine Geschichte ein, die mir mein Großvater über seine Studienzeit an der medizinischen Fakultät der Universität Heidelberg erzählte. In jenen Tagen studierte er bei dem Chirurgen Ludwig Krell, der seinen Studenten einzubläuen pflegte: »Meine Damen und Herren, wenn Ihnen von einem bestimmten Chirurgen gesagt wird, er sei ›kühn‹, seien Sie sich im Klaren darüber – seine Kranken sind diejenigen, die kühn sind.«

7. KAPITEL

Das Mädchen vom Land

Es war gegen drei Uhr morgens, eine stille Zeit in der Oppenheimerstraße. In der feuchten Dunkelheit warfen die Fikusbäume reife Früchte ab, wie immer in den Sommernächten in Tel Aviv. Hin und wieder trafen sie mit metallischem Klang auf den Dächern der Autos auf, die dicht hintereinander entlang dem Bürgersteig parkten. Es lag etwas Sinnliches, Stechendes in dem scharfen Geruch der Früchte, die in den Sommermonaten einen klebrigen Teppich unter den Bäumen bildeten. Nadia liebte den Geruch dieses Teppichs, der für sie zum Geruch der Freiheit geworden war, und jedes Mal wenn er ihr in die Nase stieg, fiel ihr Maher ein.

Der September neigte sich bereits dem Ende zu, doch die Prüfungen hatten noch nicht begonnen. Vielleicht war das der Grund dafür, dass aus Richtung der Studentenheime am Campus der rhythmisch dumpfe Klang von Partymusik zu hören war. Nadia stieß die Glastür zum Treppenhaus auf. Die Musik brachte sie im Nu ins Hier und Jetzt zurück, nach ein paar süßen Stunden, die sie mit Maher in seiner Wohnung hinter verschlossenen Jalousien verbracht hatte. Nach kurzem Zögern trat sie in den kleinen Vorgarten hinaus, auf den Betonpfad, der zum Bürgersteig führte. Aus gewohnter Vorsicht hatte sie das Licht im Treppenhaus nicht eingeschaltet und ihren Weg vom dritten Stock auf die Straße hinunter im Dunkeln zurückgelegt. Nur die kleinen Leuchtpunkte der Lichtschalter begleiteten sie auf ihrem Weg nach unten, blickten sie auf jeder Etage erneut mit strahlenden, roten Augen an. Und dann war sie draußen. Das glänzend orangefarbene Licht der Straßenlaternen blendete sie. Hoch über ihr dehnte sich der Himmel, doch sie konnte die Sterne nicht sehen. Nadia hielt einen Moment inne und dachte angestrengt nach: Wo hatte sie ihr Auto gelassen? Nicht einmal eine winzige Brise war auf der Straße zu spüren, die Luft schien zu stehen, doch die Hitze, die sie einhüllte, störte sie nicht. Sie war für sie nur eine Art Fortsetzung des Zustands in der Wohnung Nr. 11 im dritten Stock, an deren Tür das bunte und so irreführende Keramikschild hing, »Familie Ginzburg«.

Es war für Maher nicht leicht gewesen, eine Wohnung so nahe an der Universität zu finden. Auch die extremsten Linken von Nord-Tel-Aviv überschlugen sich nicht gerade, ihre Wohnung einem arabischen Studenten zu vermieten. Maher hatte es, wie viele arabische Studenten, die in jüdischen Vierteln wohnten, vorgezogen, das Namensschild der Wohnungseigentümer an seiner Eingangstür zu belassen. Nur Nadia und zwei bis drei gute Freunde hatten ihn je in seiner Wohnung besucht. Doch Mahers Freunde hatten keine Bedenken, das Licht im Treppenhaus einzuschalten, wenn sie kamen oder gingen. Sie konnten an den Sommerabenden mit ihm auf dem Balkon sitzen, der auf die Straße hinausging, und Melone essen, Kerne knacken, rauchen und sich mit ihm die Wochenendspiele auf dem Sportkanal und die Nachrichten auf Al-Dschazira anschauen. Nadia jedoch traf sich nur hinter verschlossenen Jalousien mit ihm. Maher hätte es nichts ausgemacht, er wäre bereit gewesen, mit ihr auf dem Balkon zu sitzen, doch es war ihnen beiden klar, dass das nicht möglich war. Kalam an-nas, das Gerede der Leute, war ein ausreichender Grund, kein Risiko einzugehen oder, genauer gesagt, Nadia nicht zu gefährden.

Sie erinnerte sich an die erste Nacht, in der sie die Wohnung der Familie Ginzburg allein aufgesucht hatte. Im Grunde war ihnen beiden klar, was geschehen würde, wenn sie allein in seine Wohnung käme. Sie war davor schon ein paarmal dort gewesen, aber immer mit Bilal, ihrem Cousin, der ein guter Freund Mahers war. Auch das war ein unkonventioneller, unüblicher Vorgang. Wenn Nadia noch im Galil gewohnt hätte, wäre es ihr nie eingefallen, die Wohnung eines Mannes aufzusuchen, ohne von ihrem Vater oder einem ihrer Brüder begleitet zu werden. Doch hier war es anders, alles war hier anders. Manchmal ertappte sie sich dabei, wie sie die Freundinnen der jüdischen Studenten, deren Tutorin sie im Rahmen ihres Magisterstudiums der englischen Literatur war, um die unerträgliche Leichtfertigkeit beneidete, mit der sie sich benahmen. Sie sah sie eng umschlungen auf den Wegen über den Campus schlendern, sah, wie sie sich auf dem Rasen küssten, Telefonnummern austauschten, frei von Scham und Schuld. Und so kam es, dass Nadia trotz der schwierigen Atmosphäre, die den Campus nach jedem Selbstmordanschlag umschloss, trotz der Notwendigkeit, die Augen zu senken und nicht allzu laut arabisch zu reden, sich unsichtbar zu machen, bis der Zorn sich legte, Tel Aviv und ihr Leben unter den Juden liebte. Die Juden herrschten stolz über die Araber der Westbank, doch sie ließen sie in Ruhe, und das war herrlich. Erst nachdem sie nach Tel Aviv gezogen war, bekam sie zum ersten Mal in ihrem Leben die berauschende Freiheit der Anonymität zu spüren, die Freiheit, in einer großen und geschäftigen Stadt verloren zu gehen, in der kein Mensch Interesse an ihr, ihrem Leben und ihren Besuchen in Mahers Wohnung hatte.

Wann hatte das alles eigentlich begonnen? Vielleicht mit dem Blick, den Maher in ihre Augen getaucht hatte, als er am Schluss ihrer ersten Begegnung in Bilals Zimmer im Studentenheim ihre Hand ein paar Sekunden zu lang drückte? Nadia war sich nicht sicher, und es war auch nicht so wichtig. Wichtig war, was in jener Nacht vor über zwei Jahren passierte, in der sie zum ersten Mal allein in seine Wohnung gekommen war. Sie waren schon lange Monate befreundet, und Nadia hatte beschlossen, dass es vielleicht an der Zeit war, seinem Drängen nachzugeben. Sie hatten sich schon viele Male umarmt, geküsst und mehr als das, im Park am Ufer des Jarkon, am Strand des Meeres und an anderen Orten, an die jüdische Paare gingen, um in der Dunkelheit allein zu sein. Aber die offenen Räume um sie herum quälten sie, sie konnte sich nicht von dem quälenden Gedanken befreien, dass sie schon neunundzwanzig war, ein gutes Stück älter als die Jungen und Mädchen, die um sie herum flüsterten. Und Maher? Er war fast vierzig, und es war erkennbar, dass er den Körper einer Frau sehr gut kannte. Maher hatte es nie zugegeben, aber die Gerüchte besagten, dass er während seines Studiums in Russland mit einer schönen Russin in einer Wohnung zusammengelebt hatte, die er verlassen hatte, als er beschloss, wieder nach Israel zurückzukehren. Seit er aus Sankt Petersburg zurückgekommen war, studierte und wohnte er in Tel Aviv und hatte es nicht eilig, seine Doktorarbeit abzuschließen. Nadia hasste Mahers Doktorarbeit, die sich zunehmend hinzog und verkomplizierte und ihn in der Situation verharren ließ, in der er sich so gern befand – ein ewiger Student, der keine schweren Entscheidungen treffen musste und niemandem verpflichtet war, besonders Nadia nicht.

Hatte sie einen großen Fehler gemacht, als sie sich mit Maher auf eine sexuelle Beziehung einließ? War er deshalb nicht bereit, sie zu heiraten? Nadia versuchte es zu vermeiden, sich diese Frage zu stellen. Es hatte keinen Sinn – was war, das war. Außerdem erinnerte sie der Geruch des Fikusbaums in den Sommernächten immer wieder an ihre gemeinsamen Stunden, an die Frische seines Körpers, an seine großen Handflächen, die ihr Gesicht umfassten, an seine Augen, die aufleuchteten, wenn er ihr sagte, dass sie die Frau seines Lebens sei. Sie atmete tief ein, sog den Geruch, den sie so liebte, tief in ihr Inneres ein, und begann, in Richtung der kleinen Straße zu gehen, wo sie ihr Auto stehen gelassen hatte. Nie war sie bis zum Morgen in Mahers Wohnung geblieben. Wenn sie von Heirat träumte, träumte sie eigentlich davon, in der Früh neben ihm aufzuwachen, wenn sich das Licht durch die Schlitze der Jalousien hereinstahl und Sonnenstreifen und -flecken auf ihre Körper skizzierte. Nadia hatte längst schon aufgehört, die Male, die sie mit Maher geschlafen hatte, zu zählen, doch es war ihr noch nie vergönnt gewesen, kein einziges Mal, danach neben ihm einzuschlafen. Sie musste aufstehen, sich duschen und furchtsam in die Nacht hinausgehen. Nie parkte sie in seiner Straße. Die Vorsicht veranlasste sie, das Auto immer einige Straßen entfernt von seinem Haus abzustellen. Der kleine Daihatsu war ein Geschenk, das sie von ihren Eltern zum Abschluss ihres B.A. erhalten hatte, und Nadia wusste, dass sich hinter diesem Geschenk, wie immer, die Bitte oder das stumme Flehen verbarg: Komm uns öfter besuchen. Komm am Wochenende ins Dorf zurück. Komm zu uns zurück.

Nadia erinnerte sich an ihren letzten Besuch im Dorf. Es war vor einem Monat gewesen, bei der Hochzeit von Achlam, ihrer jüngeren Schwester. Der Sommer war immer die Heiratssaison, und jedes Mal wurde diese Zeit schwieriger für sie. Ihre Gedanken waren von den in den nächsten Wochen zu erwartenden Hochzeiten belastet, denen sie nicht entkommen konnte. Vielleicht achtete sie deshalb nicht darauf, dass die Autotür nicht abgesperrt war. Sie stieg ein und schloss die Tür. Ein erstickter Schrei entfuhr ihrem Mund: Sie war nicht allein im Auto. Auf dem Beifahrersitz zeichnete sich die Silhouette einer Person ab, die sich ihr stumm zuneigte. Das Entsetzen war so groß, dass sie die Ohrfeige, die nach einigen Sekunden des

Schweigens in ihrem Gesicht landete, gar nicht mehr überraschte, ebenso wenig wie der Hagel von Schlägen und Flüchen, der sofort darauf über sie hereinbrach. Sie erkannte die Stimme, und vielleicht auch die Berührung der schlagenden Hand, einer Hand, die von jahrzehntelangem Wäschewaschen, Geschirrspülen und Fußbodenscheuern rau war: ihre Mutter.

– Hure! Hure! Hure! Hure!

– Mama, genug …

Die Spucke, die Nadias Gesicht traf, brannte viel mehr als die Schläge. Ihre Mutter hatte sie in der Vergangenheit schon geschlagen, jedoch niemals angespuckt. Und da riss etwas in ihr. Sie öffnete die Wagentür, schlüpfte flink hinaus und begann schnell die verschlafene Straße entlangzugehen, verfolgt von den Schreien ihrer Mutter, die an ihrem Körper haften blieben wie ein klebriger Fleck, der sich niemals ablösen ließe.

– Hure! Hure!

Nadia zog die Schultern ein und senkte den Kopf, als versuchte sie, weniger Raum in der stillen Tel Aviver Straße einzunehmen, die plötzlich zum Niemandsland geworden war, zu etwas Bedrohlichem, Unheilvollem. Der Schrecken erschwerte ihr das Denken. Wohin konnte sie gehen? Ihre Füße trugen sie zu Mahers Haus. Sie wühlte in ihrer Tasche, bis sie das Mobiltelefon fand, und rief ihn an.

– Maher?

– Nadia?

Er klang verschlafen.

– Hör mal, hör zu …

Mit panischer Stimme erzählte sie ihm keuchend, was passiert war, und bat ihn, herunterzukommen und unten auf sie zu warten, sie in die Arme zu nehmen, sie zu beschützen und in seine Wohnung zu bringen. Es herrschte kurzes Schweigen. Und dann:

– Vielleicht kommst du lieber nicht zu mir. Wenn sie dein

Auto gefunden hat, ist das ein Zeichen, dass sie dich schon seit einiger Zeit verfolgen. Sie wissen mit ziemlicher Sicherheit, wo ich wohne. Es kann sein, dass sich auch dein Bruder in der Gegend aufhält. Sie könnten hierher kommen. Es ist besser, wenn du in deine Wohnung zurückgehst.

Nadia wohnte mit zwei anderen Mädchen zusammen in einer Mietwohnung im arabischen Teil Jafos.

– Wie denn? Es gibt keinen Autobus mehr. Lass mich zu dir kommen …

– Nimm ein Taxi. In der Hauptstraße gibt es immer Taxis, auch zu der Zeit.

– Aber Maher, sie werden mich umbringen …

Er schrie sie wütend an:

– Was willst du denn? Dass sie mich auch umbringen? Möchtest du das?

In seiner Stimme lag keine Spur von Liebe, nicht einmal ein Fünkchen Zuneigung. Sie trennte das Gespräch und biss sich mit Zorn, Angst und Verzweiflung auf die Lippen. Sinnlos. Maher würde sie nicht schützen. Er würde es nicht wagen, sich mit ihrer Familie anzulegen, von der ein Teil Berufssoldaten waren und Waffen trugen. Wie in anderen Beduinenfamilien, die in der Spähtruppe der israelischen Armee dienten, hatten die Männer in ihrer Familie Beziehungen zu hohen Offizieren in Armee und Polizei. Maher, der atheistische Intellektuelle aus Ostjerusalem, spottete gern über die gesellschaftlichen Konventionen und die primitiven Beduinen des Galils, die mit den Juden gemeinsame Sache machten. Aber er wusste auch gut für sich selbst zu sorgen. Er würde sich in den nächsten Wochen in der Mietwohnung der Familie Ginzburg verstecken und zu Gott beten, dass der Zorn ihrer Familie nicht auch ihn treffe.

Die Angst packte Nadia, als sie daran dachte, was ihr nun vielleicht bevorstand. Wie würden sie sie töten? Würde man sie erschießen? Würden sie ihr in jenem Augenblick ins Gesicht sehen? Würde es am helllichten Tag geschehen, auf den Gassen des Dorfes, oder in der Nacht, wenn sie in ihrem Bett schlief? Würde man ihr Zeit geben, sich darauf vorzubereiten? Würde der Tod schnell kommen, wie eine Kugel in den Kopf, oder zu langsam, mit wiederholten Messerstichen, während das Blut zunehmend aus ihrem Körper rann? Ihre Mutter war es, die ihr nachgespürt und ihre Taten aufgedeckt hatte, doch den Tod würden ihr, wie es in solchen Fällen der Brauch war, die Hände eines Mannes bringen. Sie wusste nicht, wer es sein würde, aber sie wusste, dass sie ihn gut kennen würde und vielleicht sogar liebte: Wenn man sie ermordete, würde der Mörder ein Blutsverwandter sein. Nadia sah sich angstvoll um, während sie die Straße überquerte. Verfolgte sie schon jemand? Und dann begriff sie, dass sie nie wieder ruhig schlafen könnte. Nie mehr könnte sie auf der Straße gehen, ohne auf das Geräusch von Schritten zu lauschen, die sich ihr von hinten näherten. Sie brach in Tränen aus und hörte nicht mehr auf, bis sie ihre Wohnung erreicht hatte.

***

– Verstehen Sie denn nicht?

Anscheinend blieb etwas in meinem Gesichtsausdruck verschlossen, oder vielleicht erfasste ich die schauerliche Bedeutung ihrer Worte wirklich nicht. Nadia blickte mich durch die Tränen hindurch an, die ihre Augen überschwemmten, und sagte wieder zu mir, langsam, jedes Wort betonend:

– Sie werden mich töten. Verstehen Sie jetzt? Und es gibt niemanden, der mich beschützt. Vielleicht planen gerade in diesem Moment die Menschen, die ich am meisten auf der Welt liebe, wie sie mich töten werden, und sowohl Maher als auch Sie werden keinen Finger rühren, um mich zu retten. Er – weil er Angst hat. Sie – weil Sie es nicht wirklich kümmert.

– Aber so ist das nicht, Nadia.

– So ist es schon.

– Nein. Hören Sie mir zu. Hier ist Israel und nicht Saudi-Arabien. Wir leben in einem Rechtsstaat. Man kann sich an die Polizei wenden. Sie wird Sie beschützen. Ich werde Ihnen helfen. Wenn Sie wollen, bin ich sogar bereit, mit Ihnen mitzugehen, um Anzeige zu erstatten…

Ihr Gesicht verzerrte sich zu einem bitteren Lächeln.

– Wirklich sehr nett von Ihnen, dass Sie bereit sind, mit mir zur Polizei zu gehen. Aber ich habe Neuigkeiten für Sie. Die Polizei der Juden wird mich nicht beschützen.

– Weshalb denken Sie das?

– Ich denke es nicht, ich weiß es. Nicht nur Sie, auch die Polizei kümmert es nicht wirklich. Wissen Sie, was eure Polizei für mich tun wird? Sie werden das machen, was Sie im Grunde auch tun möchten: Sie werden dafür sorgen, dass sie aus dem Schneider sind, und den Ball weitergeben. So seid ihr am Ende, schießen, weinen und sich absichern. Ich kann Ihnen ganz genau sagen, wie das wird, wenn ich zur Polizei gehe.

– Woher wissen Sie so genau, was passieren wird? Woher nehmen Sie Ihre Sicherheit?

– Weil es schon viele Male passiert ist. Es wird mir genau so passieren, wie es bei uns im Galil immer ist. Nämlich so: Wenn ich eine Anzeige mache, werden sie meine Akte an die zuständige Bezirkspolizei weiterleiten. Und wissen Sie, was die tun werden? Sie werden keine Untersuchung über eine Morddrohung einleiten, sondern etwas anderes machen, das der »Tradition« und der »Mentalität« der »Minderheitenangehörigen« mehr entspricht.

Sie stieß die Worte mit Verachtung aus.

– Nadia, Sie reden in Schlagworten.

– Wenn der Kommandant der Bezirkspolizei von meiner Anzeige hört, wird er zum Telefon greifen, unseren Ratsvorsitzenden anrufen und ihn bitten, sich der Sache anzunehmen. Der wird ihm seinerseits versprechen, sich um mich zu kümmern. Möglicherweise geht er sogar zu uns nach Hause, lässt meinen Vater und Chaled, meinen großen Bruder, eine Verpflichtung unterschreiben, dass sie mich nicht anrühren, und dann bringt er dieses Papier der Polizei. Danach wird es eine Sitzung auf der Polizeikommandantur geben, eventuell laden sie auch unseren Dorfkadi ein. Auch ich werde dort sein. Wenn Sie wollen, können Sie auch kommen. Warum eigentlich nicht? Nehmen auch Sie an Nadias Fest mit den Männern vom Galil teil. Die Angestellte auf der Kommandantur wird Kaffee servieren, alle werden sich gegenseitig die Hände schütteln, außer die meinen. Sie werden einander mit Ehren- und Sympathiebezeichnungen anreden, und man wird ein Protokoll schreiben, damit alle gedeckt sind. Der Ratsvorsteher wird, ohne mir in die Augen zu schauen, sagen, dass es vielleicht besser sei, wenn ich, bis sich die Gemüter beruhigt hätten, Tel Aviv verlassen und in mein Elternhaus zurückkehren würde. Er wird sagen, dass man auch in modernen Zeiten die Tradition zu respektieren habe, die alten Gebräuche und die Familie. Er wird sagen, dass ich ins Dorf zurückkehren müsse, an den Ort, wo man mich unterstützen und über mich wachen würde. Und anschließend wird der Bezirkskommandant an den Ratsvorsteher die offizielle Bitte richten, die Verantwortung für mich zu übernehmen. Verstehen Sie? Für mich Verantwortung übernehmen, als ob ich irgendein Gegenstand oder ein kleines, minderbemitteltes Mädchen sei, das keine Verantwortung für sich selber trägt. Der Ratsvorsteher wird dem Bezirkskommandanten für das Vertrauen danken und sagen, dass er und der Kadi ab jetzt die Bürgen für mein Wohlergehen seien. Er wird sagen, dass die Familie mich liebt und sich um mich sorgt, dass das Dorf mein Zuhause sei, dass es nichts zu befürchten gebe und alles in Ordnung komme.

– Und was werden Sie tun?

– Ich weiß es nicht. Ich habe mich noch nicht entschieden. Aber ich kann Ihnen sagen, was geschehen wird, wenn ich ins Dorf zurückkehre: Am Anfang wird mir gar nichts passieren. Keiner wird mit mir reden, aber es wird mich auch niemand anrühren. Alle werden sich benehmen, als sei ich nicht vorhanden, als sei ich Luft. So werden ein paar Wochen oder Monate vergehen, und plötzlich werde ich verschwinden. Man wird mich einfach nicht mehr finden. Etliche arabische Mädchen verschwinden so jedes Jahr, in aller Stille, im Lande, und die Polizei setzt keine Welten in Bewegung, um ihre Leichen zu finden. Und so wird es auch bei mir sein. Eure Polizei wird damit beschäftigt sein, den »palästinensischen Terror niederzuzwingen«, und meine Leiche wird inzwischen in einem Loch verfaulen, das sie schon im Voraus gegraben haben, an einer versteckten Stelle in den Olivenhainen östlich vom Dorf.

Ich blickte Nadia an und fragte mich, was man jetzt tun sollte. Für einen kurzen, haarsträubenden Moment stieg in meiner Phantasie das Bild ihrer Leiche auf, auf dem Grund eines tiefen, bedeckten Lochs tief unter der Erde, hineingestopft, Augen und Mund weit aufgerissen, in den Staub, der sich in allen Richtungen über ihr schloss. Plötzlich, innerhalb weniger Minuten, hatten sich die Spielregeln, die mir als Therapeut bekannt waren, vollkommen verändert, die Regeln, die mein Verhalten im Verlauf des halben Jahrs diktiert hatten, seit Nadia die Therapie begonnen hatte. Ich fand mich in einer neuen Situation wider, die ich nicht kannte, und ich wusste nicht, wie ich das bewältigen sollte. Mit einem Schlag wurde Nadia von einer Patientin, die mit sich rang, ob sie die Beziehung mit ihrem Freund fortsetzen sollte, der zu keiner Verpflichtung bereit war – ein geläufiges Problem, das Menschen, und besonders Frauen oft in psychologische Behandlung bringt –, zu einer Frau, die sich in Todesgefahr befand. Sie fand sich gefangen in dem Niemandsland zwischen einer männlichen und gewalttätigen traditionellen Kultur, die ihre eigenen Gesetze und Handlungsweisen hatte, und einer westlichen Kultur, die die Freiheit des Individuums hochhielt und ihm eine Psychotherapie anbot, um ihm dabei zu helfen, diese Freiheit zu verwirklichen. Aber waren Freiheit und Psychotherapie nicht nur widerlegte und fruchtlose Begriffe in einer Realität, in der Nadia ihre Liebe mit ihrem Leben bezahlen könnte? Und wo war mein Platz in diesem Drama? War etwas dran an ihren Worten, machte es mir wirklich nichts aus, was ihr passierte? Schließlich war ich ein Arzt, der das Leben seiner Patienten hüten, ihnen nicht nur ihr Unbewusstes auseinander setzen sollte. Was durfte ich tun und was nicht? Wie groß war die Gefahr, in der sie schwebte? War ich befugt, mich nicht einzumischen? Und wenn ich eingriffe, könnte ich sie retten? Und die bedrückendste Frage von allen: Hatte Nadia Recht, und die israelische Gesellschaft, der ich angehöre, würde sie tatsächlich ihrem Schicksal überlassen?

Und da war noch etwas: Wir spürten beide im Laufe der Stunde, dass sich die Distanz zwischen uns zunehmend vergrößerte. Zu dem Graben, der Juden und Araber in Israel voneinander trennt, der auch mein Behandlungszimmer nicht verschonte, kam ein zusätzlicher, um vieles älterer – der Graben zwischen den Geschlechtern, zwischen Frau und Mann. Die Fähigkeit, sich mit dem anderen zu identifizieren, ist eine der Grundlagen jeder dynamischen Therapie, und theoretisch sollte jeder Therapeut imstande sein, sich mit jedem Patienten zu identifizieren. Aber diese Fähigkeit ist, wie jede menschliche Fähigkeit, begrenzt. Nadia und ich fanden uns plötzlich auf zwei Seiten der tiefen Kluft zwischen Männern und Frauen, Unterdrückern und Opfern wieder. Die Intimität und das Vertrauen der Psychotherapie schienen vor dem Misstrauen, dem Fanatismus und der Gewalttätigkeit zurückzuweichen, die die Beziehungen zwischen den Geschlechtern seit Anbeginn der Geschichte begleiten, und warfen einen dunklen Schatten auf den Treffpunkt zwischen Männern und Frauen.

– Haben Sie keine Antwort für mich? Wozu komme ich dann überhaupt zu Ihnen?

– Nadia, beruhigen Sie sich …

– Versuchen Sie nicht, mich zu beruhigen. Beruhigen Sie sich selber! Mich werden sie umbringen, nicht Sie. Ich bin ja so dumm. Natürlich, Sie sind ruhig. Ihr, die jüdischen Männer, seid immer ruhig in solchen Situationen. Ihr seid echt … wirklich alle Achtung. Ihr beherrscht die Lage, die Macht ist in euren Händen, alles gehört euch, und alles ist in Ordnung. Was bin ich für eine Idiotin, dass ich dachte, Sie könnten mir helfen.

– Sie sind keine Idiotin, ich kann Ihnen helfen.

– Wirklich? Wie?

– Vielleicht wie ein jüdischer Mann aus der herrschenden Schicht helfen kann. Ich kann in Ihr Dorf fahren. Ich kann versuchen, mich mit dem Polizeichef oder dem Innenminister zu treffen. Ich kann dafür sorgen, dass man eine Fernsehreportage über Sie vorbereitet. Ich kann alle möglichen Dinge machen. Sie kann man vielleicht zum Schweigen bringen, aber bei mir ist das nicht ganz so leicht. Wenigstens scheint es mir so.

Nadia lächelte traurig und sagte:

– Wissen Sie was? Ich glaube Ihnen sogar, dass Sie mir helfen möchten, aber Sie haben keine Ahnung. Das ist einfach nicht Ihre Welt. Es war ein Irrtum von uns beiden.

– Welcher Irrtum?

– Erstens, mein Irrtum. Ich wollte zu einem jüdischen Therapeuten gehen, weil ich wusste, dass jeder arabische Therapeut, zu dem ich gehe, um mit ihm über Maher zu reden, in seinem Herzen denken würde, dass ich eine Hure sei, auch wenn er es nicht sagen würde.

– Und wo ist hier der Irrtum?

– Ich weiß, dass Sie mich nicht richten, aber Sie verstehen mich auch nicht, verstehen uns nicht. Und das ist Ihr Irrtum.

– Nadia, was verstehe ich nicht?

Ihre Stimme erhob sich zum Schrei:

– Sie verstehen überhaupt nichts! Sie verstehen nicht, dass sich die Ehre des Mannes immer zwischen den Beinen der Frau befindet! So ist das bei uns! Fangen Sie jetzt endlich an, mich zu verstehen, Herr Doktor? Ja?

Ich schwieg. Auch sie schwieg. Nach einigen Sekunden fügte sie mit sanfterer Stimme hinzu:

– Sie dachten, mein Problem sei, dass ich keine Selbstsicherheit und keine Selbstachtung hätte und es daher nicht wage, Maher zu verlassen. Sie haben versucht, mit mir daran zu arbeiten. Ich weiß, dass Sie es versucht haben. Möglicherweise wäre es Ihnen am Schluss sogar gelungen, doch wie sich herausstellt, ist das nicht mein wahres Problem. Wir haben beide nicht darauf geachtet, dass ich ein bisschen anders bin als Ihre jüdischen Patientinnen und dass ich in einer anderen Welt lebe. Ich bin anders, auch wenn ich Ivrit spreche, an der Universität studiere und zu Ihnen in Behandlung komme. Darüber hätten wir reden müssen, über meine Welt und über das, was den Frauen in ihr passiert. Aber das hätten Sie nicht tun können, denn Sie sind nicht bereit hinzuschauen, wie sich Ihr Staat gegenüber arabischen Frauen verhält. Sie ziehen es vor zu denken, dass Sie ein aufgeklärter und fortschrittlicher jüdischer Therapeut sind, der einem netten arabischen Mädchen aus einer primitiven Beduinenfamilie aus einem kleinen Dorf im Galil einen Gefallen tut. Und das ist ungefähr auch das, was Maher von mir dachte. Und jetzt ist es zu spät. Ich gehe.

Ich blickte auf die Uhr: Die Stunde hätte vor fünfzehn Minuten zu Ende sein sollen. Ohne es zu merken, hatte ich sie weit über die bemessene Zeit hinaus fortfahren lassen. Das Gefühl der Gefahr, und vielleicht auch der Schuld, hatten mich dazu gebracht, meine vertraute und selbstverständliche Rolle als Therapeut zu verlieren. Ich versuchte, mit Nadia noch die in den nächsten Tagen zu ergreifenden Schritte zu besprechen, wo sie wohnen und an wen sie sich wenden sollte. Doch sie sagte zu mir, ich solle mir keine übermäßigen Umstände machen, verließ den Raum und schlug die Tür zu.

***

Die Beziehungen zwischen Frauen und Männern haben nicht wenige dunkle Seiten, doch wie es scheint, ist der finsterste Aspekt dort, wo sich die Eifersucht, die Ehre und der Tod treffen. Eine Frau, die einem Mann oder »ihren« Männern nicht treu ist – oder ihnen nicht als treu erscheint –, kann die Entscheidung, zu tun, was sie will, mit ihrem Leben bezahlen. Ein Mann jedoch, der seiner Frau nicht treu ist, ist im Allgemeinen kein Kandidat für einen Mord. Er gerät nur in Gefahr, wenn er mit einer Frau schläft, die jemand anderem »gehört«, der bei uns im Hebräischen bis heute »ihr Besitzer« genannt wird, ein Wort, das wir im täglichen Leben ohne Anführungszeichen und ohne Unbehagen benutzen. Auch in diesem Fall wird, wie wir im Weiteren sehen werden, das Schicksal der verheirateten Frau fast immer ungleich schlimmer sein als das des Mannes, mit dem sie sexuelle Beziehungen hatte. Doch weshalb eigentlich? Warum investieren so viele Männer und Gesellschaften außerordentliche Anstrengungen in den Versuch sicherzustellen, dass »ihre« Frauen nicht mit anderen schlafen? Auf diese Frage wurden im Laufe der Geschichte verschiedene Antworten gegeben.

Traditionelle Einstellungen argumentieren schlicht, dies

sei der Wille Gottes. So vertritt es nicht nur der Islam, der generell bei der Ermordung von Frauen aus Gründen der »Familienehre«[39] häufig beteiligt ist, sondern auch das Judentum, das in der Vergangenheit nicht zögerte, Todesstrafen über die Beteiligten einer sexuellen Beziehung zu verhängen, bei der eine verheiratete Frau involviert war: »Wenn jemand die Ehe bricht mit der Frau seines Nächsten, so sollen beide des Todes sterben, Ehebrecher und Ehebrecherin, weil er mit der Frau seines Nächsten die Ehe gebrochen hat« (Levitikus 20,10). Das Judentum und der Islam verhängten solche Strafen aber selbstverständlich nicht im Fall einer sexuellen Beziehung, bei der der Mann verheiratet ist. Auch das englische Zivilstrafrecht behandelte die Ermordung einer ehebrecherischen Frau durch ihren Mann, wenn der Mord im Affekt verübt wurde, als sei dies eine verständliche und sogar völlig berechtigte Tat. Für eine Frau dagegen besteht keine entsprechende Erlaubnis, ihren treulosen Ehemann zu ermorden. Ähnlich dem verbietet das Gebot »Du sollst nicht ehebrechen« – in den zehn Geboten gleich an nächster Stelle nach »Du sollst nicht töten« – dem Mann nicht, seine Frau zu betrügen. Das Gebot hat effektiv überhaupt nichts mit seiner Frau zu tun. Es verbietet ihm, einen anderen Mann zu betrügen, indem er sexuelle Beziehungen mit einer Frau hat, die diesem Mann gehört. Weshalb ist es verboten? Weil Gott es so befahl.

Der Sozialdarwinismus, auf den wir in diesem Buch schon mehrmals gestoßen sind, geht das Thema gänzlich anderes an. Er versteht sich selbst als »wissenschaftlich«, atheistisch und objektiv und nimmt an, dass heutige gesellschaftliche Verhaltensweisen von evolutionären Strategien herrühren, die in der Vergangenheit erfolgreich waren. Mit anderen Worten: So wie besondere körperliche Merkmale (wie der lange Hals der Giraffe, die leichten Beine der Gazelle oder das entwickelte

Gehirn des Menschen) ihren Besitzern einen Überlebensvorteil verleihen, so repräsentieren auch unsere sozialen Verhaltensmuster wahrscheinlich Verhaltensweisen, die uns einen Überlebensvorteil einbrachten. Überlebensvorteil heißt dabei alles, was die Chancen des Individuums verbessert, den Wettlauf der natürlichen Auslese zu gewinnen. Dieser Sieg äußert sich im ersehnten und größten Preis in der Welt der Lebewesen – der Übertragung der Gene des Individuums auf die nächste Generation. Die leichten Beine der Gazelle beispielsweise erhöhen in einer Umwelt, in der flinke Raubtiere existieren, ihre Chancen zu überleben und Neugeborene durchzubringen, die ebenfalls leichte Beine haben. Die leichten Beine der Gazellenmutter verschafften ihr einen Vorteil gegenüber der langsameren Gefährtin, die bei der Flucht vor dem Leoparden zurückfiel und zerrissen wurde. Wie hängt das mit Mord aus Gründen der Familienehre zusammen? Laut den Grundsätzen des Sozialdarwinismus verhält sich jedes Individuum in einer Gesellschaft auf die Weise, die seine Chancen vergrößert, sein genetisches Material der nächsten Generation zu vererben. Wie wir im ersten Kapitel sahen, erhöht die Liebe der Mutter zu ihren Jungen oder ihren Kindern deren Chancen, zu überleben und das genetische Material der Mutter in die Zukunft zu tragen. Aber wie kann der Mann wissen, dass die Kinder, die er mit seiner Frau aufzieht, auch tatsächlich sein genetisches Material in sich tragen?

Es gibt heute einen einfachen, exakten Bluttest zur Feststellung der Vaterschaft. Für diejenigen, die Angst vor Nadeln haben, lässt sich dieser Test auch mit Hilfe eines Spatels durchführen, mit dem man schmerzlos und ohne einen Tropfen Blut aus dem Mund Speichelzellen entnimmt. In den Vereinigten Staaten kann man den Test telefonisch oder per Internet über internationalpaternity.com und ähnliche Gesellschaften anfordern. In Israel ist diese Untersuchung übrigens verboten, offenbar aus der begründeten Angst der Rabbinerschaft vor den Tausenden Bastarden, die dadurch entdeckt würden.[40] Doch in den Millionen Jahren, die dem technologischen Zeitalter vorausgingen, hatten die Männchen andere Methoden, um sich zu vergewissern, dass die Jungen, die bei ihnen aufwuchsen, ihre eigenen sein würden: Wenn ein dominanter Löwe sich zum Herrscher über ein Rudel Löwinnen und Jungtiere macht, tötet er zuerst mit grausamer Systematik alle Jungen in der Horde. Die ihrer Kinder beraubten Löwinnen werden innerhalb weniger Tage brünstig und werfen nach entsprechender Zeit neue Jungen – die Nachkommen des »richtigen« Vaters, der diesen nichts antun wird. Das Töten der Jungen fremder Männchen ist die konsequente Strategie für den Löwen, um sicherzustellen, dass die Jungen, die er aufzieht, sein genetisches Material in sich tragen. Dem vergleichbar wird in der Lehre des Sozialdarwinismus das Einsperren der weiblichen Sexualität hinter Festungsmauern aus züchtiger Kleidung, Verboten und Drohungen bis hin zum Mord als effektive männliche Strategie gewertet, um sicherzustellen, dass die Kinder der Frau die seinen, d.h. die des »richtigen« Vaters sein werden.

Sozialdarwinismus ist in der heutigen Diskussion zum Schimpfwort geworden, da er ähnlich den traditionellen Haltungen unterschwellig besagt: »Wenn es so ist, muss es anscheinend so sein. Das ist eben die ›Natur‹, gegen die man sich trotz ihrer Grausamkeit nicht auflehnen kann.« Der jüdische Holocaust in Europa, der größte Massenmord der Menschheitsgeschichte, wurde mit sozialdarwinistischen Begründungen gerechtfertigt und sogar betrieben: Die Denker der nationalsozialistischen Rassenlehre kamen zu dem »wissenschaftlichen« Schluss, dass die Herrenrasse befugt und sogar verpflichtet sei, niedrigere Rassen als die ihre im Rahmen des natürlichen Auslesekampfes auszurotten. Soziologinnen und feministische Schriftstellerinnen betrachten den Sozialdarwinismus als eine männliche Machttheorie, deren Ziel es ist, die bestehende Ordnung zu rechtfertigen und zu zementieren. Ich persönlich bin der Ansicht, dass die generelle Herangehensweise des Sozialdarwinismus trotz einiger interessanter Thesen über die menschliche Natur vereinfachend, manchmal sogar bösartig ist und zu einer Verflachung und Simplifizierung menschlicher Verhaltensmotivation führt. Es ist nicht möglich, ein Phänomen zu rechtfertigen, nur weil es »natürlich« ist: Auch Aids und Herzinfarkte sind »natürlich«, werden von uns aber dennoch energisch bekämpft.

Der Sozialdarwinismus ist auch vom theoretischen Ansatz her problematisch, da er einer Zielmarkierung um den bereits abgeschossenen Pfeil gleicht. Mit anderen Worten, der Sozialdarwinismus stellt seine Behauptungen im Nachhinein auf. Er erklärt und begründet verbreitete Verhaltensweisen in der Gegenwart damit, dass sie in der Vergangenheit zum Überleben nützlich waren. Es gibt in der Evolution zahlreiche Beispiele, bei denen dieser Gedanke nicht greift. Es gibt andere Gründe, wegen derer eine bestimmte Eigenschaft im Laufe der Evolution überleben kann, darunter die Möglichkeit, dass die fragliche Eigenschaft, die überhaupt nicht »nützlich« ist, mit einer weiteren zusammenhängt, die dem Überleben dient. Im fünften Kapitel hatten wir ein Beispiel für die Möglichkeit, dass das Gen, das mit Angst und Depression verknüpft ist, in uns überlebte, weil das gleiche Gen die Häufigkeit von Geschlechtsverkehr fördert. Auch wenn diejenigen, die sich der sozialdarwinistischen Argumente bedienen, dies nicht beabsichtigen – der Sozialdarwinismus ist zumeist ohne jede Hoffnung, führt zu Passivität und kann zur *self-fullfilling prophecy* werden.

* * *

Drei Tage waren seit unserem Treffen vergangen, bei dem mir Nadia von dem nächtlichen Zusammenstoß mit ihrer Mutter erzählt hatte. Ich ertappte mich im Laufe dieser Tage mehrere Male dabei, dass ich mit Sorge an sie dachte, und zuletzt rief ich sie an, um Klarheit darüber zu erhalten, wie es ihr ging, und ihr einen zusätzlichen Termin, vor unserem regulären wöchentlichen Treffen, anzubieten.

– Nadia?

– Yoram?

– Ich bin froh, Ihre Stimme zu hören.

– Und vielleicht auch ein bisschen überrascht? Keine Sorge. Ich bin noch am Leben, versuche darüber nachzudenken, was ich jetzt tun soll.

– Vielleicht möchten Sie gemeinsam mit mir nachdenken? Wir sind erst am kommenden Sonntag verabredet, aber ich wollte Ihnen vorschlagen, schon morgen zu kommen.

– Wozu?

– Weil ich um Ihr Leben fürchte.

– Und womit können Sie mir helfen? Mit Reden? Danke, ich weiß, dass Sie es gut meinen, aber wenn mein Leben in unmittelbarer Gefahr ist, habe ich keinen Grund, Zeit und Geld an Sie und Gespräche mit Ihnen zu verschwenden. Was ich jetzt tun muss, ist, mein ganzes Geld nehmen, mir ein Flugticket kaufen, schleunigst in ein anderes Land zu fliegen und versuchen, dort neu anzufangen.

– Warum tun Sie das dann nicht?

– Ich werde es Ihnen am Sonntag erzählen.

– Hat sich etwas geändert? Sind Sie jetzt nicht mehr in Gefahr?

– Nur Geduld. Gedulden Sie sich bis Sonntag.

Etwas an Nadia war anders, als sie beim nächsten Termin meine Praxis betrat: Sie bewegte sich anders, saß anders da, benahm sich anders. Ihre ganze Körpersprache hatte sich verändert. Sie verhielt sich nicht wie ein kleines Mädchen, das Angst hat, Raum einzunehmen, und versucht, seine Gegenwart panisch auf einen kleinen unbemerkbaren Punkt zusammenschrumpfen zu lassen. Sie war wieder so, wie ich sie zu Anfang unserer Therapie kennen gelernt hatte: eine starke und unabhängige Frau mit Sinn für Humor, die zu entscheiden versuchte, was sie mit ihrem Leben anfangen sollte.

– Sie wollen wissen, was passiert ist, dass ich mich besser fühle, stimmt's?

– Ja.

– Langsam, langsam. Am Ende werden Sie alles erfahren …

Nadias Worte und ihr amüsiertes Lächeln, das einen Moment über ihr Gesicht huschte und wieder verschwand, erinnerten mich daran, was bei unserem Telefongespräch ein paar Tage zuvor geschehen war. Nadia hatte mich in allem, was ihr Schicksal anging, völlig im Dunkeln gelassen, und ich konnte mich des Gefühls nicht erwehren, dass sie sich meiner Ungewissheit und Befürchtungen sehr bewusst war, sie vielleicht sogar genoss. Ich dachte, dass dies vielleicht ein Beispiel von *projektiver Identifikation* war, eine Situation, in der sich der Patient auf eine Weise verhält, die den Therapeuten dazu bringt, selbst auf unmittelbare Weise die Empfindungen zu erleben, deren Bewältigung dem Patienten schwer fällt. Weshalb geschieht so etwas? Nach Wilfred Bion, Thomas Ogden und anderen psychoanalytischen Theoretikern tut der Patient dies aus dem unbewussten Wunsch heraus, der Therapeut möge diese unerträglichen Gefühle verinnerlichen, sie bearbeiten und dem Patienten »leichter verdaulich« zurückgeben. Mit anderen Worten, Nadias projektive Identifikation war eine Kommunikationsform zwischen uns.

An normalen Tagen hätte ich versucht zu überprüfen, ob meine Einsicht richtig sei. Wenn ich mich davon überzeugt hätte, hätte sie die Art beeinflusst, in der ich mich gegenüber Nadia verhielt und vielleicht auch die Worte, die ich zu ihr sagte. Doch die augenblicklichen Umstände veranlassten mich, mich ganz auf den Inhalt ihrer Worte zu konzentrieren und dem Therapieprozess keine Aufmerksamkeit zu widmen. Wenn die Kanonen donnern, schweigen die Musen der Therapie. Damit eine Psychotherapie stattfinden kann, bedarf es eines Manövrierraums für den Therapeuten sowie für den Patienten, ein störungsfreies, von den Diktaten der äußeren Realität freigestelltes Areal. Der Psychoanalytiker Donald Winnicott nannte diesen Raum, in dem sich die Behandlung abspielt, einen *potentiellen Raum*. Dieser Raum hatte sich zwischen Nadia und mir in dem Moment aufgelöst, in dem sich ihr Leben in unmittelbarer Gefahr befand, und die Tatsache, dass weiterhin psychologische Prozesse zwischen uns abliefen, schien plötzlich irrelevant.

– Also, Folgendes ist passiert: Einen Tag nach dem Termin mit Ihnen bekam ich einen Anruf aus Kanada, aus Toronto. Erinnern Sie sich überhaupt, wer dort wohnt?

Ich hatte das Gefühl, dass Nadia eine Art Blitzprüfung mit mir durchführte. Es war nicht ihr charakteristisches Verhalten, und ich fragte mich, ob in ihr der Wunsch aktiv war, die Männer an ihren Platz zu verweisen, und vielleicht auch meine Zuverlässigkeit ihr gegenüber zu prüfen: Ob ich mich daran erinnerte, was sie mir gesagt hatte. Zu meinem Glück wusste ich, wer in Toronto lebte.

– Ja. Ihr kleiner Bruder, Ichsan.

– Erinnern Sie sich, was er dort studiert?

Das wusste ich nun nicht mehr, und Nadia schenkte mir noch ein Lächeln. Ich fand ihr Lächeln leicht spöttisch. Oder vielleicht war ich einfach zu empfindlich. Ich wühlte vergeblich in meinem Gedächtnis. Was studierte er, zum Teufel? Mir schien, Ingenieurwesen oder so etwas Ähnliches. Ich war nicht sicher, sagte aber trotzdem, dass er vielleicht Diplomingenieur oder Informatik studiere. Nadia brach in Lachen aus und sagte:

– Nein, Doktor. Diesmal haben Sie nicht erfolgreich geraten. Hier hat Sie Ihr Gedächtnis oder vielleicht Ihr Glück betrogen. Wissen Sie, wer der Bruder ist, der Ingenieurwesen studiert? Ich werde Ihnen sagen, wer es ist: Es ist der Bruder einer anderen Patientin, nicht meiner. Offenbar haben Sie zu viele Patientinnen. Sie können einem Leid tun. Es ist schwer für Sie, sich diese ganzen Geschichten zu merken und sich auch um alle zu kümmern … Ichsan studiert Medizin. Im ersten Jahr. Ich habe Ihnen von ihm erzählt.

– Es tut mir Leid. Das wusste ich nicht mehr.

– Warum haben Sie dann geraten? Warum haben Sie nicht einfach gesagt, dass Sie sich nicht erinnern?

– Anscheinend weil es Ihnen gelungen ist, mich unter Druck zu setzen. Ich habe mich von Ihrer Geringschätzung in die Ecke gedrängt gefühlt und wollte mich nicht blamieren, indem ich zugab, dass ich es nicht weiß. Am Ende ist es, wie Sie sehen, noch schlechter ausgegangen.

Schweigen. Und dann:

– Wen haben Sie zu schützen versucht, als Sie verbergen wollten, dass Sie sich nicht erinnern, mich oder sich?

– Mir scheint, uns beide. Ich wollte nicht als jemand, der sich nicht erinnert, dastehen, aber ich wollte auch nicht, dass bei Ihnen der Eindruck entsteht, Sie seien mir nicht wichtig. Besonders nicht jetzt, wo Sie bedroht sind und das Gefühl haben, als sei Ihr Leben niemandem wichtig. Auf jeden Fall, auch wenn ich mich nicht erinnere, was Ihr Bruder studiert, und auch wenn ich manchmal unter Druck stehe, Sie sind mir wichtig.

– Gut. Ich hab's gehört. Jedenfalls hatten Ichsan und ich immer eine enge Beziehung. Bevor er wegfuhr, hat er mir mit seinem ganzen Geld eine Stereoanlage gekauft, um mir zu danken, dass ich ihm mit meinem Englisch geholfen habe, die Aufnahmeprüfungen zu bestehen. Und nun ruft er mich also aus Kanada an und erzählt mir, dass Mama ihn angerufen und gebeten hat, sofort nach Israel zurückzukommen. Er ist erschrocken und hat sie gefragt, ob etwas passiert sei, ob jemand krank oder gestorben sei. Sie hat geantwortet, es sei schlimmer als der Tod, Nadia habe der ganzen Familie große Schande bereitet, das ganze Dorf rede darüber. Daher erwarte sie von ihm, dass er zurückkomme und den Schandfleck ausmerze. Sie sagte zu ihm, sie habe mit meinem großen Bruder, Chaled, gesprochen, und sie beide hätten beschlossen, dass etwas getan werden müsse. Papa wolle nicht, er denke, man dürfe mich nicht anrühren, auch wenn ich ihnen noch so große Schande bereitet hätte. Aber normalerweise passiert am Ende das, was Chaled und Mama beschließen. Kurz, sie haben beschlossen, Ichsan zu bitten, mich zu töten. Verstehen Sie? Sie haben ihn bis nach Kanada geschickt, um zu lernen, wie man fremde Menschen heilt, und holen ihn hierher zurück, um seine Schwester umzubringen.

Nadia verstummte und sah mich durchbohrend, provozierend an. Ich wusste, dass es keinen Sinn hatte, sie zu fragen, was weiter geschehen war. Daher schwieg ich und erwiderte ihren Blick. Sie würde es von selbst erzählen, wenn sie genug davon hatte, mich in Spannung zu halten. Die Blicke zwischen uns wurden hart, sogar brennend. Die Sekunden verstrichen, doch ich senkte meine Augen nicht, und sie ebenso wenig. Innerhalb von Sekunden waren wir im alten Wettkampf der Blicke verhakt, ein Wettstreit, der bei allen Säugetieren und auch den Menschen zwei sehr einfache Folgen hat: Zwei Tiere oder zwei Menschen, die einander von nahem mit durchdringendem und anhaltendem Blick ansehen, werden in der Regel eins von beidem tun – miteinander kämpfen oder miteinander schlafen. Wieder sind Lust und Aggressivität, Liebe und Gewalttätigkeit so verknüpft, dass es sehr schwer ist, zwischen ihnen zu differenzieren. Wenn sich Blicke im Therapiezimmer verfangen – und das passiert nicht selten –, wird weder gekämpft, noch schläft man miteinander, doch die Spannung steigt.[41] Wir schwiegen beide, bis sie schließlich sagte:

– Ichsan hat Mama angeschrien. Er hat zu ihr gesagt, dass Sie und Chaled völlig wahnsinnig seien und dass Papa Recht hätte. Er erinnere sich noch daran, wie ich ihn auf den Armen gehalten hätte, als er ein kleiner Junge war, und wie ich ihn schlafen gelegt hätte. Er liebe mich und würde mich immer lieben. Er sagte, ich dürfe mit meinem Leben anfangen, was ich wolle, und dass er absolut nicht die Absicht habe, mich zu töten und bei der Gelegenheit auch sich selber noch das Leben zu zerstören. Danach hat er Chaled angerufen und ihn auch angeschrieen. Er hat ihn gefragt, ob er mich und ihn, seine jüngeren Geschwister, beneide. Er fragte ihn, ob ihm das Herz wehtue, dass er selber sein Leben damit verschwendet habe, Späher in der Armee der Juden zu sein, und jetzt bloß ohne Arbeit im Dorf herumlaufe, während Ichsan und ich an der Universität studierten. Ichsan hat zu ihm gesagt, er habe den Verdacht, dass es ihnen nur ums Geld gehe. Dass Chaled nur versuche, mich und ihn aus der Liste der Erben zu beseitigen. Ich wäre unter der Erde, Ichsan säße im Gefängnis, unsere Schwester Achlam würde ihm keine Probleme bereiten, und der ganze Besitz der Eltern würde an ihn gehen. Chaled schwor bei Gott, dass es nicht so sei, und Ichsan schwor bei Gott, wenn mir etwas passieren würde, würde er nach Israel zurückkommen und persönlich dafür sorgen, dass jeder, der in den Mord an mir verwickelt war, ins Gefängnis käme. Damit hat er sich aber nicht begnügt. Er hat seine Telefonate mit Chaled und Mama aufgezeichnet, wie sie sagten, dass man den Schandfleck mit Blut tilgen und dass Ichsan nach Israel zurückkommen und das tun müsse. Dann hat er ihnen die Aufnahme vorgespielt und gesagt, er würde das Band der Polizei übergeben, wenn ich plötzlich verschwände. Danach kamen noch mehr Anrufe. Alle haben mit allen geredet, auch mit mir.

– Auch mit Ihnen?

– Wenn man das reden nennen kann. Ichsan hat mich wieder angerufen und mich auch angeschrien. Er sagte zu mir, ich solle aufhören, der Familie Probleme und Schande zu bereiten. Wenn ich unbedingt mit einem Mann unverheiratet zusammenleben wolle, dann solle ich das wenigstens mit einem richtigen Mann tun und nicht mit einem Wurm wie Maher. Er sagte, wenn ich mich nicht beherrschen könne, solle ich wenigstens ins Ausland fahren wie er und es nicht direkt unter ihrer Nase machen. Er sagte, dieses ganze Land sei ein einziges großes Dorf, und es bestehe kein Unterschied zwischen Tel Aviv und dem Galil. Am Schluss schrie er, er hätte die Nase voll von uns allen, er wolle keine solchen Anrufe mehr mitten in der Nacht kriegen, wir seien alle wahnsinnig, und er bitte mich, irgendwie mit Mama und Chaled zurechtzukommen, damit sie aufhörten, ihm auf den Geist zu gehen, und ihn in Ruhe studieren ließen. Dann habe ich auch mit ihnen geredet. Zuerst mit Mama und danach mit Chaled.

Nadia schwieg wieder, doch ich konnte mich nicht mehr beherrschen und fragte sie, was sie zu ihnen gesagt habe.

– Ich sagte zu Mama, dass ich sie liebe, aber wenn sie mich eine Hure nennen würde, würde ich sofort auflegen. Danach haben wir beide geweint. Zu Chaled habe ich andere Sachen gesagt. Ich habe ihm erzählt, dass ich bei Ihnen in Behandlung bin und dass Sie schon alles wissen. Ich sagte zu ihm, wenn ich verschwinden würde, würden Sie dafür sorgen, dass man herausfindet, was mir passiert ist. Sowohl er als auch ich wissen, dass sogar die Polizei die Angelegenheit nicht niederbügeln kann, wenn ein jüdischer Arzt anfangen würde, Fragen zu stellen und das Thema in die Medien brächte.

– Und das ist genug? Denken Sie, dass sie Sie wegen ein paar Telefongesprächen nicht mehr töten wollen?

– Ich weiß nicht, was sie im Innersten wollen, aber es besteht die Chance, dass sie es nicht mehr machen werden. Kann sein, dass ich ihnen einen ehrenhaften Ausweg aus der ganzen Sache gelassen habe, als ich ihnen erzählte, dass ich Maher verlassen werde. Sie haben sich gefreut, als sie hörten, dass unsere Affäre zu Ende ist.

Nicht nur ihre Familienangehörigen, auch ich freute mich zu hören, dass Nadia beschlossen hatte, Maher zu verlassen. Meine Gründe waren andere als ihre. Ich war nicht überzeugt davon, dass das Bild, das ich mir im Geiste von den Charaktereigenschaften dieses Mannes gemacht hatte, der Wirklichkeit nahe kam, aber ich freute mich trotzdem. Unwillkürlich stahl sich ein Lächeln auf meine Lippen. Nadia bemerkte es und lächelte ebenfalls. Ich war sicher, dass sie seit Beginn der Behandlung wusste, was meine Meinung über Maher war, auch wenn sie mich nie gefragt und ich nie etwas gesagt hatte.

– Ich verlasse ihn. Ich werde nie mehr einen Fuß in seine Wohnung setzen. Ich habe Chaled und Mama die Wahrheit gesagt: dass ich das nicht wegen ihnen und nicht wegen ihrer Drohungen tue, sondern weil ich jetzt weiß, wie viel ich Maher wert bin. Es reicht mir mit ihm und seiner Falschheit und Feigheit. Ich habe ihnen gesagt, dass ich Maher seit jener Nacht, in der mich Mama erwischt hat, hasse, und dass er mich sogar ein bisschen anekelt. So ein Feigling. Ich habe seitdem kein einziges Mal mehr mit ihm geredet. Er ist nicht bereit, mich vor ihnen zu schützen, und ich bin nicht bereit, mit einem Mann zusammenzusein, der mich ausliefert. Er liebt mich nicht wirklich, er liebt nur sich selbst, und er verdient es nicht, dass ich ihn liebe.

Das Schweigen, das zwischen uns herrschte, war sanfter geworden. Auch unsere Blicke entspannten sich. Seit Beginn ihrer Therapie bei mir hatte Nadia zu entscheiden versucht, ob sie Maher verlassen oder bei ihm bleiben sollte, obwohl er sie nicht heiraten wollte. Und nun war sie zu einer Entscheidung gelangt, mit der sie im Reinen war. Auf einem gänzlich anderen Weg, als ich erwartet hatte. Ich dachte darüber nach, was Nadia gesagt hatte, und formulierte vorsichtig:

– Sagen Sie, wo stehen wir damit, Sie und ich?

– Meinen Sie das, dass auch Sie mich nicht wirklich geschützt haben? Dass Sie mich aus Ihrer Praxis gehen ließen, nachdem ich Ihnen erzählt hatte, was passiert war, ohne sich zu vergewissern, dass ich auf dem Weg zu einem sicheren Ort bin?

– Ja.

– Ich weiß nicht … Mir scheint, bei Ihnen ist das etwas anderes. Bei Ihnen war das keine Feigheit, sondern Ignoranz. Sie hatten einfach keine Ahnung, was bei uns abläuft, und bis letzte Woche wollten Sie es vielleicht auch nicht wissen. Jetzt glaube ich, dass Sie sich trotzdem um mich kümmern, dass Sie bereit sind, mir zu helfen. Es stimmt, für Sie ist es viel leichter, meiner Familie gegenüberzutreten. Sie wissen, dass sie es aller Voraussicht nach nicht wagen werden, Ihnen etwas anzutun, denn Sie sind ein jüdischer Mann. Aber es ist Tatsache, dass Sie bereit sind, mir zu Hilfe zu kommen, und Maher nicht. Aus meiner Sicht ist das die Grundaussage. Ich habe kein Problem, bei Ihnen in Behandlung zu bleiben.

– Schön. Das freut mich.

– Freuen Sie sich nicht zu früh. Ich habe kein Problem, mit Ihnen zu arbeiten, aber ich bin nicht sicher, ob wir noch etwas zu bearbeiten haben.

Wieder senkte sich Schweigen über uns, und wir sannen

beide über die Veränderungen nach, die die letzte Woche gebracht hatte, bis ich schließlich sagte:

– Es ist wahr, allem Anschein nach besteht der Grund nicht mehr, der sie in die Therapie gebracht hat. Jetzt wissen Sie, was Sie mit Maher anfangen wollen, und mir scheint, Sie haben mehr Selbstsicherheit. Dennoch schlage ich vor, dass wir noch eine Weile zusammen weitermachen.

– Warum? Damit Sie sicher sein können, dass ich lebe?

Wir lächelten beide.

– Nein… oder eigentlich vielleicht doch, wenn ich ehrlich bin, fürchte ich immer noch ein wenig um Ihr Leben. Schließlich sind wir beide nicht völlig sicher, dass Ihre Familienangehörigen den Plan, Sie zu töten, aufgegeben haben. Aber dafür brauchen Sie einen Leibwächter, keinen Therapeuten. Und wir haben ja bereits gesehen, dass ich kein sonderlich erfolgreicher Leibwächter bin. Ich dachte, es würde sich lohnen, noch ein bisschen weiterzumachen, damit wir sehen, ob die Veränderungen bei Ihnen stabil sind, und damit Sie für sich klären, wie Sie in eine Situation geraten sind, in der Sie sich bis über beide Ohren in einen Mann verliebten, der nicht bereit war, einen Finger für Sie zu rühren, und sich mit einer Realität abgefunden hätte, in der man Sie wegen Ihrer Liebe zu ihm ermordet, Hauptsache, es trifft nicht ihn.

– Darüber muss ich noch nachdenken, aber ich werde zum nächsten Termin kommen.

***

Nadias Geschichte ist eine Geschichte vom Kampf zwischen den Geschlechtern um die Freiheit der Liebe. Eine bunte Mischung aus religiösen, psychologischen, gesellschaftlichen und pseudo-biologischen Begründungen dient zur Erklärung – manchmal auch zur Rechtfertigung – der Ermordung von Frauen und Mädchen, die es wagten, so zu lieben, wie sie wollten, oder bei denen es diesen Anschein hatte. Die Sitte jedoch, dass die Blutsverwandten der widerspenstigen Frau »den Schandfleck zu tilgen« haben, wirft Fragen auf: Wie kommt es, dass ausgerechnet diejenigen, die die Frau lieben, sie töten sollen? In der arabischen Gesellschaft ist es dem Ehemann verboten, seine untreue Frau zu ermorden. Nur ihre Brüder und die übrigen Blutsverwandten haben das Recht, dies zu tun. Weshalb?

Manar Hassan, eine israelische Araberin, deren Magisterarbeit sich mit diesem Thema befasst, führt an, dass die Blutsverwandten einer Frau, die außereheliche sexuelle Beziehungen hatte, sie aus einem ganz prosaischen Grund ermorden: Weil das für die Familie »billiger« ist, als den beteiligten Mann zu töten. Der traditionelle männliche Ehrenkodex besagt, dass ein außereheliches Verhältnis einer der Frauen aus der Familie, oder sogar der bloße Anschein, Schmach über die gesamte Familie bringe – und die Ehre muss mit Blut wiederhergestellt werden. Andererseits bestimmt dieser Kodex auch, dass jeder Mord an einem männlichen Familienmitglied von dessen Familie mit Blut gerächt werden muss, was durch den Mord an einem männlichen Angehörigen der Familie, aus der der ursprüngliche Mörder hervorging, vollzogen wird. Die Kombination dieser beiden Regeln führt zu einem simplen Schluss: Wenn jeder Fall außerehelicher Beziehungen mit der Ermordung des Mannes enden würde, würde dies eine Kette von Morden und Vergeltungsmorden zwischen Familien und Sippen auslösen, und das Blutvergießen nähme kein Ende mehr. Dagegen ist der Mord an einer Frau durch ihre Blutsverwandten eine interne Familiensache. Es ist ein Mord, der »die Sache regelt« und keine Rache nach sich zieht, da die potentiellen Rächer auch die Mörder sind. So lässt sich die verlorene Familienehre wiederherstellen, ohne in einen tödlichen Blutreigen mit der Familie des Mannes, der sie entweiht hat, verwickelt zu werden.[42] In einigen der benachbarten arabischen Länder wie Jordanien und Libanon gewährt das Strafrecht bis heute den Männern, die weibliche Familienmitglieder im Rahmen der »Wahrung der Familienehre« ermordet haben, mildernde Umstände.

Wie konnte sich dieser Brauch in Israel erhalten? Wir stellen uns gerne als Rechtsstaat und aufgeklärte Demokratie im finsteren, diktatorischen Nahen Osten dar. Doch Hassan weist mit anklagendem Finger auf die diversen Berater für arabische Angelegenheiten in den Regierungsämtern hin, die diesen Brauch als Teil der »arabischen Mentalität« beschrieben. Dies ist im Grunde eine ungeschminkte sozialdarwinistische Begründung – »so sind die Araber, das ist ihre Mentalität, und so wird es bleiben«. Laut Hassan ermöglichen sämtliche Regime im Nahen Osten, einschließlich Israels und der palästinensischen Autonomieverwaltung, die Beibehaltung dieses Brauchs – und zwar nicht weil er eine Art Naturgesetz wäre, an dem nicht zu rütteln ist, sondern weil er ihnen hilft, ihre Herrschaft innerhalb der arabischen Gesellschaft zu befestigen. Im Austausch für die Loyalität der Männer, der Anführer der arabischen Stämme und Sippen, gegenüber der zentralen Herrschaft im Staat (das heißt, gegenüber den arabischen Diktatoren in den arabischen Ländern und gegenüber der israelischen Regierung bei uns) gewährt ihnen dieser Staat in der Herrschaft über ihre Frauen nahezu volle Rückendeckung.

***

Das ganze Buch hindurch hat uns die Frage begleitet, was in der Liebe normal und was pathologisch ist. Gibt es in der Liebe rote Grenzlinien, jenseits derer Fachleute, Freunde oder die Gemeinschaft eingreifen müssen? Nadias Geschichte ist ein Beispiel für eine Extremsituation, die im Allgemeinen in der jüdischen Gesellschaft nicht vorkommt. Allerdings gibt es bei uns häufig andere Situationen, in denen die Liebesbeziehungen »die Grenze überschreiten« und pathologisch werden. In solchen Fällen haben der Therapeut und die Familie, die Gemeinschaft und die Gesellschaft generell eine eindeutige und kompromisslose Position einzunehmen.

In der Liebe existiert eine scharfe und klare Grenze zwischen erlaubt und verboten, normal und krank – und das ist die Gewalttätigkeit oder ihre Androhung. Menschen, vor allem Frauen, die in der Kindheit Gewalttätigkeit oder sexueller Ausbeutung ausgesetzt waren, sind hochgradig gefährdet, im Erwachsenenalter Liebesbeziehungen einzugehen, in denen Gewalttätigkeit ausgeübt oder angedroht wird. Auch Menschen, die in ihrer Kindheit keine schweren Traumata erlitten haben, können sich unter bestimmten Bedingungen in Situationen sexueller Ausbeutung oder in gewalttätigen Liebesbeziehungen wieder finden. Wie passiert so etwas? Es gibt eine Reihe Ursachen dafür, und eine davon ist der sogenannte »slippery slope« (schiefe Ebene).

Dieser Begriff existiert auch im juristischen Bereich und beschreibt eine Situation, die langsam und allmählich abgleitet. Geschieht dies im Rahmen der Beziehung mit einem Partner, gewöhnt sich die Frau manchmal an die leichten, graduellen Veränderungen und sieht sie als »Teil des Lebens«. Wenn am Ende Gewalttätigkeit auftritt, steht die Frau unter dem inneren und äußeren Druck, nichts davon verlauten zu lassen und die Beziehung nicht zu beenden. Im Laufe meiner Arbeit sind mir etliche Frauen begegnet, ein paar davon aus dem orthodoxen Gesellschaftssektor, die sich nach mehreren Ehejahren mit einem gewalttätigen, prügelnden Ehemann wieder fanden, der in seiner Gemeinde als ehrenwert angesehen wurde und in der Vergangenheit sensibel und aufmerksam war. Die meisten Männer, die schlagen – und auch die Mehrheit der Männer, die ihre Frauen oder Geliebten schließlich ermorden –, sind gegenüber keinem anderen Menschen außer ihrer Partnerin gewalttätig. Daher fällt es der Umgebung häufig schwer zu glauben, dass sie »von dieser Sorte« sind. Der typische Prozess eines solchen Abgleitens kann damit beginnen, dass der Geliebte oder Ehemann die Frau immer öfter anruft und sie danach fragt, was sie tut, bisweilen Dutzende Male am Tag. Sie wird sich begehrt und umworben vorkommen, nichts dagegen haben, wenn er darauf beharrt, dass sie ihre ganze freie Zeit nur mit ihm verbringt, und allmählich die Kontakte zu ihren Freundinnen und ihrer Familie lösen. Im weiteren Verlauf wird sie davon überrascht werden, dass er ihr nachspioniert und über alles, was sie tut, Bescheid weiß. Dann tauchen die Beschuldigungen auf, begleitet von Wutausbrüchen, auf die eine Entschuldigung folgt. Irgendwann passiert dann der erste Schlag, und sofort darauf kommt die Reue, die Bitte um Verzeihung und das Versprechen, dass es nie wieder vorkommen wird. Innerhalb kurzer Zeit jedoch wird sich die Frau in Verhältnissen befinden, in denen die Gewalttätigkeit ihr gegenüber zur Gewohnheit geworden ist.

Viele Frauen setzen die Beziehungen mit einem prügelnden Mann in der Hoffnung fort, dass er »sich ändern wird« oder »wegen der Kinder« oder manchmal, »weil er versprochen hat, dass es nicht wieder passieren wird«. Noch mehr Frauen schrecken nicht davor zurück, weiter mit einem Mann zu leben, der sie deutlich oder unterschwellig mit Gewalttätigkeit bedroht, oder sie bleiben mit ihm in Verbindung. Manchmal lieben sie ihn in aller Aufrichtigkeit, und häufig schwankt ihr Verhältnis zu ihm zwischen Wut, Furcht, Verzeihen, Akzeptieren und Liebe. Oft üben ihre Familie und ihre Umgebung schweren Druck auf sie aus zu verstehen, zu vergeben, zu berücksichtigen und vor allem – zu schweigen. Die verabscheuungswürdige Titulierung »Mord aus Liebe« für einen von einem Mann verübten Mord an einer Frau, die sich weigerte, sich seiner Herrschaft zu beugen (oder dem es schien, als weigere sie sich), veranschaulicht, wie ein Teil solcher Liebesgeschichten endet. Wie wir gesehen haben, besteht in der traditionellen arabischen Gesellschaft – und in geringerem Maße auch in den traditionellen jüdischen und christlichen Gesellschaften – eine nachsichtige Haltung gegenüber Gewalt gegen Frauen generell, und vor allem gegenüber widerspenstigen Frauen oder solchen, deren Verhalten Schande über die Familie bringt.

Es muss betont werden: *Es gibt keinerlei Rechtfertigung – und kann keine geben – für offene oder angedeutete Gewalttätigkeit gegenüber Frauen*. Obwohl es schwerwiegende gesellschaftliche und psychologische, bewusste oder unbewusste Faktoren gibt, die zur Bereitschaft einer Frau beitragen, Beziehungen fortzusetzen, in denen Gewalt vorkommt, muss sich das therapeutische Bemühen zuallererst auf die Beendigung der Gewalttätigkeit konzentrieren und nicht auf das Verständnis des psychischen Hintergrunds. In meiner Arbeit als Therapeut bin ich immer wieder von der Entdeckung überrascht, wie verbreitet das Phänomen von Gewalttätigkeit innerhalb der Familie ist – auch bei gebildeten und gut situierten Paaren. Nach polizeilichen Schätzungen hat jede zehnte Frau in Israel irgendwann einmal unter der Gewalttätigkeit ihres Partners zu leiden, und ungefähr jede vierte arabische Frau in Israel wird geschlagen. Jede Manifestation von Gewalttätigkeit in der Familie oder ihre Androhung muss zu einer Intervention von außen führen – durch Polizei, Fürsorgedienste oder Therapeuten, die auf die Behandlung des Problems spezialisiert sind. Nur die Einschaltung eines äußeren Faktors kann den Kreislauf der Gewalt durchbrechen. Obwohl das öffentliche Bewusstsein gegenüber Gewalttätigkeit in der Familie in letzter Zeit gewachsen ist, scheint es, dass die Lage in diesem Bereich in Israel immer noch weit davon entfernt ist, zufriedenstellend zu sein.

8. KAPITEL

Ein gebrochenes Herz

Jetzt, mit nüchternem und schmerzlichem Blick zurück, war alles klar. Vielleicht sogar zu klar. Die kleinen Disharmonien hier und dort. Ungenauigkeiten in seinen Lügengeschichten. Unsicherheiten bei den seltenen Malen, wo seine Hände über ihren Körper wanderten. In der Vergangenheit hatte er exakt die richtige Berührung gewusst, sie konnten sich beide auf eine Weise anstacheln, wie es Worte nicht zu beschreiben vermögen.

Jetzt war alles klar. Seine Blicke, die ihr manchmal auswichen. Sein ihr im Doppelbett zugedrehter Rücken, der auf einmal zu groß schien. Wann genau hatte das alles angefangen? Vor zwei Jahren, als sie in die neue Wohnung in Modi'in zogen? Oder vielleicht schon vorher? Sie erinnerte sich an einen Satz, den sie in den vergangenen zwei Monaten, seit Ron das Haus verlassen hatte, ziemlich oft gehört hatte: »Etwas ist mit eurer Partnerschaft passiert.« Alle – Moderatoren in Talkshows, Therapeuten spätnachts im Radio, sogar ihre Freundinnen – begannen plötzlich, wie eine ansteckende Krankheit, das Wort »Partnerschaft« zu benutzen, um etwas zu beschreiben, das nicht Liebe war. Es war ganz einfach: Wenn Liebe da ist, sagt man Liebe. Ist keine Liebe da, sagt man Partnerschaft. Naomi hasste dieses Wort. Es ließ in ihrer Phantasie eine öde Wirklichkeit, bar aller Abenteuer, aufsteigen, die gepolsterte

Realität von Leuten, die sich mit ihrem Schicksal abgefunden, ihre Träume eingepackt und sie in einem hohen Fach im Schrankzimmer verstaut hatten, neben dem Fotoalbum und der Videokassette von der Hochzeit, die man nicht anschauen konnte, ohne in Tränen auszubrechen. Partnerschaft, das war eine abgenutzte, quälende, erzwungene Intimität, die Parole besiegter Menschen. Naomi wollte nicht »an der Partnerschaft arbeiten« und sich auch nicht »auf das Vorhandene konzentrieren« oder »die Kommunikation verbessern«, wie die Küchenpsychologiebücher empfahlen, die sie nie zu Ende brachte, Bücher, die mit Einsichten und Ratschlägen voll gestopft waren, die ihr fruchtlos und losgelöst von ihrem Leben erschienen.

Ron, flüsterte sie, was ist mit uns passiert. Wo bist du, mein Roni. Was ist mit unseren Träumen passiert? Warum sind wir nicht zusammen, du und ich? Aber das ist pathetisch: Da sitzt wieder mal eine Frau mehr auf dem Bett ihres leeren Schlafzimmers hinter geschlossener Tür, damit es die Kinder nicht hören, und weint um den Mann, der sie verlassen hat. Wie bin ich nur die Heldin einer Seifenoper geworden?

Das Telefon klingelte. Naomi wischte sich das Gesicht mit einem Deckenzipfel ab, als ob der Mensch am anderen Ende der Leitung sie sehen könnte, und hob den Hörer ab.

– Naomi?

Es war Rachel, Rons Mutter, eine erfolgreiche Wissenschaftlerin am Weizmann-Institut. Sie hat mir jetzt gerade noch gefehlt, dachte Naomi. Woher hat sie diesen Spürsinn, immer genau zu wissen, wann ihre Anrufe am unangenehmsten sind.

– Ja.

– Wie geht es dir?

Rachel erwartete keine Antwort, und Naomi wusste das. Es war besser so. Wer weiß, was passieren würde, wenn ich ihr diese Frage beantworten müsste, dachte sie. Entweder würde ich lügen oder ich würde ihr die Wahrheit sagen, und ich weiß nicht, was schlimmer wäre.

– Ich komme schon um halb sechs. Ich hoffe, das ist in Ordnung. Sorg dafür, dass Schir und Omer fertig sind, ja? Ich muss rennen, um auch Avner abzuholen. Der Film fängt um sechs an. Wie kommst du zurecht?

So wie du immer wolltest, dass ich zurechtkomme, Frau Professor Rachel Glas, dachte Naomi. Seit dein Sohn das Haus verlassen hat, habe ich keine Zeit zu atmen und auch keine große Lust dazu. Bist du jetzt froh? Du hasst mich, seit Ron mich zum ersten Mal zu euch nach Hause gebracht hat. Ich bin nicht die Tochter eines Wissenschaftlers oder Bezirksrichters. In deinen Augen war ich ein Blutegel, der sich an deinem erfolgreichen aschkenasischen Sohn festgesaugt hat, ein hübsches, aber schlichtes Mädchen aus Kiriat-Ono, das sich nicht schämte, das auszunutzen, was ihr die Natur mitgab, um im Leben vorwärts zu kommen. Aber du hast dich damals getäuscht, und du täuschst dich auch heute. Nicht ich bin hinter deinem Ron hergelaufen. Er ist mir nachgerannt. Am Anfang habe ich ihn nicht geliebt. Ich hatte sogar ein bisschen Angst vor ihm, obwohl er nicht gewalttätig war. Vielleicht habe ich in ihm, tief in seinem Innern unter der Freude und Begeisterung, etwas Totes erkannt. Es fällt mir schwer, es genau zu erklären. Und auch wenn es mir gelingen würde, du würdest es nicht verstehen. Denn du bist auch ein bisschen tot im Innern mit deiner Grausamkeit, die unter einer Hülle guten Benehmens verpackt ist. Ich habe damals nicht verstanden, was mit Ron nicht in Ordnung ist, ich wusste nur, dass in mir etwas war, das »nein« zu diesem Jungen sagte, der so vollkommen wirkte.

– Danke, alles in Ordnung. Die Kinder werden um halb sechs fertig sein. Auf Wiedersehen.

Naomi legte den Hörer mit einem Gefühl der Erleichterung auf. Wenigstens ein Gutes ist passiert, seit Ron das Haus verlassen hat, dachte sie. Ich muss mir nicht mehr geduldig den Mist anhören, den seine Mutter am Telefon wiederkäut. Sie streckte sich auf dem Bett aus. Nur für einen Moment, sagte sie sich. In den letzten Wochen war sie immer so müde. Wenn sie aufwachte, kam es ihr vor, als hätte sie nur ein oder zwei Minuten geschlafen. Ihre Augen wanderten durch das vertraute Zimmer. Ron und sie hatten sich über diese Wohnung mit dem Gartenstreifen unten so gefreut. Rons Gehalt war nicht hoch, obwohl seine Arbeit bei der Staatsanwaltschaft wichtig und interessant war, und das Geld, das Naomi von ihrer Arbeit als Zeichenlehrerin in der Mittelschule heimbrachte, besserte die Familienbilanz auch nicht besonders auf. Naomis Eltern halfen ihnen, so gut sie konnten, aber auch sie hatten nicht viel. Rachel, die durchaus etwas hatte, entzog sich elegant jeder Bitte, Naomi und Ron beim Kauf der Wohnung oder der Abzahlung des Kredits zu helfen, und Ron setzte sie nie allzu sehr unter Druck. »Lass sie«, pflegte er zu Naomi zu sagen, wenn das Thema zwischen ihnen aufkam, »sie soll uns keinen Gefallen tun.«

Meine Eltern, Ron, waren diejenigen, die uns am Ende den ganzen Gefallen getan haben. Sie und nicht deine geizige Mutter. Aber da erinnerte sich Naomi daran, dass ihr Ron, als er die Wohnung verließ, versprochen hatte, nicht zu verlangen, den Besitz beim Scheidungsvertrag zu teilen, sondern ihr die ganze Wohnung überlassen würde. Aus irgendeinem Grund glaubte ihm Naomi immer noch. Nach dem, was sie von Freundinnen gehört und von Unterstützungsgruppen im Internet gelesen hatte, hätte sie sogar dankbar sein müssen, denn die meisten Männer ließen die Frau wirtschaftlich ruiniert zurück. Aber sie war nicht dankbar. Sie wusste, dass ihm das Geld nicht sonderlich wichtig war, ebenso wenig wie ihr. Sie fühlte sich verraten, und Rons Betrug war kein Betrug an ihrem Geld, sondern einer an ihrer Liebe.

Eine Welle von Selbsthass stieg in Naomi auf. Sie vergewisserte sich, dass die Schlafzimmertür abgesperrt war, zog sich aus, machte das Licht an und prüfte ihren Körper aufmerksam vor dem langen Spiegel an der Tür des Schrankzimmers. Sie war fett und ekelhaft. Ihr Bauch erschien ihr riesig. Die zarten Streifen, die die drei Schwangerschaften hinterlassen hatten, traten in dem starken Licht hervor. Am Hals waren Falten erkennbar, und Falten zogen sich auch um die Augenwinkel und tief durch die Stirn. Und die Haare… Sie waren angegraut, glanzlos. Naomi hatte sich nie das Haar gefärbt, und Ron hatte immer zu ihr gesagt, wie sehr er es trotz der grauen Strähnen liebe, sie solle es ja nicht färben. Wann hatte er das zum letzten Mal gesagt? Es war schon lange her. Wie hatte es ihr entgehen können, dass er damit aufhörte? Und seit wann hatte sich ihre Haarfarbe so sehr verändert? Das Ekelgefühl verging, und sie betrachtete sich emotionslos, wie ein Gutachter, der den Schaden nach einem Brand oder Unfall taxiert. Doch Naomi wusste aus Erfahrung, dass das Gefühl zurückkommen würde, und wie es zurückkommen würde, wenn die Kinder eingeschlafen waren und sie in ihrem Zimmer zurückblieb, zu müde, um zu arbeiten, nicht müde genug, um zu schlafen, und wach genug, um sich mit schweren Gedanken abzuquälen.

Ein Klingeln an der Tür riss sie aus ihrer Selbstfolter. Sie hörte das Geschrei von Omer und Schir, »Großmama! Großmama!«, und zog sich hastig an. Entsetzt fiel ihr ein, dass die beiden nicht fertig waren. Noch bevor sie das Zimmer verlassen hatte, hatte Schir schon die Eingangstür aufgemacht, und als Naomi das Kinderzimmer betrat, fand sie ihre Schwiegermutter dort vor, gut gekleidet wie immer, jedes Haar akkurat an seinem Platz. Sie überredete Schir, die rosa Hose anzuziehen, die sie ihr von ihrer letzten Europareise mitgebracht hatte. Rachel Glas blickte Naomi an und lächelte, ohne ein Wort darüber zu verlieren, dass die Kinder noch nicht fertig waren. Doch ihre gesamte Haltung besagte: »Was kann man schon von dir erwarten? Gott sei Dank, dass mein Sohn zu Verstand gekommen ist und dich verlassen hat. Nur schade um diese armen Kinder, die noch etliche Jahre mit dir festsitzen.« Naomi lächelte ebenfalls, entschuldigte sich und bot etwas zu trinken an. Sie erhielt eine höfliche Ablehnung, worauf sie in den Garten ging, um Omer zu holen. Nachdem alle die Wohnung verlassen hatten, kehrte sie ins Kinderzimmer zurück und begann, das Chaos aufzuräumen, das sie hinterlassen hatten. Einat, ihre älteste Tochter, rief an und sagte, sie wolle bei Michal übernachten, die Mutter sei einverstanden. Zerstreut sagte Naomi, das sei in Ordnung.

Draußen wurde es dunkel. Sie hörte die Autos der Nachbarn eins nach dem anderen in die kleine Straße einbiegen. Die anständigen Männer von Modi'in kehrten nach Hause zu ihren wartenden Frauen zurück. Um diese Zeit war auch Ron immer heimgekommen, und sie hatten sich der ausgedehnten Zeremonie des Abendessens, Badens und der Gutenachtgeschichte gewidmet. Naomi hatte nicht gewusst, wie glücklich sie damals gewesen war, bevor alles vor ihren Augen in Scherben ging. Und auch das war pathetisch und abgedroschen.

Wie in einer Seifenoper hatte alles mit einem Brief angefangen, der ausgerechnet an ihre Schule in Rechovot und nicht zu ihr nach Hause geschickt worden war. Sie hatte nie Post in der Schule erhalten, außer Rundschreiben vom Ministerium. Der elegante, weiße Umschlag, auf dem Naomis Name gedruckt stand und der weder Name noch Adresse des Absenders trug, zog auch die Aufmerksamkeit Dinas, der Sekretärin, auf sich, die ihn ihr mit einem Lächeln reichte.

– Was ist das, Naomi? Ein heimlicher Liebhaber?

Vielleicht hielt sie etwas an der verschwörerischen Atmosphäre, die Dina andeutete, davon ab, den Brief sofort zu öffnen. Wie bei allen Klischees wusste sie im Grunde, was der Brief enthalten würde, wusste es schon seit langem und hatte es nur nicht wissen wollen. Wieder genauso – wie klar war alles, wenn man zurückblickte, ohne die Augen zu verschließen. Obwohl zwei Monate vergangen waren, seit sie den Brief bekommen hatte und obwohl sie ihn kein einziges Mal mehr gelesen, sondern ihn samt Umschlag in die unterste Schreibtischschublade gelegt hatte, erinnerte sich Naomi fast auswendig an den Wortlaut:

Sehr geehrte Frau Naomi Glas,

zu meinem Bedauern muss ich Ihnen sagen, dass Ihr Mann Sie mit meiner Frau betrügt. Die Beziehung zwischen ihnen besteht schon seit über einem Jahr, sie haben sich viele Male getroffen und vollen Sexualverkehr miteinander gehabt. Zum Beispiel als Ihr Mann zu einer Anwaltsfortbildung vom 22. bis 24. Oktober nach Eilat reiste, teilte er sein Hotelzimmer mit meiner Frau. Sie führen jeden Tag Telefongespräche, in meinen Händen befinden sich die Aufnahmen vieler solcher Gespräche. Der Privatdetektiv, den ich engagiert habe, hat sie ohne ihr Wissen einige Male gefilmt, als sie zusammen schliefen, und es ist ihm gelungen, eine Spermaprobe zu erhalten, die allem Anschein nach Ihrem Mann gehört.

Aus Gründen, die ich für mich behalten möchte, ziehe ich es vor, in diesem Stadium anonym zu bleiben, obgleich ich annehme, dass wir uns im Verlauf der weiteren Entwicklung der Dinge treffen werden.

Der erste Gedanke, der sie streifte, als sie den Brief las, der auf ausgewähltem Papier getippt war, war: Was für ein widerwärtiger Kerl, der Mann, der diesen Brief geschrieben hat.

Wie ekelhaft. Und der nächste Gedanke: Ich bin in einer Telenovela. Mein Leben, meine Familie, meine Liebe, alles eine Seifenoper. Meine Seifenblase ist zerplatzt, und jetzt bin ich ein nasser Schmierfleck auf dem Boden. Die Möglichkeit, dass der Inhalt des Briefes eine Lüge sein könnte, ging ihr durch den Kopf, doch sie hielt nicht lange an. Sie wartete, bis die Kinder in jener Nacht im Bett waren, um mit Ron zu reden.

In den Stunden, die vergingen, nachdem er nach Hause gekommen war und bis sie mit ihm sprach, beobachtete sie ihn und ihr gemeinsames Leben, als sehe sie es von außen. Mit Zuneigung, einer gewissen Losgelöstheit und vielleicht sogar Nostalgie. Sie bewahrte ruhig Blut beim Abendessen. Danach kam das Baden, dann die Geschichte für die Kleinen, das Löschen des Kinderzimmerlichts und die Diskussion mit Einat, wie lange sie am Computer chatten durfte. Im Verlauf des Abends fühlte sie sich, als habe sie eine Spritze beim Zahnarzt erhalten, als müsse etwas eigentlich sehr wehtun und würde es auch noch, doch momentan wirkte die örtliche Betäubung, und das Fleisch fühlte sich hart, taub und schmerzlos an. Keinerlei Schmerz, nur der verbrannte Geruch in der Nase und das Knirschen des Bohrers im Ohr.

Als sie allein im Zimmer waren, sagte sie:

– Roni, ich habe einen Brief in die Schule bekommen. Darin steht, dass du mich mit einer verheirateten Frau betrügst. Er ist von ihrem Mann.

Ron blickte sie an und schwieg. Auch Naomi schwieg, wartete darauf, dass er den Mund aufmachte. Sie war nicht angespannt, sondern an einem anderen Ort, an dem es keine Spannung und keine Gefühle gab. Ron schwieg weiter.

– Du musst etwas sagen.

– Ich habe nichts zu sagen.

– Dann geh.

Sie überraschte sich selbst. Sie hatte das nicht geplant, es war ihr plötzlich herausgerutscht. Er sah sie erstaunt an, schwieg jedoch weiter. Sein Schweigen bestärkte das, was bei ihr als Bauchreaktion begonnen hatte.

– Geh. Ich kann dich nicht mehr hier haben.

Und immer noch fühlte sie sich wie in einer Seifenoper. Auch das Klischee der stolzen, betrogenen Frau war ein Teil der westlichen Kultur des ausgehenden zwanzigsten und beginnenden einundzwanzigsten Jahrhunderts, noch so eine Seifenblase. Ron erwachte aus der Erstarrung, in die er verfallen war, seit sie zu reden begonnen hatte, ging ins Schrankzimmer und holte den kleinen Koffer heraus, mit dem er nach Deutschland zu reisen pflegte, wenn er an der Untersuchung der Bestechungsaffäre des Bauunternehmers Axel arbeitete. Er legte ein paar Kleidungsstücke hinein, die er aus dem Schrank nahm, Naomi sah nicht genau, was, ging ins Bad und holte die Zahnbürste, das Rasierzeug und die Kontaktlinsenflüssigkeit, drehte sich um und ging hinaus, ohne ein Wort zu sagen. Sie hörte nicht, was er auf dem Weg hinaus zu Einat sagte, doch bevor er die Wohnung verließ, kam er ins Schlafzimmer zurück und sagte:

– Ich werde um halb acht da sein, um Schir und Omer in den Kindergarten und in die Schule zu bringen. Auf Wiedersehen.

Erst nachdem er gegangen war, fing Naomi zu weinen an. Einat kam ins Zimmer, weiß wie ein Laken, und sah sie entsetzt an. Naomi umarmte sie, und sie weinten beide ein bisschen, bis Naomi Einats Haar streichelte und zu ihr sagte, es würde alles gut werden, alles würde gut.

* * *

Wie ein Staat bei einem Blitzangriff reagierte Naomi auf Rons Weggang und die Entdeckung, die dazu geführt hatte. Nach dem ersten Schock begann sie, ihre Reservetruppen zu sammeln. Am nächsten Morgen, nachdem Ron die Kinder abgeholt hatte, ohne ein Wort mit ihr zu wechseln, rief sie in der Schule an und bat um einen Tag Urlaub. Dina, die Sekretärin, platzte fast vor Neugier, und Naomi war klar, dass sie zwischen dem Briefumschlag, dem unerwarteten Urlaubstag und ihrer dünnen Stimme am Telefon einen Zusammenhang herstellte. Sie wusste auch, dass in einigen Tagen, spätestens, all die Menschen in ihrem Leben wüssten, was passiert war, aber sie wollte nicht, dass man es in der Schule auf die Art erfahren würde. Sie sagte zu Dina, sie sei »ein bisschen erkältet«, rief Schuli, ihre beste Freundin an, bat sie, sich auch einen Tag Urlaub zu nehmen und sich mit ihr in Tel Aviv zu treffen.

Schuli, die sich selbst vor ein paar Jahren hatte scheiden lassen, hörte ihr geduldig zu und sagte danach:

– Alle sind so, also ist Ron auch so. Ich bin nicht überrascht. Du wirst ein paar grauenhafte Monate durchmachen, und dann wird sich die Lage bessern. Es wird dir wieder besser gehen, und du wirst neu anfangen. Du hast doch schon seit einiger Zeit gespürt, dass es nicht das Wahre war mit ihm, oder?

Naomi war ein bisschen unschlüssig in dieser Sache.

– Ich bin mir nicht sicher. Das heißt, die Dinge zwischen uns haben sich ganz entschieden verändert, aber mir schien, als ob das nur Veränderungen seien, die mit der Zeit und mit seinem und meinem Stress in der Arbeit einfach passieren.

– Dir ist nicht aufgefallen, dass er dich nicht mehr liebt?

– Nicht wirklich… mir kam es so vor, als ob wir ein bisschen Probleme hätten, aber ich hatte nicht das Gefühl, dass es zwischen uns zu Ende sei.

– Du bist naiv.

Naomi war sich nicht sicher, ob sie wirklich naiv war. Vor Ron hatte sie einige Freunde gehabt. Sie war ein beliebtes, attraktives Mädchen in der Schule und in der Universität gewesen und war es gewöhnt, sich in allem, was Männer betraf, auf ihre weibliche Intuition zu verlassen. Ungenauigkeiten, das war alles, was sie sagen konnte. Es hatte Ungenauigkeiten mit Ron in letzter Zeit gegeben, doch sie hatte nicht das Gefühl, als sei er als Geliebter völlig aus ihrem Leben verschwunden. Und da klingelte ihr Mobiltelefon.

– Naomi?

– Roni?

– Ja. Ich rufe an, um mich mit dir zu treffen und darüber zu reden, was jetzt zu machen ist. Was wir den Kindern sagen und solche Dinge. Ich schlage vor, wir treffen uns, bevor sie aus dem Kindergarten und der Schule kommen. In Modi'in, oder ich kann auch bei dir in der Schule vorbeikommen.

– Ich bin nicht in der Schule, ich habe einen Tag Urlaub genommen und mich mit Schuli in Tel Aviv getroffen…, setzte sie an, so wie sie sich immer gegenseitig darüber informiert hatten, wo sie waren und was sie machten, doch dann riss sie sich zusammen. Wer weiß, wie oft er sie in solchen Situationen angelogen hatte. Das war das erste Mal, dass Naomi der Geliebten Rons einen Gedanken widmete. In den kommenden Wochen und Monaten würde sie mit Besessenheit an sie denken. Sie beschloss, ihm nicht mehr zu sagen, wo sie sich befand und mit wem. Man übermittelt dem Feind keine überflüssige Information. Und sie wollte sich auch nicht mit ihm treffen. Sie wollte es aus einem sehr einfachen Grund nicht: Wenn sie sich mit ihm träfe und anfinge, über ihr Leben zu reden, würde sie in Tränen ausbrechen, und sie wollte nicht vor ihm weinen.

– Mir ist es lieber, wir unterhalten uns am Telefon. Du kannst reden. Ich höre.

Plötzlich war eine förmliche Atmosphäre zwischen ihnen entstanden. Als sei auch sie, nicht nur er, Anwältin. Und demnächst würden tatsächlich die Rechtsanwälte an die Reihe kommen… Roni, bist du verrückt geworden, fragte sie sich im Kopf. Bist du völlig ausgerastet? Es sind ich und du. Wir können uns nicht einfach so trennen. Es kann nicht sein, dass du plötzlich mein Feind bist.

– Gut. Gestern habe ich Einat erklärt, dass wir nicht mehr miteinander zurechtkommen. Ich habe gesagt, dass ich das Haus verlasse und dass wir uns wohl trennen werden, aber wir beide lieben sie alle drei sehr und werden uns immer um sie kümmern und das gemeinsam tun. Ich habe ihr auch gesagt, wenn ich eine eigene Wohnung habe, kann sie mich besuchen kommen und vielleicht auch ab und zu bei mir bleiben.

– Und was hat sie gesagt?

Er zögerte eine Sekunde, bevor er ihr antwortete.

– Sie hat gefragt, ob ich dich nicht mehr liebe.

– Und was hast du geantwortet?

Sofort nachdem ihr die Frage herausgerutscht war, bereute sie es.

– Ich sagte ihr, dass ich dich nicht mehr so liebe wie früher, dass es jetzt etwas anderes ist, und dass sowohl du als auch ich mit der Zeit neue Partner finden werden. Aber wir beide werden sie, Omer und Schir weiter lieben wie …

– Mistkerl!

Ihr Ausbruch überraschte Naomi ebenso wie Schuli, die ihr gegenübersaß, die Espressotasse in der Hand, und ihre Freundin besorgt anblickte.

– Naomi, nimm dich zusammen.

Seine Stimme war eiskalt. Ihre seltenen Gefühlsausbrüche hatten ihn stets dazu veranlasst, sich zu distanzieren.

– Ich will nicht! Nimm dich doch selber zusammen! Warum hast du das getan? Das Ganze ist dermaßen widerlich. Weißt du, dass es von dir Spermaproben im Büro irgendeines erbärmlichen Privatdetektivs gibt? Dass mich die Kinder in der Früh gefragt haben, wann du nach Hause kommst, und ich keine Ahnung hatte, was ich ihnen antworten sollte? Dass auch ich Sehnsucht nach dir habe und möchte, dass alles so wird, wie es vor gestern war? Wozu war das alles nötig? Wieso? Ich hasse dich!

Die zwei Männer, die am benachbarten Tisch saßen, unterbrachen ihre Unterhaltung und betrachteten sie neugierig. Die Bedienung blickte beunruhigt zu ihr hinüber, doch Schuli signalisierte ihr, es sei alles in Ordnung, sie solle sich von ihnen fern halten. Naomi hatte unterdessen das Mobiltelefon aus der Hand gelegt und begann zu schluchzen. Sie weinte und weinte, und alle guten Worte Schulis konnten sie nicht beruhigen. Das war das letzte Mal, dass sie Ron etwas vorweinte. Die Wunde verkrustete mit einer Geschwindigkeit, die auch sie überraschte, und die Kruste schützte das zarte Fleisch darunter. Schuli nahm das verwaiste Telefon an sich und sagte entschieden:

– Ron, ich bitte dich, dass du dich in Zukunft mit Naomi nur persönlich triffst, wenn ihr Anwalt dabei ist. Wenn es etwas Dringendes gibt, das du ihr zu sagen hast, schick ihr eine SMS oder schreib ihr. Genau. Danke. Schalom.

***

Eine Scheidung ist eines der schlimmsten Ereignisse im Leben. Es liegt auch zahlreiches Forschungsmaterial zur Wirkung, die eine Scheidung der Eltern auf die seelische Gesundheit ihrer Kinder hat, vor. Abwägungen zwischen dem Wohl der Kinder und dem der Eltern sind in diesem Zusammenhang immer kompliziert, und viele haben damit zu kämpfen. Auf jeden Fall ist die Trennung von Ehepartnern, die ihr Leben und ihre Liebe miteinander geteilt haben, ein häufiges und sogar akzeptiertes Phänomen in vielen Gesellschaften, das auf der ganzen Welt kontinuierlich zunimmt.

Nur ein Drittel der Ehen in den Vereinigten Staaten werden länger als vierzig Jahre halten. Mit anderen Worten: Zwei von je drei amerikanischen Paaren werden sich früher oder später scheiden lassen. Ein gebrochenes Herz ist eine fast universelle menschliche Erfahrung. In einer Umfrage, die an einer amerikanischen Universität durchgeführt wurde, wurden die Studenten gefragt, ob sie jemals von einer Person verlassen oder zurückgewiesen wurden, die sie sehr liebten. 93% der Studentinnen und Studenten gaben an, dass ihnen das mindestens einmal passiert sei, und 95% der Befragten sagten aus, dass sie selbst eine Person verlassen oder abgewiesen hätten, die in sie verliebt war. Es handelte sich um junge Leute zwischen 18 und 22 Jahren, und es ist anzunehmen, dass der Anteil der Menschen, die verlassen werden und jemanden verlassen, mit dem Alter ansteigt und sich den 100% nähert. Menschen treffen sich, verlieben sich, heiraten manchmal und trennen sich häufig. So war es aller Wahrscheinlichkeit nach auch vor Tausenden von Jahren, allerdings nicht überall.

In ihren Anfängen nahm die christliche Religion eine feindliche Position gegenüber Geschlecht und Sexualität ein. Dieser Standpunkt fand seinen extremsten Ausdruck in der Bewegung des Mönchstums – Freuds Ansichten zu diesem Thema kennen wir bereits. Das Christentum borgte sich vom Judentum den Gedanken, dass die Heirat von Mann und Frau ein von Gott geheiligter Akt sei, und gelangte von da aus zu dem Schluss, »was nun Gott zusammengefügt hat, soll der Mensch nicht scheiden« (Markus 10,9). Von da war es ein kurzer Weg zu der Feststellung: »Wer sich scheidet von seiner Frau und heiratet eine andere, der bricht ihr gegenüber die Ehe; und wenn sich eine Frau scheidet von ihrem Mann und heiratet einen andern, bricht sie ihre Ehe« (Markus 10, 11-12). Mit anderen Worten, in dem Moment, in dem ein Paar geheiratet hat, ist jede sexuelle Beziehung mit jeder anderen Person ein Leben lang immer als Ehebruch anzusehen, und es spielt keine Rolle, ob sie sich offiziell und im Einverständnis getrennt haben. Daher wird bei der christlichen Heiratszeremonie gesagt, »bis dass der Tod uns scheidet«, denn nichts anderes kann dieser Auffassung nach die Ehepartner trennen.

Wie in Naomis Fall folgen Trennung und Scheidung von Ehepaaren meist, nachdem sich einer der beiden in einen neuen Partner verliebt hat und/oder sexuelle Beziehungen hatte. In der Tat, wie die Anthropologin Laura Betzig in einer Umfrage herausfand, die nahezu alle heutigen Gesellschaften umfasste, ist der international häufigste Scheidungs- oder Trennungsgrund der Betrug von einem der beiden Partner, der dem anderen bekannt wird. Sterilität eines der beiden Ehepartner und Grausamkeit, im Allgemeinen seitens des Mannes, sind die nächsthäufigen Gründe, doch Betrug ist, wie gesagt, Spitzenreiter auf der Liste.

Wie wir im siebten Kapitel sahen, existiert eine lange Geschichte von gewalttätigen Versuchen in patriarchalischen Gesellschaften, sicherzustellen, dass verheiratete Frauen keine außerehelichen sexuellen Beziehungen pflegen. Die Doppelmoral, die bis in die jetzige Generation noch gilt, demnach einem Mann erlaubt war, was einer Frau verboten war, wenn er es nur im Verborgenen tat, verschwindet zunehmend mit der Verbesserung der wirtschaftlichen und sozialen Stellung der Frauen in den westlichen Gesellschaften, worauf wir im Weiteren noch zurückkommen werden. Vielleicht mehr als jedes andere Thema, das mit Sexualität und Liebe zu tun hat, ist die tatsächliche Häufigkeit von Partnerbetrug in unserer Welt ungewiss. Die Quelle der meisten Forschungserkenntnisse sind anonyme Fragebögen, und viele Wissenschaftler sind davon überzeugt, dass unter solchen Bedingungen Männer dazu neigen, ihre sexuellen Errungenschaften zu übertreiben, und Frauen dazu, sie zu reduzieren. Auf jeden Fall, Ende der Achtzigerjahre des zwanzigsten Jahrhunderts hatten 70% aller verheirateten Erwachsenen in den Vereinigten Staaten wenigstens eine Affäre außerhalb der Ehe – das heißt, hatten ihren Partner/ihre Partnerin betrogen. Frauen gaben im Durchschnitt etwas weniger Seitensprünge an als Männer. Wie gesagt ist die Mehrheit der Wissenschaftler jedoch davon überzeugt, dass in der Realität das Verhältnis bei Betrug in der Ehe in der heutigen westlichen Gesellschaft bei Männern und Frauen ähnlich ist. Es gibt keine Gewissheit, dass sich das Maß an Betrug in den letzten Jahren im Aufwärtstrend befindet, doch es scheint, dass das Alter, in dem sich der erste Seitensprung ereignet, bei beiden Geschlechtern in ständigem Sinken begriffen ist. Zu Anfang der Achtzigerjahre gab in einer Studie, die mehr als 10 000 Verheiratete in den Vereinigten Staaten befragte, ein Viertel der unter Fünfundzwanzigjährigen an, dass sie es bereits fertig gebracht hatten, ihren Partner/ihre Partnerin wenigstens einmal zu betrügen.

Schuli sagte zu Naomi, dass Betrug fast immer ein Gesetz des Schicksals sei, weil »alle so sind«. Stimmt das? In ihrem Buch »Liebe und Verrat, Ehen und Scheidungen«, behauptet die amerikanische Anthropologin Helen Fisher, dass uns der Betrug ebenso wie die Liebe im Blut liege, und um genau zu sein – in unseren Genen. Sie präsentiert eine beeindruckende Sammlung von Beweisführungen, die ihre Schlussfolgerung unterstützen. Viele davon sind verdeckte oder offene Argumente des Sozialdarwinismus. Wie wir im siebten Kapitel gesehen haben, ist das mit Vorsicht zu genießen. Ohne hier Bezug auf die Frage zu nehmen, ob sie »richtig« sind, fügen sie meiner Ansicht nach der einfachen Feststellung Woody Allens kaum etwas hinzu – »Das Herz will, was es will«.

Verrat ist im Gegensatz zu Woody Allens pragmatischer Haltung für die meisten das angemessene Wort. Verräter sind Menschen, die man in Kriegszeiten hinrichtet und in Friedenszeiten verabscheut. Die Bezeichnung für eine Person, die

Staatsgeheimnisse an den Feind verkauft hat, sowie für einen Menschen, der ein außereheliches Verhältnis unterhält, macht die moralische Position klar, die viele zu diesem Thema einnehmen. Es gibt aber in den meisten Gesellschaften einen deutlichen Unterschied in der Haltung zu Sex und/oder Liebesbeziehungen außerhalb der Ehe und der Einstellung gegenüber Verstößen gegen die Staatssicherheit. Die Gesetzbücher aller Staaten der Welt sehen schwere Strafen für Vaterlandsverräter vor. Wenn es aber um diejenigen geht, die uneheliche Affären unterhalten, bietet sich ein völlig anderes Bild. In jedem demokratischen Staat der Welt sowie auch in den vielen Diktaturen, in denen eine Trennung zwischen Religion und Staat besteht, ist der Betrug an einem Ehepartner oder einer Ehepartnerin keineswegs ein Delikt. Mit anderen Worten: Eine Tat, die nach religiösem Gesetz zum Todesurteil führt, wird in den Gesetzen des Staates keiner Erwähnung gewürdigt. Nur in Diktaturen, in denen Religion und Staat nicht getrennt sind, darunter islamische Staaten wie zum Beispiel Saudi-Arabien, werden solche Beziehungen strafrechtlich verfolgt. In diesen Staaten besteht auch, wie wir im siebten Kapitel sahen, eine diskriminierende doppelte Moral zwischen Männern und Frauen.

Es gibt auch vollkommen andere Haltungen. Während in den Vereinigten Staaten die Affäre um Clinton und Monica Levinsky stürmische Wellen schlug, taten sich die meisten Europäer, von Frankreich bis Russland, schwer damit, das Problem zu verstehen. In ihren Augen waren und sind die Amerikaner infantil und naiv, Menschen, die den Lauf der Welt nicht verstehen und sich selbst und ihrer Umgebung mit völliger Taktlosigkeit schwere Schäden zufügen. Der Tatbestand, dass zwischen ein und zehn Prozent der Weltbevölkerung »Bastarde« sind (siehe Kapitel 7), sagt viel über die wahre Einstellung zum sogenannten Verrat auf diesem Gebiet in unserer Welt aus. Die menschliche Fähigkeit, mit diesem Betrug zu leben, scheint also extrem hoch.

Die psychoanalytische Theorie kann erklären helfen, warum wir uns so für diese Art Betrug interessieren und dem Thema solche Aufmerksamkeit schenken. Schon zu Beginn seines Lebens wird sich ein Säugling dessen bewusst, dass es eine Person gibt, normalerweise seine Mutter, die ihn liebt, die sich um jeden Mangel kümmert und sich stets in seiner Nähe befindet. Das Baby entwickelt feste *dyadische*, d.h. paarweise Beziehungen mit seiner Mutter. Dabei entwickelt es emotionale Kontrollmechanismen, deren Aufgabe es ist, die Beziehung zu vertiefen und sie strengstens zu bewachen. Die Bedeutung der dyadischen Beziehung für die Gesundheit und die Entwicklung des Säuglings ist so groß, dass der britische Psychoanalytiker Donald Winnicott einmal sagte: »So etwas wie ›Säugling‹ gibt es nicht.« Das heißt, ein Baby hat keine eigenständige psychologische Existenz. Es gibt nur Mutter und Säugling als Paareinheit. Der Vater wird, der Theorie nach, später ins Bild rücken und es differenzierter gestalten. Doch auch ohne Beteiligung eines Vaters (zum Beispiel in allein erziehenden Familien) wird der Säugling bemerken, dass es noch andere Menschen auf der Welt gibt, mit denen er ebenfalls feste Verbindungen haben kann. So weit alles gut und schön. Doch dann wird das Baby, das inzwischen zu einem Kind geworden ist, begreifen, dass auch die Mutter feste, und sogar sehr feste Beziehungen mit dem Vater haben kann.

Diese schmerzhafte Entdeckung ist ein wichtiger und notwendiger Meilenstein in der Entwicklung des Kindes, der den Anfang des Übergangsstadiums von den dyadischen Beziehungsmustern zu den *triadischen* hin kennzeichnet – das heißt, Dreiecksbeziehungen. Von da an wird es sich immer, in jeder Beziehungskonstellation, die es haben wird, der potentiellen

Existenz des »dritten Menschen« und der Möglichkeit bewusst sein, dass zwischen dem zweiten und dem dritten Menschen feste Bande bestehen können, die es selbst nicht miteinschließen. Die Fähigkeit, in triadischen Konstellationen zu lieben und zu funktionieren, ist eine lebenswichtige menschliche Fertigkeit zum sozialen und emotionalen Überleben in unserer Welt. Wir werden alle gefordert, die Gefühle anderer Menschen uns gegenüber und untereinander von vornherein einzukalkulieren. Und nicht genug damit: Wir haben entsprechend zu reagieren, ohne gebrochen zu werden und ohne dass »alles in die Brüche geht«. Menschen, die in ihrer Kindheit diese Fertigkeit nicht erworben haben – das heißt, denen der Übergang vom dyadischen zum triadischen Beziehungsmuster nicht gelungen ist –, werden sich als Erwachsene heftigen Problemen gegenübersehen. Häufig sind sie prädestiniert dazu, an einer Borderline-Persönlichkeitsstörung zu leiden, bei der eine Beziehungskonstellation mit einem Menschen nahezu lebenswichtig wird und gleichzeitig auch gefährlich instabil ist. Im Gegensatz dazu verstehen und akzeptieren wir fast alle die Tatsache, dass die Person, die wir am meisten lieben, auch Liebesbeziehungen mit anderen Menschen pflegen könnte. Allerdings mit wem? Und wie sehr? Und wen liebt sie mehr? Das sind existentielle Fragen, die uns alle beschäftigen. Das Bestreben, Antwort auf sie zu erhalten, ernährt eine große Industrie von Therapeuten, Beratern, Privatdetektiven, versteckten Kameras, Kaffeesatzlesern und Kartenlegern. Dies hängt mit einem uns allen wohlbekannten, starken und gefährlichen menschlichen Gefühl zusammen – der *Eifersucht*.

Die biblischen Worte »denn Liebe ist stark wie der Tod und Leidenschaft unwiderstehlich wie das Totenreich« (Hohelied Salomos 8,6) haben die Tatsache verewigt, dass die Menschen bereits vor Tausenden von Jahren die enge Verbindung zwischen Liebe und Eifersucht sowie auch das zerstörerische Potential kannten, das in der Kombination beider liegt. Was ist Eifersucht? Ist sie ein untrennbarer – und daher auch unvermeidlicher – Bestandteil der Liebe? Eine Vielzahl von Romanen, Filmen, wissenschaftlichen Arbeiten, philosophischen Aufsätzen und psychoanalytischen Artikeln beschäftigen sich mit Eifersucht. Wir können hier nicht einmal einen minimalen Ausschnitt von dem, was über sie und ihre Verbindung mit Liebe geschrieben wurde, begutachten, weshalb wir uns mit einigen Anmerkungen zu dieser problematischen menschlichen Eigenschaft begnügen werden.

Ähnlich wie die Liebe ist auch Eifersucht kein einfaches, eindimensionales Phänomen. Man kann auf jemanden »wegen etwas eifersüchtig« oder »eifersüchtig auf jemanden« sein. Die Eifersucht wegen etwas ist eine dyadische Eifersucht – ein Mensch ist auf seinen Nächsten eifersüchtig wegen dem, was er hat. Diese Eifersucht entspricht dem Neid. Das Werk der Psychoanalytikerin Melanie Klein, »Envy and Gratitude«, befasst sich unter anderem mit den Wurzeln der dyadischen Eifersucht, d.h. des Neids. Dagegen ist Eifersucht auf jemanden die romantische Variante und ist eine triadische Eifersucht: Naomi ist auf Ron eifersüchtig – nicht auf seine guten Eigenschaften, sondern auf seine Beziehung mit der »anderen Frau«. Die Begriffe von Treue und Betrug hängen mit der triadischen Eifersucht zusammen. Sie findet sich im Überfluss in der Bibel und wird als eine der wichtigen Eigenschaften des Gottes Israels bezeichnet: »Denn du sollst keinen anderen Gott anbeten. Denn der Herr heißt ein Eiferer; ein eifernder Gott ist er« (Exodus 34,14). Gottes schwere Eifersucht, die erwacht, wenn die Kinder Israels andere Götter anbeten, ist ein untrennbarer Bestandteil seiner Liebe. Das sechzehnte Kapitel des Propheten Hesekiel ist ein Beispiel für die mächtige Liebe – und nicht weniger mächtige Eifersucht – Gottes: Jerusalem wird als schönes Findelkind geschildert, das Gott aus dem Abfall rettete, mit Liebe großzog, in Gold und Silber kleidete und zu seiner Gefährtin machte, mit der er einen ewigen Bund schloss, während sie ihn mit allen Nachbarn betrog. Der Zorn des betrogenen Gottes legte sich erst, als er schreckliche Rache an der Hure genommen hatte.

Es scheint, dass die Eifersucht des biblischen Gottes ein Beispiel für »männliche«, besitzergreifende und gewalttätige Eifersucht ist. Die weibliche Eifersucht ist sublimer, allerdings im gleichen Maße von Wut erfüllt. Warum sind wir derart eifersüchtig? Fisher führt eine ganze Reihe biologischer Begründungen an, denen wir zum Teil bereits im siebten Kapitel begegnet sind, die mit dem weiblichen Bedürfnis zusammenhängen, sicherzustellen, dass der Mann seine Partnerin weiter unterhält und für ihre Kinder sorgt, und dem männlichen Bedürfnis, sicherzugehen, dass die Kinder nicht die eines anderen sind. Dieses Bedürfnis besteht auch bei Tieren. Wie die meisten Argumentationen des Sozialdarwinismus haben auch diese etwas Hohles und Zwanghaftes an sich, enthalten jedoch anscheinend auch ein Körnchen Wahrheit. Wie auch immer, nach Ansicht Fishers und anderen sind die zwei unangenehmen Wahrheiten über die Natur der Menschen, dass sie nicht monogam sind und dass sie stark eifersüchtig sind.

Aber wann beginnt Eifersucht, krank zu sein? Es gibt in der Psychiatrie einige psychische Störungen, die mit »pathologischer« Eifersucht zu tun haben, die wichtigste darunter ist die *wahnhafte (paranoide) Störung, der Eifersuchtswahn.* In diesem Zustand entwickelt der Mann die absolute – und gleichzeitig irrige – Gewissheit, dass seine Partnerin ihn betrügt. Er sammelt »Beweise« für seine Verdächtigungen – Flecken auf dem Laken, Falten in den Kleidern und Ähnliches. Es gibt keinen Weg, ihn davon zu überzeugen, dass er sich täuscht, und am Ende kann es zum Mord an seiner Partnerin kommen.

Diese Störung existiert auch bei Frauen, doch bei ihnen führt sie nur in den seltensten Fällen zum Mord. Obwohl die Rechtsanwälte von Männern, die ihre Frauen ermordet haben, sich häufig bemühen, die Richter davon zu überzeugen, dass ihre Klienten an dieser Störung leiden, ist sie in Wirklichkeit relativ selten.

Dagegen sind Situationen, in denen ein »normaler« Mensch sich mit zwanghaften Eifersuchtsgedanken martert, die ihm keine Ruhe lassen, sehr häufig. Die unbewusste und unkontrollierte Tendenz der meisten Männer, einen flüchtig musternden Blick auf jede Frau zu werfen, die an ihnen vorübergeht, auch wenn sie Hand in Hand mit ihrer Partnerin gehen, verursacht vielen Frauen Kummer und veranlasst sie zu wiederholten Beschuldigungen, die der Mann im Allgemeinen abstreiten wird (»Ich hab sie nicht angeschaut!«). Die psychologische Behandlung von Eifersucht dieser Art ist nicht einfach. Statt sich zu bemühen, den Patienten davon zu überzeugen, dass seine Verdächtigungen widerlegbar oder stark übertrieben sind, ist es vorzuziehen, die seelischen Ursachen für seinen Mangel an Sicherheit und seine Befürchtungen zu verstehen zu versuchen und ihm zu helfen, mit dem Zweifel und der Ungewissheit zu leben, die einen integralen Bestandteil unseres Lebens ausmachen.

***

Eine Woche nachdem Ron das Haus verlassen hatte, saßen Naomi und Schuli auf dem Rasen im Garten in Modi'in und beaufsichtigten von weitem die Kinder. Für einen kurzen, gnädigen Moment spielten sie miteinander, ohne zu streiten, ohne zu weinen und ohne in Richtung Straße zu laufen, und Schuli fand die Zeit, Naomi eine einfache Frage zu stellen:

– Weißt du, wer sie ist?

– Nein. Es interessiert mich auch nicht.

Doch das war nicht die Wahrheit. Naomi wollte, dass es sie nicht interessierte, doch sie ertappte sich immer öfter dabei, dass sie an die »andere Frau« dachte. Naomi hatte noch nie jemanden gehasst. Aber fast unwillkürlich erwischte sie sich dabei, dass sie diese Frau hasste, die sie nicht kannte und von der sie nur eines mit Sicherheit wusste: dass Ron sie ihr vorzog.

– Willst du es nicht herausfinden?

– Nein.

– Meinst du, dass sie auch ihr Zuhause verlassen hat? Glaubst du, sie wohnen zusammen?

– Ich weiß es nicht, Schuli. Warum ist das so wichtig?

– Hör auf, eine solche Heilige zu sein. Ron hat dich betrogen, garantiert mit einer Anwältin oder Angestellten aus seinem Büro. Willst du nicht wissen, wer sie ist? Meine Mutter hat immer gesagt, es ist ein Naturgesetz, dass ein Mann eine Frau nicht verlässt, wenn keine andere da ist, die irgendwo auf ihn wartet. Willst du nicht wissen, wie ernst es zwischen ihnen ist?

Naomi wusste nicht, ob sie das wissen wollte oder nicht. Manchmal dachte sie, es würde sich lohnen, und manchmal wollte sie nur die Augen zumachen, damit der Albtraum vorüberginge.

Aber er ging nicht vorüber. Zuweilen wurde Naomi von der Leichtigkeit überrascht, mit der sich alle an die neue Situation gewöhnten. Jeden Morgen um halb acht tauchte Ron mit seiner üblichen, aufreizenden Pünktlichkeit an der Tür auf. Er wirkte gut gelaunt und fröhlich vor den Kindern, doch ihr gegenüber war sein Gesicht gefroren, und außer einem kühlen »Schalom« ignorierte er sie vollkommen. Omer und Schir liefen ihm begeistert entgegen. Einat bemühte sich, wie Naomi, nicht in der Nähe der Tür zu sein, wenn er kam. Doch Naomi wusste, wie sehr Einat ihren Vater liebte, und begriff, dass das

Mädchen nur nicht dabei sein wollte, wenn ihre Eltern zusammentrafen. Ron seinerseits begann, sie und die zwei Kleinen jeden Schabbatmorgen zu Ausflügen abzuholen, die sich bis zum Abend hinzogen. Fast unfreiwillig ertappte sich Naomi dabei, dass sie diese Samstage herbeisehnte, da sie die einzige Zeit im Laufe der Woche waren, in der sie sich erholen konnte.

In der dritten Woche nach seinem Auszug fand Naomi, als sie von der Arbeit nach Hause zurückkam, dass im Schrankzimmer Rons Kleider fehlten. Aus dem Bücherschrank waren vier oder fünf Bücher verschwunden, die er besonders liebte. So erfuhr sie, dass er eine Wohnung gefunden hatte. Dagegen gab es keine Überraschungen auf dem gemeinsamen Bankkonto, entgegen den Warnungen von Schuli. Fast gegen ihren Willen begann sie sich an dieses neue Leben zu gewöhnen. Dann, nach zweimonatiger Routine, erhielt sie von Ron eine SMS, in der er bat, die Kinder am kommenden Freitagnachmittag abholen und sie am Samstagabend zurückbringen zu können. Naomi gab ihr Einverständnis, versuchte den Gedanken an die Wohnung, in der die Kinder sein würden, beiseite zu schieben, und freute sich über die Möglichkeit, eine Nacht ungestört durchzuschlafen. Seit Ron das Haus verlassen hatte, erwachte Schir fast jede Nacht weinend aus einem bösen Traum, und Naomi war erschöpft.

Schuli lud sie für den Freitagabend ein, zum »Schabbatempfang der Mädchen«. Es waren einige Freundinnen da, Singles aus Schulis Bekanntenkreis. Allen gemeinsam war die Tatsache, dass sich die Kinder an jenem Wochenende bei ihren Exmännern befanden. Sie hatten eine starke Moral und einen Gemeinschaftsgeist wie eine Gruppe Soldaten, die zusammen den gleichen Krieg durchmachten. Naomi ertappte sich dabei, wie sie Tränen lachte über die Betrugsgeschichten der Geschiedenen und die Rechtsanwalts-, Schlichtungs- und Therapeutenszenen. Sie erhielt auch etliche gute Ratschläge mit auf den weiteren Weg.

Doch nichts hatte sie auf das Gefühl vorbereitet, das sie überflutete, als die Kinder am Samstagabend nach Hause kamen. Einat schloss sich sofort nach Betreten der Wohnung betreten in ihrem Zimmer ein. Schir und Omer erzählten Naomi begeistert von Rons neuer, großer Wohnung, von dem Mittagessen bei McDonald's und dem Besuch im Affenpark. Sie freute sich mit ihnen, aber dann begannen sie ihr von »Adi, Papas neuer Freundin« zu erzählen, und Naomi hatte das Gefühl, als erdolche sie jemand. Nach einigen Schocksekunden regte sich der Schmerz in ihr und mit ihm der Zorn und die Kränkung: bis hierher und nicht weiter. Sie kochte vor Wut. Sie versuchte, ihre Gefühle vor den beiden zu verbergen, und rief sofort, nachdem sie eingeschlafen waren, Ron auf dem Mobiltelefon an, entgegen allen Regeln, die sie sich selbst diktiert hatte.

– Ron?

– Ja.

Im Hintergrund war klassische Musik zu hören. Ron hatte nie Musik gehört und war in allen Konzerten eingeschlafen, zu denen Naomi ihn mitgenommen hatte, bis sie es aufgegeben hatte. Die Musik erschütterte für einen Moment ihre Selbstsicherheit, und in ihrer Phantasie stieg das Bild der anderen Frau auf, das sie in den letzten Wochen überallhin verfolgte. Sie war sicher größer, jünger, schlanker und auch hellhaariger als Naomi. Die klassische Musik ließ sie noch um einige Zentimeter wachsen. Aber Naomi war wütend, und die Wut half ihr, ihre Minderwertigkeitsgefühle zu überwinden, die sie jedes Mal befielen, wenn sie an die andere dachte.

– Hör zu, ich erlaube nicht, dass deine Freundin mit meinen Kindern zusammenkommt. Verstehst du? Ich will nicht, dass sie mit ihnen zusammen ist.

Schweigen. Sein Schweigen hatte sie immer dazu gebracht, über das nachzudenken, was sie zu ihm gesagt hatte, und sich zu fragen, ob es nicht etwas Dummes war.

– Ich kann sie nicht nur zu Ausflügen mitnehmen und sie nie zu mir nach Hause bringen. Ich denke, es ist besser, dass sie sich an sie gewöhnen. Um ehrlich zu sein, Naomi, ich finde, es wäre besser, wenn du dich auch daran gewöhnst. Es sind schon zwei Monate vergangen.

Für einen Moment stieg der Impuls in ihr auf, das Telefon aus der Hand zu schleudern, doch sie widerstand ihm. In diesem Augenblick hätte sie Ron gerne erwürgt. Der Augenblick ging vorüber. Nur nicht die Beherrschung verlieren, sagte sie sich. Keine Schwäche zeigen. Sie atmete tief durch und versuchte, sich zu beruhigen.

– Es ist zu früh. Alles ist zu schnell passiert. Wir sind noch verheiratet. Alles ist unklar. Und wenn ihr euch in einer Woche trennt, du und sie, bringst du die Kinder dann sofort mit deiner nächsten Freundin zusammen und der danach?

– So ist das nicht, Naomi.

– Wirklich? Wie kann ich sicher sein, dass es nicht so ist?

– Weil ich nicht so bin.

Die Wut wallte wieder in ihr auf.

– Schwachsinn. Ich habe Neuigkeiten für dich: Du bist schon so. Und wie. Bis vor zwei Monaten dachte ich das nicht, aber jetzt weiß ich, dass es so ist. Dass du es wagst, meine Kinder mit dieser Frau zusammenzubringen! Hör mir ganz genau zu. Wenn sie ihnen noch einmal, hörst du, noch ein einziges Mal nahe kommt, wirst du das bitter bereuen, glaub mir. Du wolltest, dass wir uns in Einvernehmen und Wohlwollen trennen, und von mir aus geht das in Ordnung. Ich bin auch jetzt noch zu einer Vermittlungsberatung bereit. Aber du sollst wissen, wenn sie sie noch ein einziges Mal zu sehen kriegt, bevor wir geschieden sind, ist alles gestrichen, und ich fange mit den Anwälten an. Hast du verstanden?

– Naomi …

– Schluss. Du hast es gehört. Ich will nicht mehr mit dir reden. Du bist erbarmungslos, und du weißt nicht mal, wie sehr. Denk an das, was ich dir gesagt habe. Schalom.

Sie war aufgewühlt und hatte das Gefühl, dass sie mit jemandem reden musste. Mit einem Zartgefühl, das nicht widerspiegelte, was in ihr vorging, klopfte sie an die Tür von Einats Zimmer. Sie hörte etwas Ähnliches wie ein »ja« und trat ein. Das Zimmer war chaotischer denn je, doch Naomi beschloss es zu ignorieren. Einat kam ihr plötzlich erwachsener vor, als hätte sie in den letzten zwei Monaten zwei Jahre hinter sich gebracht. Mit Kummer dachte sie daran, dass Kinder, deren Eltern sich trennten, zu schnell erwachsen wurden, zu früh die hässlichen Seiten des Lebens kennen lernten. Noch bevor sie die erste Frage stellen konnte, noch bevor sie überhaupt beschlossen hatte, was sie genau fragen wollte, sagte Einat:

– Mama, ich will nicht darüber reden.

– Über was?

– Über sie.

– Woher weißt du, dass ich mit dir über sie reden will?

– Ich weiß es eben. Ich bin ja nicht blöd oder taub. Du hast gerade richtig geschrien am Telefon. Lass es, Mama. Schade um deinen Herzschmerz.

– Und was ist mit deinem Herzschmerz?

– Mit mir ist alles in Ordnung. Ich kann mit jemandem reden. In meiner Klasse gibt es noch zwei Mädchen und einen Jungen, deren Eltern sich in der letzten Zeit getrennt haben. Kümmere dich ein bisschen um dich selber. Überhaupt, vielleicht brauchst du jemanden, mit dem du über alles reden kannst, was dir jetzt passiert, und darüber, wie du dich in Bezug auf Papa fühlst. Vielleicht solltest du in psychologische Behandlung gehen.

– Wie kommst du auf die Idee?

– Du siehst nicht so gut aus in letzter Zeit. Außerdem ist Papa auch in Behandlung.

– Papa ist in Behandlung?

Ron hatte immer über Psychologen und Leute, die ihre Dienste in Anspruch nahmen, gespottet. Er hatte ein paarmal Gelegenheit gehabt, Psychologen und Psychiater bei Gericht zu befragen, und er brachte diesem Beruf und seinen Vertretern nur Verachtung entgegen. Er sagte – und sie erinnerte sich gut daran –, dass sich immer ein Professor der Psychologie oder sachverständiger Psychiater finden lasse, der hergehe und beweise, dass ein Mörder, Vergewaltiger oder sonstiger Krimineller mit weißer Weste im Grunde das Opfer einer psychischen Störung sei und daher Behandlung statt Strafe brauche. Er behauptete auch, dass sie nicht nur ihre Zeit, sondern auch ihre Wahrheit verkauften, genau wie Rechtsanwälte, aber Anwälte würden sich wenigstens nicht damit brüsten, objektiv und wissenschaftlich zu sein.

– Schon seit einem halben Jahr, Mama. Er hat es dir also nicht erzählt.

Naomi schluckte die Kränkung. Einat merkte offenbar, was in ihr vorging, denn sie setzte sich aufs Bett und umarmte sie. Naomi spürte, wie ihr die Tränen hochstiegen und atmete wieder tief durch. Einat war wirklich groß geworden in der letzten Zeit. Wie sich die Tatsachen plötzlich verkehrten: nun war Einat die, die sie tröstete. Später in dieser Nacht, bevor sie ins Bett ging, beschloss sie, dass Einat vielleicht Recht hatte, und wenn Ron das konnte, konnte sie es auch. Für einen Moment überlegte sie, ob ihr Etat die Ausgaben für eine Therapie verkraften würde, doch dann fiel ihr ein, dass Ron im letzten halben Jahr sicher Tausende Schekel im Monat für seine Behandlung ausgegeben hatte, ohne es ihr zu erzählen oder sich mit ihr zu beraten. Und wer weiß, wie viel er für Amüsements mit dieser Frau lockergemacht hatte. Sie kam zu dem Schluss, dass

Einat Recht hatte, und dass es wirklich schade um ihr Herzblut war. Am nächsten Morgen rief sie in meiner Praxis an, und wir vereinbarten einen Termin in zwei Wochen. Doch bis Naomi zu dem Treffen kam, hatte sich wieder alles geändert.

***

Jeder, der einmal verlassen oder betrogen wurde (das heißt, fast alle von uns), kennt dieses Trio nur zu gut: die *Angst* vor und unmittelbar nach dem Verlassenwerden, die *Wut* auf die geliebte Person, die einen betrogen und/oder im Stich gelassen hat, und das vor *Schmerz* gebrochene Herz, das sie hinterlassen. Wie wir gesehen haben, sind das universelle menschliche Erfahrungen. Aber weshalb eigentlich? Warum sind die meisten von uns nicht fähig, wie Scarlett O'Hara in »Vom Winde verweht« zu sagen: Morgen ist ein neuer Tag – und weiterzumachen? Der Psychoanalytiker und Forscher John Bowlby, dessen Bindungstheorie wir im dritten Kapitel erwähnten, führt an, dass all diese Gefühle auf das System zurückzuführen sind, das in den Hirnen aller Säugetiere vorhanden ist und das er Bindungssystem nennt. Seiner Meinung nach, die der Meinung der meisten entspricht, die sich mit dem Thema beschäftigten, ist die schwere seelische Not, die wir alle erleben, wenn uns eine Person, die wir lieben, verlässt, ein kraftvoller Mechanismus, der primär zum Ziel hatte, dafür zu sorgen, dass sich die Mutter und ihr Junges nicht voneinander trennen. Da die Evolution dazu neigt, konservativ zu sein, wenn sie »auf eine gute Idee kommt«, verwendet sie diese häufig in zahlreichen Variationen. Beim Menschen, wie bei einem Teil der Säugetiere, wurde das Bindungssystem im Laufe der Evolution demnach vor den Karren der romantischen Liebe gespannt.

Die *Angst* vor Verrat und Verlassenwerden, der wir im dritten Kapitel begegneten, ist ein fundamentales menschliches Gefühl, das seinen Eingang in unzählige Lieder und Romane gefunden hat. Auch die *Wut*, die dem Verlassenwerden folgt, ist nahezu uns allen bekannt. Von dieser Wut ist es ein kleiner Schritt zu Hass, Eifersucht und Gewalttätigkeit, die in einem Mord münden können, der überwiegend von Männern verübt wird und dessen Opfer meistens Frauen sind. Im siebten Kapitel haben wir die evolutionären Ursachen kennen gelernt, mit denen die Eifersucht der Männer in Zusammenhang gebracht wird. Doch auch bei Frauen wie Naomi, die niemals ihre Hand gegen jemanden erhoben haben, kann die Wut extreme Stadien erreichen. Als Therapeut bin ich des Öfteren von der Vehemenz der Wut, Rachgier und Bösartigkeit überrascht, die Ehepartner, die sich scheiden lassen, gegeneinander richten. Immer wieder ist es vor meinen Augen geschehen, dass sich grundsätzlich gute Menschen, gesetzestreu und nicht gewalttätig, innerhalb kurzer Zeit in eingeschworene Feinde verwandelten, die nicht wählerisch in ihren Mitteln waren, um einem Menschen, den sie einmal aus tiefstem Herzen liebten, Schaden, Schmerz und Leid zuzufügen.

Liebe und Hass sind tatsächlich nicht weit voneinander entfernt. In einer dunklen Geschichte aus dem Haus David wandeln sich Amnon Ben Davids Gefühle gegenüber seiner Schwester Tamar, die er begehrte und vergewaltigte, in Sekundenschnelle: »Und Amnon wurde ihrer überdrüssig, so dass sein Widerwille größer war als vorher seine Liebe« (2. Samuel 13,15). Männer sind fast immer gewalttätiger als Frauen, doch das besagt nicht, dass Frauen nicht zu grauenhafter Wut fähig sind, wenn sie verlassen werden. Der Spruch: »Es gibt in der Hölle keinen schrecklicheren Zorn als den einer verlassenen Frau« bezeugt es.

Entgegen der weit verbreiteten Auffassung ist Hass nicht »das Gegenteil von Liebe«. Wie die Liebe ist der Hass eine persönliche Beziehung, flammend und stark, wobei der verhasste Mensch tiefe Bedeutung in der Seele des Hassenden einnimmt. Liebe und Hass können Seite an Seite wohnen oder einander mit gefährlicher Leichtigkeit und überraschender Schnelligkeit abwechseln. Das Gegenteil von Liebe ist *Gleichgültigkeit*, aus der es im Allgemeinen kein Zurück mehr gibt. Und so verstehen die Kinozuschauer, wenn Rhett Butler zu Scarlett O'Hara den unvergesslichen Satz sagt, »um ehrlich zu sein, meine Liebe, es ist mir einfach egal«, dass eine der größten Liebesgeschichten aller Zeiten tatsächlich »vom Winde verweht« wurde und am Ende angelangt ist.

Wir alle kennen den Schrecken und die Wut, doch mir scheint dennoch, dass das Gefühl, das verlassene Liebende wohl am besten kennen, das *Leid* ist. Vehementer seelischer Schmerz, Empfindungen abgrundtiefer Trauer und unaufhörliche Sehnsucht nach der einen Person, die gegangen ist und nicht wiederkehren wird – all das sind universelle menschliche Erfahrungen, die ebenfalls ihren Ausdruck in zahllosen Liedern, Gedichten und Romanen fanden. Alle Kulturen der Welt erkennen die Tatsache an, dass es sehr schwer ist weiterzumachen, wenn jemand, den wir lieben, stirbt. In allen Kulturen existieren Trauerbräuche, bei denen die Gesellschaft dem Schmerz der Hinterbliebenen Platz einräumt, sie unterstützt und darauf achtet, dass nichts außer Kontrolle gerät. Doch was ist mit einer Frau, die von ihrem Geliebten verlassen wurde?

»Es gibt nichts Vollständigeres als ein gebrochenes Herz«, sagte Rabbi Nachman von Braslav. Ein tiefsinniger, schöner Satz – doch darf man auch keinesfalls vergessen, dass es »nichts Gebrocheneres als ein gebrochenes Herz« gibt. Liebende, die verlassen wurden, leiden manchmal an einer klinischen Depression. In Extremfällen können Verlassenwerden, Betrug oder eine romantische Enttäuschung mit Selbstmord enden. Manchmal, vor allem bei Frauen, handelt es sich nur um einen Selbstmordversuch, dessen Absicht es ist, bei dem Geliebten, der sie verließ, Schuldgefühle zu wecken und ihn zur Rückkehr zu bewegen. Zuweilen ist diese Taktik sogar erfolgreich, wenigstens vorübergehend. Doch ein Selbstmordversuch kann auch »zu erfolgreich« sein und mit dem Tod enden. Neben der Möglichkeit eines tödlichen »Arbeitsunfalls« beinhaltet das Dickicht der Gefühle eines Selbstmörders oder einer Selbstmörderin häufig auch Wut, Sehnsucht, Kummer, Verzweiflung und vor allem unerträglichen seelischen Schmerz. Es ist eine gärende, instabile Mischung, die die Betroffenen dazu veranlassen kann, Selbstmord ohne vorherige Warnung zu begehen.

Doch die meisten verlassenen Liebenden wollen, wie Naomi, nicht sterben und leiden auch an keiner klinischen Depression. Sie leiden einfach. Es ist ein schweres seelisches Leid, häufig auch anhaltend, und es gibt keine Trauerrituale, auf die man sich stützen könnte. Sie leiden, und dennoch werden sich die meisten wieder verlieben und sich weiterem Leid aussetzen. Weshalb all dieses Leiden? Es gibt Wissenschaftler, darunter Fisher, die dies wieder mit der Evolution erklären, laut denen die Depression in bestimmten Situationen nützlich sein kann. Wenn ein Mensch zum Beispiel wirklich ganz und gar hilflos seinem Schicksal ausgeliefert ist, ist es besser, die Ressourcen zu schonen, sich still hinzusetzen anstatt sich sinnlos aufzulehnen. Ich selbst glaube nicht daran, vielleicht weil ich wie die meisten Therapeuten tagtäglich den gravierenden Schäden einer unbehandelten Depression begegne und Herzen, die gebrochen wurden und es blieben. Nach Ansicht vieler – auch meiner – haben der Kummer, das Leid, die Depression und all die gebrochenen Herzen auf der Welt keinen verborgenen Vorteil und sind auch kein bedauerlicher Unfall. Sie sind einfach der Preis der Liebe.

Wir investieren das Beste, was wir haben, in den geliebten Menschen: die Hoffnung, Aufmerksamkeit, Geld und Zeit, die Gegenwart und die Zukunft. Wir legen vor ihm nicht nur alle Kleider ab, sondern auch den Großteil unserer Schutzmechanismen, nehmen ihn in uns auf und verschmelzen mit ihm. Häufig bringen wir, wie Naomi, Kinder zur Welt und ziehen sie gemeinsam groß. Wir werden zu »einem Fleisch« mit ihm. Daher hinterlässt er, wenn er aufsteht und geht, eine blutende Wunde in unserem Herzen. Wie die Bindungstheorie argumentiert, sind wir so konstruiert, dass wir leiden, wenn jemand, den wir lieben, uns verlässt, gerade so wie es in uns angelegt ist zu lieben. Ziel dieses Leidens ist es, uns »zu binden«. Doch unsere Geliebten haben ihren eigenen Willen, und es gibt auch äußere Umstände, die zu Trennungen führen. Mit einfachen Worten: *Es gibt kaum eine Liebe ohne Schmerz.* Auch wenn die Liebe unseres Lebens uns niemals betrügen und nie verlassen würde, am Ende kommt der Tod, um uns zu trennen. Und es gibt schließlich keine Sicherheit, dass wir als Erste sterben. Wer nicht bereit ist, zu leiden und Schmerz zu ertragen, für den ist es besser, sich der Liebe zu enthalten.

Wo verläuft die Grenze des Leidens? Auf diese Frage gibt es keine einstimmige Antwort, und auch wenn man einen ganz bestimmten Menschen zu einer ganz bestimmten Zeit beobachtet, gibt es keine einfachen Antworten darauf, und es kann sie nicht geben. Man muss sich in Erinnerung rufen, dass ein Teil der psychischen und biochemischen Veränderungen, die sich im Sturm der Liebe ereignen, stark den Veränderungen ähnelt, die eine »klinische« Depression charakterisieren, und häufig ist es schwierig zu wissen, wo das eine endet und das andere anfängt. Die Frage nach der Grenze zwischen einem gebrochenen Herzen und einer klinischen Depression ist nicht rein akademisch. Antidepressiva können in bestimmten Fällen von gebrochenem Herzen sehr helfen. Diese Medikamente sind meistens nicht erforderlich, doch möglicherweise wird von ihnen zu wenig Gebrauch gemacht. Was viele daran hindert, eine medikamentöse Behandlung zu erhalten, die ihnen sehr helfen könnte, sind Unwissenheit und Vorurteile, die nicht nur in der breiten Öffentlichkeit vorhanden sind, sondern, zu meinem Bedauern, auch in einem Teil der Therapeutenzunft. Doch die meisten Menschen mit gebrochenem Herzen brauchen keine Tablette, sondern ein aufmerksames Ohr, echte Freundschaft und in der Hauptsache Zeit. Manchmal brauchen sie auch eine Psychotherapie. Es kann ein kausaler Zusammenhang zwischen einem gebrochenem Herzen, das nicht heilen will, und inneren, eventuell unbewussten Empfindungen von Hass oder Aggressivität bestehen. In solchen Fällen muss man sich dem stellen, um eine Heilung herbeizuführen. Doch mehr als alles andere ist es für Menschen mit gebrochenem Herzen wichtig, in ihrem Leben wieder Bedeutung und Hoffnung zu finden.

***

Zwei Tage vor Naomis geplantem Termin mit mir klingelte zu später Nachtstunde das Telefon in ihrem Schlafzimmer. Sie schlief noch nicht, war in die Korrektur von Schülerarbeiten versunken, die sich zu Füßen des Bettes auf dem Teppich türmten. Die Leselampe brannte über ihrem Kopf. In den letzten Nächten hatte Schir aufgehört, schreiend aufzuwachen, und hatte bis zum Morgen durchgeschlafen. Es war still in der Wohnung. Auch draußen war es ruhig, wie immer in der Nacht in Modi’in. Und dann drang Rons Stimme aus dem Hörer:

– Naomi?

Sie war offenbar noch nicht bereit für ein Gespräch mit ihm. Ein verwirrender Schwall alter Gefühle überflutete sie. Seit einem Monat hatte sie seine Stimme nicht gehört, außer das unpersönliche »Schalom«, das er jeden Morgen fallen ließ, wenn er die Kinder abholte, um sie in die Schule und den Kindergarten zu bringen. Sie hatte sich mehrmals gefragt, weshalb er eigentlich weiterhin diese Fahrten übernahm, doch tief im Herzen wusste sie die Antwort: Er liebte die Kinder, und es würde ihm schwer fallen, sie nicht jeden Tag zu sehen. Aber diese Nacht spürte sie mit ihren scharfen Sinnen, dass sich etwas verändert hatte. Es war seine Stimme am Telefon, sie war näher und wärmer geworden.

– Naomi, ich will mit dir reden.

– Ich höre.

– Nein, nicht am Telefon. Ich möchte, dass wir uns treffen.

Naomi wollte Ron liebend gern treffen. Trotz der Wut und des Schmerzes liebte sie ihn immer noch. In einem kleinen, dummen Eck ihres Gehirns glaubte sie, wenn ihr nur etwas Zeit mit ihm und ein bisschen Ruhe gegeben würde, würde er sie wieder lieben. Ihre Anfälle von Selbsthass vor dem Spiegel waren in den letzten Wochen seltener geworden, und sie begann wieder, auf die Blicke zu achten, die ihr Männer zuwarfen. Einer der Lehrer an ihrer Schule hatte sogar versucht, wenn auch zögernd, sich mit ihr zu verabreden. Er war ein harmloser Kerl, ein bisschen merkwürdig, einige Jahre jünger als sie, und Naomi errötete, als sie zu ihm sagte, es sei noch zu früh für sie. Aber sie war nicht vor Überraschung rot geworden, sondern wegen der Lüge, denn plötzlich begriff sie, dass sie möglicherweise nicht abgelehnt hätte, wenn jemand interessanterer und attraktiverer als er sie eingeladen hätte.

Sie schwieg, und Ron wiederholte seine Bitte und fügte hinzu:

– Geht es jetzt?

– Jetzt?

– Ja. Ich parke unten vor dem Haus.

Naomi schwieg. Nachdem sich die Überraschung und die Freude gelegt hatten, wollte sie ihn fragen, was seine Freundin dazu sagte, dass er zu seinem Haus fuhr, um sich mit seiner Frau mitten in der Nacht zu treffen, doch dann erschrak sie: Und wenn es eine Falle war? Wenn er sie in der Intimität der späten Nachtstunde bitten würde, auf etwas zu verzichten, das ihr nach dem Scheidungsabkommen zustand? Vielleicht war es besser, er sagte, was er zu sagen hatte, wenn sie sich bei der Schlichtungsstelle trafen?

Ron bemerkte offenbar ihr Zögern, denn er beeilte sich, sie zu beruhigen:

– Keine Angst. Es ist nichts Schlimmes. Ich glaube sogar, dass es gut ist.

Als er die Wohnung betrat, bat er um Erlaubnis, Schir und Omer zu sehen. Sie stand in der Tür des Zimmers, und er trat an ihre zwei kleinen Betten und küsste sie. Naomi wusste nicht, ob sie sich davor fürchten sollte, dass sie plötzlich aufwachten und ihn sahen, oder ob sie wollte, dass das geschah. Und dann waren sie wieder zusammen, allein, in ihrer beider Wohnung, in der Küche, spät nachts. Sie setzten sich einander gegenüber an den Tisch und sahen sich an. Sie bot ihm Tee an. Er sagte, er würde sich ihn selbst machen. Sie sagte, das dürfe er jetzt nicht mehr. Er lächelte sie an, und sie wurde schmerzhaft daran erinnert, dass dies das erste Lächeln war, das sie in den letzten Monaten von ihm erhalten hatte. Sie stand auf, um den elektrischen Wasserkocher zu füllen, und als sie ihm den Rücken zuwandte, hörte sie ihn sagen:

– Weißt du, es ist ein bisschen seltsam für mich, mit dir in dieser Küche zu sitzen, wo ich weiß, was sich in jedem Schrank befindet, und mir den Tee nicht selbst zu kochen.

Sie gab ihm keine Antwort und drehte sich nicht zu ihm um, damit er ihr Gesicht in jenem Moment nicht sähe. Ron fuhr fort:

– Nicht nur über die Küche, auch von dir weiß ich eine Menge. Wie du dein Omelett magst, was du im Supermarkt beim Einkaufen immer vergisst, über welche Witze du lachst und was dir im Bett gefällt. Ich könnte eine komplette Betriebsanleitung zu Naomi Glas schreiben. Und jetzt ist dieses ganze Wissen überflüssig.

– Daran bist du schuld, Ron. Ich war es nicht, die uns das alles eingebrockt hat.

– Stimmt. Darüber wollte ich mit dir reden.

***

Als Naomi zwei Tage später in meiner Praxis eintraf, hatten sich die Umstände, auf Grund derer sie sich mit mir beraten wollte, vollkommen verändert. Bei ihrem nächtlichen Treffen in der Küche hatte Ron zu ihr gesagt, dass er es von neuem versuchen und wieder nach Hause kommen wolle. Sie hatte erwidert, dass sie über das Ganze nachdenken müsse, aber als er aufstand, um zu gehen, wehrte sie sich nicht, als er sie sanft auf die Stirn küsste. Als sie nahe beieinander standen, sog sie tief seinen Geruch ein, den sie immer noch liebte. Nachdem sie mir all diese Dinge erzählt hatte, versank sie in Gedanken, und ich wartete, dass sie ins »Hier und Jetzt« der ersten Therapiestunde zurückkehrte. Nach ein oder zwei Minuten Schweigen hob sie den Blick, sah mich an und sagte mit einem Lächeln:

– Ich weiß nicht, was ich tun soll. Mir ist klar, dass Sie mir nicht sagen dürfen, was ich machen soll. Wenn Sie es täten, würde ich mich über Sie ärgern und nicht mehr hierher zurückkommen. Aber trotzdem …

– Nicht nur darf ich es nicht, ich weiß einfach nicht, was Sie tun sollen. Wie könnte ich das wissen? Sie waren mit Ron zusammen, nicht ich. Sie werden die Folgen jeder Ihrer Entscheidungen tragen müssen, nicht ich.

– Deshalb habe ich ihm zwei Tage keine Antwort gegeben. Ich habe auf dieses Treffen gewartet. Vielleicht ist es am besten, gar nichts zu entscheiden?

– Meiner Meinung nach ist es unmöglich, sich nicht zu entscheiden. Denn auch es nicht zu tun ist im Prinzip eine Entscheidung. Entscheidungen sind immer sehr schwer, besonders bei einem solchen Thema. Mir scheint, dass die wichtigste Entscheidung, die ein normaler Mensch im Laufe seines Lebens trifft, die ist, wen er heiraten soll. Vor zweieinhalb Monaten ist Ron aufgestanden und hat Sie verlassen, und nun möchte er zurückkommen. Es ist eine schwierige Entscheidung für Sie, doch Sie können nicht anders, als eine zu treffen.

– Ich muss. Seit er das Haus verlassen hat, denke ich manchmal an die Zeiten, in denen man nicht entscheiden musste, wen man heiratete, weil die Ehen arrangiert waren. Vielleicht waren die Leute am Anfang weniger glücklich, aber im Lauf der Zeit hatten sie mehr Sicherheit, vielleicht sogar mehr Liebe und weniger von der schrecklichen Seite von Trennung und Scheidung und all dem, was es ihnen und ihren Kindern antut. Aber jetzt muss ich mich entscheiden.

Eine der Illusionen, die die moderne westliche Konsumgesellschaft charakterisiert, ist, dass eine *Entscheidung* im Wesentlichen eine *Wahl* sei. In unserer von Kampagnen der Werbe- und Medienindustrie genährten Vorstellung leben wir alle in einem Land der unbegrenzten Möglichkeiten und müssen nur »auswählen«. Allerdings übersieht diese Auffassung vom Wesen einer Entscheidung, dass wir jedes Mal, wenn wir entscheiden, unwiederbringlich die Option und die Sache verlieren, die wir nicht gewählt haben. Mit anderen Worten: *Jede Entscheidung ist nicht nur eine Gelegenheit, etwas zu wählen, sondern bedingt auch die Notwendigkeit, etwas zu verlieren.* Oft erkläre ich meinen Patienten, dass sie, obwohl es scheint, dass sie vor einer Wahl stehen, in Wirklichkeit vor einer Entscheidung stehen, mit allem, was darunter zu verstehen ist.

Wie entscheidet man, wen man heiratet? Auf diesem Gebiet ist in den letzten beiden Jahrzehnten weltweit eine noch nie da gewesene gesellschaftliche Revolution eingetreten. Es war eine leise Revolution, deren Bedeutung man auch nicht übertreiben sollte, und es ist auf alle Fälle noch zu früh, um sämtliche Folgen abzusehen. Noch vor zwanzig Jahren heiratete der Großteil der Weltbevölkerung per Ehestiftung, wobei einem häufig ein Vetorecht zustand. Heute heiraten die meisten Leute auf der Welt »aus Liebe«. Die »dritte« Welt gleicht sich der »ersten« Welt in dieser Sache zunehmend an. Damit, so scheint es, nähert sich ein zehntausend Jahre altes Kapitel in der Geschichte der menschlichen Spezies langsam seinem Ende, eine Ära, die von arrangierten Heiraten und parallel dazu durch die Unterdrückung der Frau charakterisiert war. Möglicherweise hat es jedoch nicht immer so ausgesehen. Auf Grund von Forschungen über die Heiratsgewohnheiten in primitiven Jäger- und Sammlergesellschaften ist ein Teil der Anthropologen der Ansicht, dass die Menschen vor Beginn der Ackerbauperiode Paarbeziehungen aus Liebe eingingen und die Stellung der Frau relativ gut war gegenüber dem, was sich im Weiteren entwickelte. Dies ist eine Schlussfolgerung, zu der auch Fisher gelangt, deren Argumentation zu diesem Thema wir aus dem sechsten Kapitel kennen.

Die Meinungen bezüglich der sozialen Ordnung, die in jener grauen Vorzeit unter den Menschen üblich war, sind geteilt. Klarheit besteht darin, dass die Menschen mit dem Aufkommen der Landwirtschaft begannen, sich an Boden oder/und Herden zu binden. Die existentielle Notwendigkeit, ein Stück Land zu bewahren und es von Generation zu Generation innerhalb der Familie weiterzugeben, schränkte die Autonomie und die Beweglichkeit des Einzelnen ein und vergrößerte seine Verpflichtungen und Abhängigkeiten in der Großfamilie. Der Boden wurde zum Besitz der Männer, die ihn besäten und bearbeiteten, und parallel dazu wurden auch »ihre« Frauen zu ihrem Besitz. Heiraten wurden zu Transaktionen zwischen Familien, bei denen das Besitzrecht an Boden oder Herden besiegelt wurde. Erwägungen von Geld, Vermögen, sozialem Status und politischen Beziehungen wurden bestimmend, und das letzte Wort bei der Wahl des Ehepartners oder der Ehepartnerin lag in den Händen des Oberhaupts der patriarchalischen Familie.

Die Agrargesellschaften ignorierten die Liebe nicht. Sie kannten sie, unterschieden jedoch klar zwischen Liebe und Ehen, die durch Vermittlung geschlossen wurden. Auf diese Weise vollzog sich das Familienleben Hunderte Generationen lang.

Mit der industriellen Revolution kam die Veränderung: Männer und Frauen verließen das Dorf, den Grund und Boden und die Großfamilie und übersiedelten in die Städte. Hier und dort fing man an, aus Liebe zu heiraten. Einige Jahrzehnte später schickte der Erste Weltkrieg Millionen Männer an die Front und holte zum ersten Mal Millionen Frauen auf den Arbeitsmarkt, wodurch ihnen Gelegenheit gegeben war, sich aus eigener Kraft zu ernähren. Mit dem Anstieg der ökonomischen Stärke der Frauen fing man an, ihren Forderungen nach gesellschaftlichen und politischen Rechten nachzugeben. In den zehn Jahren nach Ende des Ersten Weltkriegs erhielten die Frauen in fast allen westlichen Demokratien das Wahlrecht.

In jeder Gesellschaft, in der die soziale und wirtschaftliche Macht der Frauen wächst, geschehen zwei Dinge: Der Anteil der Paare, die aus Liebe und nicht über Ehestiftung heiraten, steigt ebenso wie die Scheidungsrate. Gerade in den letzten Jahren haben diese Veränderungen auch die Staaten der Dritten Welt erreicht. In einer Reihe von Untersuchungen in den Neunzigerjahren stellte sich heraus, dass in der Mehrheit jener Länder, in denen die meisten Einwohner der Welt leben, über die Hälfte der jungen Frauen und Männer aus Liebe und nicht per Arrangement heiraten. Ausnahmen sind Indien und die islamischen Staaten. Offenbar konserviert die Kombination von Armut, religiösem Fanatismus, Unterdrückung der Frau und Macht der Großfamilie dort immer noch die Tradition der arrangierten Eheschließung. Doch nichts währt ewig: Die romantischen Filme Bollywoods in Indien und die Seifenopern im Fernsehen in allen Teilen der muslimischen Welt schmuggeln in jenen Ländern eine andere Wirklichkeit in die Häuser und Herzen der jungen Leute. Untersuchungen deuten darauf hin, dass sich die Rate der Liebesheiraten in Indien und den islamischen Ländern in kontinuierlichem Anstieg befindet, und es ist anzunehmen, dass in nächster Zukunft auch sie sich dem weltweiten Trend anschließen werden.

Ist das gut? Versprechen Liebesheiraten den Ehepartnern und ihren Kindern auf lange Sicht mehr Glück? Und schließlich, vergrößert die Liebeswahl das menschliche Glück? Die Antwort ist nicht eindeutig. Ich glaube schon, doch ganz sicher bin ich mir nicht. Diese Möglichkeit der Wahl vergrößert und vertieft sicher die Komplexität in den Beziehungen zwischen den Geschlechtern. Eines ist klar: Überall, wo man Frauen und Männern die Gelegenheit gibt, aus Liebe zu heiraten, werden sie dies nutzen. Ob es nun gut oder schlecht ist, zu Beginn des einundzwanzigsten Jahrhunderts gilt mehr denn je: »Jetzt ist die Liebe an der Reihe.«

***

Eine Woche war seit Naomis erstem Treffen mit mir vergangen. Im Verlauf dieser Tage hatte sie noch ein langes Gespräch mit Ron gehabt. Sie kam nachdenklich zu unserem zweiten Termin, und mir fiel auf, dass sie die meiste Zeit eigentlich mit sich selbst redete und nicht wirklich mit mir. Mit anderen

Worten, sie hatte begonnen, die Antworten an der Stelle zu suchen, an der sie sie finden musste: in sich selbst.

– Er hat gesagt, dass er mich liebt. Ich möchte ihm glauben, aber ich weiß nicht … Er hat gesagt, dass er auch sie liebt. Das glaube ich. Er hat gesagt, dass er nie aufgehört habe, mich zu lieben, aber da bin ich nicht mehr sicher. In der Nacht, in der er das Haus verlassen hat, sagte er zu Einat, dass er mich nicht mehr wie früher liebt. Als ich das gehört habe, bin ich zusammengebrochen, und das war das einzige Mal, dass ich zusammengeklappt bin. Ich habe ihn gefragt, was sich seitdem geändert hat, und er sagte, er habe sich verändert.

– Mir scheint, die wichtigste Frage für Sie ist, ob Ron Sie liebt. Und was ist mit Ihnen? Lieben Sie ihn?

– Ich liebe ihn, aber ich habe Angst vor ihm. Er hat mir das Herz gebrochen. Die letzten Monate waren die Hölle für mich. Langsam und allmählich habe ich angefangen mich zu erholen, und jetzt ist mir klar, dass ich ohne ihn leben und in der Zukunft vielleicht sogar irgendwann glücklich sein kann. Außerdem, es gab früher etwas Unversehrtes zwischen uns. Das heißt, unsere Liebe war unschuldig. Wir waren zusammen wie Kinder, und das war mir sehr teuer. Sie haben mich gefragt, ob ich ihm glaube. Früher habe ich ihm geglaubt und an ihn geglaubt. Jetzt ist das etwas anderes.

– Können Sie das näher ausführen?

– Er hat mich betrogen. Meine Freundinnen sagen, das passiert allen, und man muss verzeihen und weitermachen, aber ich kann das nicht. Wenn es etwas Einmaliges und Flüchtiges gewesen wäre, hätte ich es vielleicht leichter überwunden. Aber er hat sie geliebt, hat sie wirklich geliebt. Er hat mich verlassen, weil er sie liebte, und ich weiß nicht, ob es für uns einen Weg zurück gibt.

– Mir scheint, Sie haben Recht und es gibt wirklich keinen Weg zurück. Es ist schließlich nicht möglich, Gewesenes auszulöschen. Vielleicht werden Sie einen neuen Ort erreichen, aber Sie werden nicht an die Stelle zurückkehren können, an der Sie einmal waren. Auf alle Fälle gibt es in Ihrer Geschichte etwas, das mir nicht klar ist. Ron hat das Haus erst verlassen, nachdem Sie den Brief erhalten haben. Eigentlich waren Sie es, die sagten, er solle gehen. Richtig?

– Stimmt.

– Ich bin sicher, wenn in ihm nicht ein Teil gewesen wäre, der gehen wollte, hätte er sich bemüht, Sie zu überreden, ihn bleiben zu lassen. Aber mir ist nicht klar, was passiert wäre, wenn der Brief nicht eingetroffen wäre oder wenn Sie nicht zu ihm gesagt hätten, dass er gehen solle.

– Ich habe ihn danach gefragt. Er sagt, er hat sich zerrissen gefühlt. Er hat sich nicht aus eigener Entscheidung in sie verliebt, es ist ihm einfach passiert, und seine einzige Entscheidung dabei war, es nicht zu stoppen. Er war verwirrt und wusste nicht, was er tun sollte. Er wollte bei mir bleiben und die Geschichte mit ihr fortsetzen, aber dann sagte ich zu ihm, dass er gehen sollte, und das hat ihm den letzten Schubs gegeben. Er sagt, dass ich ihm in den letzten Jahren immer weniger Aufmerksamkeit geschenkt habe und die Kinder meine ganze Welt geworden sind. Er beharrt darauf, dass ich als Erste aufgehört habe, ihn zu lieben, oder dass ich ihn weniger geliebt habe, und er erst dann angefangen hat, ein Auge auf sie zu werfen. Er hatte das Gefühl, dass ich ihn wie ein Möbelstück behandelte, von dem man weiß, dass es immer da ist, dass ich mich nicht mehr für ihn begeistert habe, dass ich seine Freundin geworden bin, statt seine Geliebte zu sein. Er sagt, ich habe aus ihm einen Vater gemacht und vergessen, dass er ein Mann ist. Er sagt auch, dass ich mich selbst vernachlässigt habe, dass ich seit Schirs Geburt wenigstens zehn Kilo zugenommen habe, und jedes Mal, wenn er das mir gegenüber erwähnt habe, hätte ich ihm eine Szene gemacht. Daran erinnere ich mich, wie beleidigt ich war, wenn er mich darauf aufmerksam machte, dass ich abnehmen müsse. Als ob das wichtig wäre. Aber anscheinend ist das tatsächlich wichtig. Er sagt, dass er schließlich beschlossen habe zu ignorieren, was mit meinem Körper passierte, aber es sei ihm nicht geglückt. Es fällt mir schwer zu entscheiden, ob das Klischees sind oder ob uns das alles wirklich passiert ist.

– Und wie verstehen Sie das, dass er beschlossen hat zurückzukommen?

– Ich verstehe es nicht wirklich. Er sagt, er hatte Sehnsucht nach mir und den Kindern, dass er nie aufgehört hat, mich zu lieben, sondern nur an mir verzweifelt ist, und das sei nicht das Gleiche wie zu lieben aufhören. In dem Moment, in dem er und sie in eine große, gut ausgestattete Wohnung mit zu vielen Zimmern zusammengezogen sind und aus dem Traum ihrer Liebe Wirklichkeit wurde, fing er an zu vergleichen, was er mit mir hatte und was er mit ihr hat, und sich zu überlegen, ob er nicht vielleicht einen großen Fehler gemacht hat. Wissen Sie, gestern habe ich sie mir angeschaut.

Ich wartete darauf, dass sie weitersprach, doch sie schwieg. Ich wusste genau, wen sie meinte. Mir war aufgefallen, dass Naomi, außer als sie die Kinder zitierte, die gesagt hatten »Adi, Papas neue Freundin«, nie den Namen der anderen Frau erwähnte. Sie sagte »sie« statt »Adi«. Das war offenbar ihre Art zu vermeiden, die andere Frau als ein Wesen aus Fleisch und Blut zu sehen. Sie machte sie einerseits überlebensgroß, größer, schöner und klüger als sie, und andererseits schmutzig und tabuisiert. Die Tatsache, dass Naomi Adi aufgesucht hatte, zeugte davon, dass sie anfing, ihr Problem auf ein gewöhnliches Maß zu reduzieren, als Teil des Lebens. Es war ein Signal für mich, dass ich den Namen ausdrücklich benutzen durfte.

– Vielleicht erzählen Sie mir von Adi.

– Es ist so komisch … Sie war völlig anders, als ich sie mir vorgestellt hatte. Ich weiß schon seit ein paar Wochen, wer sie ist. Schuli hat eine Freundin von sich bei der Staatsanwaltschaft angerufen und für mich alles herausgefunden. Aber bis gestern habe ich mich nicht getraut, einen Versuch zu machen, sie zu treffen. Ihr Mann ist Geschäftsmann, und sie wohnen in Savyon. Das heißt, sie haben dort zusammengewohnt, bis ihr Mann das Haus verließ. Sie haben ein zweijähriges Mädchen. Das ist noch etwas, womit ich nur schwer zurechtgekommen bin, dass Ron jede Nacht die Tochter einer anderen und nicht seine Kinder ins Bett bringt. Gestern Nachmittag bin ich dorthin gefahren und habe auf der Straße auf sie gewartet. Sie kam mit ihrer Tochter anscheinend von der Krippe zurück und ging an mir vorbei, ohne etwas zu merken. Sie war wirklich blond, wenigstens darin habe ich mich nicht geirrt, aber sie sah ganz normal aus, nicht besonders groß, mit einem angenehmen, sogar netten Gesicht. Keine Schönheitskönigin, sondern eine Frau wie ich, eine hübsche Frau. Ich schäme mich fast zu sagen, dass sie mir gefallen hat. Sie hatte etwas Zartes, sie wirkte überhaupt nicht bösartig. Ich sah, dass sie versuchte, mit ihrer Tochter auf dem Nachhauseweg zu spielen, und ich hatte den Eindruck, dass sie traurig war. Aber vielleicht kam es mir nur so vor. Und dann ging sie ins Haus, das wirklich groß war, und ich bin gefahren. Auf der Heimfahrt dachte ich, dass sie ziemlich arm dran ist, wenn sie mit einem Menschen verheiratet ist, der dazu fähig war, ihr Privatdetektive hinterherzuschicken, die sie filmten, und diesen bösen, widerlichen Brief zu schreiben, den ich bekam, und um wie viel netter als er Ron doch ist. Ron hat mir erzählt, dass ihr Mann mit ihr vor der Hochzeit eine Gütertrennung vereinbart hat. Daher kriegt sie keinen Groschen, wenn sie geschieden sind, und sie muss auch das Haus verlassen. Aber sie ist dazu bereit, und das wird auch so passieren.

Zum ersten Mal hörte ich in Naomis Stimme Anerkennung der anderen Frau, und sogar ein bisschen Sympathie. Sie schwieg einen Moment nachdenklich und fuhr dann fort:

– Gestern, nachdem ich viel darüber nachgedacht habe, habe ich zu Ron gesagt, er kann wieder nach Hause zurückkommen. Heute Abend kommt er zum ersten Mal. Wir haben mit den Kindern geredet, um sie darauf vorzubereiten, und ihnen gesagt, dass wir es noch einmal versuchen wollen. Schir hat es nicht so recht verstanden und hat bloß gesagt, »gut, dass Papa zu Hause sein wird«. Einat und Omer haben begriffen, und ich glaube, dass sie sich sehr freuen, aber sie haben, wie ich, auch Angst, dass das Ganze noch einmal passiert.

– Sind Sie bereit, dieses Risiko einzugehen?

– Mir scheint, ich habe keine Wahl, wenn ich wieder mit Ron leben möchte.

– Das scheint mir auch so.

– Aber ich weiß nicht, wie ich mich von jetzt an auf ihn verlassen soll. Wir sind schon viele Jahre verheiratet, und ich war nie misstrauisch wegen irgendetwas, wenn er auf Reisen war oder später von der Arbeit heimkam. Ich glaube, dass ich von heute an jedes Mal, wenn er mich anrufen wird, um mir zu sagen, dass er in der Arbeit festsitzt, sofort eine junge Praktikantin verdächtigen werde, die ihn anhimmelt, mit ihm bis spät in der Nacht arbeitet, die Akten mit ihm durchgeht, die Anklageschriften vorbereitet und die Gerichtsauftritte. Und wer einmal betrogen hat …

– Vielleicht waren die Sorglosigkeit und ihr Vertrauen in Ron die Unschuld, die Sie so geliebt haben, und die jetzt verschwunden ist.

– Ja, jetzt weiß ich, wozu Ron fähig ist. Das ist nicht angenehm, sogar ein bisschen beängstigend. Als ob sich ein Abgrund in einem Gelände aufgetan hätte, wo ich sorglos herumspaziert bin. Aber jetzt weiß ich auch, wozu er nicht fähig ist.

– Was meinen Sie damit?

– Er hat keinerlei finanzielle Tricks mit mir versucht, und ich glaube ihm, dass er es auch nicht versucht hätte. Er kennt das Gesetz besser als ich, und er hätte verlangen können, dass wir das gemeinsame Vermögen teilen, aber das hat er nicht. Er hat gesagt, er würde mir die Wohnung überlassen, die eigentlich unser einziger Besitz ist. Wenn man bedenkt, dass sein Gehalt nicht hoch ist und dass seine Mutter Rachel Glas ist, ist das eine beeindruckende Leistung. Sie hat sicher fast einen Herzinfarkt gekriegt, als sie das mit der Wohnung hörte. Er hat nicht versucht zu leugnen, dass er eine Affäre mit Adi hat in dem Moment, als ich fragte. Er hat auch nicht versucht, die Kinder gegen mich aufzuhetzen, nicht einmal indirekt. Obwohl ich weiß, wie sehr er sie liebt und sie ihn lieben, hat er nicht versucht, ein gemeinsames Sorgerecht zu erreichen oder sie zu sich zu nehmen, denn er hat gewusst, dass mich das gebrochen hätte. Ich denke, grundsätzlich ist er ein redlicher und anständiger Mensch. All diese Dinge beruhigen mich. Aber wissen Sie, es ist komisch. Heute Abend kommt er, und ich habe überhaupt kein Gefühl von Sieg oder Erleichterung. Ich bin froh, dass es passiert, aber ich habe auch Angst und bin ein bisschen traurig.

– Das klingt für mich alles sehr plausibel.

– Dann wünschen Sie mir Glück.

– Viel Glück, Naomi. Viel Glück für Sie, Ihre Familie und Ihre Liebe.

Naomi traf zum nächsten Termin mit einem riesigen Papierblock unter dem Arm ein. Sie bemerkte meinen fragenden Blick, lächelte und sagte:

– Ich habe ein paar Skizzen gemacht, bevor ich zu Ihnen kam. Heute unterrichte ich nicht, und in der Früh wollte ich plötzlich wieder einmal zu den Obsthainen im Norden vor der Stadt, in denen ich schon seit mindestens fünfzehn Jahren nicht mehr war, um zu zeichnen. Aber die Obsthaine sind verschwunden, ich konnte sie nicht mehr finden. Am Anfang unserer Beziehung nahm mich Ron immer zu den alten Obsthainen dort mit. Zwischen den Baumreihen gab es trockenen Sand und heruntergefallene Orangen, eine große Stille. Manchmal stand auch auf einem der Hügel zwischen den Obsthainen ein Zelt von Beduinen, die im Sommer aus der Gegend von Be'er-Scheva dorthin kamen. Ich habe unsere Ausflüge geliebt, und das, was manchmal zwischen den Bäumen, auf den trockenen, raschelnden Blättern mit uns geschehen ist. Nach der Heirat sind wir dort ab und zu am Schabbat spazieren gegangen, aber schon bevor ich mit Einat schwanger war, haben wir damit aufgehört.

Naomi unterbrach ihren Redefluss für einen Augenblick, was mir ermöglichte, sie zu betrachten und zu sehen, dass ein Leuchten in ihren Augen war, obwohl die Angst sie nicht ganz verlassen hatte. Sie fuhr fort:

– Ich bin schon seit vielen Jahren nicht mehr in dieser Gegend gewesen. Als ich heute Morgen dorthin kam, fand ich neue Wohnsiedlungen statt der Obsthaine. Ich wollte trotzdem zu den Obsthainen. Daher habe ich das Auto am alten Kino stehen gelassen und bin immer weiter nach Norden gegangen, aber die Wohnviertel haben nicht aufgehört. Einfach verblüffend, was dort in den letzten Jahren in die Höhe geschossen ist. Am Ende habe ich beschlossen, dass ich anstatt etwas zu suchen, was es nicht gibt, das zeichnen werde, was da ist. Ich habe ein ruhiges Plätzchen, auf dem Bürgersteig im Schatten, mitten in einem orthodoxen Viertel gefunden und angefangen, die Parkplatzreihen auf der gegenüberliegenden Straßenseite zu zeichnen. Innerhalb weniger Minuten war ich umringt von kleinen Kindern. Dort war eine religiöse Schule, und sie hatten wohl Pause. »Mal mich, mal mich!«, haben sie geschrien, miteinander gestritten und sich geschubst, um besser zu sehen. Ich sagte zu ihnen, sie sollten einen von ihnen aussuchen, den ich zeichnen würde, und nach noch mehr Geschrei blieb ein süßer, frecher kleiner Junge übrig. Der ganze Rest kehrte wieder in die Talmud-Thora-Schule zurück. Wollen Sie es sehen?

Ich verstehe nichts von Malerei, aber die Zeichnung gefiel mir. Ich hatte nicht gewusst, dass Naomi, die Kunstlehrerin, auch selbst malte oder zeichnete. Im Endeffekt hatte ich bis zu diesem Augenblick sehr wenig über Naomi als Mensch gewusst. Der einzige Aspekt ihrer Identität, der in unseren beiden ersten Treffen zum Ausdruck kam, war »die Frau, die Ron verlassen hat«. Ich freute mich, dass sie begann, weitere Seiten ihrer selbst auszudrücken – und sie auch mir zu zeigen. Ich fragte sie, ob sie viel zeichne.

– Nein, das war das erste Mal nach langer Zeit, ich erinnere mich nicht einmal, wie lang es her ist. Bis vor ein paar Jahren nahm ich mir immer einen oder zwei Vormittage im Monat zum Zeichnen. Aber nachdem die Kinder geboren wurden, habe ich ganz langsam damit aufgehört, fast ohne es zu merken. Es gab einfach zu viel Erledigungen und solche Sachen.

– Ich freue mich, dass Sie wieder angefangen haben.

– Sicher freut Sie das. Sie denken, es sei deswegen, weil Ron nach Hause zurückgekommen ist, und wegen meiner Entscheidungen darüber, wie ich mein Leben von jetzt an führen will. Vielleicht haben Sie Recht. Aber es ist nicht alles hundertprozentig gut bei mir. Schon seit ein paar Tagen weine ich wegen jedem Blödsinn. Ron ist vor einer Woche heimgekommen, und seitdem bin ich ein anderer Mensch. Drei Monate habe ich durchgehalten, und ausgerechnet jetzt, wo alles wieder so gut wie in Ordnung ist, weine ich fast jeden Tag.

– Vielleicht ist das Schlüsselwort hier »so gut wie«.

– Stimmt. Für mich ist es nur so gut wie in Ordnung, und ich habe Angst, dass ich mich von jetzt an immer so fühlen werde. Er ist nach Hause zurückgekommen, und von seiner Warte aus ist alles vorüber und man kann mit der Routine weitermachen. Aber ich sitze wie auf Nadeln, kann mich nicht beruhigen, fürchte mich vor dem nächsten Mal, wenn er weggeht, suche die Kälte und die Entfernung in seinen Augen, versuche zu erraten, was er fühlt und was er denkt.

– Warum fragen Sie ihn nicht?

– Weil ich Angst habe, genauso wie ich mich immer noch davor fürchte, mich ihm im Bett zu nähern. Er wollte gleich an seinem ersten Abend daheim mit mir schlafen. Ich konnte nicht, und es ist nicht, weil ich versuche, mich rar zu machen. Überhaupt nicht. Ich habe einfach Angst vor seiner Berührung, und das ist etwas sehr Fundamentales und Starkes. Wir umarmen uns nur im Bett, und mehr nicht. Bevor er das Haus verlassen hat, haben wir immer nackt geschlafen. Fünfzehn Jahre lang ging das so, es war eines unserer gemeinsamen Vergnügen, uns jede Nacht nackt im Bett zu treffen. Auch wenn wir nicht miteinander schliefen, haben wir das Gefühl von Haut an Haut genossen. Nur wenn eines der Kinder ins Zimmer kam, haben wir uns schnell unter der Decke etwas angezogen. Jetzt kann ich mich nicht vor ihm ausziehen, ich mag es nicht, dass er mich nackt sieht. Denken Sie, dass ich mit meinen Gefühlen übertreibe?

– Das gibt es nicht, dass Sie mit Ihren Gefühlen übertreiben. Sie fühlen, was Sie fühlen. Man kann nur in dem Ausdruck übertreiben, den man den Gefühlen verleiht, oder in der Bedeutung, die man ihnen zuschreibt. Nach meiner Ansicht ist es in der Liebe unmöglich, sich dazu zu bringen, Dinge mit Gewalt zu fühlen. Vielleicht ist es nicht nötig, dass Sie sich dazu zwingen, sich vor Rons Augen auszuziehen oder mit ihm zu schlafen. Vielleicht ist es besser zu warten, bis der Wunsch in Ihnen erwacht.

– Aber warum kann ich mich ihm nicht einfach hingeben? Ich liebe ihn immer noch, darin bin ich mir sicher.

– Mir scheint, dass Ihnen nicht nur Narben, sondern auch offene Wunden von seinem Weggang geblieben sind. Ich stelle mir vor, dass auch Ron noch viel zu sagen hat über die Umstände, wegen derer er sich in Adi verliebt hat, das heißt darüber, was war und was nicht war in Ihrer beider Beziehung in den letzten Jahren. Sie haben beschlossen, Ihren Weg zur

Liebe zu suchen. Das ist schwer und mit viel Zeit und Geduld verbunden. Wenn Sie sicher sind, dass Sie ihn lieben, und bereit sind, das Risiko einzugehen, zu glauben, dass er Sie wirklich liebt, so wie er sagt, dann ist das, was Sie beide brauchen, Zeit. Zeit, um darüber zu reden, was passiert ist und was zwischen Ihnen geschieht, und hauptsächlich: Zeit, um zu lieben.

***

Beim nächsten Termin berichtete mir Naomi von zwei Entscheidungen, die sie getroffen hatte – Rons Einladung zu folgen, mit ihm eine Woche Urlaub im Sinai ohne die Kinder zu machen; und zweitens – die Therapie zu beenden, zumindest vorläufig. Als sie von unserer letzten Stunde zurückgekehrt war, hatte sie Ron, nachdem die Kinder schlafen gegangen waren, in die Küche gesetzt und Tee kochen lassen. Sie fingen an, darüber zu reden, was sie in der letzten Zeit empfanden, ohne im Detail auf seine Affäre einzugehen. Naomi stimmte zu, dass eine gewisse Berechtigung in Rons Behauptung lag, die Geschichte mit Adi sei nicht ihr wahres Problem, sondern nur das Symptom des wahren Problems, das etwas in der Beziehung zwischen ihnen abgestorben war – und dieses »Etwas« musste man entdecken und wiederbeleben. Sie sagte zu ihm, dass von ihrem Standpunkt aus er der allein Schuldige an dem sei, was zwischen ihnen passiert war. Er nahm den Hauptteil der Schuld auf sich unter der Bedingung, dass sie einen kleinen Teil übernahm. Sie fragte ihn nach Adi. Er sagte, er liebe sie noch, das habe er nicht unter Kontrolle, aber Naomi liebe er mehr, und mit ihr wolle er zusammenleben. Er sagte, das Einzige, das Naomi über Adi wissen müsse, sei, dass seine Affäre mit ihr beendet war und nicht wieder beginnen würde. Ich fragte Naomi, wie sie sich nach diesem Gespräch fühle.

– Viel besser. Ich habe zwar immer noch Angst, aber mir scheint, dass meine Angst logisch und berechtigt ist.

– Wovor haben Sie immer noch Angst?

– Dass Ron hauptsächlich wegen der Kinder nach Hause zurückgekommen ist. Wahrscheinlich gibt es nichts, das er tun oder sagen kann, damit ich aufhöre, mich vor dieser Möglichkeit zu fürchten, aber trotzdem hat sich etwas zwischen uns verändert. Mir kommt vor, dass mich die Angst nicht mehr aufhält. Mir scheint, ich verstehe jetzt, was Sie meinten, als Sie sagten, dass es im Leben nie eine absolute Sicherheit gibt, und die Herausforderung ist zu wissen, wie man mit der Angst und dem Zweifel lebt, und wie man trotz des Zweifels liebt. Seit der Unterhaltung, die ich mit ihm vor einer Woche in der Nacht in der Küche hatte, hat sich etwas zwischen mir und Ron gelöst. Es ist seltsam, aber ich habe das Gefühl, ich verliebe mich von neuem. Hätten Sie das geglaubt?

– Ja, auf jeden Fall.

– Deshalb habe ich das Gefühl, dass ich mit der Therapie aufhören kann. Sie haben mir geholfen, wieder ins Gleis zu kommen, und dafür werde ich Ihnen immer dankbar sei. Aber ich will auf diesen Gleisen auch ohne Sie fahren. Ich denke, Sie haben Recht: Ron und ich brauchen Zeit für die Liebe. Nicht für dieses grässliche Wort von euch Therapeuten – »Partnerschaft« –, sondern für die Liebe. Deswegen fahren wir jetzt in den Sinai. Wissen Sie, ich erinnere mich an den Sinai, bevor sie ihn an Ägypten zurückgegeben haben. Überall wo sie Baracken und Lehmhütten hingebaut haben, waren Granitfelsen, die zum Meer hinuntergingen, Sand, auf den nie jemand seinen Fuß gesetzt hat, und eine Stille wie vor Erschaffung der Welt. Es hat sich eine Menge dort verändert seit damals, aber ich liebe diesen Ort immer noch, trotz der Gefahr. Jetzt würde ich gerne wissen, was Sie über das alles denken, was ich gesagt habe.

Ich dachte, dass Naomi Recht hatte, und sagte ihr das auch. Und ich fügte noch hinzu, dass auch ich das Wort »Partnerschaft« nicht liebe. Sie fragte, was ich davon hielte, dass sie beschlossen hatte, mit der Therapie aufzuhören. Ich antwortete, das hänge von ihr und von dem ab, was sie jetzt beschäftigte. Einerseits gebe es Teile in ihrer Seele, die von einer Psychotherapie profitieren könnten. Andererseits jedoch habe meine Profession sehr wenig Einfluss, wenn sich Menschen ineinander verlieben, da sie auf niemanden außer sich selbst hören.

Nicht überallhin kann man fahren. Manchmal endet der Weg, man muss aus dem Wagen aussteigen und zu Fuß auf dem felsigen Pfad weitergehen. Vielleicht endet dort, an dem schönen, gefährlichen Ort, an dem die Liebe beginnt, der Einfluss der Psychotherapie. Die Therapeuten bleiben zurück, der Abend senkt sich herab, und das Wort haben die Dichter und die Liebenden. Ich bat Naomi, meine Telefonnummer nicht wegzuwerfen, und wünschte ihr, dass ihre und Rons Zeit für die Liebe käme, und dass diese Zeit jetzt sei.

***

Bevor wir auseinander gingen, fragte mich Naomi, was ich denn »trotz allem« über die Liebe denken würde. Ich sagte ihr, dass die Liebe meiner Meinung nach die stärkste Macht auf der Welt sei. Ich sagte, dass die Liebe in meinen Augen die höchste Gnade sei, die keinen Preis und kein Maß habe, und die Möglichkeit zu lieben und geliebt zu werden sei eines der Dinge, die das Leben lebenswert machten. Ich fügte noch hinzu, all diese Dinge seien bekannt und keineswegs neu. Schon vor tausenden Jahren sagte der Sohn von David und Batseba, ein junger, verliebter Mann, der der Weiseste unter allen Menschen war: »So dass auch viele Wasser die Liebe nicht auslöschen und Ströme sie nicht ertränken können. Wenn einer alles Gut in seinem Hause um die Liebe geben wollte, so könnte das alles nicht genügen« (Hohelied Salomos 8,7).

Ich weiß nicht, welche Chancen die Statistiken einem Mann und einer Frau, die sich wegen eines Betrugs getrennt haben, einräumen, ihre Liebe wiederzufinden. Es lässt sich schwer verallgemeinern, doch es scheint, dass die meisten Liebesgeschichten auf der Welt mit Trennung und Schmerz enden. So war es seit jeher. Doch meiner Ansicht nach ist die Liebe eines jener Dinge, um die es sich im Leben zu kämpfen lohnt, und wenn sie eine echte Chance hat, muss man es versuchen. Ich denke, dass Frauen und Männer, die zu lieben versuchen, mutig sind, und ich liebe den menschlichen Mut überall, wo ich ihn vorfinde. Ich weiß, dass es nicht möglich ist, mutig zu sein, ohne auch naiv und sogar ein bisschen dumm zu sein, aber das stört mich nicht wirklich. In dieser Hinsicht ähnele ich wohl den meisten Menschen: Wir sind, trotz allem, unheilbare Romantiker geblieben.

Anmerkungen

1 Und was ist mit dem Vater? In der heutigen Diskussion der politischen Korrektheit gibt es das Bestreben zu gleichberechtigter Lastenverteilung beim Kindergroßziehen. Evolutionäre Begründungen, die die Rolle der Mutter betonen, rufen Widerspruch hervor. Dieser Einspruch hat durchaus eine Basis: Bei den Vögeln, die ebenfalls Warmblüter sind, wird das Brüten und die Aufzucht der Jungen meistens zwischen Männchen und Weibchen aufgeteilt, die als Paar fungieren. Es gibt Säugetiere, bei denen auch der Vater eine Funktion bei der Aufzucht der Jungtiere hat. Gleichzeitig jedoch existiert bei den meisten Säugetieren, inklusive der Menschenaffen, die uns am nächsten sind, keine Vaterschaft von Bedeutung. Anscheinend ist die Familie, und mit ihr die Vaterschaft, eine exklusiv menschliche Erfindung in unserem evolutionären Stammbaum. In den Kapiteln 7 und 8 werden wir die komplexen Auswirkungen der Institution Familie auf das Schicksal der Liebe und auf die Stellung der Frau behandeln.

2 Die Debatte hier wirft zwei Problematiken auf: Gibt es einen Zusammenhang zwischen Mutterliebe und romantischer Liebe, und ist Bindung Liebe? Dichter gewahrten die starke Verbindung zwischen mütterlicher und romantischer Liebe schon vor langer Zeit. In den letzten Jahren offenbarten auch neurobiologische Zeugnisse diese Beziehung. In einer Studie über funktionelle Gehirnsimulation, die im Jahre 2004 veröffentlicht wurde, fanden die Wissenschaftler Bartels und Zeki heraus, dass in den Gehirnen von Frauen, die das Bild ihres Geliebten betrachten, ganz ähnliche – wenngleich nicht völlig identische – Veränderungen ablaufen wie in den Gehirnen von Müttern, die ein Bild von ihrem Baby anschauen. Doch die These, dass eine solche Bindung Liebe sei, wird nicht allgemein anerkannt. Wie wir gesehen haben, unterscheidet der Buddhismus zwischen »Bindung«, die abhängig und materiell ist, und »Liebe«, die großzügig, unabhängig und ungebunden ist. Auch der Psychoanalytiker Erich

Fromm kommt in seinem Buch »Die Kunst des Liebens« zu einem ähnlichen Schluss.

3 Ist eine »freie Wahl« überhaupt möglich? Das ist eine komplizierte Frage sowohl unter philosophischem als auch unter therapeutischem Aspekt. In Kapitel 5 werden wir einige der Auswirkungen der aktuellen neurobiologischen Ergebnisse auf diese Frage behandeln.

4 In der Vergangenheit dachte man üblicherweise, dass eine chronische und relativ leichte Depression wie die, an der Ja'el litt, durch eine medikamentöse Behandlung nicht beeinflusst wird, da sie Teil eines »depressiven Charakters« sei. Im Laufe der neunziger Jahre des vergangenen Jahrhunderts häuften sich die Beweise dafür, dass dem nicht so ist, und die medikamentöse Behandlung leichter Depression fand zunehmend Verbreitung. Doch die Frage der Beziehung zwischen gleichzeitig angewandter psychologischer und medikamentöser Behandlung blieb immer noch bestehen. Geht die eine auf Kosten der anderen? Oder unterstützen sie möglicherweise einander? Martin Keller und seine Kollegen untersuchten diese Frage in einer umfassenden Studie. Ihre Schlussfolgerungen, die im Jahre 2000 veröffentlicht wurden, waren eindeutig: Die Behandlung leichter, chronischer Depression durch eine Kombination von Medikament und Psychotherapie erzielt bessere Ergebnisse als eine medikamentöse oder psychotherapeutische Behandlung allein. Heute werden viele, die an einer leichten bis mittleren Depression leiden, mit einer solchen Kombination behandelt, wie ich sie Ja'el vorschlug.

5 Wir benutzen das gleiche Wort, »Depression«, um zahlreiche und sehr unterschiedliche psychische Phänomene zu bezeichnen. Depression ist nicht eine einzige Sache, sondern eine große Sammlung von Phänomenen. In der Welt der Psychologie werden Begriffe wie reaktive Depression, melancholische, existentielle und andere gebraucht. Früher war es üblich, all diese Arten in »klinische« und »nicht-klinische« Depressionen zu unterteilen. Wie wir gesehen haben, war man der Annahme, dass Antidepressiva nur bei »klinischen« Depressionen helfen würden. Doch wie erwähnt, wurden in letzter Zeit Belege dafür gefunden, dass Medikamente auch bei leichten und sogar existentiellen Depressionen durchaus hilfreich sein können, wenngleich nicht in jedem Fall. Man sollte im Gedächtnis behalten, dass das Wort »Depression«, so wie jede psychische Störung, nur eine Abstraktion und Verallgemeinerung ist: Es gibt keine »Depression« in der Realität – es gibt nur deprimierte Menschen.

6 Prozac war das erste von mehreren Medikamenten, das im Laufe der letzten zwanzig Jahre auf den Markt kam, die mit dem Sammelbegriff

SSRI (Selective Serotonin Reuptake Inhibitors) bezeichnet werden. Zusätzlich zu ihrer Wirkung bei Depressionen sind sie auch nützlich bei Angstzuständen. In Kapitel 5 werden wir ihre Funktionsweise behandeln.

7 Diese Begriffe sind dem *strukturellen Modell* entnommen, das Freud für die menschliche Psyche entwarf. Grob vereinfacht lässt sich sagen, dass sich diesem Modell nach die Seele aus dem *Es*, Sitz der fundamentalen Triebe und Antriebe, dem *Über-Ich*, das »Gewissen«, das Taten und Gedanken des Menschen beurteilt und kritisiert, und dem *Ich* zusammensetzt, dessen Aufgabe es ist, die äußere Realität zu bewältigen und eine Antwort auf die Forderungen des Es und des Über-Ich zu geben. Wir werden auf dieses Modell im zweiten Kapitel zurückkommen.

8 Meine Behandlung Ja'els befasste sich nicht ausdrücklich mit ihrer Beziehung zu mir. Mit anderen Worten, ich entschloss mich, zu Beginn der Therapie nicht psychoanalytisch zu arbeiten. Diese Entscheidung war von Ja'els psychischer Verfassung zu dem Zeitpunkt beeinflusst, an dem sie sich an mich wandte, und von ihren Wünschen und Erwartungen an die Behandlung. Der psychoanalytische Ansatz hatte gewisse Vorteile, aber auch Nachteile. So prüfte ich zum Beispiel nicht mit Ja'el, ob sich die Art, in der sie sich zu älteren, verheirateten Männern verhielt, in der Beziehung zwischen ihr und mir widerspiegelte, und es ist möglich, dass dieses in einem gewissen Maß zum Scheitern der Verlobung beigetragen hat.

9 DSM-IV ist die vierte Auflage des Buches psychologischer und psychiatrischer Diagnosen, das der amerikanische Psychiaterverband alle paar Jahre veröffentlicht. Diese Ausgabe erschien 1994, wurde 2000 aktualisiert, und momentan wird an DSM-V gearbeitet.

10 *Kognitive Verhaltenstherapie* basiert auf der Behandlungsmethode, die Ahron Beck entwickelte. Oft ist sie für die Behandlung von Symptomen sozialer Phobie nützlicher als »einfach nur« Psychotherapie, und sie beinhaltet eine angeleitete, graduelle Konfrontation mit gesellschaftlichen Situationen, vor denen sich der Patient fürchtet.

11 Was die Psychologin Ajala Malakh-Pines mit dem Ausdruck »falling in love« beschreibt, der auch der Titel der englischen Version ihres Buches »Verlieben – wie wir wählen, in wen wir uns verlieben« ist, drückt das subjektive Erlebnis vieler Verliebter aus: ein plötzliches Fallen, süß und stürmisch, bei dem man gleichzeitig ein Gefühl von Kontrollverlust sowie Abheben erlebt. Es kann sein, dass dieses Bild

von einem Fall auch mit der im Christentum vorhandenen Auffassung zusammenhängt, der wir uns im achten Kapitel widmen werden, dass fleischliche Liebe häufig mit einem moralischen »Fall« verknüpft ist.

12 Die vorliegende Beschreibung konzentrierte sich auf die Empfindungen und Handlungen eines einzigen Menschen – Ilan – beim Verlieben. Meist hat auch die zweite Seite eine Rolle beim Zustandekommen der Beziehung. Michal erwiderte Ilans Blick mit einem langen Blick ihrerseits, der ihm »grünes Licht« gab, sie anzusprechen. Ilan hatte das Gefühl, der initiativ bestimmende Teil zu sein, während Michal ihn anscheinend ohne Worte dazu einlud.

13 Diese Aufgabe stammt aus einer Serie der bekannten »projektiven Tests«, die in der Psychologie sehr populär waren und geblieben sind. Projektive Tests versuchen, eine Brücke zwischen der Welt der dynamischen Psychologie Freuds und seiner Nachfolger und der Welt der kognitiven Psychologie zu schlagen, die danach strebt, wissenschaftliche Maßstäbe und Instrumente anzuwenden. Dahinter steht der Gedanke, dass in Situationen, in denen wir aufgefordert werden, etwas zu beschreiben, das auf verschiedene Arten erklärt werden kann, diese Beschreibung im Prinzip das Geschehen in unserer Seele ausdrücken wird, auch wenn wir uns dessen nicht bewusst sind. So kann zum Beispiel das gleiche Bild als »ein müdes Mädchen nach einer Liebesnacht« oder »ein Mädchen mit starken Kopfschmerzen« angesehen werden. Obwohl sich nicht alle Wissenschaftler darin einig sind, dass projektive Tests tatsächlich »objektiv« sind, wird in Israel sowie weltweit dennoch ausgedehnter Gebrauch von ihnen gemacht. Wer jemals berufliche Eignungstests, bestimmte Prüfungen in der Armee oder irgendeine Art von umfassender psychologischer Einstufung absolviert hat, ist mit ziemlicher Sicherheit unter anderem solchen Tests unterzogen worden, aus denen Rückschlüsse auf seine innere Welt und seine Charaktereigenschaften gezogen wurden.

14 Die Libido ist ein Freud'scher Schlüsselbegriff, dessen Bedeutung im breiten Sinn in etwa dem »Trieb« entspricht. Gemeint ist sexuelle Energie in ihrer umfassendsten Bedeutung, und allgemein der schöpferische Trieb und die Begeisterung, ebenso wie andere Begierden und Antriebe.

15 Freuds Schlussfolgerung hat Auswirkungen in der Praxis: Eltern, die mit der romantischen Wahl ihrer Kinder nicht glücklich sind, ist stark zu empfehlen, dass sie ihre Einwände für sich behalten. Jeder

Versuch nämlich, die Liebesbeziehung zu stören, wird sie nur festigen. In einer Forschungsarbeit fanden Driscoll und seine Kollegen vor über dreißig Jahren heraus, dass die Liebe zum verbotenen Partner umso größer wurde, je mehr der Widerstand der Eltern gegen die Verbindung wuchs.

16 Je bedenklicher die psychologische/psychiatrische Verfassung von Menschen wird, desto ähnlicher werden ihre Gedanken und Reaktionen denen anderer in gleicher Lage: Fast alle Menschen, die sich in einem Depressionszustand befinden, sehen sich selbst als wertlos und ihr Leben als hoffnungslos an. Nahezu alle Menschen, die an schweren Angstsyndromen leiden, sind unaufhörlich von dem Gedanken gepeinigt, dass ihnen jeden Augenblick ein Unglück zustoßen könnte. Fast alle Paranoiker neigen dazu zu denken, dass man ihnen ständig etwas Böses anhaben will. Unter diesem Aspekt sind psychische Störungen eigentlich Karikaturen des menschlichen Normalzustands: Schließlich sind wir alle manchmal ängstlich, traurig, verzweifelt oder misstrauisch, nur bleiben wir in diesen Situationen nicht »stecken«.

17 Die *Bipolare Störung* (manisch und/oder depressiv) ist eine psychische Störung, die sich in Kontrollverlust über die Gemütsstimmungen ausdrückt. Manchmal sind gemischte Anfälle möglich, die sowohl manische als auch depressive Komponenten gleichzeitig aufweisen. Solche Anfälle sind mit einem äußerst hohen Selbstmordrisiko verbunden, da die Betroffenen stark depressiv und gleichzeitig voller Energie und Initiative sein können. Die bipolare Störung stellt einen bedeutenden Risikofaktor beim Auftreten einer postnatalen Psychose dar, so wie es bei Michal in der Tat der Fall war.

18 Dieses Bild ist Lesern von Freud bekannt, der die Seele des Menschen eben damit verglich und sich als Archäologe der Seele betrachtete. MacLeans Tel jedoch ist nicht identisch mit dem Freuds, obwohl er wichtige ähnliche Strukturen aufweist.

19 Der Filmregisseur und Autor Woody Allen fragte: »Ist Sex immer schmutzig?«, und gab die Antwort selbst: »Ja, wenn man es richtig macht.«

20 Dieser Vergleich bietet eine Möglichkeit, die viele Psychoanalytiker in ihren Bann schlägt und viele andere befremdet – sich vorzustellen, dass das Freud'sche Es im Reptiliengehirn ansässig ist, das Über-Ich in den Stirnlappen des Gehirns und so fort. Trotz der großen Versuchung, psychoanalytische Begriffe an biologische Vorgänge zu knüpfen – manchmal kann das durchaus informativ und nützlich sein –,

muss man sich in Erinnerung rufen, dass dies ein Versuch bleibt, ein gemeinsames Lexikon für zwei komplexe und äußerst unterschiedliche Sprachen zu schaffen. Häufig geschieht die Identifizierung der psychoanalytischen Idee mit Gruppen anatomischer Gefüge oder physiologischen Prozessen im Gehirn in simplifizierter Form. Die Versuche, die Teile der Seele innerhalb der Teile des Gehirns zu lokalisieren, ignorieren, dass es sich um komplizierte Nervennetze handelt. Die *Neuro-Psychoanalyse*, die dieses Gebiet erforscht, hat sich zum Ziel gesetzt, Brücken zwischen der Psychoanalyse und den Gehirnforschungen zu bauen und nicht, das Psychische auf das Gehirn zurückzuführen oder umgekehrt.

21 Wie wir im fünften Kapitel sehen werden, steht dieses Phänomen der nachträglichen Rechtfertigung in Zusammenhang mit dem Postulat, dass unser freier Wille – die Freiheit, sich zu verlieben, zu wählen und sogar den Finger zu bewegen – nichts als eine Illusion ist.

22 Das Ehepaar Damasio und Kollegen untersuchten die Art und Weise, in der »normale« Menschen und solche, die an der Amygdala verletzt waren, Aufgaben bewältigten, bei denen von ihnen verlangt wurde, auf Spielkarten zu setzen. Ein Teil der Aufgaben bei diesen Wetten war einige Zeit lang profitabel, ein Teil davon führte zu Verlusten. Obwohl es keinen Weg gab, die Resultate im Voraus zu kalkulieren, lernten »normale« Menschen im Laufe der Zeit intuitiv aus der Erfahrung, wann sich das Wetten lohnte und wann es gefährlich war. Die Menschen, deren Amygdala geschädigt war, hatten ihre Intuition verloren und im Ergebnis auch ihr Geld. In vielen Glücksspielhallen werden dem Publikum umsonst oder zu einem symbolischen Preis scharfe Getränke serviert. Das ist nicht überraschend – Alkohol trübt den Sinn für Gefahr, der unter anderem auch mit der Amygdala zusammenhängt.

23 Im Gegensatz zu der üblichen Vorstellung lösen Viagra, Cialis und weitere Medikamente aus dieser Gruppe keine sexuelle Lust aus. Sie tun etwas gänzlich anderes – sie steigern in spezifischer Weise die Aktivität des Mechanismus, durch den das männliche Glied mit Sperma und der weibliche Kitzler während der sexuellen Erregungsphase mit Blut gefüllt werden. Dadurch fördern sie Erektion, sexuelle Betätigungen sowie auch den Genuss daran bei Menschen, die Schwierigkeiten in der Sexualfunktion haben. Mit anderen Worten, sie erregen keine Lust, sondern verstärken deren Einfluss auf das männliche Glied. Sie tun das effektiv, und darin unterscheiden sie sich von der Masse der Quacksalbermittel, die mit großem Erfolg auf der ganzen Welt vermarktet werden und sich damit brüsten, sexuelle Lust zu wecken.

24 Einige Wissenschaftler, darunter Adrian Raine, behaupten, dass Verbrechen und Neigung zu Gewalttätigkeit einer neurologischen Schädigung entspringen. Sie beziehen sich auf Nachweise von Hirndefekten bei Gewaltverbrechern. Dieses Thema steht natürlich in Zusammenhang mit der anerkannten Moralauffassung: Wenn Gewalttätigkeit von einem Gehirndefekt oder Überschuss an Testosteron herrührt, mit welchem Recht verurteilen wir die so Handelnden als »schlecht«? Das ist eine komplizierte Frage, die die Gesellschaft und das Gerichtssystem noch nicht endgültig gelöst haben. Jedenfalls sind, wie wir im vierten Kapitel sehen werden, Medikamente, die den Einfluss des Testosterons auf das Gehirn lahm legen, die effektivste Behandlung bei bestimmten Arten sexueller Perversion.

25 Jeder, der das Wort SEX in seinem Suchsystem anklickt, wird mit einem schwindelerregenden, peinlichen Schwall von Websites überflutet, die ihm innerhalb weniger Sekunden das gratis auf den Bildschirm seines Computers liefern, was früher nur gegen Bezahlung, eine gewisse Unannehmlichkeit und per Sendung in einem gut versiegelten Umschlag erhältlich war. Jedes Verlangen sowie jede menschliche Perversion sind im Internet vertreten und für jeden Interessenten privat verfügbar. Allerdings ist die Privatsphäre nur relativ. Die Information, die im Internet strömt, passiert zahlreiche Stationen auf ihrem Weg, und die Möglichkeit, Absender und Adressaten zu lokalisieren, vervollkommnet sich mit der gleichen Geschwindigkeit, in der die Methoden zur Verschlüsselung und Tarnung der im Netz übermittelten Botschaften verbessert werden.

26 Die Tatsache, dass eine Verbindung zwischen zwei Tastaturen ermöglicht, alle normalen Charakteristika der menschlichen Kommunikation zu überwinden, ist die Basis des *Turing-Tests*, benannt nach dem britischen Mathematiker Alan Turing, einem der Pioniere in der elektronischen Computerentwicklung. Der Turing-Test ist eine der bedeutendsten Herausforderungen in der Computerwelt und hängt mit dem *psychophysischen Problem* zusammen. Dies ist ein altes philosophisches Problem, das sich mit der Beschaffenheit der Verbindung zwischen Materie und Seele befasst. Kann man einen Computer mit Seele bauen? Diese bei Science-Fiction-Autoren sehr beliebte Frage wirft sofort eine weitere auf, die Philosophen und Wissenschaftler seit vielen Jahren beschäftigt: Woher wissen wir, dass der Computer, den wir gebaut haben, tatsächlich eine Seele hat? Wie lässt sich das beweisen? Turing schlug folgenden Test vor: Der Prüfer sitzt vor einer Tastatur und einem Display, die mit einem verschlossenen Raum vernetzt sind. In dem abgeschlossenen Raum befindet sich das Testobjekt, ein Mensch oder ein Computer. Die Inter-

aktion zwischen Prüfer und Testobjekt findet mittels Bildschirm und Tastatur statt. Der Prüfer tippt seine Fragen und Antworten auf der Tastatur ein, und das Testobjekt präsentiert seine Reaktionen auf dem Display. Diese Anordnung ist natürlich dazu bestimmt, die Notwendigkeit zu umgehen, dass der Computer wie ein Mensch aussehen und klingen müsste. Wenn der Tester nach einer Interaktion, die so lange dauert, wie er möchte, nicht imstande ist zu entscheiden, ob das Testobjekt in dem verschlossenen Raum ein Mensch oder ein Computer ist, dann hat das Testobjekt den Turing-Test bestanden, und falls es ein Computer ist – dann müssen wir sagen, dass er eine Seele hat. Nicht alle Philosophen und Forscher stimmen der Gültigkeit des Turing-Tests zu. Erstens, Turing setzt Intelligenz mit Seele gleich, und diese Identifizierung wird von vielen nicht anerkannt. Zweitens – und wichtig für unser Thema – kann sich jeder Mensch über die Tastatur mit Leichtigkeit als jeder andere ausgeben. In der Welt des Internet kann sich ein Mann als Frau, ein Verheirateter als ledig und ein Schüchterner als resolut und offen darstellen. Wenn die einzige Interaktion mit dem anderen über Tastatur und Bildschirm läuft, besteht keinerlei Schwierigkeit, ihn zu täuschen. Als Antwort darauf argumentieren die Verfechter des Turing-Tests, dass die Fähigkeit, sich als jemand anderer auszugeben – einschließlich der Nachahmung seiner Denkprozesse und Ausdrucksweisen innerhalb einer spontanen, längeren Interaktion mit einem anderen Menschen –, eine ausgeprägt menschliche Fähigkeit ist, und wer dazu imstande ist – hat mit Gewissheit eine Seele.

27 De Sades Schicksal vor und nach Ausbruch der französischen Revolution spiegelt die beiden Arten wider, wie sich die Gesellschaft gegenüber den sexuellen Perversionen verhielt, für die er mit seiner Freiheit bezahlte: Vor der Revolution wurde er als Verbrecher verurteilt und kam ins Gefängnis. Nach der Revolution fand er sich, als er mit einem Exemplar seines Buches ertappt wurde, wieder hinter Schloss und Riegel, nur dieses Mal in einer Klinik für psychisch Kranke, in die er zwangseingewiesen wurde. Der Konflikt, ob Perversionen ein Verbrechen oder eine Krankheit sind, begleitet die westliche Gesellschaft bis heute. Diese beiden Einstellungen umfassen jedoch nicht die Vielfältigkeit des Themas sexueller Perversionen, die in leichterer Form bei vielen Menschen existieren. Psychoanalytische Ansätze bieten seit Freud alternative Wege zum Verständnis dieses komplexen Gebiets.

28 Hier ist von *sexuellem Masochismus* die Rede. Es existiert auch eine andere und viel häufigere Art, die Freud *moralischen Masochismus* nannte. Dies ist keine psychische Störung im herkömmlichen Sinn,

steht in keinem direkten Zusammenhang mit Sex und Sexualität, und im Gegensatz zu sexuellem Masochismus ist er auch bei Frauen relativ häufig. Es handelt sich um die Neigung eines Menschen, sich selbst Freuden und Errungenschaften vorzuenthalten, zu scheitern und zu leiden, wo er Erfolg haben könnte, andere daran zu hindern, ihm zu helfen, und konsequent Beziehungsmuster zu wählen, in denen er viel gibt und sehr wenig erhält. Solche Menschen sind mit starkem Selbsthass geschlagen, machen es sich selbst und ihrem Nächsten schwer und sind auch nicht ganz frei von einer Spur Sadismus.

29 Xanax, auch Xanagis und Alpralid genannt, ist ein Medikament aus der Gruppe der Benzodiazepine, die beliebte, weltweit verbreitete Beruhigungs- und Schlafmittel sind. Auch Valium, Vaben, Lorivan, Bondormin, Clonex und andere Medikamente gehören zu dieser Familie, und in den meisten Haushalten in Israel lässt sich wenigstens eines davon finden. Es sind effektive und sichere Mittel, doch ihre Einnahme ist mit zwei Problemen verknüpft. Erstens verursachen sie alle Benommenheit, und zweitens kann ein regelmäßiger und kontinuierlicher Gebrauch zu Abhängigkeit führen.

30 Medikamente aus der Prozac-Gruppe halten den Abbauprozess des Nervenbotenstoffs Serotonin in den entsprechenden Aktionszentren im Hirn auf. Sie bewirken dies durch eine Blockierung des Serotonintransmitters, Eiweiß, das das Serotonin in die Nervenzellen zur Auflösung oder Rückgewinnung zurückführt. Daher werden alle Medikamente aus dieser Gruppe SSRI – Selective Serotonin Reuptake Inhibitors – genannt. Da Serotonin zahlreiche, manchmal auch einander entgegengesetzte Wirkungen im Gehirn aufweist, können auch die Medikamente, die seine Aktivität erhöhen, unterschiedliche Auswirkungen haben. Dazu kommt, dass alle diese Medikamente sich auch mit anderen Punkten im Gehirn verbinden und so zum Teil diverse Begleiterscheinungen auslösen.

31 Richard Friedmanns Buch, »Männliche Homosexualität«, ist als Informationsquelle zur Kinseyskala sowie zu vielen anderen Themen zu empfehlen, die mit Homosexualität bei Männern zu tun haben. Kinseys Skala ist auch bezüglich der sexuellen Neigung von Frauen anwendbar, allerdings ist das Bild hier komplizierter. Das rührt unter anderem daher, dass die sexuelle Neigung vieler Frauen flexibler ist als bei Männern und sich im Laufe ihres Lebens sogar verändern kann.

32 So wie die Versuchstiere haben auch die Psychologiestudenten keine Wahl. Sie müssen die Fragebögen, die ihre Dozenten an sie verteilen,

ausfüllen, als Teil ihrer akademischen Pflichten. Nur so erhalten sie den heiß ersehnten Abschluss und können selbst Fragebögen zusammenstellen und verteilen – im Rahmen von Untersuchungen, die ihre akademische Karriere befördern. Dieses Arrangement, bei dem Psychologiestudenten für die Forschungen ihrer Lehrer als unentgeltliche Versuchskaninchen dienen, führt dazu, dass ein beträchtlicher Teil der psychologischen Studien, die heutzutage über »normale« Menschen veröffentlicht werden, von Studenten bestritten werden. Die Frage, in welchem Maße Psychologiestudenten, die diese Fragebögen mangels Alternative ausfüllen, die »normale« Bevölkerung repräsentieren, ist ein interessantes Kapitel, das hier nicht zur Debatte stehen soll.

33 Es gibt verschiedene dissoziative Störungen. *Dissoziative Amnesie* wird durch die mangelnde Fähigkeit charakterisiert, sich an bedeutende biographische und im Allgemeinen traumatische Details aus der Vergangenheit zu erinnern. *Dissoziative Fugue* ist ein ernsterer und anscheinend auch seltenerer Zustand, in dem der Mensch unvermittelt sein Haus und sein »normales« Leben verlässt und an einen anderen Ort fährt, wobei er sich nicht an sein früheres Leben erinnern kann und manchmal eine neue Identität annimmt. Dieser Zustand vergeht normalerweise mit der gleichen Plötzlichkeit, mit der er auftritt. *Dissoziative Identitätsstörung* war in der Vergangenheit als »Persönlichkeitsspaltung« (multiple Persönlichkeitsstörung) bekannt und ist ein Zustand, in dem sich ein Mensch benimmt, als ob zwei oder mehrere verschiedenen Identitäten in seinem Innern leben. Auch diese Störung ist von weitgehendem Vergessen der Vergangenheit begleitet. Dr. Jekyll und Mr. Hyde ist ein Beispiel für eine literarische Figur, die von einer solchen Störung befallen ist. Obwohl es Therapeuten gibt, die glauben, dass diese Störung häufig auftritt (sie sind es auch, die diese Diagnose am häufigsten stellen), ist die Mehrheit doch der Ansicht, dass es sich um eine seltene Störung handelt, bei der es paradoxerweise nicht um mehr als eine Persönlichkeit, sondern um weniger als eine geht. Das heißt, die Betroffenen leiden eigentlich an mangelnder Integration ihrer einen Persönlichkeit und nicht an einer Vielheit verschiedener Persönlichkeiten. Die *Depersonalisationsstörung* ist offenbar viel häufiger, als in der Vergangenheit vermutet wurde. Menschen, die daran leiden, empfinden in aller Schärfe und über lange Zeit, dass sie von ihrem Körper und ihrer Seele abgeschnitten sind. Es ist ein schlimmes Gefühl, obgleich sie weiterhin die äußere Realität so erleben, wie sie ist. Dazu kommt, dass ein Teil der Symptome der *posttraumatischen Stressstörung* und der *akuten Stressstörung* dissoziative Symptome sind. Möglich sind auch einzelne dissoziative Erscheinungen wie zum Beispiel die Un-

fähigkeit, Gefühle zu erleben, bei Menschen, die von keiner einzigen der hier aufgelisteten Störungen betroffen sind.

34 Die Testperson gab, wie die meisten Menschen mit gespaltenem Hirn bei solchen Versuchen, eine scheinbar logische (aber fehlerhafte) Antwort für etwas, das sie aus emotionalen Gründen tat, derer sie sich nicht bewusst war. Doch wie wir in Kapitel 5 gesehen haben, haben wir alle eine Neigung, dies zu tun. In dieser Hinsicht liefert unser sprachlicher und denkender Teil unablässig Ausreden und Erklärungen für uns selbst und die Welt, für die Handlungen und Antriebe, die den frühen, empfindsamen, unbewussten Teilen unserer Seele und unseres Gehirns entstammen. Dies ist ein Beispiel für wissenschaftliche Befunde, die einen Teil der psychoanalytischen Hypothesen bestätigen, was den unbewussten Bereich in der Psyche des Menschen angeht.

35 Eines der Argumente, das von Menschen angeführt wird, die Homosexualität als sexuelle Perversion ansehen, ist, dass das Liebesleben homosexueller Männer von einer Vielzahl an Partnern und von Gelegenheitssex gekennzeichnet ist. Das Phänomen, dass sich Homosexuelle in öffentlichen Parks und Bars zu flüchtigem, anonymem Sex treffen, ist wohlbekannt. Wie wir im fünften Kapitel sahen, haben homosexuelle Männer normalerweise im Laufe ihres Lebens ungleich mehr Sexualpartner als ihre heterosexuellen Gefährten. Die Behauptung jedoch, dass homosexuelle Männer daher »pervers« seien, hält einer Prüfung der Wirklichkeit nicht stand: Männer haben, durchschnittlich gesehen, eine niedrigere Schwelle für Sex als Frauen. Die große, unmittelbare Bereitschaft von Männern zu Geschlechtsverkehr kann fast jede Frau aus eigener Erfahrung bezeugen. Was die Anzahl der sexuellen Partnerinnen heterosexueller Männer begrenzt, sind offenbar nicht innere Schranken oder Hemmungen in der männlichen Psyche, sondern die mangelnde Bereitwilligkeit der meisten Frauen, schon beim ersten Mal mit ihnen zu schlafen. Wenn aber der Partner ebenfalls ein Mann ist, gibt es häufig keine Verzögerungen. Es kann auch sein, dass bei Beziehungen, die keine offizielle, durch gesellschaftlichen Druck verstärkte, Möglichkeit haben, sich zu institutionalisieren, das Muster sexueller Gelegenheitsbeziehungen fortgeführt wird. Im Fall homosexueller Verhältnisse besteht in den meisten Gesellschaften kein traditionelles Ziel, auf das die Beziehungen ausgerichtet sein könnten.

36 Interessierten Lesern empfehle ich zur Vertiefung dieses Themas das umfassende und aktuelle Werk von Richard Friedmann und Jennifer Downey, »Sexual Orientation and Psychoanalysis: Sexual Science

and Clinical Practice«. Dieses Buch beschreibt verschiedene Ansätze – biologische, psychologische und psychoanalytische – für Homosexualität bei Männern und Frauen.

37 Der Gebrauch der Bezeichnung »gay«, um einen Menschen mit homosexueller Neigung zu beschreiben, hat eine lange Geschichte. Anscheinend liegt der Ursprung im Mittelalter in Südfrankreich, wo er für Menschen benutzt wurde, die ihre homosexuelle Neigung nach außen hin zeigten. In der Folge bezog sich die Bezeichnung auf Menschen mit freizügigem Sexualverhalten und sogar auf Prostituierte. Dies entstand offenbar aus der irreführenden Tendenz, Homosexualität mit Prostitution verknüpft zu sehen. Anfang des zwanzigsten Jahrhunderts wurde die Bezeichnung zur Parole und zum internen Kode in der englischen Homosexuellenszene erhoben. In den sechziger Jahren wandelte sie sich zu einem Begriff, der die ideologische und extravertierte Zugehörigkeit zur homosexuellen Gemeinde ausdrückte, die die traditionelle Scham durch Stolz ersetzte. Wendepunkt in diesem Prozess waren die Stonewall-Unruhen, die in New York ausbrachen, als die Polizei Homosexuellenbars überfiel, um ihre Gäste zu drangsalieren. Der Protest der homosexuellen Gemeinde gegen die Razzien zeugte davon, dass die Homosexuellen ihre Position als Bürger zweiter Klasse nicht mehr hinnehmen wollten.

38 Die besondere Qualität solcher Erinnerungen, wie Chen sie mir erzählte, ergibt sich offenbar auch aus der Art, in der sie im Gehirn gespeichert werden: Unsere gewöhnlichen Erinnerungen durchlaufen eine ununterbrochene Veränderung, und besonders mit jedem Mal, wenn sie abgerufen werden. Normale autobiographische Erinnerungen werden so in die Gesamtheit unserer Erinnerungen eingeflochten und Teil einer Kontinuität, die im Wesentlichen unsere Lebensgeschichte ist, so wie wir sie hier und jetzt erzählen. Traumatische Erinnerungen wie die von Chen werden von Patienten wegen der unerträglichen Empfindungen und Gefühle, die in ihnen aufsteigen würden, wenn sie sie zuließen, häufig vermieden. Es gibt jedoch erste Forschungsnachweise, dass Erinnerungen verändert und gelöscht werden können, gerade wenn man sie sich erneut ins Gedächtnis ruft. Daher rührt anscheinend der eventuelle Nutzen, sich an verdrängte Traumata zu erinnern, solange dieser Erinnerungsprozess im Rahmen sicherer Lebens- und Therapiebedingungen erfolgt. Parallel zu Erinnerungen, die schwierig heraufzuholen sind, gibt es allerdings auch solche, an die wir uns »nur allzu gut« erinnern. Sie stellen eine Ausnahme von der allgemeinen Regel dar, die besagt, dass sich Erinnerungen allmählich verändern, während man sich an sie erinnert.

Sie kehren als Bruchstücke emotionaler Erlebnisse zurück, die immer wieder und wieder mit großer Intensität völlig unverändert aufsteigen, und werden »Flashbacks« genannt. Es gibt Belege dafür, dass diese Erinnerungen im Gehirn in anderer Form eingespeichert sind als gewöhnliche, und ein Teil der Behandlung von Folgen eines seelischen Traumas ist auch mit der Fähigkeit verbunden, sie in »normale« Erinnerungen umzuwandeln.

39 Fälle von Frauen- und Mädchenmord auf dem Hintergrund der »Familienehre« sind auch im Kreise der Christen und Drusen in Israel und den benachbarten Ländern geläufig. Es scheint, dass es sich um einen weit verbreiteten Brauch handelt, der sich parallel zur institutionalisierten Religion entwickelt hat – wenngleich nicht ohne Bezugnahme darauf.

40 In Untersuchungen, die unter Anwendung exakter Gentechniken durchgeführt wurden, bewegt sich der Anteil der Kinder, die nicht die Nachkommen des Mannes sind, der als ihr Vater registriert ist (das heißt, der Prozentsatz der Unehelichkeit), weltweit zwischen ein und zehn Prozent. Ein Teil der Forschungen liefert Hinweise darauf, dass die Regel gilt: Je höher die soziale und wirtschaftliche Position der Eltern, desto größer die Chancen, dass das Kind nicht vom eingetragenen Vater ist. Es besteht keinerlei Veranlassung zu denken, dass es in Israel anders sei, und daher ist anzunehmen, dass sich die Anzahl der Bastarde unter uns zwischen sechzigtausend und sechshunderttausend bewegt. Der gesellschaftliche Sprengstoff, den diese Zahlen bergen, ist ebenso erstaunlich wie die Tatsache, dass die meisten Väter davon nichts wissen. Anscheinend greift hier wieder die bereits erwähnte Regel »nichts fragen, nichts erzählen«, mit deren Hilfe Gesellschaften und Familien problematische Wahrheiten beim Thema Sexualität bewältigen, auch auf diesem Gebiet.

41 In einem Versuch des Psychologen Kellermann und seiner Kollegen, in dem Frauen und Männer, die einander vollkommen fremd waren, gebeten wurden, sich zwei Minuten lang in die Augen zu schauen, berichteten die Beteiligten von erhöhter erotischer Anziehung hinsichtlich ihrer Blickpartner.

42 Im Gegensatz zu der erwähnten gleichgesetzten Bedeutung von Ehemann und Besitzer im Hebräischen ist der Ehemann der arabischen Frau nicht der oberste Herr über ihren Körper – er erkauft sich letztendlich sein Benutzungsrecht darauf von ihren männlichen Familienangehörigen. Die Verbindung zwischen einer Frau und ihrem Mann kann gebrochen werden und ist daher schwächer als die un-

verbrüchliche Blutsbeziehung zu ihrem Vater und ihrem Bruder. Deshalb ist es dem Ehemann im Falle eines Ehebruchs durch seine Frau untersagt, sie zu ermorden. Würde er dies tun, geriete er mit ihren männlichen Familienmitgliedern in Konflikt, und die Tatsache, dass sie ihn betrog, würde ihn nicht vor deren Rache schützen. Jedoch ist eine treulose Frau eine beschädigte Ware, und es ist das Recht ihres Ehemanns, sie den Familienangehörigen zurückzugeben und von ihnen den Braut- und den Hochzeitspreis einzufordern. Nur ihre Blutsverwandten sind ihre wahren Herren, und daher wird nur deren Ehre durch ihr Verhalten verletzt, und nur sie haben das Recht, sie zu töten. In der traditionellen arabischen Gesellschaft hat der Mann das Recht, seine Frau zu schlagen, doch er darf sie auf keinen Fall ermorden. Das wäre ein »ungebührlicher Gebrauch der Ware«, die ihm gegen Bezahlung von den echten Besitzern überlassen wurde – ihren männlichen Blutsverwandten. Nach Ansicht Hassans handelt es sich bei den Fällen, in denen eine arabische Frau von ihrem Mann ermordet wird, im Allgemeinen um tödliche Zwischenfälle durch »übertriebene Schläge«, während es dem Mann in den Fällen, in denen die arabische Frau nach einem Ehebruch umgebracht wird, normalerweise gelingt, sich zurückzuhalten, bis ihre Blutsverwandten sie töten.

Bibliographie

1. Kapitel: Blind Date

Barkow, J., Cosmides, L., and Tooby, J. (Eds.), The Adapted Mind: Evolutionary Psychology and the Generation of Culture, Oxford University Press, New York, 1990

Bartels, A., and Zeki, S., The Neural Correlates of Maternal and Romantic Love, Neuroimage 21(3), 1155–1166, 2004

Blanco, C., Raza, M.S., Schneier, F.R. and Liebowitz, M.R., The Evidence-based Pharmacological Treatment of Social Anxiety Disorder, International Journal of Neuropsychoparmacology 6 (4), 427–442, 2003

Clark, L.A., and Watson, D., Mood and the Mundane: Relations between Daily Life Events and Self Reported Mood, Journal of Personality and Social Psychology 54, 296–308, 1988

Damasio, A., The Feeling of what Happens, Harcourt Brace, New York, 1999

Darwin, C., The Expression of Emotions in Man and Animals, University of Chicago Press, Chicago, 1872/1965

Ekman, P., and Davison, R.J. (Eds.), The Nature of Emotion: Fundamental Questions, Oxford University Press, New York, 1994

Epstein, M., Thoughts without a Thinker – Psychotherapy from a Buddhist Perspective, Basic Books, New York, 1995

Frances, A. (Ed.), Diagnostic and Statistical Manual of Mental Disorders, Fourth Edition (DSM IV), American Psychiatric Press, Washington D.C., 1994

Freud, A., Das Ich und die Abwehrmechanismen, Wien, 1936

Freud, S., Bruchstücke einer Hysterie-Analyse, GW VI, Frankfurt a. M.

Fromm, E., Die Kunst des Liebens, Frankfurt, 1959

Glover, E., Sublimation, Substitution and Social Anxiety, International Journal of Psycho-Analysis 12, 263–297, 1931

Hope, D.A., and Heimberg, R.G., Social Phobia and Social Anxiety. In:

Barlow, D.H. (Ed.), Clinical Handbook of Psychological Disorders, 99–136, Guilford Press, New York, 1993
Illouz, E., Der Konsum der Romantik, Frankfurt, 2003
Kaplan, D., On Shyness, International Journal of Psycho-Analysis 53, 439–453, 1972
Keller, M.B., McCullough, J.P., Klein, D.N., Arnow, B., et al., A Comparison of Nefazodone, the Cognitive Behavioral-Analysis System of Psychotherapy, and their Combination for the Treatment of Chronic Depression, The New England Journal of Medicine 342, 1462–1470, 2000
Kety, S.S., Rosenthal, D., Wender, P.H., Schulsinger, F., and Jacobson, B., Mental Illness in the Biological and Adoptive Families of Adopted Individuals who Have Become Schizophrenic: A Preliminary Report Based on Psychiatric Interviews. In: Fieve, R., Rosenthal, P., and Brill, H. (Eds.), Genetic Research in Psychiatry, Johns Hopkins University Press, Baltimore, 1975
Khan, M., Clinical Aspects of the Schizoid Personality: Affects and Technique, International Journal of Psycho-Analysis 41, 430–436, 1960
Klein, D.F., and Liebowitz, M.R., Hysteroid Dysphoria, American Journal of Psychiatry 139 (11), 1520–1521, 1982
Kocsis, J.H., New Strategies for Treating Chronic Depression, Journal of Clinical Psychiatry, Supplement 11, 42–45, 2000
Kraemer, P., Prozac »das Medikament der 90er Jahre«, Matar, 1994 (hebräische Übersetzung aus dem Englischen: Listening to Prozac)
Lampert, A., The Evolution of Love, Westport, 1997
Larsen, R.J., and Diener, E., Affect Intensity as an Individual Difference Characteristic: A Review, Journal of Research in Personality 21, 1–39, 1987
Lewis, M., and Haviland, J.M. (Eds.), Handbook of Emotions, Guilford, New York 1993
Liebowitz, M.R., Schneier, F.R., Campeas, R., Hollander, E., Hatterer, J., Fyer, A., Gorman, J., Papp, L., Davies, S., Gully, R., and Klein, D.R., Phenelzine vs. Atenolol in Social Phobia: A Placebo Controlled Comparison, Archives of General Psychiatry 49, 290–300, 1992
MacLean, P.D., The Triune Brain in Evolution, Plenum Press, New York, 1990
Marks, I.M., Fears and Phobias, Academic Press, New York, 1969
Ders., Fears, Phobias and Rituals: Panic, Anxiety and their Disorders, Oxford University Press, New York, 1987
Neumann, J., Die Überlegenheit des Menschen: Die Evolution des Bewusstseins, Mif'alim universitajim, 1991
Nhat Hanh, T., The Miracle of Mindfulness: A Manual on Meditation, Beacon Press, Boston, 1975
Oatley, K., and Jenkins, K.M., Understanding Emotions, Blackwell, Cambridge, 1996

Panksepp, J., Affective Neuroscience: The Foundations of Human and Animal Emotions, Oxford University Press, New York, 1998
Phan, K.L., Wager, T., Taylor, S.F., and Liberzon, I., Functional Neuroanatomy of Emotion: A Meta-analysis of Emotion Activation Studies in PET and FMRI, Neuroimage 16 (12), 331–348, 2002
Quitkin, F.M., Stewart, J.W., McGrath, P.J., Tricamo, E., Rabkin, J.G., Ocepek-Welikson, K., Nunes, E., Harrison, W., and Klein, D.F., Columbia Atypical Depression: A Subgroup of Depressives with Better Response to MAOI than to Tricyclic Antidepressants or Placebo, British Journal of Psychiatry, Suppl. Sept. (21), 30–34, 1993
Rapaport, D., On the Psychoanalytic Theory of Affect, International Journal of Psycho-Analysis 34, 177–198, 1953
Seedat, S., and Stein, M.B., Double-blind, Placebo-controlled Assessment of Combined Clonazepam with Paroxetine Compared with Paroxetine Monotherapy for Generalized Social Anxiety Disorder, Journal of Clinical Psychiatry 65 (2), 244–248, 2004
Siever, L.J., Schizoid and Schizotypal Personality Disorders. In: Lion, R.J. (Ed.), Personality Disorders: Diagnosis and Management, 32–64, Robert L. Kreiger, Malabar, Florida, 1986
Siever, L.J., and Davis, K.L., A Psychobiological Perspective on the Personality Disorders, American Journal of Psychiatry 148, 1647–1658, 1991
Stein, D.J., Stein, M.B., Goodwin, W., Kumar, R., and Hunter, B., The Selective Serotonin Reuptake Inhibitor Paroxetine Is Effective in More Generalized and in Less Generalized Social Anxiety Disorder, Psychopharmacology (Berlin) 158 (3), 267–272, 2001
Stolorow, R.D., Brandchaft, B., and Atwood, G.E., Psychoanalytic Treatment: An Intersubjective Approach, Analytic Press, Hillsdale, New Jersey, 1987
Varia, I.M., Cloutier, C.A., and Doraiswamy, P.M., Treatment of Social Anxiety Disorder with Citalopram, Progress in Neuropsychopharmacology and Biological Psychiatry 26 (1), 205–208, 2002
Welwood, J., Toward a Psychology of Awakening: Buddhism, Psychotherapy, and the Path of Personal and Spiritual Transformation, Shambhala, Boston, 2002

2. Kapitel: Das gelobte Land

Alba, J.W., and Hasher, L., Is Memory Schematic?, Psychological Bulletin 93, 203–231, 1983
Barsalou, L.W., Deriving Categories to Achieve Goals. In: Bower, G.H. (Ed.), Psychology of Learning and Motivation: Advances in Research and Theory, Academic Press, San Diego, California, 1991

Barrett, L.F., Lane, R.D., Sechrest, L., and Schwartz, G.E., Sex Differences in Emotional Awareness, Personality and Social Psychology Bulletin 26, 1027–1035, 2000
Bechara, A., Damasio, H., and Damasio A.R., Role of the Amygdala in Decision-making, Annals of the New Nork Academy of Science 985, 356–369, 2003
Bechara, A., Damasio, H., Tranel, D., and Damasio, A.R., Deciding Advantageously Before Knowing the Advantageous Strategy, Science 275, 1293–1295, 1997
Beck, A.T., Rush, A.J., Shaw, B.E., et al., Cognitive Therapy of Depression: A Treatment Manual, Guilford, New York, 1979
Beebe, B., and Lachmann, F.M., The Contribution of Mother-Infant Mutual Influence on the Origins of Self and Object Representations, Psychoanalytic Psychology 5, 305–337, 1988
Bernstein, P.P., The Effect of the Environment on Intrapsychic Conflicts: Reality and Fantasy in Modern Conflict Theory, Journal of the American Psychoanalytic Association 45, 557–568, 1997
Brehm, S.S., and Brehm, J.W., Psychological Reactance: A Theory of Freedom and Control, Academic Press, New York, 1981
Brennan, K.A., and Shaver, P.R., Dimensions of Adult Attachment, Affect Regulation, and Romantic Relationship Functioning, Personality and Social Psychology Bulletin 21, 267–283, 1995
Brown, R., and Kulik, J., Flashbulb Memories, Cognition 5, 73–99, 1977
Cahill, L., and McGaugh, J.L., Mechanisms of Emotional Arousal and Lasting Declarative Memory, Trends in Neuroscience 21 (7), 294–299, 1998
Cahill, L., Prins, B., Weber, M., and McGaugh, J.L., ß-Adrenergic Activation and Memory for Emotional Events, Nature 371, 702–704, 1994
Cannon, W.B., The Mechanism of Emotional Disturbance of Bodily Functions, The New England Journal of Medicine 198, 877–884, 1928
Clyman, R.B., The Procedural Organization of Emotions: A Contribution from Cognitive Science to the Psychoanalytic Theory of Therapeutic Action, Journal of the American Psychoanalytic Association 39 (Suppl.), 349–382, 1991
Damasio, A.R., The Feeling of What Happens, Harcourt Brace, New York, 1999
Damasio, A.R., Grabowsky, T.J., et al., Subcortical and Cortical Brain Activity During the Feeling of Self-Generated Emotions, Nature Neuroscience 3 (10), 1049–1056, 2000
Dawkins, R., The Selfish Gene, Oxford University Press, New York, 1976
Driscoll, R., Davis, K.W., and Lipetz, M.E., Parental Interference and Romantic Love, Journal of Personality and Social Psychology 24, 1–10, 1971
Dutton, D.G., and Aron, A.P., Some Evidence for Heightened Sexual

Attraction under Conditions of High Anxiety, Journal of Personality and Social Psychology 30, 510–517, 1974

Fein, H. und Schneider, S., The Rules, New York, 1995

Fischer, E., Aimée und Jaguar, Berlin, 1943

Fisher, H., Why we Love, Holt, New York, 2004

Foster, C.A., Witcher, B.S., Campbell, W.K., and Green, J.D., Arousal and Attraction: Evidence for Automatic and Controlled Processes, Journal of Personality and Social Psychology 74, 86–101, 1998

Freud, S., Die Verdrängung, GW X, Frankfurt a. M.

Ders., Erinnern, Wiederholen und Durcharbeiten (1914), Die psychoanalytische Behandlung, Am Oved, Tel Aviv, 2002 (hebräisch) (oder: GW X, Frankfurt a. M.)

Friday, N., Die sexuellen Phantasien der Frauen, München 1978 (Original: My Secret Garden, New York, 1973)

Dies., Befreiung zur Lust, München 1992 (Original: Women on Top, New York 1991)

Hairi, A.R., Mattay, V.S., Tessitore, A., Fera, F., and Weinberger, D.R., Neocortical Modulation of the Amygdala Response to Fearful Stimuli, Biological Psychiatry 56 (6), 494–501, 2003

Jackson, J.H., Selected Writings of John Hughlings Jackson, edited by J.Taylor, Basic Books, New York, 1864/1956

Kellermann, J., Lewis, J., and Lard, J.D., Looking and Loving: The Effect of Mutual Gaze on Feelings of Romantic Love, Journal of Research in Personality 23, 145–161, 1989

Lampert, A., The Evolution of Love, Westport, 1997

Lane, R., Neural Correlates of Conscious Emotional Experience. In: Lane, R., Nadel, L., Ahern, G., Allen, J., Kaszniak, A., Rapcsak, S., and Schwartz, G. (Eds.), Cognitive Neuroscience of Emotion, 345–370, Oxford University Press, New York, 2000

MacLean, P.D., The Triune Brain in Evolution, Plenum Press, New York, 1990

Malakh-Pines, A., Falling in Love, New York, 1999

Morris, J.S., Oehman, A., and Dolan, R.J., Conscious and Unconscious Emotional Learning in the Human Amygdala, Nature 393 (6684), 467–470, 1998

Nemiah, J., The Development of the Concept of Intrapsychic Conflict in Freud's Writings, International Journal of Psycho-Analysis 46, 367–371, 1965

Panksepp, J., Affective Neuroscience: The Foundations of Human and Animal Emotions, Oxford University Press, New York, 1998

Reisberg, D., Cognition: Exloring the Science of the Mind (2nd Ed.), Norton, New York, 2001

Stolorow, R., and Atwood, G., Intrapsychic Conflict, International Journal of Psycho-Analysis 70, 550, 1989

Tulving, E., and Craik, F.I.M. (Eds.), The Oxford Handbook of Memory, Oxford University Press, New York, 2000
Walster-Hartfield, E., and Walster, G.W., A New Look at Love, Addison-Wesley, Reading, Massachusetts, 1981
Walster, E., Walster, G.W., Piliavin, J., and Schmidt, L., »Playing Hard to Get«: Understanding an Elusive Phenomenon, Journal of Personality and Social Psychology 26, 133–121, 1973
Yovell, Y., Bannett, Y., and Shalev, A.Y., Amnesia for Traumatic Events among Recent Survivors: A Pilot Study, CNS Spectrums 8, 676–685, 2003
Zald, D.H., The Human Amygdala and the Emotional Evaluation of Sensory Stimuli, Brain Research 41, 88–123, 2003

3. Kapitel: Chemie

Abbott, A., Addicted, Nature 319 (6910), 872–874, 2002
Ainsworth, M.D.D., Blehar, M.C., Waters, E., and Wall, S., Patterns of Attachment: Assessed in the Strange Situation and at Home, Erlbaum, Hillsdale, New Jersey, 1978
Arnow, B.A., Desmond, J.E., Banner, L.L., Glover, G.H., Solomon, A., Polan, M.L., Lue, T.F., and Atlas, S.W., Brain Activation and Sexual Arousal in Healthy Heterosexual Males, Brain 125 (5), 1014–1023, 2002
Beauregard, M., Levesque, J., and Bourgouin, P., Neural Correlates of Conscious Self-regulation of Emotion, Journal of Neuroscience 21 (18), RC 165, 2001
Berg, S.J., and Wynne-Edwards, K.E., Changes in Testosterone, Cortisol, and Estradiol Levels in Men Becoming Fathers, Mayo Clinic Proceedings 76 (6), 582–592, 2001
Booth, A., and Dabbs, J.M., Testosterone and Men's Marriages, Social Forces 72 (2), 463–477, 1993
Bowlby, J., The Nature of the Child's Tie to his Mother, International Journal of Psycho-Analysis 39, 350–373, 1958
Ders., Attachment and Loss, Basic Books, New York, 1969
Ders., A Secure Base: Clinical Application of Attachment Theory, Routledge, London, 1988
Brennan, K.A., and Bosson, J.K., Attachment-style Differences in Attitudes toward and Reactions to Feedback from Romantic Partners: An Exploration of the Relational Bases of Self-esteem, Personality and Social Psychology Bulletin 24, 699–714, 1998
Davis, K., Genspaltung – Der Wettlauf zur Entschlüsselung der DNA des Menschen, Am Oved, Tel Aviv, 2002
Edwards, J.N., and Booth, A., Sexuality, Marriage, and Well-bring: The

Middle Years. In: Rossi, A.S. (Ed.), Sexuality across the Life course, University of Chicago Press, Chicago, 1994

Ferenczi, S., Sprachverwirrung zwischen den Erwachsenen und dem Kind: Die Sprache der Zärtlichkeit und der Leidenschaft, in: Schriften zur Psychoanalyse, Bd. 2, S. 303–313, Frankfurt a.M., 1982

Fisher, H., Why we Love, Holt, New York, 2004

Freud, S., Ratschläge für den Arzt bei der psychoanalytischen Behandlung (1912), Die psychoanalytische Behandlung, Am Oved, Tel Aviv, 2002 (hebräisch) (oder: GW VIII, Frankfurt a.M.)

Ders., Zur Einleitung der Behandlung (Weitere Ratschläge zur Technik der Psychoanalyse, I) (1913), Die psychoanalytische Behandlung, Am Oved, Tel Aviv, 2002 (hebräisch) (oder: GW VIII, Frankfurt a.M.)

Ders., Erinnern, Wiederholen und Durcharbeiten (1914), Die psychoanalytische Behandlung, Am Oved 2002 (hebräisch) (oder: GW X, Frankfurt a.M.)

Ders., Bemerkungen über die Übertragungsliebe (1915), Die psychoanalytische Behandlung, Am Oved, Tel Aviv, 2002 (hebräisch) (oder: GW X, Frankfurt a.M.)

Gill, M., The Analysis of the Transference, Journal of the American Psychoanalytic Association 27 (Suppl.), 263–288, 1979

Gingrich, B., Liu, Y., Cascio, C., Wang, Z., and Insel, T.R., D2 Receptors in the Nucleus Accumbens Are Important for Social Attachment in Female Prairie Voles (Microtus Ochrogaster), Behavioral Neuroscience 114 (1), 173–183, 2000

Harlow, F.F., and Harlow, M.K., Social Deprivation in Monkeys, Scientific American 207, 136–146, 1962

Hatfield, E., Love and Sex: Cross-cultural Perspectives, Allyn and Bacon, Needham Heights, Massachusetts, 1996

Heaton, J.P., Central Neuropharmacological Agents and Mechanisms in Erectile Dysfunction: The Role of Dopamine, Neuroscience and Behavioral Reviews 24 (5), 561–569, 2000

Hull, E.M., Du, J., Lorrain, S., and Matuszewich, L., Extracellular Dopamine in the Medial Preoptic Area: Implications for Sexual Motivation and Hormonal Control of Copulation, Journal of Neuroscience 15 (11), 7465–7471, 1995

Insel, T.R., and Young, L.J., The Neurobiology of Attachment, Nature Review of Neuroscience 2, 129–136, 2001

Jacobs, T., Countertransference: An Historical Review, International Journal of Psycho-Analysis 80, 575–594, 1999

Karama, S., Lecours, A.R., Leroux, J.M., Bourgouin, P., Beaudoin, G., Joubert, S., and Beauregard, M., Atlas of Brain Activation in Males and Females during Viewing of Erotic Film Excerpts, Human Brain Mapping 16 (1), 1–13, 2002

Kernberg, O., Notes on Countertransference, Journal of the American Psychoanalytic Association 13, 38–56, 1965
Lampert, A., The Evolution of Love, Westport, 1997
Leckman, J.F., and Herman, A., Maternal Behavior and Developmental Psychopathology, Biological Psychiatry 51, 27–43, 2002
Leckmann, J.F., and Mayes, L.C., Preoccupation and Behaviors Associated with Romantic and Parental Love: The Origin of Obsessive-Compulsive Disorder?, Child and Adolescent Psychiatric Clinics of North America 8, 635–665, 1999
Lynn, D.J., and Vaillant, G.E., Anonymity, Neutrality, and Confidentiality in the Actual Methods of Sigmund Freud: A Review of 43 Cases, 1907–1939, American Journal of Psychiatry 155 (2), 163–171, 1998
Mahler, M., On Human Symbiosis and the Vucissitudes of Individuation, Library of Human Behavior, New York, 1976
Main, M.B., and Weston, D.R., Security of Attachment to Mother and Father: Related to Conflict Behavior and the Readiness to Establish New Relationships, Child Development 52, 932–940, 1981
Malakh-Pines, A., Sich Verlieben: Wie wir wählen, in wen wir uns verlieben, Modan, Tel Aviv, 2002 (hebräisch)
Marazziti, D., Akiskal, H.S., Rossi, A., and Cassano, G.B., Alteration of the Platelet Serotonin Transporter in Romantic Love, Psychological Medicine 29, 741–745, 1999
Masson, J.M., In den Gärten der Psychotherapie: Emotionale Tyrannei und der Mythos von der Heilung der Seele, Machberot lesifrut, 1991 (hebräische Übersetzung aus dem Englischen)
Mikulincer, M., and Sheffi, E., Adult Attachment Style and Cognitive Reactions to Positive Affect: A Test of Mental Categorization and Creative Problem Solving, Motivation and Emotion 24, 149–174, 2000
Mitchell, S., Hope and Dread in Psychoanalysis, Basic Books, New York, 1993
Modell, A., »The Holding Environment« and the Therapeutic Action of Psychoanalysis, Journal of the American Psychoanalytic Association 24, 285–308, 1976
Ogden, T.H., Reconsidering Three Aspects of Psychoanalytic Technique, International Journal of Psycho-Analysis 77, 883–899, 1996
Orwell, G., 1984, Berlin, 1976
Raine, A., Lencz, T., Bihrle, S., LeCasse, L., and Colletti, P., Reduced Prefrontal Gray Matter and Reduced Autonomic Activity in Antisocial Personality Disorder, Archives of General Psychiatry 57, 119–127, 2000
Renik, O., The Ideal of the Anonymous Analyst and the Problem of Self-disclosure, Psychoanalytic Quarterly 64, 466–495, 1995
Rollman, B.L., Mead, L.A., et al., Medical Speciality and the Incidence

of Divorce, The New England Journal of Medicine 336, 800–803, 1997
Rosen, R.C., Seidmann, S.N., Menza, M.A., Shabsigh, R., Roose, S.P., Tseng, L.J., Orazem, J., and Siegel, R.L., Quality of Life, Mood, and Sexual Function: A Path Analytic Model of Treatment Effects in Men witt Erectile Dysfunction and Depressive Symptoms, International Journal of Impotence Research 16 (4), 334–340, 2004
Schultz, W., Dayan, P., and Montague, P.R., A Neural Substrate of Predaction and Reward, Science 275, 1593–1598, 1997
Seidman, S.N., Exploring the Relationship between Depression and Erectile Dysfunction in Aging Men, Journal of Clinical Psychiatry 63 (Suppl. 5), 5–12, 2002
Seidman, S.N., Roose, S.P., Menza, M.A., Shabsigh, R., and Rosen, R.C., Treatment of Erectile Dysfunction in Men with Depressive Symptoms: Results of a Placebo-controlled Trial with Sildenafil Citrate, American Journal of Psychiatry 158 (10), 1623–1630, 2001
Sherwin, B.B., Sex Hormones and Psychological Functioning in Postmenopausal Women, Experimental Gerontology 29 (3/4), 423–430, 1994
Simpson, J.A., Influence of Attachment Styles on Romantic Relationships, Journal of Personality and Social Psychology 59, 871–980, 1990
Singer, E., The Fiction of Analytic Anonymity. In: Frank, K.A. (Ed.), The Human Dimension in Psychoanalysis, 181–192, Grune and Stratton, New York, 1977
Stolorow, R.D., Dynamic, Dyadic, Intersubjective Systems: An Evolving Paradigm for Psychoanalysis, Psychoanalytic Psychology 14, 337–346, 1997
Ders., The Therapeutic Process and the Analyst's Self-disclosures: The Good, the Bad, and the Ugly, Israel Psychoanalytic Journal 1, 89–101, 2003
Stern, D.N., The Interpersonal World of the Human Infant, Basic Books, New York, 1985
Tidwell, M.C.O., Reis, H.T., and Shaver, P.R., Attachment, Attractiveness, and Social Interaction: A Diary Study, Journal of Personality and Social Psychology 71, 729–745, 1996
Tracy, J.L., Shaver, P.R., Albino, A.W., and Cooper, M.L., Attachment Styles and Adolescent Sexuality. In: Florsheim, P. (Ed.), Adolescent Romance and Sexual Behavior: Theory, Research, and Practical Implications, Lawrence Erlbaum, Mahwah, New Jersey, 2003
Van Goozen, S., Wiegant, V.M., Endert, E., Helmond, F.A., and Van de Poll, N.E., Psychoendocrinological Assessment of the Menstrual Cycle: The Relationship between Hormones, Sexuality, and Mood, Archives of Sexual Behavior 26 (4), 359–382, 1997
Wang, Z., Yu, G., Casio, C., Liu, Y., Gingrich, B., and Insel, T.R., Dopa-

mine D2 Receptor-mediated Regulation of Partner Preferences in Female Prairie Voles (Microtus Ochrogaster): A Mechanism for Pair Bonding?, Behavioral Neuroscience 113 (3), 602–611, 1999
Winnicott, D.W., Hate in the Counter-transference, International Journal of Psycho-Analysis 30, 69–74, 1949
Yovell, Y., Der Feind in meinem Zimmer, btb, München 2004

4. Kapitel: Der letzte Tango in Tel Aviv

Abel, G.G., Osborn, C., Anthony, D., and Gardos, P., Current Treatments of Paraphiliacs, Annual Review of Sex Research 2, 255–291, 1992
Amichai-Hamburger, Y., Wainapel, G., and Fox, S., »On the Internet No One Knows I'm an Introvert«: Extroversion, Neuroticism, and Internet Interaction, Cyberpsychology and Behavior 2, 125–128, 2002
Baker, A., What Makes an Online Relationship Successful? Clues from Couples Who Met in Cyberspace, Cyberpsychology and Behavior 5, 363–375, 2002
Bargh, J.A., McKenna, K.Y.A., and Fitzsimons, G.M., Can You See the Real Me? Activation and Expression of the »True Self« on the Internet, Journal of Social Issues 58, 33–48, 2002
Bechtel, W., Philosophy of Mind: An Overview for Cognitive Science, Lawrence Erlbaum Associates, Hillsdale, New Jersey, 1988
Ben-Ze'ev, A., Love Online: Emotions on the Internet, Cambridge University Press, Cambridge, 2004
Briken, P., Hill, A., and Berner, W., Pharmacotherapy of Paraphilias with Long-acting Agoniste of Luteinizing Hormone-releasing Hormone: A Systematic Review, Journal of Clinical Psychiatry 64 (8), 890–897, 2003
Bund, J.M., Did You Say Chemical Castration?, University of Pittsburgh Law Review 59 (1), 92–157, 1997
Chasseguet-Smirgel, J., Perversion, Idealization and Sublimation, International Journal of Psycho-Analysis 55, 349–357
Cooper, A., Delmonico, D., and Burg, R., Cybersex Users, Abusers, and Compulsives: New Findings and Implications, Sexual Addiction and Compulsivity 7, 5–29, 2000
Crick, F., The Astonishing Hypothesis: The Scientific Search for the Soul, Simon and Schuster, New York, 1994
Dennett, D.C., Consciousness Explained, Little Brown, Boston, 1991
Derlega, V.L., and Chaikin, A.L., Privacy and Self-disclosure in Social Relationships, Journal of Social Issues 33 (3), 102–115, 1977
De Sade, D.A.F., Justine oder das Unglück der Tugend, Köln, 1995

Eschel, A., Pantheus und nicht Ödipus: Gedanken über Perversion, Überleben und therapeutische Verwirklichung, Sichot 18 (2), 109–124, 2004
Ferenczi, S., Sprachverwirrung zwischen den Erwachsenen und dem Kind: Die Sprache der Zärtlichkeit und der Leidenschaft, in: Schriften zur Psychoanalyse, Bd. 2, S. 303–313, Frankfurt a. M., 1982
Freud, S., Drei Abhandlungen zur Sexualtheorie (1905), Sexualität und Liebe, Am Oved, Tel Aviv, 2002 (hebräisch) (oder: GW V, Frankfurt a. M.)
Ders., Ratschläge für den Arzt bei der psychoanalytischen Behandlung (1912), Die psychoanalytische Behandlung, Am Oved, Tel Aviv, 2002 (hebräisch) (oder: GW VIII, Frankfurt a. M.)
Ders., Trauer und Melancholie / Zwangshandlungen und Religionsübungen, Libido/Resling, 2002 (hebräisch) (oder: GW X und GW VII, Frankfurt a. M.)
Ders., Ein Kind wird geschlagen. Beitrag zur Kenntnis der Entstehung sexueller Perversionen (1919), Sexualität und Liebe, Am Oved, Tel Aviv, 2002 (hebräisch) (oder: GW VII, Frankfurt a. M.)
Ders., Fetischismus (1927), Sexualität und Liebe, Am Oved, Tel Aviv, 2002 (hebräisch) (oder: GW XIV, Frankfurt a. M.)
Freund, K., Therapeutic Sex Drive Reduction, Acta Psychiatrica Scandinavia (Suppl. 287), 5–38, 1980
Glenn, J., Psychic Trauma and Masochism, Journal of the American Psychoanalytic Association 32, 357–386, 1984
Gwinnell, E., Online Seductions, Kodansha International, New York, 1998
Kapp, D., Girls Gone Wild: The Elle/MSNBC.com Cybersex and Romance Survey, Elle, New York, February 2004
Khan, M.M.R., Alienation in Perversion, Hogarth, London, 1979
Lihn, H., Sexual Masochism: A Case Report, International Journal of Psycho-Analysis 52, 469–478, 1971
Markson, E., Depression and Moral Masochism, International Journal of Pscho-Analysis 74, 931–940, 1993
McKenna, K.Y.A., Green, A.S., and Gleason, M.E.J., Relationship Formation on the Internet: What's the Big Attraction?, Journal of Social Issues 58, 9–32, 2002
McKenna, K.Y.A., Green, A.S., and Smith, P.K., Demarginalizing the Sexual Self, Journal of Sex Research 38, 302–311, 2001
Money, J., Lovemaps: Clinical Concepts of Sexual/Erotic Health and Pathology, Paraphilia, and Gender Transposition in Childhood, Adolescence, and Maturity, Irvington Publishers, New York, 1986
Nabokov, W., Lolita, Hamburg, 2005
Orr, A., Meeting, Mating, and Cheating: Sex, Love and the New World of Online Dating, Reuters, Upper Saddle River, New Jersey, 2004
Pfafflin, F., and Eher, R., What to Do with Sexual Offenders?, Interna-

tional Journal of Offender Therapy and Comparative Criminology 47 (4), 361–365, 2003
Quinsey, V.L., The Etiology of Anomalous Sexual Preferences in Men, Annals of the New York Academy of Sciences 989, 105–117, 2003
Rosler, A., and Witztum, E., Pharmacotherapy of Paraphilias in the Next Millennium, Behavioral Science and the Law 18 (1), 43–56, 2000
Rubin, Z., Disclosing Oneself to a Stranger: Reciprocity and its Limits, Journal of Experimental Social Psychology 11, 233–260, 1975
Saleh, F.M., and Berlin, F.S., Sexual Deviancy: Diagnostic and Neurobiological Considerations, Journal of Child Sexual Abuse 12 (3–4), 53–76, 2003
Scharlott, B.W., and Christ, W.G., Overcoming Relationship-initiation Barriers: The Impact of a Computer-dating System on Sex Role, Shyness, and Appearance Inhibitions, Computers in Human Behavior 11, 191–204, 1995
Spiegel, L., Moral Masochism, Psychoanalytic Quarterly 47, 209–236, 1978
Stoller, R.J., Perversion: The Erotic Form from Hatred, Pantheon Books, New York, 1975
Stolorow, R.D., The Narcissistic Function of Masochism (and Sadism), International Journal of Psycho-Analysis 56, 441–448, 1975
Turing, A.M., Computing Machinery and Intelligence, Mind 59, 433–466, 1950
Wallace, P., The Psychology of the Internet, Cambridge University Press, Cambridge, 1999
Welldon, E.V., Sadomasochism, Icon Books/Ideas in Psychoanalysis, Cambrigde, United Kingdom, 2002
Young, K.S., Griffin-Shelley, E., Cooper, A., O'Mara, J., and Buchanan, J., Online Infidelity: A New Dimension in Couple Relationships with Implications for Evaluation and Treatment, Sexual Addiction and Compulsivity 7, 59–74, 2000

5. Kapitel: Dein für kurze Zeit

Adams, H.E., Wright, L.W., and Lohr, B.A., Is Homophobia associated with Homosexual Arousal?, Journal of Abnormal Psychology 105, 440–445, 1996
Atwater, L., College Students Extramarital Involvement, Sexuality Today (Nov. 30), 2, 1987
Bailey, J.M., and Pillard, R.C., A Genetic Study of Male Sexual Orientation, Archives of General Psychiatry 48, 1089–1096, 1991
Benjamin, J., Li, L., Patterson, C., et al., Population and Familial Asso-

ciation between the D4 Dopamine Receptor Gene and Measures of Novelty Seeking, Nature Genetics 12, 81–84, 1996

Benjamin, J., Ebstein, R.P., and Belmaker, R.H. (Eds.), Molecular Genetics and the Human Personality, American Psychiatric Publishing, Washington, 2002

Botwin, C., Men who Can't Be Faithful, Warner Books, New York, 1988

Casanova, G., The History of my Life, Johns Hopkins University Press, Baltimore, 1997

Ekman, P., Telling Lies: Clues to Deceit in the Marketplace, Politics, and Marriage, Norton, New York, 1985

Fisher, H., Evolution of Human Serial Pairbonding, American Journal of Physical Anthropology 78, 331–354, 1989

Dies., Anatomie der Liebe, München 1993, Original: Anatomy of Love, Norton, New York, 1992

Dies., Why we Love, Holt, New York, 1004

Friedman, R.C., Männliche Homosexualität, Berlin, 1993

Greenberg, B.D., Li, Q., Lucas, F., et al., Association between the Serotonin Transporter Promoter Polymorphism and Personality Traits in a Primary Female Population Sample, American Journal of Medical Genetics 96, 202–216, 2000

Hamer, D.H., Genetics of Sexual Behavior. In: Benjamin, J., Ebstein, R.P., and Belmaker, R.H. (Eds.), Molecular Genetics and the Human Personality, 257–272, American Psychiatric Publishing, Washington, 2002

Hite, S., The Hite Report on Male Sexuality, Ballantine Books, New York, 1981

Kinsey, A.C., Pomeroy, W.B., and Martin, C.E., Sexual Behavior in the Human Male, W.B. Saunders, Philadelphia, 1948

Kinsey, A.C., Pomeroy, W.B., Martin, C.E., and Gebhard, P.H., Sexual Behavior in the Human Female, W.B. Saunders, Philadelphia, 1953

Lampe, P.E. (Ed.), Adultery in the United States: Close Encounters of the Sixth (or Seventh) Kind, Prometheus Books, Buffalo, 1987

Lawson, A., Adultery: An Analysis of Love and Betrayal, Basic Books, New York, 1988

Lesch, K.P., Bengel, D., Heils, A., et al., Association of Anxiety-related Traits with a Polymorphism in the Serotonin Transporter Gene Regulatory Region, Science 274, 1527–1531, 1996

LeVay, S., and Hamer, D.H., Evidence for a Biological Influence in Male Homosexuality, Scientific American 270, 44–49, 1994

Libet, B., Unconscious Cerebral Initiative and the Role of Conscious Will in Voluntary Action, Behavior and Brain Sciences 8, 529–566, 1985

Ders., Do we Have Free Will? In: Libet, B., Freeman, A., and Sutherland, K. (Eds.), The Volitional Brain: Towards a Neuroscience of Free Will, 47–57, Imprint Academic, Thorverton, United Kingdom, 1999

Losada, J.M. (Ed.), Bibliography of the Myth of Don Juan in Literary History, Edwin Mellen Press, 1997
Money, J., and Ehrhardt, A.A., Man and Woman, Boy and Girl: The Differentiation and Dimorphism of Gender Identity from Conception to Maturity, John Hopkins University Press, Baltimore, 1972
Peters, H.P., Lou Andreas-Salomé: Das Leben einer außergewöhnlichen Frau, München, 1994
Pittman, F., Private Lies: Infidelity and the Betraying of Intimacy, Norton, New York, 1989
Ruse, M., Homosexuality: A Philosophical Inquiry, Basil Blackwell, Oxford, 1988
Silverstein, C., Man to Man: Gay Couples in America, William Morrow, New York, 1981
Singer, T., Seymour, B., O'Doherty, J., Kaube, H., Dolan, R., and Frith, C., Empathy for Pain Involves the Affective but not Sensory Components of Pain, Science 303, 1157–1162, 2004
Schnitzler, A., Casanova's Return to Venice, Turtle Point Press, Chappaqua, New York, 2000
Wittenberger, J.F., and Tilson, R.L., The Evolution of Monogamy: Hypotheses and Evidence, Annual Review of Ecology and Systematics 11, 197–232, 1980
Young, L.J., Wang, Z., and Insel, T.R., Neuroendocrine Bases of Monogamy, Trend in Neuroscience 21 (2), 71–75, 1998
Young, L.J., Nilsen, R., Waymire, K.G., MacGregor, G.R., and Insel, T.R., Increased Affiliate Response to Vasopressin in Mice Expressing the V 1a Receptor from a Monogamous Vole, Nature 400, 766–768, 1999
Yovell, Y., Der Feind in meinem Zimmer, btb, München 2004
Zweig, S., Casanova: A Study in Self-portraiture, Turtle Point Press, Chappaqua, New York, 2000

6. Kapitel: Berufsgeheimnisse

Al-Attia, H.M., Gender Identity and Role in a Pedigree of Arabs with Intersex Due to 5 Alpha-reductase-2 Defiency, Psychoneuroendocrinology 21, 651–657, 1996
American Psychiatric Association, Position Statement on Therapies Focused on Attemps to Change Sexual Orientation (Reparative or Conversion Therapies), American Journal of Psychiatry 157, 1719–1721, 2000
Bailey, J.M., and Benishay, D., Familial Aggregations of Female Sexual Orientation, American Journal of Psychiatry 150, 272–277, 1993
Bailey, J.M., and Zucker, K.J., Childhood Sex-typed Behavior and Sexual

Orientation: A Conceptual Analysis and Quantitative Review, Developmental Psychology 31, 43–55, 1995
Bailey, M., Homosexuality and Mental Illness, Archives of General Psychiatry 56, 883–884, 1999
Baumeister, R.F., Gender Differences in Erotic Plasticity: The Female Sex Drive as Socially Flexible and Responsive, Psychological Bulletin 126 (3), 375–380, 2000
Bell, A.P., and Weinberg, S., Homosexualities: A Study of Diversity among Men and Women, Simon and Schuster, New York, 1978
Berenbaum, S.A., Effects of Early Androgens on Sex-typed Activities and Interests in Adolescents with Congenital Adrenal Hyperplasie, Hormonal Behavior 35, 102–110, 1999
Bullough, V.L., and Bullough, B., Women and Prostitution: A Social History, Prometheus Books, Buffalo, 1987
Cohler, B.J., and Galatzer-Levy, R.M., The Course of Gay and Lesbian Lives, Chicago University Press, Chicago, 2000
Downey, J.I., and Friedman, R.C., Internalized Homophobia in Lesbian Relationships, Journal of the American Academy of Psychoanalysis 23, 435–447, 1995
Downey, J.I., Female Homosexuality: Classical Psychoanalytic Theory Reconsidered, Journal of the American Association 46, 471–506, 1998
Ehrhardt, A.A., and Meyer-Bahlburg, H.F.L., Effects of Prenatal Sex Hormones on Gender-related Behavior, Science 211, 1312–1318, 1981
Fisher, H., Anatomie der Liebe, München 1992, Original: Anatomy of Love, Norton, New York, 1992
Dies., Why we Love, Holt, New York, 2004
Friedman, R.C., and Downey, J.I., Sexual Orientation and Psychoanalysis: Sexual Science and Clinical Practice, Columbia University Press, New York, 2002
Freud, S., Drei Abhandlungen zur Sexualtheorie (1905), Sexualität und Liebe, Am Oved, Tel Aviv, 2002 (hebräisch) (oder: GW V, Frankfurt a.M.
Ders., Über die Psychogenese eines Falles weiblicher Homosexualität (1920), Sexualität und Liebe, Am Oved, Tel Aviv, 2002 (hebräisch) (oder – in: Internationale Zeitschrift für Psychoanalyse 6, 1–24, 1920).)
Galin, D., Implications for Psychiatry of Left and Right Cerebral Specialization: A Neurophysiological Context for Unconscious Processes, Archives of General Psychiatry 31, 572–583, 1974
Garofalo, R., Wolf, R.C., Wissow, L.S., Woods, E.R., and Goodman, E., Sexual Orientation and the Risk of Suicide Attempts among a Representative Sample of Youth, Archives of Pediatric and Adolescent Medicine 153, 487–493, 1999

Haldeman, D.C., The Practice and Ethics of Sexual Orientation Conversion Therapy, Journal of Consulting and Clinical Psychology 62, 221–227, 1994
Hite, S., The Hite Report on Male Sexuality, Ballantine Books, New York, 1981
Isay, R., Being Homosexual: Gay Men and their Development, Farrar, Straus and Giroux, New York, 1989
Kinsey, A.C., Pomeroy, W.B., and Martin, C.E., Sexual Behavior in the Human Male, W.B. Saunders, Philadelphia, 1948
Kinsey, A.C., Pomeroy, W.B., Martin, C.E., and Gebhard, P.H., Sexual Behavior in the Human Female, W.B. Saunders, Philadelphia, 1953
LeVay, S., The Sexual Brain, MIT Press, Cambridge, 1993
Lewis Herman, J., Trauma und Heilung, Am Oved, Tel Aviv, 1994 (hebräische Übersetzung aus dem Englischen: Trauma and Recovery)
Masters, W.H., and Johnson, V.E., Human Sexual Response, Little, Brown, Boston, 1966
McEwen, B.A., Gonadal Steroid Influences on Brain Development and Sexual Differentiation. In: Greep, R. (Ed.), Reproductive Physiology 4, 99–145, University Park Press, Baltimore, 1983
Money, J., and Mathews, D., Prenatal Exposure to Virilizing Progestins: An Adult Follow-up Study of Twelve Woman, Archives of Sexual Behavior 11, 73–83, 1982
Pattatucci, A.M.L., and Hamer, D.H., Development and Familiarity of Sexual Orientation in Females, Behavioral Genetics 25, 407–420, 1995
Ramafedi, G., Suicide and Sexual Orientation: Nearing the End of Controversy?, Archives of General Psychiatry 56, 885–886, 1999
Raphael, B., Meldrum, L., and McFarlane, A.C., Does Debriefing after Psychological Trauma Work?, British Medical Journal 310, 1479–1480, 1995
Shepher, J., Mate Selection among Second Generation Kibbutz Adolescents and Adults: Incest Avoidance and Negative Imprinting, Archives of Sexual Behavior 1, 293–307, 1971
Siegel, E., Female Homosexuality: Choice without Volition, Analytic Press, Hillsdale, New Jersey, 1988
Thorne, B., Gender Play: Girls and Boys in School, Rutgers University Press, New Brunswick, New Jersey, 1993
Whitham, F.L., Diamond, M., and Martin, J., Homosexual Orientation in Twins: A Report on Sixty-one Pairs and Three Triplet Sets, Archives of Sexual Behavior 22, 187–206, 1993
Zucker, K.J., and Bradley, S.J., Gender Identity Disorder and Psychosexual Problems in Children and Adolescents, Guilford, New York, 1995

7. Kapitel: Das Mädchen vom Land

Abu-Odeh, L. Crimes of Honour and the Construction of Gender in Arab Society. In: Yamami, M. (Ed.), Feminism and Islam: Legal and Literary Perspectives, Ithaca Press, Berkshire, 1996

Al-Khayyat, S., Honour and Shame: Women in Modern Iraq, Saqi Books, London, 1992

Cerda-Flores, R.M., Barton, S.A., Marty-Gonzalez, L.F., Rivas, F., and Chakraborty, R., Estimation of Nonpaternity in the Mexican Population of Nuevo Leon: A Validation Study with Blood Group Markers, American Journal of Physical Anthropology 109 (3), 281–293, 1999

Darwin, C., The Descent of Man and Selection in Relation to Sex, Modern Library, New York, 1871

Degler, C.N., In Search of Human Nature: The Decline and Revival of Darwinism in American Social Thought, Oxford University Press, New York, 1991

Dodd, P.C., Familiy Honour and the Forces of Change in Arab Society, International Journal of Middle East Studies 4, 40–54, 1973

El-Saadawi, N., The Hidden Face of Eve, Zed Press, London, 1980

Farah, M., Marriage and Sexuality in Islam: A Translation of al-Ghazali's Book on the Etiquette of Marriage from the Ihaya, University of Utah Press, Salt Lake City, 1984

Fyzee, A.A.A., Outlines of Mohammedan Law, Claredon Press, Oxford, 1953

Ginat, J., Illicit Sexual Relationships and Family Honor in Arab Society. In: Shoham, S.G., and Grahame, A. (Eds.), Israel Studies in Criminology 5, Turtledove, Tel Aviv, 1979

Dies., J., Women in Muslim Rural Society, Transaction Books, New Brunswick, New Jersey, 1982

Dies., Blood Revenge: Family Honor, Mediation, and Outcasting, Portland 1997

Gregersen, E., Sexual Practices: The Story of Human Sexuality, Mitchell Beazley, London, 1982

Hassan, M., Die Politik der Ehre: Patriarchat, Staat und Frauenmord im Namen der Familienehre. In: Sexualität, Geschlecht, Politik, 267–305, Hakibbuz hame'uchad, Tel Aviv, 1999

Hausfater, G., and Hrdy, S.B., Infanticide: Comparative and Evolutionary Perspectives, Aldine, New York, 1984

Kellerman, J., Lewis, J., and Lard, J.D., Looking and Loving: The Effects of Mutual Gaze on Feelings of Romantic Love, Journal of Research in Personality 23, 145–161, 1989

Ogden, T., On Projective Identification, International Journal of Psycho-Analysis 60, 357–373, 1979

Sacks, K., Sisters and Wives: The Past and Future of Sexual Equality, University of Illinois Press, Urbana, 1979
Sanday, P.R., Female Power and Male Dominance: On the Origins of Sexual Inequality, Cambridge University Press, Cambridge, 1981
Sasse, G., Muller, H., Chakraborty, R., and Ott, J., Estimating the Frequency of Nonpaternity in Switzerland, Human Heredity 44 (6), 337–343, 1994
Wilson, M., and Daly, M., The Man who Mistook his Wife for a Chattel. In: Barkow, J.H., Cosmides, L., and Tooby, J. (Eds.), The Adapted Mind: Evolutionary Psychology and the Generation of Culture, Oxford University Press, New York, 1992
Youssef, N., The Status and Fertility Patterns of Muslim Women. In: Beck, L., and Keddi, N. (Eds.), Women in the Muslim World, Harvard University Press, Cambridge, 1978

8. Kapitel: Ein gebrochenes Herz

Adams, V., Getting at the Heart of Jealous Love, Psychology Today, May, 38–48, 1980
Alexander, R.D., The Biology of Moral Systems, Aldine de Gruyter, New York, 1987
Atwater, L., College Students Extramarital Involvement, Sexuality Today, Nov. 30, 2, 1987
Barnes, J., The Frequency of Divorce. In: Epstein, A.L. (Ed.), The Craft of Social Anthropology, Tavistock, London, 1967
Baumeister, R.F., and Dhavale, D., Two Sides of Romantic Rejection. In: Leary, M.R. (Ed.), Interpersonal Rejection, Oxford University Press, New York, 2001
Baumeister, R.F., Wotman, S.R., and Stilwell, A.M., Unrequited Love: On Heartbreak, Anger, Guilt, Scriptlessness and Humiliation, Journal of Personality and Social Psychology 64, 377–394, 1993
Betzig, L.L., Causes of Conjugal Dissolution: A Cross-cultural Survey, Current Anthropology 30, 654–676, 1989
Brown, P., The Body and Society: Men, Women and Sexual Renunciation in Early Christianity, Columbia University Press, New York, 1988
Buss, D.M., The Evolution of Desire: Strategies of Human Mating, Basic Books, New York, 1994
Cherlin, A.J., Marriage, Divorce, Remarriage, Harvard University Press, Cambridge, 1981
Collier, J.F., Marriage and Inequality in Classless Society, Stanford University Press, Palo Alto, 1988
Espenshade, T.J., Marriage Trends in America: Estimates, Implications, and Underlying Causes, Population and Development Review 11 (2), 193–245, 1985

Fisher, H., Evolution of Human Serial Pairbonding, American Journal of Physical Anthropology 78, 331–354, 1989
Dies., Anatomie der Liebe, München 1992, Original: Anatomy of Love, Norton, New York, 1992
Dies., Warum wir lieben, Düsseldorf 2005, Original: Why we Love, Holt, New York, 2004
Flinn, M.V., and Low, B.S., Resource Distribution, Social Competition and Marriage Patterns in Human Societies. In: Rubenstein, D.I., and Wrangham, R.W. (Eds.), Ecological Aspects of Social Evolution, Princeton University Press, Princeton, 1986
Freud, S., Trauer und Melancholie/Zwangshandlungen und Religionsübungen, Libido/Resling, 2002 (hebräisch) (oder: GW X und GW VII, Frankfurt a. M.)
Glenn, N., and Supancic, M., The Social and Demographic Correlates of Divorce and Separation in the United States: An Update and Reconsideration, Journal of Marriage and the Family 46, 563–575, 1984
Goldberg, S., The Inevitability of Patriarchy, William Morrow, New York, 1973
Goody, J., Inheritence, Property and Marriage in Africa and Eurasia, Sociology 3, 55–76, 1969
Hatfield, E., Love and Sex: Cross-cultural Perspectives, Allyn and Bacon, Needham Heights, Massachusetts, 1996
Hite, S., The Hite Report on Male Sexuality, Ballantine Books, New York, 1981
Jankowiak, W.R., and Fischer, E.F., A Cross-cultural Perspective on Romantic Love, Ethnology 31 (2), 149–155, 1992
Lampe, P.E. (Ed.), Adultery in the United States: Close Encounters of the Sixth (or Seventh) Kind, Prometheus Books, Buffalo, 1987
Lawson, A., Adultery: An Analysis of Love and Betrayal, Basic Books, New York, 1988
Mansperger, M.C., The Precultural Mating System, Journal of Human Evolution 5, 245–259, 1990
Philips, R., Putting Asunder: A History of Divorce in Western Society, Cambridge University Press, Cambridge, 1988
Rice, J.K., and Rice, D.G., Living through Divorce: A Developmental Approach to Divorce Therapy, Guilford, New York, 1986
Segal, Ch., Melanie Klein, Am Oved, Tel Aviv, 1998 (hebräische Übersetzung aus dem Englischen)
Stone, L., Road to Divorce: England, 1530–1987, Oxford University Press, New York, 1990
White, J.M., Premarital Cohabitation and Marital Stability in Canada, Journal of Marriage and the Familiy 49, 641–647, 1987
Whyte, M.K., The Status of Women in Preindustrial Societies, Princeton University Press, Princeton, 1978

Wittenberger, J.F., and Tilson, R.L., The Evolution of Monogamy: Hypotheses and Evidence, Annual Review of Ecology and Systematics 11, 197–232, 1980